危機の都市史

災害・人口減少と都市・建築

「都市の危機と再生」研究会 編

吉川弘文館

本書は「一般財団法人住総研」の二〇一八年度出版助成を得て出版されたものである

目次

序章　都市の危機とは何か

初田香成

一　本書の背景と目的

日常のなかに潜む危機

一九九五年の阪神淡路大震災や二〇一一年の東日本大震災は人間が築いてきた建物や都市空間がいかに脆弱なものであるかを我々に突きつける出来事だった。地震だけでなく、近年は噴火や、豪雨による水害・土砂崩れなどの災害も相次いでいる。現在は再び災害が頻発する時代に戻りつつあるようだ。一方、日本は二〇〇八年頃から人口減少社会に突入したといわれ、二一世紀は人口減少、少子高齢化が長期的な基調となると予想されている。既に続いてきた大都市への集中に伴う地方都市の人口減少や、モータリゼーションに伴う地方都市の空洞化に加えて、都市の縮退や集落の消滅が現実のものとなり、空き家問題などが顕在化していくだろう。これに対し、災害についてはソフト面での対策も取り入れつつ、費用対効果に疑問が示されることもある大規模な防災インフラや新たな市街地が整備されようとしている。また、人口減少については、マクロ的な構造に手をつけずに対策を行っても限界があるという見方が

示されながらも、各都市が競うように人口を呼びよせる方策を講じようとしている。(1)

これらは自然災害と人口問題という点で一見、異なる次元の事態にもみえる。しかし、直接的な原因は異なるとはいえ、それらが同じ時代に現われ、批判を受けながらもある施策が踏襲されていく背景には共通する要因があるのではないだろうか。それは我々が災害や人口減少のような都市の「危機」とされる事態を例外的な事態とみなしており、そのような見方自体がこれらの事態をもたらしているのではないかという点である。例えば、自然災害については都市を取り囲む自然が猛威をふるうものとして、人口減少については晩婚化や長時間労働などに要因を求めるというように、我々は危機を非日常のものとみなし、外部にその要因を求めがちである。このような危機に対する見方を「外部から襲う危機」と呼んでみよう。そこでは我々は都市の危機を克服・除去することを当然のように考えることになる。

しかし、前述したような施策が継続的な政策としてとられるようになったのは、近代以降、特に高度経済成長期のことであり、この時期は災害が相対的に少なく、また人口が増加することを前提にシステムを築いてきた時代でもある。例えば防災学者の牧紀男は、災害後に被災者が原居住地に復帰しようとするのは持ち家が普及した高度経済成長期以降で、それ以前は移転を柔軟に受入れてきたという可能性を指摘している。(2)前述の施策は特定の時代背景のもとに形づくられたものではないかとの指摘もなされつつある。(3)しかし被災地での建設活動を都市基盤が整備されるまでいったん凍結し、その間に被災地から離れた場所に仮設住宅を公的に供給するといった災害復興の手法や、数に重きを置いて行われてきた住宅供給の手法はもはや壁にぶつかりつつある。

歴史を振り返ってみると、都市は何度もこうした事態を迎えてきた。日本列島はプレートがせめぎあう、降雨量の多い温帯モンスーン地帯に立地し、その結果、都市は数多の災害に見舞われてきた。また、日本列島では縄文時代後半、平安~鎌倉時代、江戸時代中期には人口の増加が止まり、あるいは減少したとされる。[4] もちろん都市レベルに限定すれば、競争力や覇権を失って人口が減少した都市の例はもっと多い。しかし、このような事態を迎えつつ、実際には多くの都市が確かに存続してきた。

このような都市の歴史は我々に危機への視線変更を求めている。我々は危機を「外部から襲う危機」ではなく、「日常のなかに潜む危機」として捉え直すことはできないだろうか。建築史家の伊藤毅は都市が外敵からの防御を目的として成立したことにふれ、そもそも都市が初発の段階から危機を内包していること、福島原発事故に示されるように都市の内部からもたらされた危機こそ問題であることを指摘している。[5] 同じ建築史家の土居義岳も指摘するように、都市は人工的な構造物であるがゆえに、そこでの危機の現われ方は危機自体よりむしろ都市のあり方によって規定される。都市の危機は都市の内在的な構造によるのであって、都市の危機を論じることは都市自体を論じることにほかならないのである。[6] このような危機に対する視線変更は、現行の復興、都市再生に対する認識にも再考をもたらすだろう。

本書ではこの「日常のなかに潜む危機」という観点から作業仮説として以下の三つの疑問を設定し、古今東西の都市を事例に「危機」そのものの性格づけを歴史的に再考することにしたい。

第一の疑問は、「危機」とされる事態は都市にとって本当に危機なのかという点である。災害や人口減少のような事態は危機として自明視されがちだが、それによって都市全体ははたしてどのような変化を迎えてきたのだろうか。危機によって都市を構成する要素は短期的に更新されたとしても、都市は日常的に小さな更新を積み重ねてきた。はたして何をもって都市は変化したといえるのだろうか。このような問いに答えるためには、危機とされる事態のインパクトや復興過程だけを短期的・局所的に扱うのではなく、前後を含めた長いスパンから都市全体の実態を把握し、そもそも都市にとっての危機とはどのような事態を指すのかを考察する必要がある。いわば都市の危機をいかに評価するかではなく、いかに理解するかから問い直さなければならない。

第二の疑問は、それでは人々は何をもって危機と見なしてきたのだろうかという点である。本書ではこの問いに答えるために都市の危機の規定要因として都市アイデンティティという概念を提唱する(7)。ここで想定している都市アイデンティティとは都市の実態と相互規定的に形づくられ、人々が都市の本質だと感じ、それが失われた時に都市が危機を迎えたと感じられるような人為上の概念である。人々が象徴的に思い描く都市像や集合的な記憶、そして、それらを担保するものと言い換えてもよい。これは第一の疑問をふまえ都市の危機は都市の実態を明らかにするだけでは説明できず、都市アイデンティティという人々の認識を論じる必要があると考えたためである。特に本書では建築や土木インフラ、モニュメントといった具体的な都市空間に着目し、それらが都市アイデンティティの形成と密接な関係を持ち、危機においていかなる役割を果たしてきたかを探る。

第三の疑問は、危機に都市はどのように対処し、実際に存続してきたかという点である。都市は幾多の危機を迎えながらも実態としては多くが存続してきた。本書では権力主体による計画や一般の人々による個別の復興活動も取り上げるが、それ自体の効果というよりも、それらを通じて都市が全体として危機にどのように対応してきたかに注目する。そこから浮かび上がってくるのは都市アイデンティティが巧みに継承されたといえるような事例である。本書ではこのような事例を発掘し、従来の狭義の工学的な技術に代わりうる都市の経験知として位置づける。特に具体的な都市空間に着目し、それらが都市アイデンティティの継承に際して果たした役割について論じる。

本書の髙橋論考が述べるように、これまでの研究では災害が起きた時、新たな復興計画や実際の開発が取り上げられるなど変化の面が着目されがちであった。災害後は大規模な都市改造を行うチャンスとも思われがちだが、実際に計画がその通りに進んだケースは稀である。結論を一部先取りしてしまうと、災害により被害がもたらされても、都市は以前からの傾向に従って復旧が進み、実はあまり変わらないことが多かった。そこではむしろ従前の姿を再現するような力が働いてきたのだった。一方、都市のアイデンティティが危機に瀕しているとみなされるような時、都市の実態は変容しながらも、人々はその総体は連続しているとみなせるような論理を構築しようとしてきた。そこで都市のアイデンティティを継承する鍵となったのは大規模なインフラ整備というよりは、既にある具体的な都市空間であり、それを巧みに読み替えるような知恵が発揮されてきたのだった。

建築史分野都市史の先行研究

本書の特徴の一つに執筆者全員が建築史分野に属しつつ都市史を専攻する若手・中堅の研究者から構成されていることがある。執筆者は建築を始めとする具体的な都市空間に着目するという方法論を共有している。そのうえでそれぞれの専門分野は日本／東洋／西洋、古代／中近世／近現代と各地域・各時代にわたる広がりを備えている。この点が場所や時代により専門が細分化されがちな文献史研究に対する大きな違いとなっている。

一方で建築史分野の都市史研究者は具体的な都市空間に着目するという方法論において、その独自性が問われ続けてもきた。一九八〇年代後半以降、都市空間を都市社会と相互に密接不可分な関係のものとして捉える「社会＝空間構造」論が唱えられ、なかでも近世都市史研究において日本史分野と建築史分野の共同研究が進んできた[8]。これにより研究水準が飛躍的に上昇した一方で、文献史料を用いた分析が重視される傾向も生まれた。そこでは建築史分野の都市史研究は「人々や社会を念頭におきながらも……空間そのものに都市の様々な相が刻印されている、あるいは構造化されている」（伊藤毅）[9]、「空間や土地といったものを媒介とした人やモノの関係性の中に……政治過程史とは異なる次元のパースペクティブを描けないか」（中川理）[10]といった立場を表明してきた。本書の執筆者の一人でもある岩本馨は都市史の方法論を空間史、社会史、文化史の三つに整理し、空間史を「人間によって築き上げられた環境（Built Environment）の構造を解明するもの」と定義している[11]。そこでは都市が道路や街区、都市施設や住宅などから構成される物理的な空間であることを改めて自覚したうえで、どのような視角が切り開けるかが問われている。本書はこのような問いに対する一つの試みとして構想された。またそうした近年の試みとして建築・都市空間に内在する時間に着目した加藤耕一の著作や、同様の観点から都市空間の維持や存続に着目した髙橋元貴の著作を挙げておきたい[12]。

次に災害史に関する研究に特化して見てみよう[13]。建築史は歴史学の一分野であると同時に、日本においては工学に属する建築学の一分野でもある。日本の建築学は耐震構造の分野など災害と密接な関係のもとで発展してきた。そこでは同時代の状況が研究に色濃く反映されてきた。建築史も例外ではなく、特に文化財保存の分野では、災害を契機として研究が進展してきた[14]。建築史分野の都市史研究においても以前から災害と都市の関係を問うような研究がなされてきたことは現在、改めて注目されてよい[15]。

特に二〇一一年の東日本大震災以後は建築史分野の都市史からの研究が増えつつあり、それらは大きく二つに分けられよう。第一に被災地についての即地的な都市史研究である[16]。過去に繰り返して津波が襲ってきた被災地において、現状に刻み込まれた災害の履歴を明らかにし、被災地の人々が今後の復興に向けて役立つような知見を提示しようとするもので、震災の直後から行われてきた。第二に歴史上の様々な場所を比較しつつ、比較的大きな枠組みから災害の意味を振り返ろうとするような試みである[17]。これらは数世紀から千年単位といった長期的な時間の幅を設定して、地質やプレートテクトニクスといった都市を規定する自然環境に着目しているものが多いのも特徴である。

ここでは後者のなかで伊藤毅が提起する「領域」という概念についてふれておきたい。伊藤は東日本大震災後に水没した被災地に行政区を超えたまとまりを見出し、それを「領域」と表現し、都市の危機は領域の視点からでなければ読み解けないとする。伊藤は領域を単なる水平方向の広がりではなく、政治的・経済的圏域や、地下や天空といった垂直方向の広がりを含む概念と説明する。そして、危機は都市固有ではなく、人間の居住域と不可分な「領域」の問題だとし、都市史に代わる領域史という枠組みを措定している。伊藤の議論は単に都市外に対象を広げたというわけではなく、それ自体が方法論の提案となっており、無自覚に都市の存在を前提としがちな従来の都市史研究に対する鋭い批判となっている(18)。ただ都市(の危機)を規定するものとして領域を位置づけるならば、領域史は都市史に代わるというより都市史を構成するものともいえる。領域史は自立するものなのか、都市史の一分野なのか。都市史というカテゴリを脱構築するような視点が打ち出された今、我々がそれをいかに引き受け、具体的な研究として応答していくかが問われている。

これに対し、本書は都市史の立場から危機自体を再考することが依然として大きな課題であり続けているという立場に立つ。そして、前述してきたような近年の建築史・都市史研究の新たな潮流を取り込みつつ、建築・都市空間の実態や都市アイデンティティという人々の認識の解明を通じて都市自体の見方を深化させようとする。このことは本書の扱う時間的スパンにおいても特徴として現れている。すなわち近年の自然環境を視野に入れた研究に対し、本書はそれらより若干短いスパン、いわば人間が認識できる範囲の一世代くらいの中期的なスパンを主として扱っている。

都市は危機を繰り返し経験し、また共存しながら歴史を刻んできた。そこで得られた経験知やそれにもとづく技術・文化は都市空間やそこに作り上げられてきた生活慣習などのなかに蓄積されている。しかし、それらが明文化された記録の形をとることは少なく、都市を総体として捉えようとする都市史のアプローチによって初めて明らかになるものである(19)。本書の試みは普遍的な適用を前提としがちな近代的な工学技術に代わり、各都市固有の技術・文化を見出し、都市の歴史的・地域的な個性を回復しようとするものに他ならない。我々はそこに建築史分野に属しながら都市史を研究することの一つの存在意義を見出している。

二　本書の構成

本書は冒頭で示した三つの作業仮説に対応した三部からなる。一部では都市空間の実態からその変動と定常性について考察する。二部では人々が危機と感じるような事態を都市アイデンティティという観点から考察する。三部では都市が都市アイデンティティを継承するように行ってきた危機への対応を考察する。各部は日本とそれ以外の地域に分けたうえで、ひとまず古いものから時間軸に沿って並べられている。各論考は重点の置かれた作業に応じて各部に振り分けられているが、すべての論考が三つの作業仮説という方法を共有していることを断っておきたい。

一部第一章の岩本馨「大火と武家地―明暦の大火再考―」は、都市のリセットとして理解されがちな明暦の大火について、江戸のうち最も広い面積を占め被害も甚大だった武家地を対象に、その空間構造がどこまで変容したかについて再考する。被災した武家屋敷だけでなく非被災地の武家屋敷や、大火以前の状況にまで目配りした結果、大火の前後で大きな方針転換は見出せず、大火後に時代を画するような都市改造が行われたという従来の評価が妥当ではないことが明らかにされる。岩本は幕府の主体的な都市開発は既得権に強く拘束されていたこと、それが測量・記録技術の発展をもたらしたことを指摘する。

第二章の栢木まどか「震災と不燃化―関東大震災からの復興と東京の建築―」は、関東大震災からの復興過程を題材に、不燃化が実際にどこまで進んだかを明らかにする。従来の評価では表通りなど一部地区のいわば「図」の部分の復興が喧伝されがちだったのに対し、それ以外の大半を占めた「地」の部分の実態をみることで、実は東京の大部分は木造建築のままで第二次世界大戦に突入した様子を示す。ただ「地」の部分でも人々の意識は変化しており、その表れとして復興建築の自主的な建設や伝統的な木造社寺建築を鉄筋コンクリート造化する際の議論、看板建築にふれる。

第三章の福嶋啓人「温泉町と源泉枯渇―近代加賀山代温泉を事例として―」は、自然資源を糧に成立した温泉町という都市類型を題材として、既存の泉源がすべて枯渇する事態に陥った全国的にも珍しい例である山代温泉を取り上げる。泉源枯渇がもたらした温泉町の動揺の背景には権力主体や湯の権利関係の変化があり、それ以前からの旧体制が社会変化や法制度の導入に対応しきれずに少しずつ生じていた綻びが一気に表出したものであった。特に湯量・湯温の低下という自然条件の変化と社会構造や権利観の変化が同期して現れる点に温泉町独特のあり方が見出せる。

第四章の川本智史「他王朝による征服―オスマン朝とイスタンブルの復興―」は、他王朝により征服と復興がなされたコンスタンティノープル＝イスタンブルの復興過程に着目する。本書の他の論考が基本的に同じ権力主体による危機・復興を経験した都市を扱うのに対し、それらと異なる点が注目される。この外形的な特徴として土地・建物の所有権がスルタンに一元化されたこと、一方人口回復が課題だったことが挙げられる。そして、キリスト教会をモスクにするなど空間の大規模転用が行われて都市アイデンティティの継承が図られたこと、スルタンが建物を無償付与しても移住者が逃散するなどその意向は必ずしも受け入れられなかったこと、反抗勢力が相反する都市アイデンティティを持ち出して抵抗したことなどが明らかにされる。

第五章の岩城考信「水都と近代化―近代バンコクの水路の汚濁と埋立て―」は、二〇世紀初頭のバンコクの水路ネットワークが幹線水路、支線水路、小水路とロン・スアンの三段階からなり、それらが都市化や土地所有権の確立にともなって緩やかに崩壊していたことを示す。現在のバンコクの水路が抱える問題が既にこの頃に見出せる一方で、この時期に水路と道路がより密接に結びついて多様な水辺空間が形成されていた。岩城は抜本的な改造でなく対処療法的な当時の対応に今後の水辺空間への示唆を見出している。

第六章の鈴木真歩「アメリカ都市の衰退―ロウハウスの街ボルチモアの荒廃過程―」は、資本主義経済下で起きたアメリカ都市の衰退について、ボルチモアの荒廃過程を具体的に示す。アメリカ都市の危機が叫ばれるのは公民権闘争が激化する一九六〇―七〇年代だが、鈴木はそれ以前の都市居住にその後の萌芽を見出している。そこでは白人と黒人がともに都心部に居住するものの、通りや街区別に住み分けがみられた。また、ボルチモアの特徴として他都市に比べ都市発展の時期が比較的古く、そのために伝統的なロウハウスが黒人居住区となりその建物特性が独自の影響を及ぼしていた点を指摘し、アメリカ都市の衰退にも多様性があることを示している。

二部第一章の登谷伸宏「防御施設と共同体―中近世移行期京都における権門寺社の構と地域社会―」は、軍事的な「危機」が常在した当時の日本各地に現われた、都市や集落の全体を囲繞する惣構を取り上げる。これまで地方の戦国城下町、寺内町を中心になされてきた先行研究に対し、既存都市である京都、特に権門寺社の事例を取り上げたものである。権力主体は惣構に支配の象徴を、住民は領主により保証された「安穏」「平和」を見出しており、両者は惣構を通じて相互に協力する関係にあった。しかし、地縁の介在する濃密な関係は織豊政権による「平和」の実現により徐々に解体していく。

第二章の岸泰子「天皇・院の崩御と町―光格院葬送時における三井家の動向―」は、近世期の天皇の崩御という、国家運営や京都の都市社会の存続に動揺をもたらしかねない事態を扱う。禁裏側は細心の注意をはらい葬送儀礼を行っていくのに対し、京都の町側は権力者の死という定期的な危機に対する経験を蓄積することで、葬送儀礼を見物するためのイベントとしての価値を見出していた様子を明らかにしている。

第三章の髙橋元貴「火災復旧と維持管理—近世江戸の鳶人足と都市空間の定常性—」は、災害からの復興の過程を新たな開発や計画という観点から捉えるのではなく、都市における災害を平時との連続性のなかで捉えようとする。具体的には幕末の火災を題材に鳶人足の職分と町場復興（「焼土瓦取片付」）の実態を明らかにし、それを都市空間の維持管理労働として位置づけている。髙橋は従来知られていなかった日常時の鳶人足の意義を見出し、巨大都市江戸では火事が鳶人足仲間＝町火消組合の成熟を促す契機となっており、その意味で再帰する火事がむしろ都市空間の定常性を強化していったことを指摘する。

第四章の三宅拓也「明治維新と都市—第一回京都博覧会による都市整備—」は、近世からの社会構造が大きく変容し、その存立に転換を迫られた明治維新期の都市について、特に天皇奠都や廃仏毀釈の広がりで力を弱めた京都を題材に検討する。その後に行われた行政主導による本格的な都市改造に対し、第一回京都博覧会は都市整備の技術や制度が未熟ななかで、都市衰微に対応するイベントとしてその後につながる成果をもたらした。そこでは明治維新以前からの有力町人が大きな役割を果たし、京都御所の維持管理にも受け継がれてゆく。

第五章の青木香代子「都市の衰亡とモニュメント—ヴェネツィアの危機とサン・マルコ広場への建築的介入—」は、一六世紀の二つの時期に行われたサン・マルコ広場の改造が、ヴェネツィアの交易や領域支配における危機、あるいは内政の変革とそれにより激化したローマ教皇との対立という、それぞれ別の都市の危機を背景に進められたことを指摘する。都市への危機感が象徴的な場所であるサン・マルコ広場において優れて表象されていたことを明らかにするものであり、青木は衰亡期のモニュメントに勃興期・発展期とは異なる特徴を見出そうとしている。

三部第一章の満田さおり「内裏焼亡と移転—平安宮内裏の火災と再生—」は、古代平安京の核である内裏のたび重なる焼亡により、仮皇居（里内裏）が常態化し、いかに使われていったかを明らかにする。朝廷儀式は連続させることを重視するものとオーセンティシティを重視するものとに分けて理解されていたのであり、そこからは宮中の人々が内裏の本質をいかに読み取り、取捨したかが浮かび上がる。内裏はその後、寛政二（一七九〇）年に平安復古形式で新たに造営され現在に至るが、満田は危機が内裏の本質を浮かび上がらせ、歴史的意義を自覚させる契機となってきたことを指摘する。また、里内裏としての京中への移転は、都市や都市住宅にも影響を与えるものであった。

第二章の初田香成「災害と仮設建築―関東大震災後のバラックと住宅困窮者―」は、関東大震災の後に設けられた「バラック」と呼ばれる仮設建築を題材に、災害復興過程での都市空間の使われ方と、災害によって浮き彫りとなった不安定な居住層の動向の一端を明らかにする。いわば法律のすき間で露呈した問題に対し、人々がバラックを建設することで、物理的空間としての特性を生かして、生活再建を果たそうとしていたことを示し、災害時に仮設建築が果たす役割を考察するものである。

第三章の赤松加寿江「城塞都市の平和―ソアヴェにおける空地と居住―」は戦乱が不断に続いた中世イタリアでつくられた城塞都市ソアヴェを取り上げる。城塞都市は周囲の大都市や都市外の多様な主体の力の均衡の上に成立した、いわば他都市のためにある都市、居住しない都市であった。戦乱を前提としたソアヴェにとって一六世紀以降に訪れた平和は都市としての本質が問われる新たな危機であり、赤松はこの過程で特に空地が果たした役割を指摘し、産業衰退や人口減少を課題とする現在の都市への適用可能性を見出している。

第四章の東辻賢治郎「大火というリスク―一六六六年ロンドン大火と都市図―」は江戸の明暦の大火とほぼ同時期に起きたロンドン大火を取り上げる。当該期は火災保険が普及するなど、統計学や確率論の成立を前提に近代的なリスクの概念（計量可能なものとしてのリスク）が生まれたとされる。東辻はそれと同期する動きとして、大火の前後の都市図の描写の変化や詳細な地籍調査を検討し、都市に対する人々の認識の変化を見出している。よく知られるように、大火後には複数の見事な再建プランが提案されるが、実際には従前の都市をそのまま再建するという選択がなされる。しかし、これは集合的な危機経験としての大火から、都市の連続性を担保していくための困難な事業であった。

第五章の會田涼子「景観に配慮した防災技術―一九世紀フィレンツェにおける水害と都市改造―」はたびたび洪水にさらされてきた災害都市・フィレンツェの水害対策を含む都市改造を取り上げ、それが景観に配慮して実施された背景を考察する。歴史的な建造物を多数抱えたイタリア都市では近代化過程でも常に過去をどのように位置づけるかが議論され、特に統一イタリアの首都となったフィレンツェではそれが重要視された。そこでは過去の水害対策の蓄積と、ルネサンス期のイメージを抱いていた外国人の視線を踏まえて、外縁部で大規模な都市改造が行われた一方で、都市の内部では文化都市として遺構や美観を重視したデザインがなされていた。フィレンツェにおいては水害対策は都市に顕在化するというより、他の事業や目的に編み込まれて内蔵されたのだった。

注

（1）山下祐介・金井利之『地方創生の正体　なぜ地域政策は失敗するのか』（ちくま新書、二〇一五年）。
（2）牧紀男『災害の住宅誌―人々の移動とすまい―』（鹿島出版会、二〇一一年）。
（3）「特集「近代復興」再考　これからの復興のために」（『建築雑誌』一二八―一六四二、二〇一三年三月）。
（4）鬼頭宏『人口から読む日本の歴史』（講談社学術文庫、二〇〇〇年）。
（5）伊藤毅、フェデリコ・スカローニ、松田法子編『危機と都市―Along the water―』（左右社、二〇一七年）。
（6）土居義岳「危機に際しての都市の衰退と再生に関する国際比較」（『土居義岳の建築ブログ』http://patamax.cocolog-nifty.com/blog/2015/04/post-d013.html、二〇一七年九月一〇日閲覧）。
（7）都市アイデンティティという概念については、既に国際的・都市史的視点からみた都市再生論［若手奨励］特別研究委員会『国際的・都市史的観点からみた都市再生論に関する研究』（日本建築学会、二〇一二年）、高橋康夫「平安京・京都と危機」（伊藤、フェデリコ、松田前掲注(5)書）などで提唱されている。

(8) その成果として高橋康夫・吉田伸之編『日本都市史入門』全三巻（東京大学出版会）、高橋康夫・宮本雅明・吉田伸之・伊藤毅『図集日本都市史』（東京大学出版会、一九九三年）、吉田伸之・伊藤毅編『伝統都市』全四巻（東京大学出版会）などがある。

(9) 伊藤毅『都市の空間史』（吉川弘文館、二〇〇三年）。

(10) 中川理「〈学界展望〉日本近代都市史」（『建築史学』二六、一九九六年）

(11) 岩本馨「日本近世都市史」（『都市史研究』一、二〇一四年）

(12) 加藤耕一『時がつくる建築リノベーションの西洋建築史』（東京大学出版会、二〇一七年）、髙橋元貴『江戸町人地の空間史―都市の維持と存続―』（東京大学出版会、二〇一八年）。

(13) 災害史に対し、近年の人口減少については建築学では既に都市計画分野などにおいて現在進行中の問題への対応として蓄積がある一方で、建築史分野では都市の人口減少という点を明示して、都市の歴史を振り返るような研究は少ないように思われる。そのなかで加藤前掲注(12)書はそのような時代認識のもと、西洋建築における再利用の歴史を取り上げ、建築の長い歴史からみれば既存建物の再利用も本質的な建築行為であったことを論じている。

(14) 加藤邦男編『阪神淡路大震災と歴史的建造物』（思文閣、一九九八年）、東日本大震災合同調査報告書編集委員会『東日本大震災合同調査報告』全二八編（日本建築学会、二〇一三年〜）、野村俊一・是澤紀子『建築遺産保存と再生の思考―災害・空間・歴史―』（東北大学出版会、二〇一二年）など。

(15) 伊藤毅「都市史のなかの災害」（『図集日本都市史』東京大学出版会、一九九三年）、福井憲彦・陣内秀信編『都市の破壊と再生―場所の遺伝子を解読する―』（相模書房、二〇〇〇年）、越沢明『復興計画―幕末・明治の大火から阪神・淡路大震災まで―』（中公新書、二〇〇五年、その後『大災害と復旧・復興計画』岩波書店、二〇一二年として改題）、田中傑『帝都復興と生活空間―関東大震災後の市街地形成の論理―』（東京大学出版会、二〇〇六年）、「特集　災害と住文化」（『すまいろん』二〇〇九年冬号、二〇〇九年）などがある。

(16) このごく初期の試みに都市計画遺産研究会「三陸海岸都市の都市計画／復興計画史アーカイブ」（https://www45.atwiki.jp/sanrikuplanning/）、明治大学建築史・建築論研究室「三陸海岸の集落　災害と再生―一八九六、一九三三、一九六〇―」（http://d.hatena.ne.jp/meiji-kenchikushi/）の活動があり、その後の成果として岡村健太郎『「三陸津波」と集落再編―ポスト近代復興にむけて―』（鹿島出版会、二〇一七年）などがある。

（17）都市史研究会『年報都市史研究二〇 危機と都市』（山川出版社、二〇一三年）、伊藤、フェデリコ、松田前掲注（5）書、中谷礼仁『動く大地、住まいのかたち―プレート境界を旅する―』（岩波書店、二〇一七年）などがある。

（18）本書でも領域という視点については赤松論考が論じているが、本書全体では本格的な展開をみてはいない。

（19）小林英之は既に同様の問題意識を示している。小林英之「防災・長崎・歴史」（稲垣榮三先生還暦記念論集刊行会『建築史論叢 稲垣榮三先生還暦記念論集』中央公論美術出版、一九八八年）。

第一部　危機と都市の定常性

第一章　大火と武家地

——明暦の大火再考——

岩本　馨

はじめに——大火と江戸——

その日も、北風は強かった。

明暦三（一六五七）年正月一八〜二〇日にかけて勃発した連続火災は、風に煽られて爆発的に拡がり、当時の江戸の中心部を焼き尽くした。犠牲者は数万人に及んだとされる。木造建築が大半を占めていた江戸はしばしば火事に見舞われ、明和九（一七七二）年、文化三（一八〇六）年にも大規模な火災が発生している。それでもこの明暦の大火は群を抜いて被害が大きく、世界史的にみても最悪規模の都市火災であったといえる。

大火による市街地焼失は、しばしば都市のリセットとして理解されやすい。例えば内藤昌は明暦の大火を新たな都市計画の契機として評価し、その内容として、①御三家の城外転出、②大名屋敷の移転、③社《（ママ）》寺地の郭外転出、④火除地の新設、⑤市区改正、⑥市街地の造成の六点をあげ、「ここに巨大都市《メトロポリス》——大江戸が出現するわけである」と結論づけている。[1]このような理解は、黒木喬の『明暦の大火』[2]をはじめとした、その後の研究においてもやや無批判に継承されているように思われる。

しかし本来、市街地の被災とその後の都市改造との関係については必ずしも自明ではない。改造を伴わない復旧も選択肢の一つとしてありえるし、災害後の施策のようにみえるものであっても、実際にはそれ以前から検討・着手されていた場合もありえる。明暦の大火についても、その被害の大きさが甚大であったがゆえに、その後の「都市改造」が過大評価されてきたきらいはなかったか。そこで本章では、江戸のうち最も広い面積を占め、被害も甚大であった武家地を対象として、明暦の大火が江戸武家地の空間構造を果たしてどこまで変容させたのかについて再考してみたい。

大火前後の江戸の武家地についてはすでに黒木喬による基礎的研究がある。[3]黒木は大火を挟んだ前後五年、すなわち承応元（一六五二）～寛文元（一六六一）年の一〇年間を対象として武家屋敷の移動を検討している。しかしそれは主として拝領件数の統計を軸とした総体的把握であり、[4]個々の移動実態への分析は十分ではない。そのため、論文のある箇所では、「たとえ〝明暦の大火〟がなかったとしても、江戸の都市計画は徐々に実行に移されたことであろう。大火はただそれを促進・徹底・拡大させる大きな要因となったのである[5]」との重要な指摘をしていながらも、全体としては前述の内藤の枠組みにとどまってしまっている。求められるのは、幕府による都市改造という先入観を離れたうえでの、屋敷移動の徹底的な分析ということになろう。

一　大火の実態

大火の経過

まず、明暦の大火の経過と被害の実態についておさえておきたい。従来、大火の経過については浅井了意による『むさしあぶみ』（万治四〈一六六一〉年）がよく用いられてきたが、仮名草子としての性格上文飾が多いことから、本章ではあえてこれに依拠せず、幕府の公式記録としての『年録』(6)（『江戸幕府日記』）の記事にもとづいて、より確度の高い情報を整理しておく。

大火は大きく三つの連続火災からなっている。第一の火災は正月一八日で、昼過ぎに本郷丸山の本妙寺から出火した。『年録』は以下のように記す。

十八日北西風甚吹　未刻、本郷六丁目本妙寺より火事出来、其節風吹烈故、風下江焼立、其より本郷筋・神田東本願寺不残焼、其より上枕（柳）原佐竹修理太夫屋敷ゟ本町、横山丁、向嶋霊巌寺、八丁堀、木挽町迄不残焼失、人方々ニ焼死、

このように、火元は市街地北部の本郷であったが、強い北西の風に煽られて火は瞬く間に拡がり、神田から霊巌島、木挽町付近までを焼き尽くした。この火災は翌日未明には鎮火したものの、昼前に第二の火事が勃発する。

十九日北西風甚吹　午上刻、新鷹匠町ゟ火事出来、甚風悪敷風下江焼出、松平式部大輔屋敷江火移、水戸殿御屋敷、水野備後守、吉祥寺、神田台、夫ゟ左馬頭殿、右馬頭殿御屋敷へ移、酒井紀伊守、稲垣信濃守、本多美作守、土屋但馬守、百間蔵、御花畑迄焼失、

一、午下刻、御天守ゟ火入、御本丸幷二丸不残炎上、申上刻西丸江渡御、

今度の火元は小石川新鷹匠町で、やはり風に乗って水戸屋敷から江戸城方面へと延焼し、天守・本丸・二丸も炎上した。将軍家綱は西丸に避難し、難を逃れた。さらに夕方に第三の火事が起きる（括弧内引用者）。

一、申刻、糀町七町より出火、六町目、同五町目、同四丁目、三町目、弐町目、壱町目、夫より松平越後守小屋移、（以下、被災屋敷名）、此外大小簱本不残焼失也、

火は麴町の町家から出て、半蔵門外、外桜田、愛宕下へと拡がり、大名屋敷群を潰滅させた。

以上の連続火災により、郭内では番町を除くほぼ全域、郭外では小石川・湯島・愛宕下などの市街地が灰燼と帰したのである。

被災した武家屋敷

『年録』にはこの時の「類火の面々」として、大名・旗本計一四七名の人名が記載されている。大名などは複数の屋敷を拝領する場合も多いので、被災屋敷の数はこれを上回る。

そこで先の『年録』の記述を参考に、被災した可能性のある屋敷をプロットすると図1のようになる（番号は『年録』の記載順）。ここには計一九六の屋敷が数えられ、うち大名屋敷は一五七屋敷である。『玉露叢』は、明暦の大火で焼亡した大名屋敷を一六〇軒と記録しており(7)、この数字はほぼ妥当であるといえよう。これだけの被害が出た江戸の武家地に対し、幕府はどのように手を打ったのであろうか。

図1　『年録』記事から推定される被災大名屋敷の分布（「明暦江戸大絵図」〈三井文庫所蔵〉上に筆者加筆）
番号は『年録』の記載順を示す.

二　大火被災地の武家屋敷

屋敷拝領の情報

明暦の大火前後の武家屋敷移動については、「屋敷渡預絵図証文」（旧幕引継史料、国立国会図書館所蔵）のような幕府による記録が作成されていない時期であるため、その全貌を知ることは困難である。ただし『年録』には大名および要職の旗本の屋敷拝領が記載されることがあり、また大火後、寛文一二（一六七二）年までの重要な屋敷移動については『府内備考』に項目があることから、拝領動向についての手がかりを得ることができる。(8)

このほか、拝領時期は特定できないものの、屋敷移動を知るための史料として江戸図がある。ここではⒶ「寛永江戸全図」（臼杵市立図書館所蔵、景観年代寛永二〇〈一六四三〉年頃）、Ⓑ「新添江戸之図」（国立国会図書館所蔵、同明暦二〈一六五六〉年頃）、Ⓒ「明暦江戸大絵図」（三井文庫所蔵、同明暦三年末～四年初頭）、Ⓓ「寛文六年江戸図」（国立国会図書館所蔵、同寛文六年頃）、Ⓔ「寛文五枚図」（同館所蔵、同寛文一〇～一三年頃）の五種類の絵図を利用した。(9)このうちⒶとⒸは幕府公用の手書図、Ⓔは幕府による実測図を原本とした木板図で、いずれも府内全域をカバーしており、信頼性も高いと考えられるため中心として利用する。一方ⒷとⒹは江戸中心部に範囲が限定され、屋敷の省略も認められるため信頼性は下がるが、絵図の空白期を埋める貴重な図であることから補足的に用いることとする。

以上の基本史料をもとに、先に内藤昌が指摘した大火後の幕府の都市政策について再検証を行いたい。

将軍近親者の移転

将軍近親者として最も人口に膾炙しているのは、徳川家康の子を祖とするいわゆる「御三家」であろう。三家の屋敷は江戸城内堀内の鼠穴に立地しており〔は〜ほ四〕（以下図1中の位置と番号〈該当する場合のみ〉を示す）、大火では類焼を免れていたが、五月一四日にいずれも幕府から移転命令が下っている。これにより尾張家の徳川光友は四谷門内の屋敷を再拝領し〔に五〕、紀州家の頼宣もその隣に屋敷を与えられた〔同〕。水戸家の頼房は小石川の屋敷〔い四3〕を拡張してこれを上屋敷に改めている。

ただし移転したのはこの三家のみではない。やはり徳川家康の子秀康を祖とする越前家は、龍之口上屋敷〔に三17〕と霊巖島蔵屋敷〔に一17〕を火災にやられ、上屋敷については三家と同日に浅草橋門内の西本願寺旧地〔は一〕に替地を与えられている。

また将軍家綱の弟である綱重・綱吉兄弟の屋敷はそれぞれ江戸城竹橋門内〔は三5〕、一橋門内〔同6〕にあったが、ともに被災し、三月三日にともに神田橋門内に移転命令が下った〔に二三19／はに二三15・21〕。この移転後の屋敷は江戸城大手門の至近の位置にあり、兄弟は三家よりも将軍にはるかに近い血縁者であることを考えるならば、三家屋敷の移転のみをもって「近親者を城下近くに配するという城下町構成の鉄則はまずくずれ」(10)たと評価してしまうのは早計であるといえよう。

龍之口と西丸下での大名屋敷移転

次に一般の大名に目を向けると、江戸城東側の龍之口と西丸下において動きがみられる。まず龍之口では、三月三日に老中の酒井忠清が屋敷〔に三13〕を松平乗久屋敷〔同12〕に拡張し、玉突きで乗久は土井利隆屋敷〔は三106〕に、利隆は筋違橋門内の誓願寺（浅草に移転）旧地〔は二〕に連鎖的に移転することになった。これは大火によるものというよりは、酒井忠清の幕府内での勢力拡大に伴う動きとしてみるべきであろう。

西丸下でも同日に阿部忠秋（老中）・水野忠善・稲葉正則が屋敷を移転しているが、いずれもすぐ近隣地への移転ないし拡張である〔に三〕。いずれも大火との因果関係は不明であるが、被災を契機とした屋敷調整であったとも考えられる。

被災大名屋敷の動向

では、被災地全体ではどの程度の大名屋敷が大火後に移動したのであろうか。先にあげた図1では、『年録』の記述をもとに被災した可能性のある屋敷をプロットしたが、これらを大火後の屋敷拝領記事や絵図史料と比較して、寛文六（一六六六）年までの九年間で移転したことが確認できる屋敷（ただし相対替など、拝領者本人の意思による移転の場合を除く）を白抜きの数字で示した。

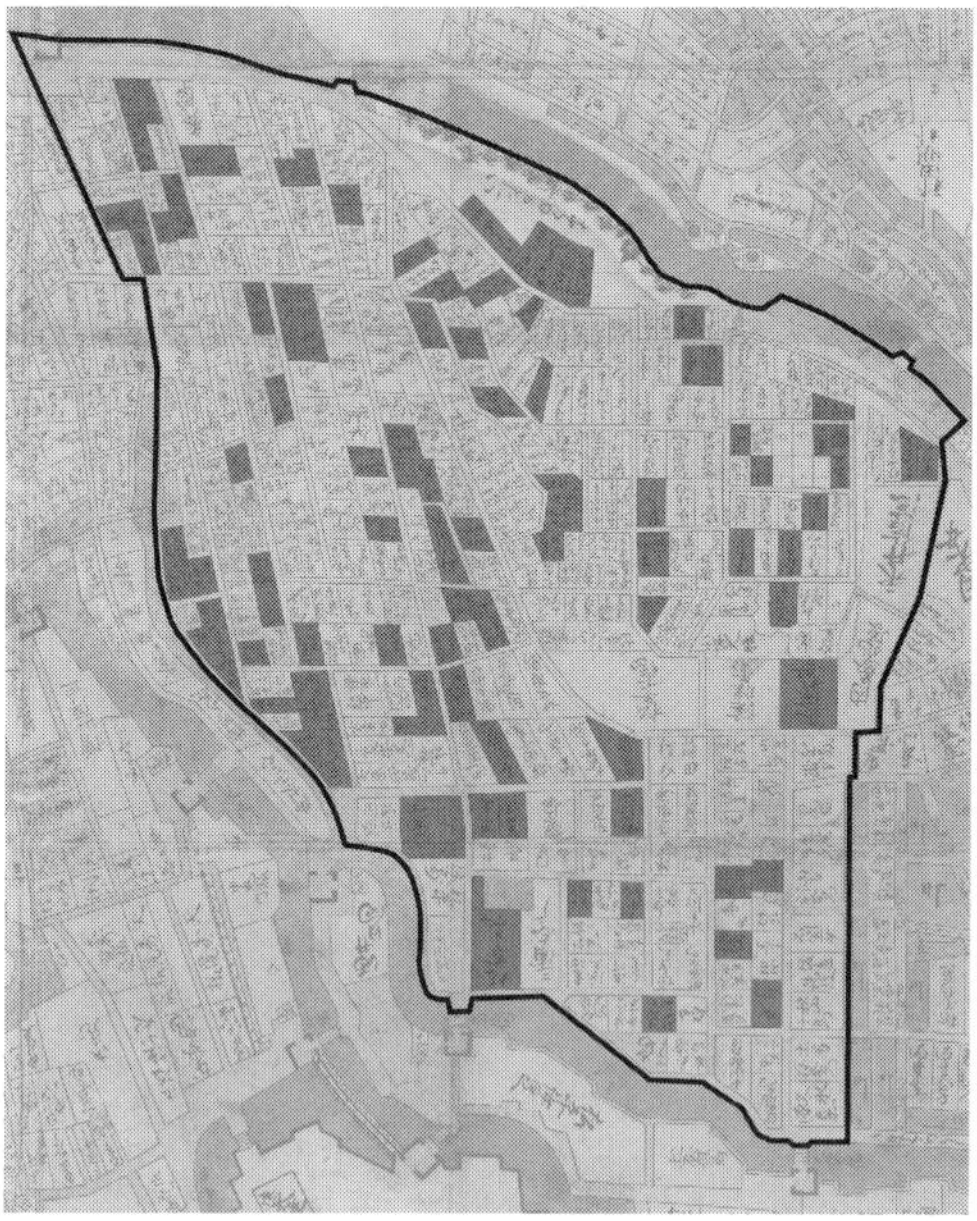

図２　小川町・駿河台地区の屋敷移動（「明暦江戸大絵図」〈三井文庫所蔵〉上に筆者加筆）
網掛けは「寛文五枚図」に異なる拝領者がみえる屋敷を示す.

この分布をみる限りでは、移転の確認できる屋敷は少数であり、かつ散在していることがわかる。『年録』明暦三（一六五七）年二月一〇日条では「屋敷替割所々」として「龍之口之内、竹橋之内、常盤橋之内、代官町、雉子橋之内」があげられ、確かにこれらの地区では移転の集中がやや目立つが、ここにも残留した屋敷も確認され、全面的な再編とまではいえない。また逆にいえばそれ以外の地区では現地での復旧が原則であったとみるべきであろう[11]。

被災旗本屋敷の動向

旗本屋敷についてはどうか。江戸城近辺の旗本屋敷集中地区としては番町と小川町―駿河台が知られる。前者の屋敷群は風向きの関係で類焼を免れたとみられるが、後者のそれは大半が焼亡したものと考えられる。

図2に示したのは、「明暦江戸大絵図」の小川町―駿河台地区周辺部分であるが、太枠内すなわち大火直後の小川町―駿河台地区の屋敷（人名の記載のあるもの、少数の大名屋敷も含む）は三五四筆を数える。このうち、寛文一〇年の「寛文五枚図」において拝領者が変わっていることが確認される屋敷は三割弱の一〇〇筆である（図の網掛け部分）。一二年間での差であることを考えると大規模な流動とはいいがたく、分布をみても移転屋敷は散在しており、街区形態にも変化は認めがたい。次に述べる火消屋敷の新設を除いては、幕府による明確な都市改造の形跡を認めることは困難である。

定火消新設と火除地

大火後の幕府の防災政策としては定火消の新設と火除地の開設が知られている。定火消は消防組織の指揮を行う役職として、大火翌年の万治元（一六五八）年に設置されたもので、当初は寄合四人が就任した。その後漸次増員がなされ、寛文二年までには定員一〇名となった。

この定火消には役務遂行のために役屋敷（火消屋敷）が与えられた。役職の性格上、立地も重要な意味を持つため、屋敷地の確保にあたっては従前の屋敷の収公を伴った。寛文二年までの火消屋敷を表・図3に示す。この一〇ヵ所のうち三ヵ所（秋山・町野・堀田）は旧寺地への設置であり、一ヵ所（水野）は七筆の屋敷地を統合したものであるが、このうち五筆分が明地であった。このように、火消屋敷の設置については幕府の主導性が見出せるものの、幕臣の拝領屋敷への影響がなるべく小さくなるような配慮もなされていたと考えられる。

表　定火消役屋敷の設置

就任年	定火消氏名	地域	前拝領者と移転先
万治元	内藤甚之丞正吉	飯田町	三宅隼人康勝→小石川／三宅半七郎重吉→木挽町
万治元	近藤彦九郎用将	半蔵門外	保々七郎兵衛貞俊→半蔵門外／市川太左衛門友昌・中沢半兵衛吉清・小宮山長左衛門吉重→築地
万治元	秋山十右衛門正俊	御茶ノ水	高林寺→駒込
万治元	町野助左衛門幸長	小石川	大泉寺→関口／戸田久助貞吉→？
万治２	永井十左衛門直孟	半蔵門内	大久保市十郎忠高→神田橋門外／玉虫助十郎清茂→築地／日下部五郎八定芳→？
万治２	水野半左衛門守政	駿河台	外山忠兵衛正春→？／加藤市左衛門正長→？／明地
万治３	山口半左衛門重直	八代洲河岸	酒井長門守忠重→本所／坂部三十郎広利→？／河野良以通宗→幸橋門外
万治３	内藤弥三郎重頼	田安門内	久世大和守広之→西丸下／中條左京信慶→半蔵門内
寛文２	蒔田権佐定行	駿河台	蜷川喜左衛門親房→小川町／山本四兵衛正茂→？／内藤伝兵衛長武→下谷
寛文２	堀田五郎左衛門一輝	市谷	萬昌院→牛込

幕府によるもう一つの防災対策としては火除地の設置がある。これは延焼の防止を目的とした空閑地であり、寛文期までに形成されたのは、①中橋広小路、②長崎町広小路、③大工町広小路、④四日市広小路、⑤筋違橋門内外広小路、⑥御茶ノ水火除地、⑦湯島広小路、⑧両国広小路、⑨田安門外火除地、⑩代官町明地の一〇ヵ所であった（図３）。ただしこのうち半数以上は町人地に設けられており、武家屋敷の移動を伴ったものは、⑤旧太田資宗屋敷〔ろ二110〕、⑦旧小人屋敷、⑨旧三宅康勝・三宅重吉屋敷、⑩旧酒井忠吉・本多忠相屋敷の四ヵ所、延べ五人分にとどまっている。つまり火除地についても幕府の計画意図はみられるものの、やはり幕臣への影響はごくわずかに限定されていたのである。また『東京市史稿』変災篇第四所収の火災記事をみる限り、その後も江戸の広域火災は頻発しており、こうした部分的な対処にどこまで実効性があったかについても疑問である。

図３　大火前後の江戸（「増補江戸大絵図絵入」〈延宝９年，国立国会図書館所蔵〉上に筆者加筆）

三　非・被災地の武家屋敷

旗本屋敷の開発

前節の分析からは、大火で被災した武家地においては現地復旧が原則であり、幕府による介入はごく一部にとどまったことが明らかになった。では被災しなかった武家地は大火後どのように変容したのであろうか。

大火後の屋敷拝領記事として注目されるのは、『日記』の明暦四（一六五八）年七月八日条の以下のような記事である。

一、去五月屋敷被下御小姓組・御書院番・新御番・大御番・小十人・御納戸・御右筆之輩、小石川・牛込・赤坂及海辺之築地ニ而拝領、大御番之輩尾張黄門光義牛込之屋敷近所明地ニ而一所ニ被仰付、(12)

ここでは、小石川・牛込・赤坂・海辺の「築地」において、番方や右筆らに屋敷が与えられた（拝領自体の決定は前年五月）ことが記されている。築地とは、海や低湿地を埋め立てて造成した土地のことをいい、右の史料でいう「牛込」は小日向築地、「海辺」は木挽町築地を指すものと考えられる。また「尾張黄門光義牛込之屋敷近所明地」は、市谷の尾張家屋敷北側の清泰院（加賀前田家光高正室、明暦二年死去）屋敷跡で、市谷加賀屋敷と呼ばれた地区である。記事ではここに大番衆が屋敷を拝領したとある。さらに同年には、隅田川対岸の本所（本庄）地区の田畑収公が開始され、グリッド状の町場が形成される。ここも多くの面積を武家地が占めることとなった。

こうした新規武家地の性格を考えるため、市谷加賀屋敷を事例として検討してみよう。図4は「寛文五枚図」に記載される当該地区の人名を分析したものである。円で囲った人名は明暦四年時点で大番であった幕臣であり、『日

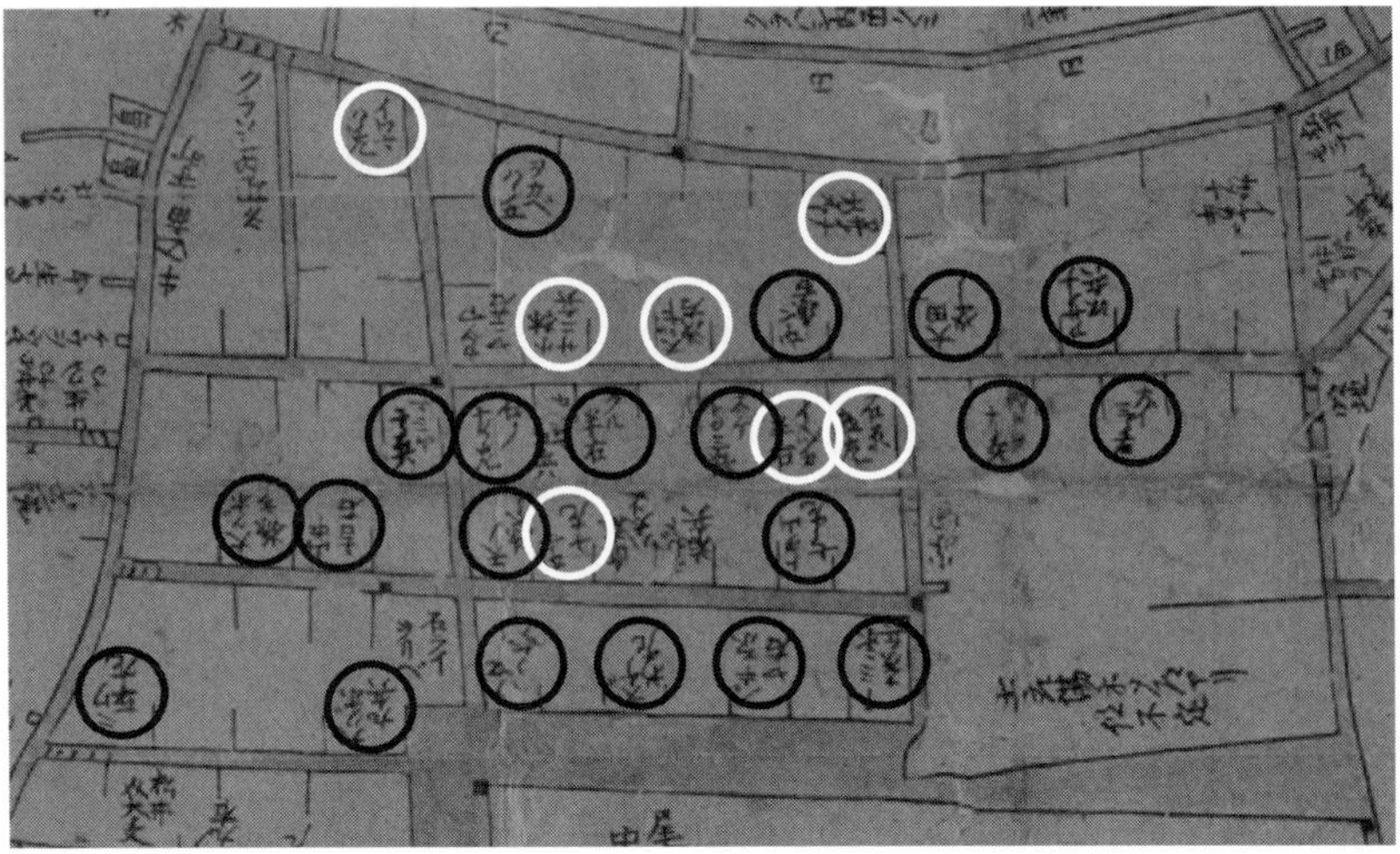

図4　市谷加賀屋敷（「寛文五枚図」〈国立国会図書館所蔵〉上に筆者加筆）

記』の記載の通り市谷加賀屋敷地が大番屋敷地として開発されたことがうかがえる。さらに彼ら大番は、番町から移転した小林左次兵衛を除き、全員が新規の屋敷拝領であったと推定される[13]。つまり同地の開発とは既存市街地からの移転ではなく、屋敷を持たなかった大番への新規給付を目的としたものであったことがわかる。実際、図中白円で囲った幕臣は、本人または先祖がかつて駿府城主徳川忠長に仕え、忠長改易後に浪人となった後に再び幕臣として召し返された人物であった。このような幕臣の増加の受け皿として旗本屋敷地の開発は行われたのである[14]。

下屋敷の給賜

さらに郊外では下屋敷の給賜の動きがみられた。大火後では明暦三年五月二三日に品川海手築地に寄合溝口宣知・宣秋に給賜したのが初見である。その後万治元（一六五八）年閏一二月一九日、寛文元（一六六一）年一二月一五日に大名への大規模な下屋敷給賜が確認できる。これを図示したものが前掲図3の▼印である。これらはいずれも郊外の百姓地に立地していることがわかる。

なぜ大火後に下屋敷給賜が集中して行われたのか。それを考えるうえで、新井白石の『折たく柴の記』の次の一節が参考になる（括弧内引用者)。

我生れしは、明暦三年丁酉正月の火後の事にて、戸部《こほう》(上総久留里土屋民部少輔利直)の第宅もやけたれば、外孫にておはせし内藤右近大夫政親(陸奥泉)のいとけなくて、後に丹後守。幼名は金一郎。戸部の長女宗光院殿と申せしのうみ給ひし所也。柳原におはせし所にのがれ給ひ、にはかに仮屋をうたせて、家人等をもかしこにあつめ置れたるに、その二月十日の辰時に、かの仮屋のうちにてむまれし也(15)。

著者である新井白石の父正済は上総久留里城主土屋利直に仕えて江戸にあった。土屋家は大火当時、常盤橋門内に上屋敷〔に二14〕、箱崎に下屋敷〔に一14〕を拝領していたが、ともに焼亡したため、外孫である内藤政親の柳原屋敷に家臣とともに避難していた。その避難先で白石は生まれたのである。この土屋家のように、江戸城近辺のみに屋敷を有していた大名は、現地での復旧工事を行っている間の居住空間を失い、係累を頼って避難を余儀なくされることとなった。こうした経験から、郊外における下屋敷の避難所としての重要性が認識されることとなったのであろう。実際土屋家も万治元年閏一二月一九日に深川において下屋敷を拝領したのである。

大火後の具体的な下屋敷の拝領過程については、阿波徳島蜂須賀家を事例とした金行信輔の研究がある(16)。蜂須賀家は明暦の大火と万治四年正月の火災で龍之口の上屋敷と鍛冶橋門内の中屋敷・土手屋敷が被害を受け(17)、避難場所としての郊外の下屋敷を必要としていた。そこで蜂須賀家の江戸留守居は万治四年六月に幕府老中に対して二ヵ所の拝領希望地を伝え、希望の重複する大名家との調整なども行った結果、最終的に寛文四年一二月一五日に目黒において一万坪の下屋敷を拝領することに決した。このように江戸郊外は、「大名家によって個別的に好適地が選定され、空閑地を残したまま屋敷地が散在的にスプロールしていくという開発形態(18)」がとられ、幕府による介入は必要最小限にとどまっていたという。

四　前提としての大火以前

ここまで検討してきたのは大火後における武家地の変化であったが、ではこれはそれ以前までの江戸の武家地政策とは異なるものであったのか、あるいは連続したものだったのか。次にそれを検証してみたい。

三家移動の前提

先に、大火後の屋敷移動の象徴として鼠穴の三家屋敷の移転について指摘した。しかしこの動きの前兆はすでに大火前からみられていた。

まず尾張家であるが、大火前年の明暦二（一六五六）年三月七日に市谷において五万四九一四坪の屋敷を拝領していた。その際、それまで拝領していた麴町（翌年鼠穴邸返上の代地として再拝領）・赤坂・千駄ヶ谷の屋敷を返上している[19]。この時点で鼠穴の上屋敷は保持されていたが、この大規模な屋敷の獲得は実質的な居屋敷の変更を企図したものであったと考えられる[20]。

このような動きは紀州家も水戸家も同様であった。紀州家では、寛永九（一六三二）年に赤坂門外に中屋敷を拝領し、その後順次拡張が加えられ、実質的な居屋敷となっていた[21]。水戸家でも大火以前から小石川屋敷が事実上の居屋敷となっており、大火後は上屋敷に唱え替えがなされている。

以上のように三家屋敷の移転という動きは大火以前から既に実質的に進んでいたといえる。その背景としては、多数の家臣団を擁する大藩として屋敷規模の拡大が求められていたことが想定されよう[22]。実際、将軍徳川家綱の弟である綱吉も、大火後に拝領した神田橋門内の屋敷が狭小であったために万治四（一六六一）年二月四日に南方（兄綱重屋敷側）に屋敷を拡張し、これに伴い綱重も上屋敷を日比谷門外に移している（『年録』）。したがって大火後における三家の鼠穴屋敷返上も、防災対策という以前に、上屋敷としての規模的限界も大きな要因であったとみるべきではないか。

旗本対策と「築地」

また、大火後に完成をみた新規旗本屋敷地としての「築地」についてはどうか。この開拓もやはり大火前に原点があった。実際、『天享吾妻鑑』第二〇冊（国立公文書館所蔵）慶安五（一六五二）年八月十一日条には以下のような記述がみえる。

一、十一日、御旗本ノ面々屋敷無之衆六百人程有之故ニ、自御城三十町ノ内ニ有之小身衆ノ下屋敷被　召上、其外新屋敷ヲモ見立可申由ニテ、久世大和守・牧野佐渡守ヲ被遣所ニ、御城ヨリ三十町ノ内ニ四百軒程見立由言上、

すなわち、この時点で江戸に屋敷を有しない旗本が六〇〇人ほどに及んでおり、江戸城から三〇町（約三・三㎞）以内に新屋敷を四〇〇軒ほど割り出すことが提言されている。この結果、『公儀日記』翌承応二（一六五三）年八月九日条には以下のような記事がみえる。

九日、後聞旗本之面々江屋敷可被下之由ニ而、増上寺之後之田、赤坂之田、小笠原右近後之田、津久戸御茶屋之田埋可申之由、曽根源蔵・天野作左衛門・大森半七・長谷川三左衛門・能勢新十郎・神保市左衛門、右六人奉行被仰付、[23]

ここでいう「赤坂之田」「小笠原右近後之田」「津久戸御茶屋之田」はそれぞれ赤坂築地・小石川築地・小日向築地に相当しており、これらの「築地」については既に承応二年の段階から造成が始まっていたことがわかる。大火直後

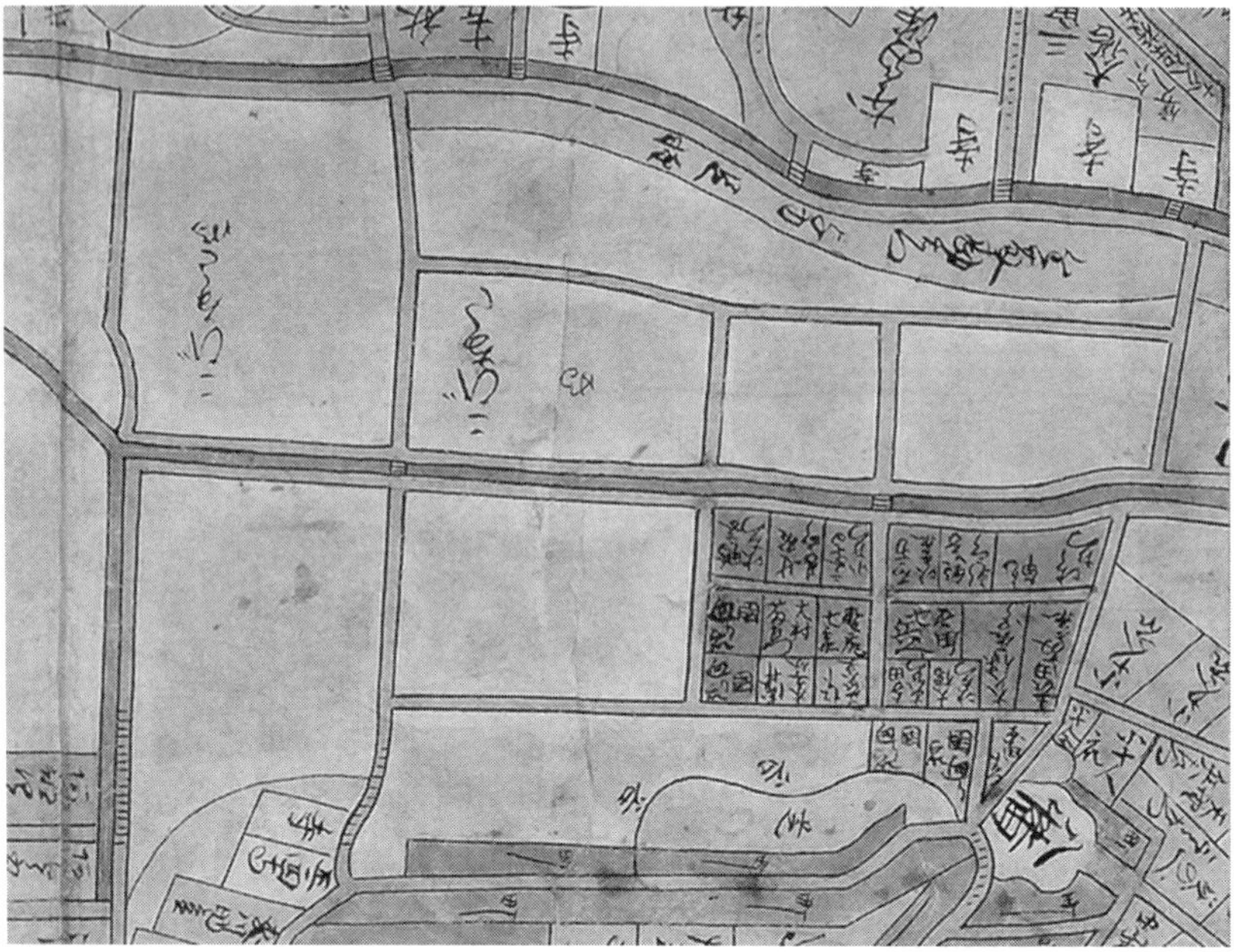

図５　開発中の小日向築地（「明暦江戸大絵図」〈三井文庫所蔵〉上に筆者加筆）

の江戸を描いた「明暦江戸大絵図」の小日向築地部分には、既に街区割は完成しているものの屋敷拝領は一部にとどまっている建設途上の段階をみることができる（図５）。また近年の金行信輔の研究によれば、木挽町築地についても大火前年にあたる明暦二年から埋め立てが進んでおり、名古屋市蓬左文庫所蔵の「八丁堀図」には明暦三年五月頃の開発途上段階の様相がみてとれるという[24]。このように旗本屋敷の新規造成は大火の前後で連続した政策であったといえよう。

郊外の下屋敷

同様のことは江戸郊外の下屋敷についてもいえる。「寛永江戸全図」からは、既に寛永末年（一六四三年頃）の時点で、三田・高輪・麻布・青山・渋谷・千駄ヶ谷・内藤宿・角筈・雑司ヶ谷・駒込・浅草といった郊外地域に下屋敷（図３▽印）が展開しており、「地子屋敷」（抱屋敷）と並存していたことがみてとれる。微高地が敷地として好まれたからか、その分布はパッチワーク状を呈しており、これは先述した大火後の状

況の端緒であったといえる。『寛永日記』の寛永一九年一二月一五日条には、

一、江戸中明屋敷・地子屋敷・下屋敷可相改之旨、御目付中へ被仰付之、[25]

とあり、幕府が目付に対して江戸市中の明屋敷・地子屋敷・下屋敷を検分することを命じていることがわかる。これは無秩序な屋敷地の拡大に対して幕府が実態把握を試みたものであるといえ、「寛永江戸全図」についてもその一環として作成されたものと考えられる[26]。

なお、大火直後の「明暦江戸大絵図」からは、隅田川対岸の本所地区に既にいくつかの大名屋敷が並んでいる様子をみることができる。このことからすると、万治元年以降開拓が本格化する本所地区についても、その前提として大名下屋敷(蔵屋敷)の展開があったといえるのではないか。

おわりに――大火と「危機」――

明暦の大火の評価をめぐって

以上のように、本章では武家地を分析対象として明暦の大火の都市史的意味について再考を試みてきた。この大火が日本の歴史上空前の都市火災であったことは疑いない。しかし本章でここまで論じてきたのは、果たしてそれによって「〈武士の都〉は相貌を一新[27]」したのかという問題であった。

この問いに答える前に、大火後の寺社地と町人地の変化についても簡単にふれておきたい。まず寺社地については、被災をきっかけに、東西本願寺をはじめ、吉祥寺、山王社など多くの寺社が移転させられ、特に浅草には寺院集中地区(新寺町)が形成されることとなった。ただし寺院の郊外移転そのものは大火以前からの趨勢でもあった。一方町

人地では、大火後の防災対策として、先述したように火除地が設置されたほか、道路の拡幅を命じる町触が数度にわたり出されている。しかし前者は町人地のごく一部にとどまり、また後者についても実施は徹底されず、結局のところ町割・屋敷割の原則は大火の前後で基本的には変化しなかった(28)。

本章で分析した武家地についても、被災地は現地での復旧が原則であって、既存市街地における屋敷移動は限定的であることが明らかになった。大火後に武家地に変化があったとすれば、それはむしろ非・被災地＝郊外へのスプロールとして表れたのである。

大火後の江戸の武家地政策としては、三家屋敷の移転、旗本屋敷地の造成、郊外への下屋敷給賜などがあげられるが、これらも大火以前から着手済みまたは前提となる動きがみられており、大火の前後で大きな方針転換は見出せない。定火消屋敷の新設や火除地の造成などについては幕府の主導性のある施策ではあるが、その場合でも既存の武家屋敷への影響は必要最小限にとどめられていることがわかった。

こうした点を勘案するならば、大火後に江戸の都市改造が行われたという評価は、一部の地区を除いては、あるいは少なくとも武家地については妥当ではないといえるのではないか。まして、黒木喬が述べているような、明暦の大火を市街地整備のための幕府側の放火によるものとする説(29)などはおよそ成り立ち得ないと考えられる。

このような史観の背景にあるのは大火前の絢爛豪華な江戸イメージであろう。そのイメージに寄与する「江戸図屛風」では、聳え立つ江戸城天守と、その背後に控える三家屋敷に代表される、装飾で彩られた煌びやかな建築がとりわけ目を惹く。これらが大火によって焼失ないし移転により失われたという事実は、江戸の都市景観が大きく変貌したとの印象を人々に抱かせる。実際、建築史の分野でも、大熊喜邦や太田博太郎をはじめとして、明暦の大火を桃山期と江戸期の建築の劃期として位置づける見解が通説とされていた(30)。しかし近年の金行信輔の研究では、この見解は明確な根拠に裏付けられるものではなく、むしろ寛永中期（一六三二年頃）にこそ劃期があったことが指摘されている[31]。建築の面においても変化の前提は大火前に見出せるのである。

「危機」とは何か

このように大火が江戸の都市を一変させたわけではないとすれば、幕府にとって大火がもたらした「危機」とは何だったのであろうか。それは大火による市街地の焼失そのものではなかった。大火はその後も発生し、そのたびに復旧されているからである。むしろ問題は、そうした焼失によって都市を「リセット」できなかったことにあったのではないか。

幕府所在地である江戸は日本の城下町のなかでもとりわけ武家地の占める割合が大きかった。武家屋敷は基本的に拝領という形式で授受されていた以上、原理的には幕府の都合によって自在にコントロールできるはずの存在であった。しかし現実の世界には確固たる既得権が存在しており、大火を由井正雪の残党の放火によるものとするような不穏な風聞が飛び交うなかでは[32]、幕府も強権を発動できず、幕臣の既得権保全という安全策を選択せざるを得なかった。のみならず幕府は町人地についても全面的な改造どころか、道路拡幅という命令さえも徹底させることはできなかった。その結果、幕府の主体的な都市開発は「築地」や本所などの一部地区にとどまり、その外部へのとめどないスプロールについては追認を余儀なくされた。このように幕府の防火政策は既得権に拘束され、巨大都市江戸はその後も火災へのリスクを内包し続ける（そして実際に被災もする）こととなった。

一方で幕府の政策基調が江戸の現状把握と調整という方向に向かったことは、副産物として都市の測量・記録技術の発展をもたらした。大火直後の明暦三（一六五七）年正月二七日に発令され、万治年間に完成した江戸全体の実測図や[33]、寛文一二（一六七二）年からの拝領屋敷の変動記録である「屋敷渡預絵図証文」[34]などの登場はその表れであり、こうした動きはやがて幕府や都市住民の空間認識のありようにも影響を与えていくことになるのである。

注

（1）内藤昌『江戸と江戸城』（鹿島出版会、一九六六年）六一～七二頁。
（2）黒木喬『明暦の大火』（講談社、一九七七年）。
（3）黒木喬「「明暦の大火」前後における屋敷移動」（『地方史研究』二八—五、一九七八年一〇月）。
（4）この時期は「屋敷渡預絵図証文」をはじめとした幕府側の屋敷移動記録が存在しておらず、大名など一部の移動状況が明らかになるのみであるため、このような分析には意味がない。
（5）黒木前掲注(3)論文、四頁。
（6）以下、特に註記のない場合は国立国会図書館所蔵本（デジタルコレクション）を利用した。
（7）『東京市史稿』市街篇第七（東京市、一九三〇年）一八頁。
（8）これらは基本的に『東京市史稿』市街篇に抄出されている。以下、特に註記のない場合は同書による。
（9）Ⓐは『寛永江戸全図　仮撮影版』（之潮、二〇〇七年）、Ⓒは『明暦江戸大絵図』（之潮、二〇〇七年）、Ⓑ・Ⓓ・Ⓔについては国立国会図書館デジタルコレクションを利用した。
（10）内藤前掲注(1)書、六八頁。
（11）金行信輔によれば、大火後大名家の間には江戸城近傍の上屋敷を自主的に返上し、代わりに下屋敷の拡張ないし新規屋敷の拝領を目指す動きがあったというが、結果的には加賀前田家など一部で行われるにとどまった（「初期江戸における大名家の屋敷地獲得活動」『江戸の都市政策と建築に関する研究』東京大学学位論文、一九九九年参照）。
（12）前掲注(7)書、五四〇頁。なお国立国会図書館本『年録』は万治元年（一六五八）七月～同三年の記事を欠く。
（13）「寛永江戸全図」や「明暦江戸大絵図」など、それ以前の江戸図に本人ないし先祖の人名記載が確認できないことから判断している。
（14）その他の「築地」の武家地を検討しても、同様に新規拝領者の割合の多さが認められる。なお小日向築地については町田聡「文献調査の結果」（『白銀町西遺跡・白銀町遺跡Ⅱ』テイケイトレード、二〇〇四年）、小石川村の低湿地開発については岩淵令治

「水戸藩小石川屋敷拝領前の拝領者と小石川村の開発」(『春日町(小石川後楽園)遺跡第10地点』東京ドーム、二〇〇七年)を参照(右の論文は初田香成のご教示による)。

(15) 新井白石(松村明校註)『折たく柴の記』(岩波書店、一九九九年)六一頁。

(16) 金行信輔「寛文期江戸における大名下屋敷拝領過程」(『日本建築学会計画系論文集』五一六、一九九九年二月)、金行前掲注(11)学位論文にも収録。

(17) 『年録』の明暦の大火「類火之面々」には松平阿波守の名前がみえない。ただし藩主の弟の蜂須賀飛騨守(江戸定府で藩主の代理をつとめることもあった。金行前掲注(16)論文参照)の名前は書き上げられているので、あるいは名前の混同によるものか。

(18) 金行前掲注(16)論文、二二七頁。

(19) 近世初期の尾張徳川家の屋敷拝領過程については、渋谷葉子「幕藩体制の形成過程と大名江戸藩邸―尾張藩を中心に―」(『徳川林政史研究所研究紀要』三四、二〇〇〇年三月)を参照。

(20) 実際に鼠穴邸返上後は市谷邸が上屋敷となっている。

(21) この過程については土田至子「和歌山藩江戸屋敷の獲得過程―中屋敷の拡大過程を中心として―」(『論集きんせい』一五、一九九三年)参照。なお紀州家では鼠穴邸返上後は麴町邸が上屋敷とされ、赤坂邸は名目上は中屋敷として幕末まで推移した。

(22) 尾張家は表高六一万九五〇〇石、紀州家は五五万五〇〇〇石を誇り、また水戸家は当時二八万石であったが、藩主は江戸定府であったため江戸勤めの家臣も多く、藩邸の稠密化が問題視された(拙稿「水戸藩における定府進展に伴う城下町および江戸藩邸の変容」『日本建築学会計画系論文集』五六〇、二〇〇二年一〇月、後に拙著『近世都市空間の関係構造』吉川弘文館、二〇〇八年に再録を参照)。

(23) 『東京市史稿』市街篇第六(東京市、一九二九年)九四三頁。

(24) 金行信輔「木挽町築地の形成―絵図と文献史料を読む―」(『江戸遺跡研究』三、二〇一六年)。

(25) 『東京市史稿』市街篇第五(東京市、一九二八年)九〇五頁。

(26) 金行信輔「寛永江戸全図―臼杵市所蔵の新出江戸図について―」(『建築史学』四六、二〇〇六年三月)一〇一頁。

(27) 黒木前掲注(2)書、表紙。

(28) 玉井哲雄『江戸―失われた都市空間を読む―』(平凡社、一九八六年)二一八〜二三一頁。

（29）黒木前掲注（2）書、五三～六二頁。
（30）大熊喜邦「近世武家時代の建築」（『岩波講座日本歴史』七、岩波書店、一九三五年）六〇頁、および太田博太郎『日本建築史序説』増補第二版（彰国社、一九八九年）一七三頁。
（31）金行信輔「大名屋敷と江戸の都市景観」（鈴木博之ほか編『シリーズ都市・建築・歴史5　近世都市の成立』東京大学出版会、二〇〇五年）二五二～二五三頁。
（32）『後見草』巻上にも、「いかさま先年の丸橋忠弥・由井正雪一類残り、大風見合、先々に火を附ると計思はれ」との一節がみえる。
（33）「万治年間江戸測量図」（三井文庫所蔵）。これをもとに作成された木板図が遠近道印の寛文五枚図（寛文一〇～一三年〈一六七〇～七三〉）である。
（34）旧幕引継史料、国立国会図書館所蔵。同史料の性格については拙稿「幕府普請奉行役所による拝領武家屋敷の把握について」（『都市史研究』四、二〇一七年）を参照。

第二章　震災と不燃化

――関東大震災からの復興と東京の建築――

栢木まどか

はじめに

大正一二（一九二三）年に起きた関東大震災により、一府六県にわたり約四六万五〇〇〇戸の住宅が焼失し、約一〇万四〇〇〇名の死者不明者が出た。この大きな被災からの復興計画は、帝都復興事業と称され、多くの調査研究により評価が進められている。明治から大正に入り、都市問題への対応、また建築のあり方について、諸外国事例の研究も進み、日本国内で専門家が声を上げ、どちらかといえば建築単体、またその美観に偏っていた建築家の職分が、市街地における都市計画や建築の規制、耐震構造学へと拡がりつつあった時代背景は、この復興計画を進めた原動力となったといえる。

建築、土木、都市計画の様々な復興が行われた復興事業の評価としては、やはり都市計画に関するものが大きい。石田頼房[1]、越澤明[2]らによる都市計画史上の位置付けとして、この帝都復興事業により現代につながる都市構造がつくりだされたこと、また都市計画というものが広汎な人に認識されるようになったこと、そして何より区画整理、街路、橋梁、公園など都市インフラ整備に関する土木・建築・造園の技術が帝都復興事業によって確立し、技術者集団が形成され、職能として確立したことがあげられている。また福岡峻治は、[3]現在に至る都市再開発制度に関わる都市計画が、復興計画と復興事業の実施を通じて確立され、特に耕地整理法をベースとした土地区画整理事業を基礎にわが国の再開発行政の仕組みが形作られたと指摘した。

鈴木博之は、関東大震災が与えた教訓について、都市的観点からの三つの課題として、都市計画の整備とともに、建築の耐震化、建築・都市の不燃化をあげている。[4]地震による建物の倒壊を教訓とした建築の耐震化への着目とともに、火災による惨禍を教訓とした防火地区の変更指定や耐火建築促進、道路整備などの都市の不燃化対策は、この震災復興期の都市計画、建築設計に大きく取り上げられた課題の一つである。実際にこの被災をきっかけに、法令上で耐火・耐震の建築が推進され、この頃まだ黎明期であった鉄筋コンクリート造による大資本のオフィスビルや百貨店、公立小学校などが「復興建築」として登場し、同潤会のアパートメントハウスが建設された。一方で、民間、個人の力による都市建築物の不燃化には限界があり、防火地区の制定後も木造バラック建てのまま、耐火耐震の「本建築」建設はなかなか進まなかった。東京の市街地におけるバラック建築の実態は、田中傑により、[5]統計やケーススタディを通してその理由が詳らかに検証されている。耐火建築化が進まなかったのは、本章でもあげるバラックの除却期限延長や資金不足はもちろんだが、復興期に急速に進んだ郊外開発による、都心部での不動産需要の減退こそが大きな理由であったとする。

建築の耐震化、都市の不燃化は、関東大震災という未曽有の危機が与えた教訓ではあったが、東京の都市と建築に対してどこまで大きな影響であったのか。本章では、この一つの画期における、都市不燃化の実態についていくつかの側面から取り上げてみたい。

一　近代における都市の不燃化策と建築技術

震災前の都市の不燃化と建築構造

震災以前も、繰り返される大火のつど、江戸時代から町家の土蔵、塗家、瓦屋根の奨励もしくは命令は行われてきたが、町並を構成するほど多くの建物が土蔵造などの防火を意図した建築になったのは、明治に入ってからである。明治以降の東京における、最初の区域を指定しての防火対策の制度化は、明治一四（一八八一）年二月二五日、東京市長松田道之による「防火路線並ニ屋上制限規則」、通称「東京防火令」であることが解明されている。(6) 東京防火令では、二二本の道路や水路沿いを防火路線として指定し、路線沿いの新築だけでなく既存の建築も期日以内に煉瓦造、石造、土蔵造のいずれかに改築することを義務づけていた。同時に屋根材を不燃材料で葺くこと、開口部に土戸、銅、鉄など不燃材料を用いることを定めている。防火路線に指定されたのは、新橋—須田町の日本橋通りや、古くからの商業地と河岸地、当時の東京の主要な街路などであった。違反者に強制解体を通知し、取り壊しにかかる費用を請求するという断固とした措置や、該当住民へ建て替え資金の積み立てを強制することで計画は進められた。明治一七年頃までに防火路線では八割が土蔵造などに建て替えられ、屋上制限についても指定区域内のおよそ四割にあたる一万二〇〇〇棟の更新を達成したとされる。(7)

明治一〇年に完成した銀座煉瓦街の影響もあり、明治一二年の日本橋箔屋町火事後の再建計画では土蔵造と煉瓦造の優劣について問題となり、結局は土蔵造のほうが安価であること、煉瓦の品質管理や施工技術の難しさなどを理由に土蔵造が支持されている。その後の東京防火令では先に述べたように煉瓦造、石造、土蔵造のいずれかと指定されているが、大部分は土蔵造となり、日本橋通り沿いでは94％以上が漆黒の土蔵造となった。これらは東京の中心部でのことだが、明治時代の都市の不燃化を実現する街並みは、江戸の延長となる土蔵造になっていたのである。

明治二二年、市区改正計画のなかで東京家屋建築条例が取り上げられるが(8)、この案では、建築構造として、主に煉瓦造、石造などの数少ない「西洋造」をあげており、東京防火令後の実態とは離れるイメージからの西洋化が求められていたともいえる。その後、明治末期に東京市建築条令が起草され(9)、面的な防火区域と防火線路を定めることや、コンクリートを耐火材料として取り上げることなどが検討されていたが、いずれの案も実現していない。

耐震耐火の建築技術

東京家屋建築条例案と東京市建築条例案の間には、明治時代の大災害として、明治二四年一〇月二八日に岐阜県根尾谷を震源とした濃尾地震が起きている。死者は七〇〇〇名を超え、居宅二四万戸が損壊した(10)。この地震を契機に地震予知と災害軽減を目的とする震災予防調査会が設立された。濃尾地震では、名古屋郵便電信局、尾張紡績工場という煉瓦造建築が大破しており、新聞でも、煉瓦造の倒壊が象徴的な光景として取り上げられ、人々に煉瓦造の被害を強く印象づけた(11)。この点について、実際には当時のこの地域の煉瓦造建築はごくわずかであったこと、また煉瓦造そのものではなく、材料の粗悪、施工精度の悪さ、壁の薄さなどが倒壊の原因であり、しっかりつくられていれば被害は受けなかったことなどを、現地調査に赴いたコンドルや伊東忠太が指摘している(12)。当時の造家学会はこれを受けて、煉瓦造、そして木造建築の耐震化提案を進めたが、被害の大きかった愛知県では濃尾地震後一〇年ほどの間は煉瓦造を避け、県庁舎や市役所が木造で建設された。

明治期に土木工事で用いられるようになったコンクリートが建築の耐震構造として認められるのは、明治三九年四月一八日に起きたサンフランシスコ地震被害を現地視察した佐野利器や中村達太郎の報告の影響があるだろう。鉄筋コンクリート造は耐火、耐震性に優れており、これが将来の我が国に応用されるべき理想的な構造だとしていた[13]。また、同じ年から、関東大震災後は復興局で活躍した土木技術者の直木倫太郎が『工学会誌』で「鉄筋混凝土ノ価値」と題した論考を四回に分けて発表し、そのなかで既に海外に認識されている鉄筋コンクリートの価値として、耐震性、耐火性や防水性などをあげている[14]。

木造建築が主体であった江戸から明治の都市では、防火は再重要事項であった。地震国日本にとって、もちろん地震対策も重要な課題ではあったが、近代に入り、濃尾地震、サンフランシスコ地震、またこの時期台湾で起きた数回の地震を経て、新たな段階での耐震性への視点が加わってくるのと同時に、鉄筋コンクリート造という耐火性能も持った新しい構造が注目されつつあったのが、関東大震災前夜の日本の状況であった[15]。

統計からみる震災前の耐火建築

東京市役所による建築の統計[16]は明治後半のものから残されているが、統計の構造種別が「土造／煉瓦造／石造／木造／其の他」から「土造／煉瓦造／石造／コンクリート造／木造／其の他」になるのが大正五（一九一六）年からである。大正五年の東京市一五区の建築は木造がおよそ九割を占め、残りが土蔵造七分、煉瓦造二分、全体の一分が石造と鉄筋コンクリート造で構成されていた。市内の「コンクリート造」建築は一〇〇棟。一つの類型として取り上げられるようになったが、東京市の全建築のなかで〇・一％にも満たなかった。

耐火建築種別で特徴的なのは、日本橋区の土蔵造で、東京防火令の成果として、区内建築棟数の四分の一を占めていた。また銀座煉瓦街の影響から京橋区の煉瓦造も他区と比べて多い。木造以外の、土蔵造、煉瓦造、石造、鉄筋コンクリート造の棟数割合が一割を超えていたのは日本橋区、京橋区、神田区の三区のみであった。日本橋や京橋を通る目抜き通りであった日本橋通り沿いでは、大正七年にはその七割以上が木造以外であったという調査(17)があるが、翻ってみればそのような中心の繁華街以外の東京の大部分は、木造建築で覆われていたことになる。

明治から大正にかけて、煉瓦造や鉄筋コンクリート造について建築家がその性能を議論してきたが、震災前の大正年間の東京市全体においては、土蔵造、石造、煉瓦造の数は大きくは変わらない。そのなかで大正期前半に鉄筋コンクリート造化が進んだのは、まずオフィス街である丸ノ内を含む麹町区、そして日本橋区、京橋区、芝区における銀行・会社建築であった。また深川の工場地帯に東神、三菱などの大規模な倉庫や工場が煉瓦造に続いて鉄筋コンクリートでつくられるようになっていき、震災前の鉄筋コンクリート造建築の用途は三割が銀行・会社、三割が工場・倉庫で占められていた。

二　震災後の耐火建築の実現に向けた施策

市街地建築物法の制定と改正

大正八（一九一九）年、各地に様々な形で制定されていた建築取締規則に代わって市街地建築物法が公布される。この第一三条による規定が、東京防火令以来、初めて実現した防火地区の指定であった。大正一一年八月一日告示の「東京都市計画防火地区」では、甲種、乙種に分けて面的な「防火地区」と「防火路線」が指定されている。面的な防火地区は丸の内のオフィス街、また官公庁を中心とした中心部のみとし、日本橋区、京橋区、神田区、浅草区の繁華街を防火路線で網羅する形になっている。一方で大正年間における焼失面積一万坪以上の大火が起きた場所に関しては確実に指定され、現実に即した計画となった。

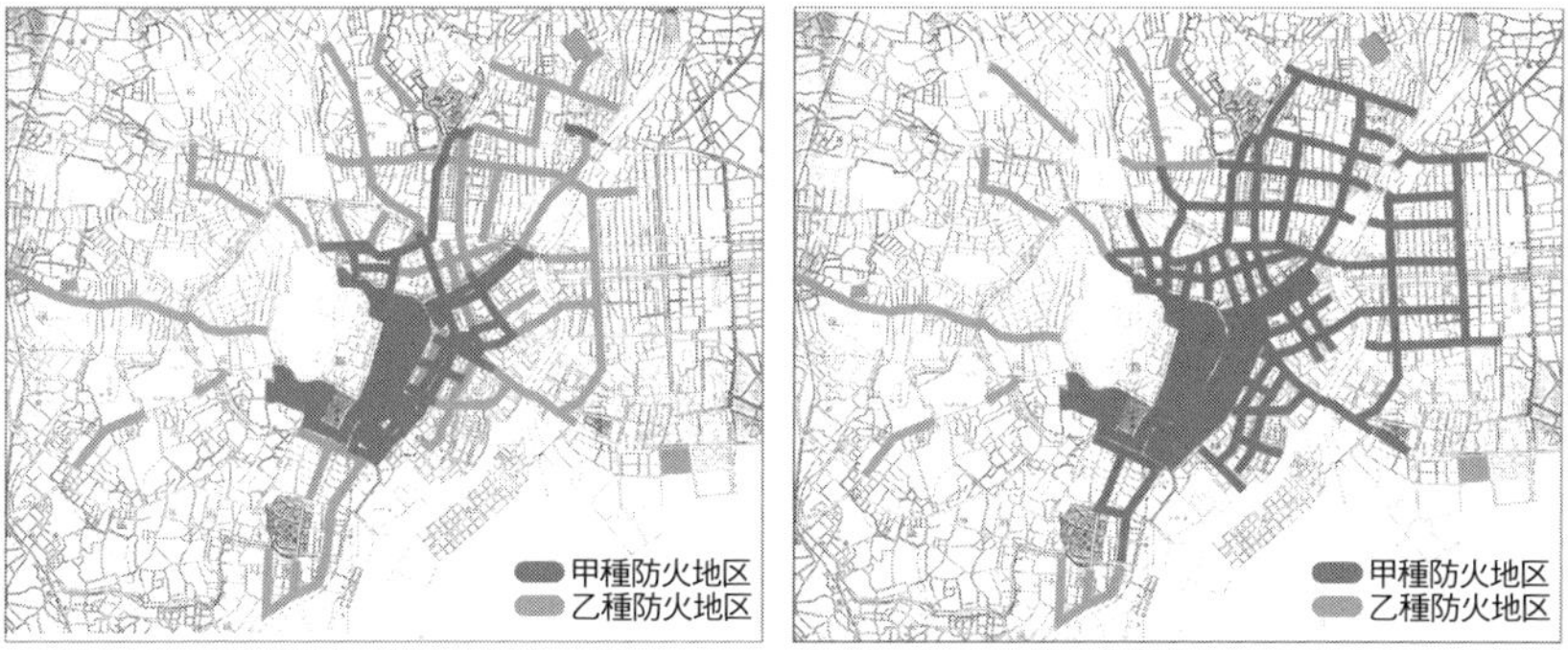

大正11年市街地建築物法による防火地区　　大正14年市街地建築物法による防火地区の変更指定

図１　防火地区の変更指定（東京市政調査会監修, 日本統計普及会『帝都復興事業大観』内山模型製図社, 1930年, 第29図を下図に筆者作成）

防火地区では、甲種防火地区においては外壁もしくは主要構造部を耐火構造とし、乙種防火地区においては外壁を耐火構造又は準耐火構造とする必要があった。ここでは耐火構造の外壁として煉瓦造、石造、鉄筋コンクリート造が定められた。この防火地区の達成については、東京防火令のような強制解体や積み立ての義務は定めず、「自然改築の時期を待つの外はない」、防火地区が効力を発揮するには「少なくとも二三十年の後と思わなければならない」[18]と、数十年をかけて住民による実現を目指すものとされていた。

防火地区指定が告示、施行された一年後に関東大震災が起こり、成果のないまま防火地区は見直しを余儀なくされ、大正一四年四月二日内務省告示第六二号をもって、防火地区の変更指定が行われる（図１）。面的な防火地区である集団的甲種防火地区の面積は増加され、麴町、日本橋、京橋の中心である日本橋通り以西はほぼ防火地区に指定された。路線式防火地区は、浅草区、芝区、本所区、深川区という、震災後の火災の被害が大きかった区域全体に増やされ、乙種であったものも甲種に変更された。被害が小さかった東京北西部の路線式乙種防火地区は、そのまま残されている。甲種と乙種を合わせた東京の防火地区はおよそ一七五万坪になったが、これは面積比率でいえば東京市の一・〇四％に過ぎなかった。

建築単体については、被害の大きかった木造建築に筋交いの設置や柱太さの増量など厳格化され、[19]ある程度の耐震性能を示していた鉄筋コンクリート造では主筋の継ぎ手長さの規定、梁鉄筋の複筋化などが追加され、全体として構造の強化・剛性を高くすることに主眼がおかれた。地震荷重として水平震度を〇・一以上とする条項が加えられ、実質的に世界最初の耐震規定が生まれる。[20]これら耐震規定の強化を満たしたうえで考える耐火建築の規定については、震災前のものとほぼ変わりなく、[21]都市不燃化の実現には防火地区において市街地建築物法の基準を満たす耐火建築を規定通り実行することが求められた。

耐火建築への助成制度と対策

震災後の焼け跡にすぐに耐火構造の建築を強制することは困難であり、むしろ土地区画整理事業の妨げになる恐れもあったことから、当初、罹災地における仮設建築（バラック）は、除却期限を設定したうえで、様々な建築制限を免れていた。[22]区画整理事業による換地処分計画が完成した大正一三年より「本建築」の建設が許可され、防火地区内の耐火建築建設には、補助金を交付することが決まった。

大正一三年八月に「防火地区建築補助規則」が公布され、震火災の被害を受けた甲種防火地区内に建設される耐火構造の建築に対し、補助金交付が開始される。判明する大正一一年〜昭和一四（一九三九）年までの実績のうち、補助金の交付件数は昭和四年が年間二八五件で最多となっており、区画整理の進捗にあわせて耐火建築への建て替えが進み、この時期に交付申請が行われたと考えられる。[23]昭和七年以降の交付件数は年間五〇〜八〇件で推移し、需要がなくなったわけではないが目減りしていった。

同時に、耐火建築を率先して行い、補助金でまかないきれない資金不足の市民への融資を目的として、大蔵省より

図２　今川小路共同建築（東京市政調査会『帝都復興事業大観』1930年）

資金貸付を受けた東京市・横浜市と民間の株主との半官半民の出資で、大正一四年一二月に復興建築助成株式会社（以下「助成会社」）が創設され、翌年営業を開始した。その設立には当時の東京市長と、震災前から公的建設会社と建築の耐震、耐火化の必要性を説いていた佐野利器らの尽力が大きく、市が主体となって成立させた組織であった[24]。会社の業務は「割賦販売」と「資金貸付」の二種の方法で、防火地区かどうかにかかわらず、罹災地区に耐火建築を建設する場合に融資を行った。その事業は営業一年目（大正一五年～昭和元年）には助成対象となりうる建築のほぼ一〇〇％への助成を達成、区画整理の進んだ昭和三～四年頃に最大の契約数を記録し、復興の初期には大いに期待されていた。しかしバラック建築の撤去期限が延長され、耐火建築の新築数が停滞すると、防火地区建築補助規則の交付申請が伸び悩んだのと同様、契約は減少し、その事業は戦時下の鋼材規制などにより先細りしていき、戦後昭和二七年に株式上場を廃止している。

防火地区建築補助規則においても、助成会社による助成においても、優遇措置があったのが鉄筋コンクリート造の共同建築の建設であった。資金不足や、狭小敷地における鉄筋コンクリート造化の課題を、複数人で共同して一棟の建築を建てることで解決し、都市の美観、構造耐力、防火建築帯としての性能も向上するという得策として復興局や建築識者らに推奨された策であったが、防火地区建築補助規則の申請実績から判明する共同建築の建設数は罹災地で七〇棟ほどであり、耐火建築に実現に大きな効力があったとは言い難い(25)。しかし九段下に建設された、八名による共同建築である旧今川小路共同建築（一九二七年）など、新たな耐火都市建築の手法が実現した先駆的事例であった（図2）。

防火地区建築補助規則や助成会社などの施策や共同建築が当時の都市不燃化であげた成果は大きなものではなかったが、戦後の法整備や防火建築帯造成などにつながるものであったことを記しておく。

三　震災後の東京における都市不燃化の実態

震災後の統計に見る耐火建築

統計では、震災の起きた大正一二（一九二三）年にすべての構造の建築棟数が減じ、その後、土蔵造、石造、煉瓦造建築は区ごとの差はあるがほぼ数を減らすだけであり、棟数が増加するのは木造建築と、鉄筋コンクリート造のみとなる。総建築棟数の大部分を占める木造建築は、昭和三〜五（一九二八〜三〇）年の区画整理実施時において減少はありつつも震災前の水準に近づく方向に数を増やすのに対して、鉄筋コンクリート造建築の棟数は右肩上がりに伸びていった（表参照）。震災後五年で震災前の約六倍、震災後一〇年で約一〇倍の棟数となっている。棟数増加は木造建築とは逆に昭和三〜五年をピークにしており、防火地区建築補助規則、復興建築助成株式会社の実績からも、区画整理を期にした建て替えというのが、鉄筋コンクリート造化のタイミングになっていたと考えられる。震災後のコンクリート造建築の用途をみると、官公庁、銀行会社、倉庫の棟数が比較的多いのは震災前から変わらないが、棟数の比較では住宅が最も多くなるという変化がみられた。また震災後は市立小学校をはじめとする学校建築が鉄筋コンクリート造となり増加した。

震災後、昭和三年には統計上で土蔵造がなくなる日本橋区をはじめ、震火災の被害の大きかった下町では倒壊・焼失した土蔵造、石造、煉瓦造に代わる耐火建築として、鉄筋コンクリート造建築が建てられ始める。その棟数は昭和初頭にかけて増加していくが、一五区全体棟数のなかでの割合は昭和四〜五年頃に一定し、一%代で推移する。土蔵造、煉瓦造、石造が減った分、棟数のみであれば全体の九七%が木造建築という、震災前以上の比率であった。しかし昭和一〇年に至り、棟数の比率と延べ面積を比較すると、棟数ベースで割合の高かった麹町、日本橋、京橋ではそれぞれ鉄筋コンクリート造建築の延べ面積の占める割合が三九%、三〇%、三八%と三〜四割近くなっていた。震災を契機に、鉄筋コンクリート造建築は耐火建築の主体となり、その需要は多様化し大規模化したのである。

火災保険特殊地図による耐火建築の分布

震災後の耐火建築の分布は、震災からおよそ一〇年が経過した昭和七〜一一年頃にかけて作成された都市製図社「火災保険特殊地図」（以下、火保図）により確認できる。図3は、震災による焼失地区および防火地区指定された主な区について火災保険特殊地図中の耐火建築を彩色し、その分布をみたものである。統計による棟数では一%程度しかない耐火建築の分布は、面的、線的なものとはならず、点在する形であったことがわかる（図3-1）。

日本橋区では兜町の金融街、そして日本橋通り、本町通りという明治期に東京防火令によりほぼすべてが土蔵造となっていた通りを中心とした街区に、多くの鉄筋コンクリート造建築が建った（図3-2）。これらはそのまま集団式甲種防火地区指定された地区と重なり、火保図中で確認できる鉄筋コンクリート造建築のうち、およそ八六%（五二四棟中の四五五棟）が防火地区内に建てられている。商業地として発展していたこれらの通り沿いは区画整理の影響も少なく、早くから復興が進んだ。土蔵造の店舗を失った大店の商店主たちが次に選んだのは震災でその安全性をみせつけた鉄筋コンクリート造だったのだろう。古くからの商業地としての防火意識が高く、それなりの富裕層が多かったことで、一五区のなかで最も高い耐火建築化、防火地区の実現が進んだ。また先程述べた共同建築も、日本橋区には二三件確認できた。立地の特徴として、震災後、区画整理により隅切りされた街区の角地に建つものが一八〇棟あった。多くが商業建築である日本橋区の耐火建築では、共同建築化も含め、経済的価値が高い場所における土地の高度利用が進んでいたといえる(26)（図3-2）。

小石川	本　郷	下　谷	浅　草	本　所	深　川
1	0	0	0	0	0
0	3	0	1	1	0
0	0	0	0	1	0
16	1	3	0	0	14
0	3	0	1	5	5
4	2	0	2	3	0
0	0	0	0	0	3
1	1	3	0	0	0
0	0	0	0	0	0
1	0	0	0	3	0
23	10	6	4	13	22

小石川	本　郷	下　谷	浅　草	本　所	深　川
15	11	12	59	47	58
18	134	73	1	26	134
0	0	2	15	9	3
71	18	54	10	90	187
10	13	85	30	43	30
2	6	14	25	6	4
22	72	35	41	26	53
1	8	37	31	36	77
139	262	312	212	283	546

同様に、京橋区、麹町区でも、銀座、丸の内のオフィスおよび繁華街が集団的防火地区に指定され、耐火建築が多く建てられた。ただし、銀座では震火災で完全に焼失した煉瓦造に代わり鉄筋コンクリート造建築が増加したのに対し、丸の内では三菱などの重厚かつ頑丈な煉瓦造建築や、震災前からの鉄筋コンクリート造建築が多く残った。耐火建築のうち、防火地区内に建つものの割合は京橋区で八八％（三四二棟中の三〇一棟）、麹町区

表　コンクリート造建築統計

大正11年コンクリート造建築の内訳

	麹町	日本橋	神田	京橋	芝	麻布	赤坂	四谷	牛込
その他	4	0	0	0	0	0	0	2	0
住宅	8	13	2	26	0	5	0	0	0
劇場娯楽場	2	0	1	0	0	0	0	0	0
倉庫	17	8	0	3	0	26	6	0	2
工場	5	0	0	1	9	0	0	0	6
銀行会社	44	54	7	4	27	0	0	1	4
神社寺院会堂	1	0	1	0	1	0	0	0	0
学校図書館	5	0	5	1	0	0	1	0	0
官舎公舎	9	3	0	0	0	0	0	0	0
官公庁	21	8	5	3	1	0	0	0	0
総数	116	86	21	38	38	31	7	3	12

昭和10年コンクリート造建築の内訳

	麹町	日本橋	神田	京橋	芝	麻布	赤坂	四谷	牛込
その他	67	0	84	332	0	2	39	11	10
住宅	79	196	119	80	186	86	36	9	34
劇場娯楽場	11	2	1	10	2	0	0	2	0
工場・倉庫	67	61	102	72	117	151	4	12	51
銀行会社	99	216	23	183	22	8	8	17	6
神社寺院会堂	3	21	2	1	15	3	4	1	0
学校図書館	22	14	48	13	53	11	17	9	33
官公庁・官舎公舎	198	14	62	29	73	3	39	2	14
総数	546	524	441	720	468	264	147	63	148

では三六％（五七六棟中の二〇九棟）であった。建設される場所は、日本橋区と同様に大きな街区の角地や大通りに面した場所が多いが、昭和通りや清洲橋通りのような、区画整理により新設された通り沿いの分布はまだ少ない。また、防火地区指定によらない街区内部の耐火建築は学校建築が目立つ。

この三区以外の区で甲種の路線式防火地区がかかるのは、路線数の多い順に神田区、浅草区、本所区、深川区、下谷区、芝区、本郷区となる。このうち神田区、本所区、深川区について同様に分布と防火地区内耐火建築の割合をみると、神田区では三四％（四六七棟中の一六〇棟）と三分の一となったが、本所区、深川区ではそれぞれ約七％（五四六棟中の三六棟）、八％（二七六棟中の二三棟）と防火

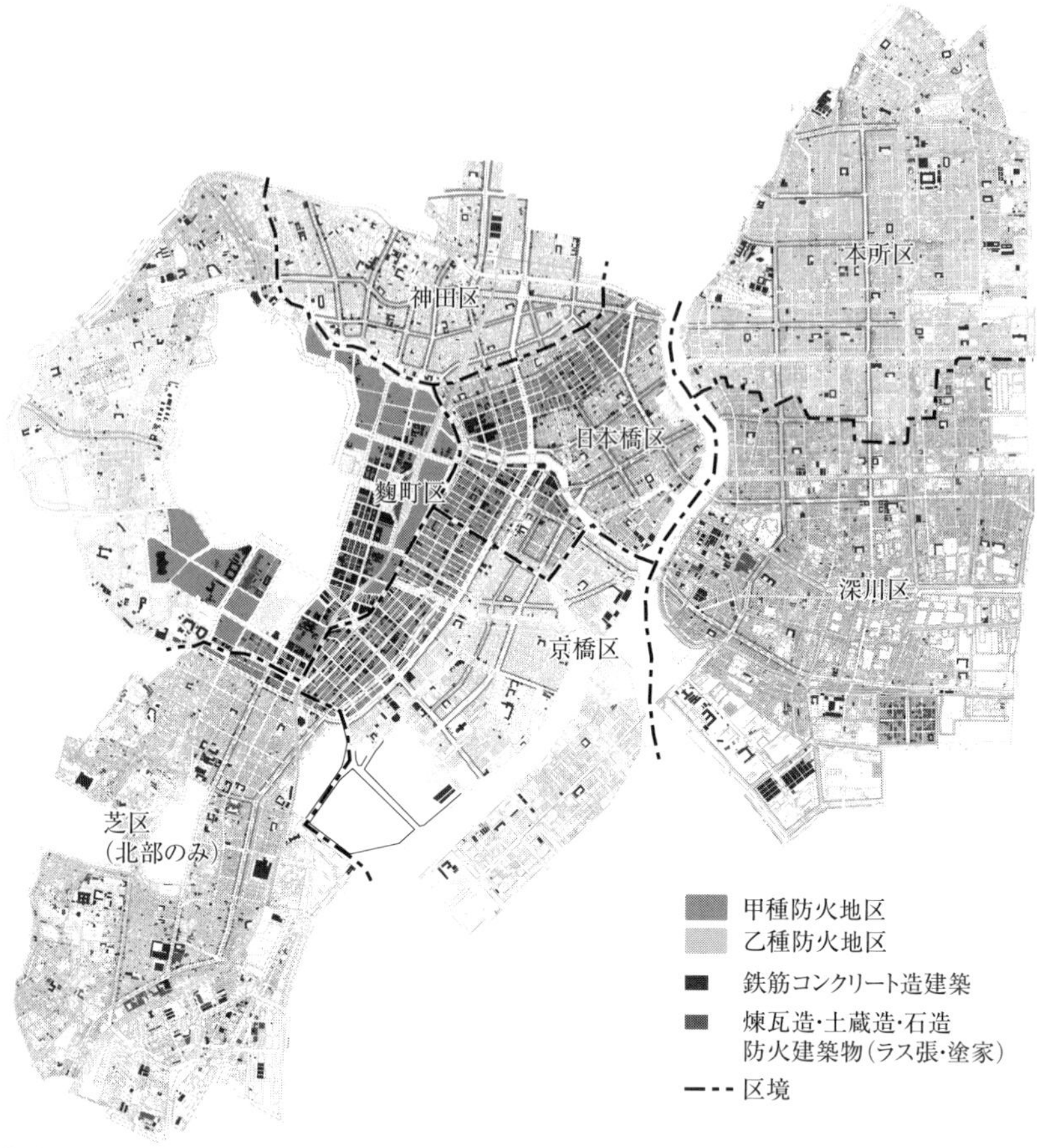

3-1

図３　火災保険特殊地図に見る耐火建築分布（東京都立中央図書館所蔵，都市製図社「火災保険特殊地図」1932－1936年をもとに筆者作成）

日本橋区，京橋区，神田区，麹町区，本所区，深川区および芝区北部を対象としている．

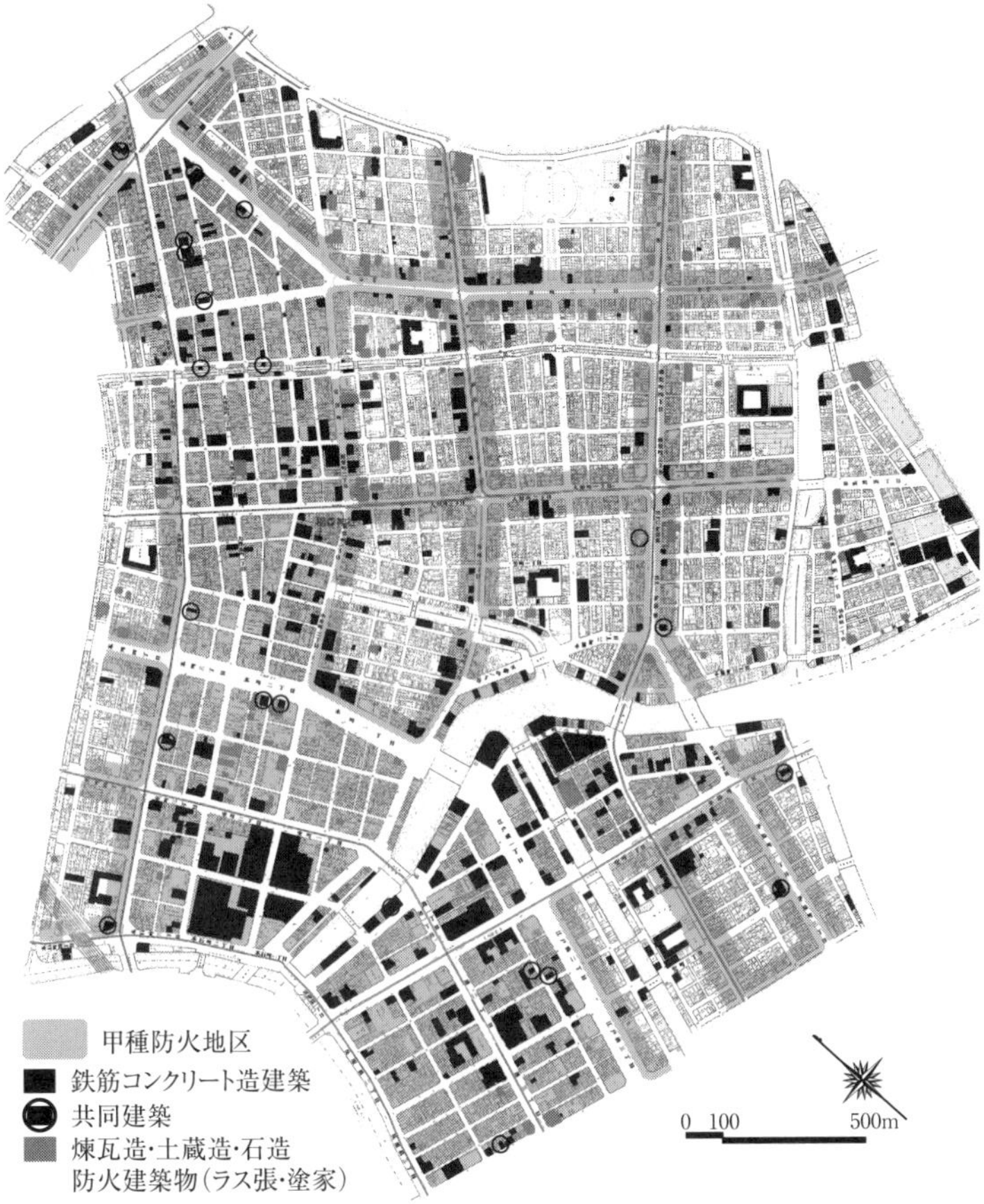

3−2　日本橋区の耐火建築分布

地区における耐火建築は低い値となった。神田区では路線式とはいえ網の目状にはりめぐらされた路線式防火地区が区内全体に及んでおり、通り沿いに建つ耐火建築はほぼ防火地区内に含まれる。隅田川を挟んだ本所区、深川区では、耐火建築の立地と防火地区指定の相関性は薄い。本所、深川区で大規模耐火建築の分布として目立つのは隅田川沿いの工場や倉庫群、また江東青物市場や東京地方専売局などの公的なものであり、これら施設や小学校建築は、防火地区指定とは関係なく敷地が選定されている。またこの両区には、同潤会による鉄筋コンクリート造集合住宅である中之郷、柳島、清砂通り（東大工町）、東町の各アパートメントと猿江裏町共同住宅が建設された。これらのうち、防火地区にかかるものは深川の清砂通りアパートメントの一部だけであり、同潤会の耐火建築によるアパートメント事業では、防火地区の造成という観点は少なかったとみられる。

防火地区の耐火建築達成度について、昭和九年三月の内務省調査による数字が出ている。防火地区内耐火建築の建築済建坪数は一三万一三二九坪で、多く見積もっても一五万坪ということであった(27)。市内の甲種防火地区面積は一五八万六〇〇〇坪で、このうち道路や河川を除いた建築面積はおよそ一〇〇万坪ほどとされる。多めにみて一五万坪（一五％）ほどが、震災後約一〇年で進んだ防火地区の達成率であった。

特殊建築―社寺建築の不燃化と墓地

これまで述べた通り、関東大震災復興期の東京においては、都市の不燃化を目指し、各種建築が鉄筋コンクリート造で建設された。官公庁、銀行やオフィス、住宅、工場、倉庫といった各ビルディングタイプに応用された鉄筋コンクリート造だが、それは宗教建築についても例外ではなく、社寺建築にも不燃化の波が押し寄せてくる。

震災以前、鉄筋コンクリート造寺院建築については、大正四年竣工、伊藤平左ヱ門設計による函館の東本願寺函館別院本堂(28)が知られており、東京においても震災前に着工し、大正一五年一〇月に竣工した明源寺本堂がある(29)。一方、神社では社殿の最古の例は明らかではないが[30]、東京では大江新太郎設計による鉄筋コンクリート造の明治神宮宝物殿が大正一〇年に竣工している。近世より宝庫・祭器庫については土蔵造などを採用していたこともあり、その役割から異論は出なかったようだが、社殿を鉄筋コンクリート造とすることには、明治神宮造営時、建築史家であり建築家の伊東忠太が強く反対している[31]。関東大震災直後においても、伊東はこの自説を「復興の社寺建築」と題して発表した[32]。

伊東は、鉄筋コンクリート造で社殿をつくれば神社の生命が失われてしまう一大事であると述べ、「東京市内人家稠密の巷に介在する神社に於いても少なくともその社殿は木造の古式を保つこと」を原則とし、「世態の変遷に伴って時々刻々に改竄さるべきものでない」という。一方で寺院建築においては「公共建築の性質を有しこの点に於いて公会堂に近いもの」であり、社会の変遷に伴って推移するものとしている。昭和九年に竣工する築地本願寺の例をあげるまでもなく、伊東の寺院建築に対する姿勢には特別な思い入れもあるが[33]、以上のような「神社は出来れば木造、寺院は新しい様式でもよい」という論調は、当時発表された宗教建築に対する論説で多くみられた傾向であり[34]、関東大震災というきっかけがなければ、コンクリートを用いての神社建築の誕生はさらに遅れることになっただろう。

この時期の東京においては、三輪幸左衛門による青松寺（一九三〇年）、伊東忠太による築地本願寺、伊藤平左衛門による報恩寺（一九三五年）、伊東忠太監修により佐藤功一、大江新太郎が設計、木田保造の木田組が施工した神田神社（一九三四年）、また小川猪作による天祖神社（一九二九年）、猿江稲荷神社（一九三一年）[35]、椙森神社（一九三一年）[36]など現在も残る多くの社寺が鉄筋コンクリート造で建設されている。これらのうち防火地区にあるのは日本橋区の椙森神社のみであり、社寺の耐火化は自主的なものである傾向が強い。またほとんどが木造の社殿・寺院の伝統的な様式を、鉄筋コンクリート造で模したものであった（図４）。

図４　日本橋堀留町 椙森神社

図５　特殊墓地（復興局事務編『帝都復興事業誌 土地区画整理編』1931年）

寺院建築に付随して、墓地も変わった。震災以前の東京市の墓地に関する方針は衛生、また美観の問題から郊外へ移転させるというものであった。しかし移転先の確保は困難であり、震災後の大正一四年に定められた東京市墓地改葬規則において墳墓の改葬先は「市外または納骨堂たることを要す」とされる。さらに翌一五年、改葬先は市外、納骨堂に加え、設備を施した「特殊の納骨設備」でもよいと定めている(37)。この「特殊の納骨設備」とは、土地区画整理事業の対象となる墓地を改葬する目的で定められた。坪数は改葬すべき墓地面積の三分の一以下とし、床面の高さは地盤面より二尺以上、床面には適当な舗装をなす、外壁の高さは床面より六尺以上等の条件を満たすものとされ、これにより、コンクリート製の高い塀で囲まれ、地盤面も舗装された高密化した墓地が誕生し、今も下町の関東大震災罹災地域において多くみられる（図5）。

おわりに——都市の不燃化と耐火建築——

防火地区における建築の耐火化の実現、ひいては都市の不燃化は、この関東大震災復興期に動き始めたのは確かである。地震国である日本、そして近世より数え切れない大火に襲われた江戸・東京の近代において、都市計画、建築技術が大きく変化し始めていた過渡期でもあった。しかし東京工業大学において「防空建築学」を講じていた田邊平学が、昭和二〇（一九四五）年発行の著書『不燃都市』(38)において、「関東大震災の苦き経験を充分に嘗めた東京都（特に旧東京市一五区）に於いてすら、燃料にも等しき木造建築物が、未だに建物全棟数の九七％を占めている」としており、これは先に述べた昭和一〇年時点での統計上の数値とほぼ変わっていないことを示している。続けて「国の指導力乃至援助の不足と、市民の熱意欠如との為、耐火建築による本建築の建設は震災後日を経るに従って、当初の意気込みが次第に弱化し、延期又延期を重ねること五箇年毎に四回にも及び、防火地区の建設は、計画の未だ半にさえも達していない実情に在る」というのが、関東大震災復興期から戦時下へと続く東京の近代における不燃化の偽りない状況であったと考える。

統計上でも震災以降戦前に至るまで、東京の大部分は木造建築に占められ、多くの木造バラック（仮設建築）が残されたまま戦時下に突入したことは明らかで、市民の自主性を補助する形での進め方に頼った震災復興期の建築の耐火化、都市の不燃化は、大きな成果をあげたとは言い難いのであるが、この〝市民の自主性〟に希望を見たい。昭和九年の調査による、防火地区内における耐火建築の建坪数は多く見積もっても一五万坪という数値を出したが、その分母となる、この頃の東京市全体における鉄筋コンクリート造建築の建坪は、およそ七四万坪という統計になっている。[39]つまり、地域差はあるにしろ、東京市全体では、鉄筋コンクリート造建築のうち七四万坪中の一五万坪（二割）ほどが防火地区内に建っており、残り八割は防火地区の指定による強制なしに、自主的に建てられたものであった。関東大震災復興期の都市の不燃化は、大規模な復興建築に彩られ評価されてきたが、それ以外の多くの場合には、小さな土蔵をコンクリート造で建て替えたり、複数人が共同しての鉄筋コンクリート造化＝共同建築という手法をとったり、鉄筋コンクリート造で伝統的な木造社寺建築を模してみたりという手探りの耐火建築の点と点がつながっていくことにより実現を目指していた。自主的な耐火、不燃化の志向は、例えば鉄筋コンクリート造建築をなす経済力はなくとも、震災復興期の建築事例として特徴的な、銅板やモルタル塗りで耐火被覆と共に個性的なデザインを目論んだ看板建築のようなものへの建て替えへも、飛び火していたと考えることもできる。[40]市街地建築物法による防火地区指定と耐火構造規定の成立は大きな出来事であるが、そもそもの最初から、住民の自主性に任せ、数十年かけて実現することが想定されていたものであった。それが、震災を契機として動き出したことこそが、大きな一歩であったともいえるのである。

注

（1）石田頼房『日本近代都市計画の展開 一八六八－二〇〇三』（自治体研究社、二〇〇四年）。

（2）越澤明『復興計画』（中央公論新社、二〇〇五年）。

（3）福岡峻治『東京の復興計画』（日本評論社、一九九一年）。

（4）鈴木博之『都市へ』（中央公論新社、一九九九年）。

（5）田中傑『帝都復興と生活空間』（東京大学出版会、二〇〇六年）。

（6）初田亨『繁華街の近代―都市・東京の消費空間―』（東京大学出版会、二〇〇四年）、藤森照信『明治の東京計画』（岩波書店、一九八二年）ほか。

（7）藤森前掲注(6)書、八三頁。また本章における防火地区の変遷については、栢木まどか・伊藤裕久「東京の近代における防火地区の変遷と震災復興期の共同建築に関する研究」（『日本都市計画学会都市計画論文集』四三―三、二〇〇八年一〇月）一一～一八頁において詳しく述べた。

（8）加藤仁美「市区改正委員会における東京市建築条例案の検討とその到達点」（『日本建築学会論文報告集』三七六、一九八二年）九五～一〇五頁、および日本建築学会図書館妻木文庫所蔵『東京家屋建築条例』。

（9）日本建築学会図書館妻木文庫所蔵『東京市建築条例案　大正二年五月二〇日』。

（10）『官報』明治二四年一一月一日。

（11）西澤泰彦「濃尾地震の建築被害とその影響」（『活断層研究』三七、二〇一二年）。

（12）ゼー・コンドル演説、滝大吉口訳、市東謙吉速記「各種建物ニ関シ近来ノ地震の結果」（『建築雑誌』六三、一八九二年）六三～六七頁、同「各種建物ニ関シ近来ノ地震の結果（承前）」（『建築雑誌』六四、一八九二年）一三三～一三七頁、伊東忠太「地震ト煉瓦造家屋」（『建築雑誌』五九、一八九一年）二九一～二九五頁。

（13）佐野利器「米国加州震災談」「同（二）」「同（三）」（『建築雑誌』二三八・二三九・二四一、一九〇六年）、中村達太郎「米国加州の震災談」（『建築雑誌』二四〇、一九〇六年）、および曽禰達蔵「コンクリート造家屋」（『建築雑誌』六一、一八九二年）二五頁。

(14) 直樹倫太郎「鉄筋混凝土ノ価値」(『工学会誌』二七二・二七三・二七六・二七七、一九〇六年)。

(15) ここでは省略したが、鉄骨構造の導入も、鉄筋コンクリート造と同時期の明治中頃から後半となる。橋梁や鉄道に用いられていた鉄骨を、建材として用いた最初の大規模鉄骨構造建築は明治二七年の秀英舎印刷工場(東京市京橋区)とされる。鉄骨造としての利点をいかし耐力など計算されていた例としては同時期に鉄筋コンクリート造を推していた佐野利器による日本橋丸善(明治四二年)があげられるが、丸善は関東大震災による火災で鉄骨が溶け、倒壊している(村松貞次郎「鉄骨および鉄筋コンクリート構造の導入と理論の定着」『日本近代建築学発達史』日本建築学会、一九七二年、二四頁など)。

(16) 東京市『東京市統計年表』第一回(東京市、一九〇三年)。

(17) 福田重義「新東京」(『建築雑誌』三八〇、一九一八年)。

(18) 竹内六蔵「市街地建築物法及其附帯命令の郊外 第八 防火地区」(『建築雑誌』四一四、一九二一年四月)一七六頁。

(19) 市街地建築物法施行規則第六三条の一・二および第六一条。

(20) 市街地建築物法施行規則第一〇一条の二。

(21) 市街地建築物法施行規則第一条第一項第一三号。「イ、厚さ一尺以上の煉瓦造又は石造、ロ、厚さ四寸以上の鉄筋コンクリート造、ハ、厚さ一尺以上の孔煉瓦造、厚さ六寸以上の鉄筋「コンクリート、ホロブロック」造、厚さ五寸以上の鉄筋「コンクリート、ブロック」造の類にして、地方長官がイやロと同等と認めたもの」とされ、イ・ロは変わらずハの条項が追加された。

(22) 大正一二年九月一六日勅令第四一四号。

(23) 『建築雑誌』(六二九、一九三七年八月)一〇頁、および復興事務局『帝都復興事業誌 建築篇』(同、一九三一年)二〇一頁より。

(24) 助成会社の成立と事業については栢木まどか・伊藤裕久「復興建築助成株式会社と共同建築」(『日本都市計画学会論文集』三七、二〇〇二年一〇月)五一七～五二二頁、および栢木まどか・伊藤裕久「復興建築助成株式会社による関東大震災復興期の「共同建築」の計画プロセスと空間構成に関する研究」(『日本建築学会計画系論文集』七一―六〇三、二〇〇六年)一九九～二〇四頁。

(25) 詳しくは栢木・伊藤前掲注(7)論文、一一～一八頁。

(26) この時の耐火構造化による建築の高度利用については田中前掲注(5)書、七章にて詳細な分析がある。

(27) 石井桂「警視庁管下に於ける建築に関する統計」(『建築雑誌』六二九、一九三七年八月)一〇〇五～一六頁。

(28) 「新興佛寺建築」(『建築写真類聚』八―一二、一九三五年)、木田保太郎『木田保造』(同、一九四二年)ほかより。なお本堂、鐘楼、正門は現在重要文化財に指定されている。
(29) 東京都墨田区、設計=豊田工務店、施工=山形組(横山秀哉『コンクリート造の寺院建築』彰国社、一九七七年、一六～一七頁および二七七頁～の「コンクリート造寺院建築名鑑」、北尾春道「梗概」・解説、前掲注(28)「新興佛寺建築」。設計は「新興佛寺建築」では同寺住職とされている)。
(30) 石造と木造を併用した尾山神社神門(一八七五年)が木造以外を用いた最初期の例とされる(櫻井敏雄「伝統様式からみた近代の神社」神道文化会『近代の神社景観』中央公論美術出版、一九九八年四月)四一九頁。
(31) 大丸真美「伊東忠太の明治神宮社殿構想―神社建築観の推移―」(『明治聖徳記念学会紀要』四三、二〇〇六年)二四六～二七三頁ほか。
(32) 時事新報社編『新しい東京と建築の話』(同、一九二四年七月)二五一～二五四頁。
(33) 伊東は「この際印度乃至支那の仏寺建築から何らかの暗示を得て、荘厳堅実にして、しかも宗教的意義を発揚すべき新様式を創立するを理想とする」とも述べている。
(34) 小林福太郎「社寺建築と鉄筋コンクリート構造」(『建築世界』新興社寺建築特集号、一九三五年一〇月)。
(35) 天祖神社、猿江稲荷神社の竣工年はそれぞれの神社ホームページによる。
(36) 椙森神社については栢木まどか・伊藤裕久「関東大震災復興期の伝統様式コンクリート造神社について―東京・旧日本橋区の椙森神社を事例として―」(『日本建築学会学術講演梗概集』F―二、二〇〇九年)二一七～二一九頁。
(37) 千葉一樹ほか「東京の寺町に関する研究 その九、東京における寺院墓地の変遷」、吉田禎雄ほか「東京の寺町に関する研究 その一〇、東京都心部の寺院特設墓地について」(『日本建築学会学術講演梗概集』F、一九九四年)六七五～六七八頁。
(38) 田邊平學『不燃都市』(河出書房、一九四五年)二一〇頁。
(39) 『東京市統計年表』における昭和八年末の統計より鉄筋コンクリート造建築の建坪合計は二四四万一七三㎡であり、坪換算すると約七三万八一五二坪相当である。
(40) 藤森照信・増田彰久『看板建築』(三省堂、一九八八年)。

第三章　温泉町と源泉枯渇
——近代加賀山代温泉を事例として——

福嶋啓人

はじめに

温泉町における危機とは何か

自然資源を糧に成立した都市にとって、その資源の枯渇は都市の死に直結する。温泉町や鉱山町などがその代表的な都市類型といえる。無論、温泉町にとっての危機として第一にあげられるものは、源泉の枯渇に直面した時であろう[1]。ただその資源の枯渇に至るまでの過程および事象は、特に近代においてみれば、資源の乱用や過度な開発など、天災よりむしろ人為的な影響に起因することも多いと考えられる。

近代の温泉町においても、人為的な泉源開発に伴って、既存の自然湧出の源泉が湯量の低下や枯渇の危機に直面した例は、熱海温泉の大湯など複数見受けられる[2]。温泉町に限らず、明治以降の近代化に伴う法制度や行政主体の変化、インフラ整備など、都市社会の発展は実社会において、常に近世期から継承された体制（以下、旧体制）との齟齬を生み、旧体制の剝離に伴って、様々な問題が生じて危機的な状況に陥ることも少なくない。温泉町についても、未だ旧体制を保持している温泉町は全国的にも多く、特に湯の権利関係や新たな掘鑿による既存源泉への影響など、現在進行形で問題が生じている。

しかし逆説的にいえば、その源泉枯渇の危機は都市の再編成や新陳代謝を促すものでもあると考えられる。熱海温泉の事例では、大湯枯渇後に行政組織を主体とした温泉組合が設立された。組合は源泉の保護を目的とし、安定的な湯の供給とその利用の把握や調整を担った。その後、昭和六（一九三一）年に誕生した町有源泉は、開かれた源泉として安定的な湯の分配・供給が行われ、戦後の熱海温泉の発展に大きく寄与することとなった(3)。

源泉枯渇という事象は、都市としての危機的状況であるからこそ、温泉町としての普遍性や定常性を垣間見ることが可能なのではないだろうか。

先行研究と本章の位置づけ

温泉に関する研究は多岐にわたる。都市史の分野では近世の山中温泉を事例とした新城景子・藤田勝也による研究が先駆的であり(4)、その後、松田法子により研究水準が大いに高まった(5)。また源泉の湯量低下や枯渇によって、権利関係の訴訟が多く生じたことから、法学の分野において、それらの訴訟問題からみた司法上の温泉権に関する研究が盛んに行われている(6)。また高橋栄吉による石川県内の温泉町に関する司法上の研究は、戦前期の訴訟問題を同時代に考察しており、本章でも多くを参照している(7)。近年では、高柳友彦による静岡県の熱海温泉や長岡温泉を事例とした研究がある(8)。高柳は自然資源である温泉の利用や維持管理の方法について、行政機構や財産区、組合などの地域社会が担う役割や、相互の関係性について考察している。

温泉町の空間や司法上の温泉権の研究は蓄積があるものの、それら訴訟問題から、温泉町の空間との関係性について論じた論考はなく、筆者は近代以降の社会変化や近代法の導入と、温泉町の空間変容との関係性について研究を行ってきた(9)。

本章では、石川県加賀市に位置する山代温泉を事例に、温泉町が直面した源泉枯渇の危機と、同時並行的に生じた温泉の権利に関する訴訟問題に着目する。山代温泉では新たな泉源掘鑿に伴い、昭和五年に温泉町にあった既存の源泉がすべて枯渇する事態に陥った。全国的にみても温泉町全体に及ぶ源泉枯渇は珍しく、この源泉枯渇に至る過程は、人為的な影響によるところが大きいと考えられる。またその背景には権力主体や湯の権利関係の変化が見え隠れする(10)。山代温泉で生じた源泉枯渇と訴訟問題を整理し、危機を生み出した背景やその危機に陥った対象を確認しながら、温泉町における源泉枯渇の危機の具体性に迫ってみたい。

共同浴場「総湯」を取り巻く諸関係の変化

あらかじめ山代温泉での諸関係について、近世から近代にかけての変化をみておきたい。近世の多くの温泉町には、共同浴場が設けられ、浴客や地域住民が日々利用する温泉町の中心施設であった。近世より山代温泉には一八軒ないし一九軒の内湯設備を有する温泉宿屋が存在した(11)。温泉宿屋の当主の多くは地主であり、山代温泉における有力家であったとみられ(12)、その他の村民は農民で、地主と小作の関係性にあった。山代温泉の温泉町中心部分には「総湯」と呼ばれる共同浴場（以下、総湯）があり、宿屋は総湯を取り囲むように立地し、この温泉町の中心部分は「湯の曲輪」と称された。農民は「湯の曲輪」のさらに外縁に居住していたとみられる。山代温泉では近世期より温泉宿屋内にも内湯設備が設けられていたため、総湯の利用は主に地域住民が主体であった。しかしながら、温泉宿屋は自家の内湯に源泉を無償で利用する代わりに、総湯の維持管理を行っていたという(13)。また山代村の近隣村落からでも一定の湯米を山代村に納めることにより、自由に総湯を利用することができた(14)。

このように近世の山代温泉では温泉の利用について相互互助が成立し、共同浴場を取り巻く一定の秩序が保たれ、温泉が村落の共有財産であるという総有的認識にあったとみられる。

明治に入っても近世からの慣例に基づいて、山代温泉では明治二九（一八九六）年に設立された山代鉱泉宿営業組合（以下、営業組合。詳細は後述）が総湯の維持管理を行ってきた。これまで温泉旅館は無償で源泉を内湯に利用していたが、明治一二、三年頃に一定の源泉使用料を山代村に支払うこととなった。(15) しかし内湯を有する営業組合にとって総湯に対する維持管理の必要性は希薄化し、大正元（一九一二）年一〇月には総湯の管理者が、営業組合から山代村長へと移行した。(16)

その後も営業組合が山代村（のち山代町）に支払う源泉使用料は継続し、その使用料が総湯の維持管理費に充てられていた。しかし総湯の維持管理に関する諸問題に対して、管理者が組合から行政組織に移行することにより、営業組合は事実上、責任を持つ必要がなくなったといえる。ここに近世期から継承されていた山代における慣習の一つが変容し、共有財産としての総有的認識の変化が読み取れる。

近代における法制度の影響

次に、近代法施行によって近世から近代にかけて法制度上での温泉利用権の変化についてふれておきたい。

明治に入り、近代法、特に近代法的所有権制度が導入された。それにより近世以前に成立した多くの温泉町では、近世期からの旧慣上の温泉権と近代法的温泉権が混同され、全国的に権利問題が生じた。山代温泉でも先述のように、慣例によって源泉は共有財産であるという総有的認識と、私有地から湧出する源泉はその土地の所有者に帰属するという私的所有権的認識の差異によって、源泉利用に関する訴訟問題が多数生じた。山代温泉で提起された訴訟のなかでは、源泉の枯渇に関わるものとして、陸軍と営業組合との訴訟問題があり、次節にて詳細にみていきたい。加えて、三節では近代における源泉および泉源の権利主体の変化としてあげられる事例を二点取り上げて詳しくみていく。

一　山代温泉における源泉枯渇

陸軍による泉源掘鑿と温泉町全体の源泉枯渇

まず山代温泉で生じた源泉枯渇の概要を簡潔に述べる。山代温泉には明治四三（一九一〇）年に金沢陸軍衛戍病院の療養所として、山代分院（以下、分院）が設置された。その分院内に、昭和三（一九二八）年五月、陸軍が鑿井を名目に泉源掘鑿を計画した(17)。陸軍は営業組合に対して、鑿井工事の実施についての了解を求めたが、営業組合は掘鑿が既存源泉に影響することを強調して、工事の実施には応じなかった。営業組合の抵抗を無視する形で、陸軍は昭和五年二月に工事を決行し、掘鑿が深さ四八一尺まで達したときに温泉が湧出した。分院内で温泉が湧出した一方で、営業組合の懸念通り、温泉町にあった数ヵ所の泉源がすべて枯渇する事態に陥り、旅館は営業休止を余儀なくされた。この状況から、陸軍は工事を一時中断し、温泉町の湯量は一旦回復した。しかし陸軍は一度に多量の水を汲み上げたことが枯渇の原因であるとして、温泉町の源泉枯渇は一時的なものであり、再度工事を進めようとした。それに反発した営業組合は、昭和五年三月に鑿泉工事の廃止と復旧工事を請求した訴訟を提起した。

以上のような経緯ではあるが、温泉町全体に及ぶ源泉枯渇は山代温泉の有史以来の事態であり、温泉町の存続に関わる危機的状態であった。温泉旅館だけでなく、日々の入浴に温泉を利用していた住民にとっても死活問題であった。しかしながら当時、権勢を振るっていた陸軍に対して、営業組合という一民間小団体が訴訟を提起したことは、稀にみる事態であったといえる。

また高橋栄吉はこの訴訟に対して、陸軍の掘鑿行為を差し止める営業組合の権利は、温泉に関する規定の皆無な現行法のもとで、さらに土地所有権の観念に基づいた従来の法理論に従うならば、学説や判例は営業組合にとって不利な状況であると述べている[18]。

陸軍による分院内での鑿井工事が突如として問題を生じさせたようにもみえるが、この源泉枯渇に至るまでの経緯には、近代以降の浴客増加に伴う湯量低下や、それによる度重なる温泉の権利問題、営業組合と山代住民との政治的権力闘争がうかがえるのである。

金沢陸軍衛戍病院山代分院の設置経緯

次に分院が山代温泉に設置された経緯を説明しておきたい。明治四三年四月二三日に山代村から陸軍省へ分院設置願が提出された[19]。北陸のほかの温泉地からも設置希望はあったというが、土地の寄付と湯の無期限無償提供という山代村側の条件提示により、明治四五年六月、山代村に分院が設置された[20]。山代村においても分院の設置によって、日露戦争後の不況下にありながら、村の発展や村民の利益が図れるものとの思惑もあり[21]、加えて、温泉の効能が外傷患者の治療上有効であると評価されることによる宣伝効果からも、分院設置を大いに歓迎していたという[22]。

分院は「湯の曲輪」の南外郭（図1）に設置され、「くら屋」旅館の宅地内にある泉源（図2・表1）から一昼夜八〇石（約一万四四〇〇ℓ）の湯が配湯された。これは山代温泉の中心部分に位置する総湯に配られていた湯の三分の一に相当する湯量であり、後述する総湯の湯量・温度低下による農民派の台頭や訴訟問題の引き金にもなったと考えられる。加えて先述した総湯の維持管理の営業組合から山代町への移行も、分院の設置からわずか四ヵ月後という時期でもあり、何らかの関係性はあろう。

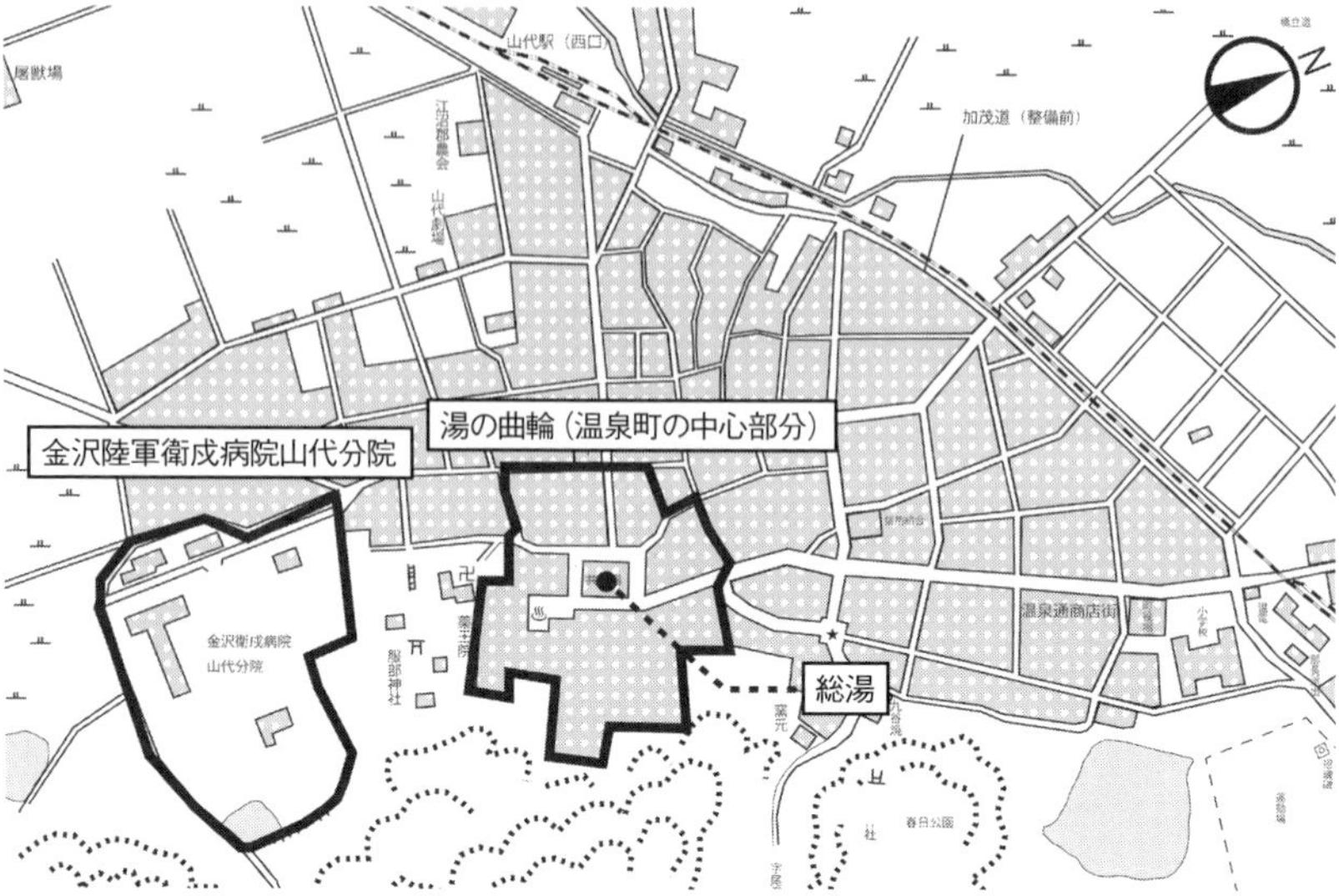

図１　湯の曲輪と陸軍山代分院の立地関係（『昭和十三年江沼郡山代町治一覧』〈加賀市立図書館所蔵〉をもとに作成）

陸軍と営業組合との訴訟

昭和五（一九三〇）年三月に提起された陸軍の鑿泉工事の廃止と泉源枯渇に陥った温泉町の復旧工事の訴訟は、最終的に昭和一一年まで続くこととなった。

一審二審とも仮処分を認め、陸軍は敗訴した。陸軍はさらに上告し、大審院で争われることとなった。この訴訟は営業組合が原告として提起したものであり、また当時、後述する共同浴場改築に絡む温泉湧出問題で、山代町は営業組合と対立していたため、陸軍との訴訟当初は、山代町は傍観する姿勢をとっていた[23]。昭和五年六月になって、山代住民が利用する総湯にも影響が大きいという理由で、営業組合派の町議員から提案があり、山代町も陸軍との訴訟に従参加することとなった[24]。

昭和七年八月、大審院は陸軍の掘鑿が既存泉源の湧出量に悪影響を及ぼし、旅館営業に支障を生ずるとする原審を支持した。「温泉は土地所有者がその利用権をもつが、その利用は他人の権利を侵害しない程度に限られる。また仮に侵害があるときは国家といえども不法行為の責任を負う」と判示し

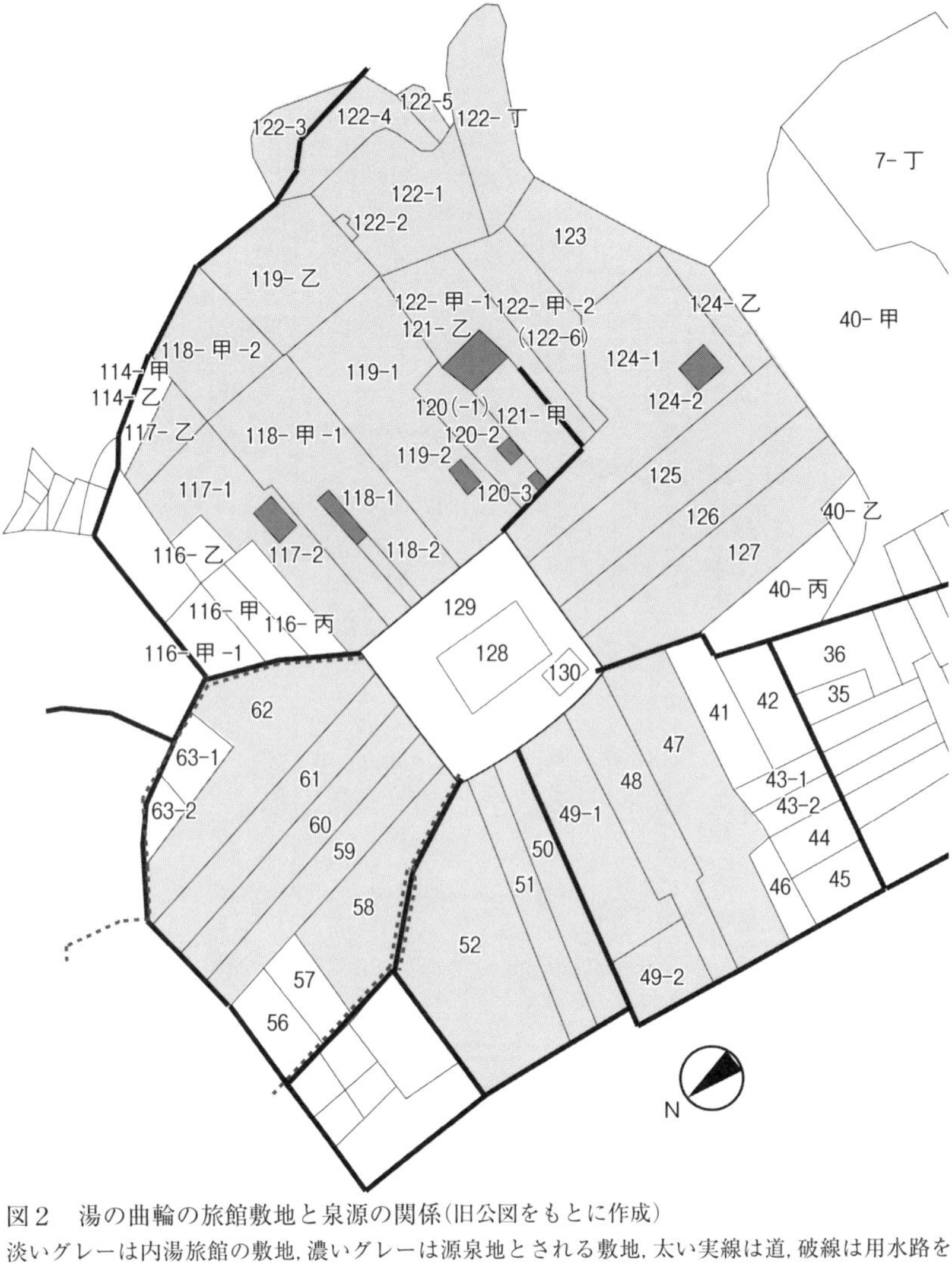

図２　湯の曲輪の旅館敷地と泉源の関係（旧公図をもとに作成）
淡いグレーは内湯旅館の敷地，濃いグレーは源泉地とされる敷地，太い実線は道，破線は用水路を示す．

表　旧公図の地番対応表

鉱泉地

地番	所有	備考
117－2	大野屋	昭和5年2月8日より分筆
118－1	くら屋	
119－2	あら屋	
121－乙	字山代共有	大溜組が借地中
120－2	大溜組	昭和7年12月30日より分筆
120－3	大溜組	昭和13年1月4日より分筆
124－2	山下屋	昭和5年2月8日より分筆

総湯・その他

128総湯	山代町	130灯籠	山代町

内湯旅館（昭和5年前後の旅館名を記す）

総湯東側

117	大野屋
118	くら屋
119	あら屋
120	大溜組共有地 松の屋
121－甲	山代町共有地

総湯南側

122	山下屋
123	山下屋
124	山下屋
125	吉野屋
126	玉屋
127	田中屋

総湯西側

47	白銀屋
48	津田屋
49－1	西野屋
50	出蔵屋
51	加茂屋
52	花屋

総湯北側

58	木屋
59	七日市屋
60	吉田屋
61	吉田屋
62	はた屋

た。[25]当時の世相的背景や高橋が述べたように、法理上の不利的状況にもかかわらず、昭和一一年八月に営業組合は陸軍に勝利した。そして営業組合と山代町、陸軍との三者間で和解の協定が成立した。協定書の内容は陸軍の掘鑿した泉源を認めて、その使用量を一昼夜二〇〇石とし、これまで山代町が総湯へ引湯すべき湯量のなかから、分院へ送っていた八〇石は停止され、加えて慰謝料として営業組合へ二万円を支払うというものであった。[26]

昭和一一年九月、営業組合はこの慰謝料を利用して大溜組の共有地[27]（図2の一二〇―三）に新泉源を掘鑿した。この新泉源では動力により温泉が揚湯され、配湯槽からは営業組合に属する各旅館および総湯へ一定の比率で分配されることになった。これにより、山代温泉における従来の自然湧出の泉源はすべて止まり、統一泉源による集中管理という新段階へ移行することとなった。

山代温泉では、温泉町の源泉枯渇から訴訟問題を経た統一泉源の掘鑿によって、近世的な温泉の利用関係や管理体制から一転して、近代的な温泉町として再出発したといえよう。

しかしながら、この陸軍と営業組合の訴訟問題に至るまでの過程では、近世的な権利関係や社会体制、また温泉の管理体制が段階的に変化していたのである。次節では泉源枯渇に至るまでの温泉町の近世的な体制から近代的なものへと変化する過程をみていきたい。

二　源泉枯渇に至るまでの温泉町の諸変化

山代鉱泉宿営業組合の設立

内湯旅館経営者らは、明治二九（一八九六）年二月に山代鉱泉宿営業組合の設立認可願を県知事に提出した。組合規約[28]の署名者は、内湯を持つ温泉旅館経営者一八名と鉱泉所有者総代（山代住民代表）として二名であった。組合規約では、従来の総湯を中心とした「湯の曲輪」の旅館街以外への内湯旅館の建設を禁止していた[29]。また鉱泉所有者として山代住民の代表が署名し、共有財産的な認識がみられるが、組合規約第二五条には「鉱泉使用権ハ鉱泉浴営業者ニ限ル」と明記されており、湯量が限られたなかで、既得権益を保持したい温泉旅館営業者らに有利な条件ともいえる内容であった。近世期より温泉町の有力家であった温泉旅館営業者らは、明治以降にもその権力を保持していたことがうかがえる。

政争の展開による体制の変化

近世期の加賀国江沼郡山代村は、明治二二年四月一日に町村制施行により、石川県江沼郡山代村となった。先述のように温泉旅館営業者は地主・有産者であり、山代村の行政では地元名望家として山代村長や村会議員も温泉旅館営業者やその関係者が多く歴任していた。

大正二（一九一三）年三月一〇日に町制が施行され山代町となり、大正一四年に選挙での納税条件が撤廃され、これに伴い翌年、山代町の選挙にも普通選挙制が採用された。ここに行政組織においても変化がみえ始める。

この頃、総湯を利用する浴客の増加や分院設置に伴う総湯への配湯量の減少によって、総湯の湯量や温度低下の問題が深刻化し、日々総湯を利用する山代町民にとっては死活問題となっていた。そして先述のように総湯の維持管理が山代町に移行し、かつ町政を温泉旅館営業者らが牛耳っていたため、政争のなかで山代町民が営業組合派（温泉旅館営業者と旅館出入業者）と農民派（その他山代町民）に対立することとなった(30)。

総湯の湯量を確保したい農民派は、近世の慣例に基づいて、山代温泉の温泉町中心部が位置する字山代から湧出する湯はすべて共有財産であると主張し、反対に営業組合派は山代町の所有地より湧出する湯以外は、すべて私的財産であって、その土地の所有者のものであると主張した(31)。

そしてこれまで営業組合派が牛耳っていた町政において、昭和二（一九二七）年一一月に初めて農民派の木村駒吉が町長に就任することになり、政治体制に変化が起きた。両者の主張の差異は、次節の山代温泉における権利訴訟問題にも大きく関係することになる。

三　近代法導入による湯の権利主体の変化

「くら屋」と山代町との温泉所有権に関する訴訟問題

一つ目は、温泉旅館「くら屋」と山代町との個人宅地内の泉源に対する温泉所有権の訴訟問題である。総湯へも分配されていた「くら屋」宅地内にある泉源（図2・表1参照）は、土地台帳では山代町の所有であるはずが、もはや「くら屋」所有地の一部と化していると主張し、山代町が「くら屋」を相手に大正八（一九一九）年一月に起こした訴訟である。

原告山代町の主張では、この源泉地は明治八（一八七五）年の地租改正時に地租徴収の都合から、山代区の共有地となり、その後山代区の所有としたという。また公租公課も区で負担し、埋設木樋の修繕も区で行っていたことから、「くら屋」がこの温泉を利用する権利関係が不明であると主張した。これに対する「くら屋」の答弁は、「十数代も連綿としてこの泉源を利用し、湯量豊富のために総湯へ行為上使用させているに過ぎず、土地台帳の記載が何らかの誤りであり、長年の占有により時効が成立して所有権を取得している」というものであった。

判決の結果、山代町が証拠として提出した図面や土地台帳の根拠が不明であるとし、「くら屋」の主張通り、長年の占有によって「くら屋」が所有権を取得しているとして、昭和二（一九二七）年二月に山代町の敗訴となった。山代町はこの判決に控訴したが、控訴審においても、同様の理由により昭和四年五月七日に山代町の敗訴が確定した。

この判決の結果、山代町にとっては総湯の泉源の所有権を失う結果となった。その後も総湯へはこれまでと同様に、「くら屋」宅地内の泉源から送湯された。しかしながら村落共同体の共有財産という農民派の主張は覆され、「くら屋」だけでなく、他の温泉旅館宅地内に存在した泉源についても敷地の所有者の所有物として認められることになったことを意味している。[36]近世から続いていた総有的認識がここに変容し、山代温泉にあったこれまでの慣習がさらに変化したことが読み取れる。

共浴場改築にともなう山代町と大溜組との争い

二つ目は、分院が敷地内に掘鑿を計画する数ヵ月前の昭和三年一月に始まった共浴場改築に伴う山代町（農民派）と営業組合（大溜組）[37]との争いである。先述の通り、昭和二年に農民派の町長が誕生し、山代町は満を持して総湯の改築に着手することになった。その改築工事中に、偶然にも総湯下から温泉が湧出し、反対に大溜組の湯量が低下する事態に陥った。

昭和三年一一月に、石川県は山代町に対して温泉湧出の埋め立てを命令し、一旦は埋められた。しかし山代町は掘鑿願を出し続けて、総湯改築の運動を続けた。大溜組の温泉旅館営業者らは埋め立てが行われても湯量が回復しないとして、昭和四年に山代町に対して漏出を防止する復旧工事の訴訟を提起した。[38]しかし山代町は掘鑿を行うべく、同年一一月に町会で掘鑿の決議をするという泥沼状態に陥った。[39]そして大溜組の温泉旅館営業者らはさらに鉱泉掘鑿工事禁止請求の訴訟とこれを本案訴訟とする禁止仮処分の申請を行った。[40]

両者の争いは警察の調停により、昭和四年一一月、両者の間に和解の契約案[41]が成立した。しかしこの契約は、大溜組の共有地である鉱泉地（図3の一二〇―一・三）や山代町より借用中の鉱泉地（図3の一二一）の湯量増加ならびに温泉の漏洩防止を目的とした施設の建設を進め、湯量が増加した場合は増量分の半分を共同浴場へ分配するという条件と引き換えに、大溜の源泉地とされる大溜組の共有地（図3の一二〇）をはじめ、山代町所有の源泉地（図3の一二一の乙）、宅地（図3の一二一の甲）、総湯敷地とその隣接地など、すべての土地の補修や掘鑿の決定権を大溜組が持つ

図３　大溜組に属する温泉旅館と和解の契約案に記された大溜組の支配圏にある敷地

とされていた。加えて、山代町の源泉地を年六〇〇円で、五〇年間組合へ貸与することが決定した。

この調停により、かつては山代町字山代の共有財産という認識であった源泉および泉源と、その占有をすべて大溜組、つまり営業組合が掌握したことになる。農民派が政争により勝ち取った、空間的にも温泉町の中心施設であり、共有財産の象徴ともいえる総湯の建物自体への諸行為に関しても、その支配権を営業組合が掌握したのである。また先述の陸軍との訴訟を提起したのが、山代町ではなく営業組合であったことは、泉源の権利主体が営業組合にあったことを意味している。

おわりに——山代温泉の源泉枯渇の危機——

訴訟問題を経て変容した湯の権利関係

これまでみてきたように、山代温泉での源泉枯渇の裏側では、それ以前に起きた複数の訴訟問題を経て、温泉の権利、総湯の支配権を営業組合が掌握した。陸軍との訴訟を山代町ではなく、営業組合が提起していることからも明らかなように、泉源・源泉の支配権は営業組合へと変容したのである。権力支配だけをみれば、近世期の状況に回帰したようにもみえるが、しかしながら慣習的にあった温泉の共有財産としての総有は消滅し、温泉の利用関係も大きく変容している。

山代温泉が直面した源泉枯渇の危機は、一方で営業組合の泉源支配と合わさって、自然湧出であった複数の泉源を統一する契機ともなった。統一泉源掘鑿後も、山代温泉では内湯旅館の増加や温泉町の拡大など、温泉町空間の大きな変容は、戦後昭和三〇年代までみられない。それは統一泉源が営業組合の共有地で掘鑿・管理され、既得権益を保持したい営業組合の権力支配をさらに強固なものとした結果であろう。

温泉町における源泉枯渇の危機とその背景

自然災害や湯脈の変化に起因する場合でも、人為的な掘鑿による場合でも、温泉町の源泉枯渇は、それ以前の組織体制や権利関係を大きく変容させる事態を招く。しかしながらそれらは枯渇後に一新したのではなく、それ以前からの旧体制が社会変化や法制度の導入に対応しきれず、少しずつ綻びが生じた変容過程において表出したものといえる。近代において、温泉町にとっての源泉枯渇の危機は、存続をかけた都市としての「生と死」の瀬戸際でありつつも、湯を取り巻く旧時代の社会関係や権利関係から、新たな都市社会への適応や新体制へと変貌する契機であったといえる。

熱海温泉の大湯枯渇では、源泉の保護を目的とし、その維持管理を行政組織が主体として行うことで、開かれた源泉が誕生した。山代温泉では源泉枯渇によって、温泉町の空間に大きな変容は生じないものの、営業組合が温泉の支配権を掌握し、一方で近世来の慣習や湯を取り巻く統制は一変し、源泉は行政組織ではなく、営業組合の管理下に置かれた。源泉も動力による揚湯により安定化した。この源泉管理の一元化と湯量の安定化は、近代化、つまり法体制の変革や技術発展、観光地化など、新時代の社会に適応するためには、必要不可欠な変容過程でもあろう。特に自然湧出の源泉から動力による汲み上げへの変化は湯量の安定化を生み出し、山代温泉における昭和三〇年代以降の温泉町の拡大や発展に大きく寄与する結果となったことは明らかである。

熱海温泉と山代温泉では、源泉枯渇の対応策として湯量の安定化や源泉の維持管理の一元化という側面は共通する。温泉町にとっての最大の危機的状況といえる源泉枯渇から、最終的に到達した湯量の安定化と維持管理の一元化ということの共通点は、近代社会を迎えた温泉町が内包する定常性といえるのではないだろうか。

注

（1）　本章では、温泉の湧出する場所やそのもとを「泉源」または「源泉地」、「鉱泉地」と表記し、そこから湧出した温泉そのものを「源泉」と表記する。

（2）　熱海温泉の大湯のほかに、温泉町全体の枯渇ではないが、青森県の浅虫温泉や神奈川県の湯河原温泉などが例としてあげられよう（川島武宜、潮見俊隆、渡辺洋三編『続 温泉権の研究』勁草書房、一九八〇年）。

（3）　熱海温泉の大湯枯渇とその後の温泉組合設立、また町有源泉の整備については、高柳友彦「地域社会における資源管理―戦間期の熱海温泉を事例に―」（『社会経済史学』七三―一、二〇〇七年）で詳細に分析される。本章で取り上げる熱海温泉の事例は、この研究成果より引用している。

（4）　新城景子、藤田勝也「近世における温泉町の空間構造―加州江沼郡山中温泉を事例として―」（『日本建築学会計画系論文集』五六九、二〇〇三年）。

（5）　松田法子「近世温泉町の空間構造―熱海温泉を素材として―」（『年報都市史研究』一六、二〇〇九年）や松田法子、大場修「泉源開発と旅館街の立地傾向にみる近代大規模温泉町の成立過程―別府温泉を事例として―」（『日本建築学会計画系論文集』五八二、二〇〇四年）など。

（6）　川島武宜著『川島武宜著作集第九巻 慣習法上の権利二』（岩波書店、一九八六年）をはじめとして、川島、潮見、渡辺編前掲注（2）書や杉山直治郎著、北条浩・植村正名・宮平真弥編『温泉権概論』（御茶の水書房、二〇〇五年）、下呂温泉や修善寺温泉を対象とした渡辺洋三著、北條浩・村田彰編『温泉権論』（御茶の水書房、二〇一二年）、下呂温泉を対象とした北条浩・村田彰『温泉権の歴史と温泉の集中管理』（御茶の水書房、二〇一三年）と川島武宜監修、北条浩編『岐阜県・下呂温泉史料集』（御茶の水書房、二〇一三年）などがある。

（7）　高柳友彦の研究として、「温泉地における源泉利用―戦前期熱海温泉を事例に―」（『歴史と経済』四八―三、二〇〇六年）や前掲注（3）論文、「株式会社による源泉管理―長岡鉱泉株式会社を事例に―」（『経済史学』四三―三、二〇〇八年）などがあげられる。そのほかにも、財産区内の行政機構による温泉経営に主眼を置いたものとして、「源泉利用を通じた地域行財政運営の歴史的変容―戦前期道後湯之町を事例に―」（『歴史と経済』五六―三、二〇一四年）などがある。

（8）　高橋栄吉『石川県に於ける温泉の研究』（司法資料名古屋控訴院第九号、名古屋控訴院、一九三三年七月）。石川県の主要温泉地

について、沿革や訴訟、当時の史実について詳しく記される。山代温泉の訴訟問題についてもまとめられており、本章でも同時代の司法的観点や社会的背景から考察されたものとして、多くを引用している。

(9) 「近代温泉地における空間構造の変容―加賀山代温泉を事例として―」(日本建築学会『二〇一二年度大会(東海)学術講演梗概集』二〇一二年)や「近代化にともなう温泉町の危機―加賀山中温泉を事例として―」(『二〇一三年度日本建築学会「危機に際しての都市の衰退と再生に関する国際比較若手奨励特別研究委員会」報告書』二〇一五年)、「共同浴場を中心とした温泉町の空間変容過程について―近代加賀山中温泉を事例として―」(『日本建築学会計画系論文集』八〇―七一一、二〇一五年)などがある。

(10) 山代温泉で生じた訴訟問題に関する先行研究は、高橋前掲注(8)書だけでなく、地方史研究として、以下の永井泰蔵のものがある。「山代陸軍分院とそれにからむ温泉紛争」(江沼地方史研究会『えぬのくに』一八、一九七三年)や「山代温泉営業組合規約と問題点 その後の変化その他―電気湯の評価・財産区の性格―」(江沼地方史研究会『えぬのくに』二〇、一九七五年)などがあげられる。

(11) 享和三(一八〇三)年に描かれた「享和三年古地図」には各温泉宿に内湯設備が一、二ヵ所設けられていることが記されている。

(12) 近世において温泉宿は相当の高持百姓が宿を営むようになったと考えられている(加賀市史編纂委員会『加賀市史 通史下巻』加賀市役所、一九七九年、二六〇頁)。また宿屋当主らは山代村の七割の土地を有していたといい(加賀市史編纂委員会『加賀市史 通史上巻』加賀市役所、一九七八年、六四〇~六五三頁)、近世期より山代の有力家であったことがわかる。

(13) 大正一四年一〇月二四日、山代町会議決第七二号により県知事宛に提出された請願書に添付の「山代温泉沿革の概要」(『大正一四年山代町会議決書』所収、加賀市立図書館蔵)には「原湯は(中略)明治初年頃は殆ど無償の状態にて」と記される。

(14) 武田友海『山代志』嘉永七(一八五四)年(加賀市史編纂委員会編『加賀市史 資料編第一巻』加賀市役所、一九七五年、四七一‐五〇五頁所収)によれば、安永七(一七七八)年の大風で総湯の屋根が破損し、その修繕費を山代村の近村にも割合金として徴収した際に、これに応じない村落に対して、入浴禁止を言い渡したという。なお湯米とは、総湯の維持管理費として宇山代部落に支払われた総湯の使用料をいう。

(15) 「山中村役場から山代温泉の鉱泉関係についての照会に対する山代村役場の明治二三年八月一三日附の回答文書」(前掲注(12)『加賀市史 通史下巻』二五四~二五五頁所収)によれば、源泉の地租は温泉宿屋が支払い、総湯の地租は宇山代の住民が支払っていた。また温泉宿屋は源泉の使用料として年間三〇円を宇山代部落へ支払い、総湯の費用として宇山代部落住民が年間三〇円を温泉宿屋に支払う関係で、山代住民には総湯の維持管理に関して金銭的な負担はなく、温泉宿屋が負担していたことがわかる。具体的な金額については、前掲注(13)「山代温泉沿革の概要」によれば、明治一二、三年頃から年間四〇円の貸与料（源泉使用料）を支払っていたとあり、不明な点もある。

(16)　前掲注(12)『加賀市史 通史下巻』二五九頁。
(17)　高橋前掲注(8)書、一一九頁。
(18)　高橋前掲注(8)書、一二〇頁。
(19)　陸軍省大日記「金沢衛戍病院山代分院設置ノ件」明治四五年五月三〇日（防衛庁防衛研究所図書館蔵）。
(20)　永井前掲注(10)「山代陸軍分院設置とそれにからむ温泉紛争」四三頁。
(21)　前掲注(12)『加賀市史 通史下巻』二三四頁。
(22)　高橋前掲注(8)書、一一九頁。
(23)　永井前掲注(10)「山代陸軍分院とそれにからむ温泉紛争」三八頁。
(24)　昭和五（一九三〇）年六月二二日『北國新聞』マイクロフィルム、本紙（五）№三二五。
(25)　「大審院判決主文と理由」（永井前掲注(10)「山代陸軍分院とそれにからむ温泉紛争」三九〜四六頁所収）。
(26)　永井前掲注(10)「山代陸軍分院とそれにからむ温泉紛争」四七頁。
(27)　土地台帳によれば、この泉源の所有者は内湯を有する旅館営業者、特に「大溜組」に属する人々が名を連ねる。「大溜組」とは温泉旅館の宅地内に源泉をもたない、もしくは宅地内源泉の湯量が少ないために、字山代共有地（一二一―乙）の泉源より内湯へと引湯している温泉旅館の総称である。その呼称は、泉源から「大溜」と呼ばれる枡に一時的に湯を貯め、そこから分配していたことに由来するとみられる。土地台帳によれば、大溜組が字山代共有地（一二一―乙）を借地している。
(28)　永井前掲注(10)「山代鉱泉宿営業組合規約と問題点 その後の変化その他―電気湯の評価・財産区の性格―」に所収。
(29)　組合規約第三条には「鉱泉浴営業者即チ内湯営業ヲナスコトヲ得ルハ従来ノ制規ニ由リ、山代村字山代地内左ノ区域ニ限ルモノトス」と記される。
(30)　これはかつての地主と小作の対立といえる。また「大正一四年四月六日附の大聖寺警察署長より県警察部長宛の報告書」（前掲注(12)『加賀市史 通史下巻』二六六〜二六七頁所収）によると、営業組合派は「役場派」（政友党派）、農民派は「非役場派」（立憲青年党派）とも呼ばれ、政党派閥に展開した争いでもあった。

(31) 前掲注(30)「大正一四年四月六日附の大聖寺警察署長より県警察部長宛の報告書」。

(32) 山代村では近世よりおよそ一〇の「番組」が設定され、昭和一六年に改編して二〇の区が設定された。山代区とは旧山代村字山代の特に温泉町の中心の都市域に設定された区を指す（やましろ町事典編集委員会編『やましろ町事典』山代温泉開湯一三〇〇年記念誌編集委員会、一九九六年、九〇〜九一頁「番組」参照）。

(33) 高橋前掲注(8)書、九二頁。

(34) 高橋前掲注(8)書、九二〜九三頁。

(35) 土地台帳によると、山代町から「くら屋」へ所有権が移転するのは昭和一〇年五月である。

(36) 加えて、山代住民がこれまで行っていた旅館内の源泉から湯を持ち帰る「汲み湯」は行われなくなったという（前掲注(12)『加賀市史 通史下巻』一二六五〜一二六六頁）。

(37) 前掲注(24)参照。

(38) 高橋前掲注(8)書、一〇二頁。

(39) 高橋前掲注(8)書、一〇三頁。

(40) この争いには、内湯を持たない旅館業者（山代旅人宿営業組合）も総湯にその営業を依存する立場から山代町側に同調していたという（前掲注(12)『加賀市史 通史下巻』一二七〇頁）。

(41) 「鉱泉引用及分割等に関する契約證書正本（公正証書）」（高橋前掲注(8)書、一一〇〜一一二頁所収）。

（付記） 本章はJSPS16K18224の助成による成果の一部である。

第四章　他王朝による征服
——オスマン朝とイスタンブルの復興——

川本智史

はじめに

一四五三年、ビザンツ帝国の帝都コンスタンティノープルはメフメト二世率いるオスマン軍によってついに征服された。征服直後よりこの都市はオスマン朝の首都イスタンブルとなって再建が進み、一六世紀には再び地中海世界随一の大都市として栄華を誇った。既存の統治システムが消失し、新たな支配者と社会秩序が登場するコンスタンティノープル＝イスタンブルという大都市の征服・復興という過程で、世界史上でも稀な空間的・社会的な都市大改造が行われたのである(1)。

キリスト教世界の牙城コンスタンティノープルの征服は、イスラーム勢にとって一つの悲願であったことは間違いない。イスラーム誕生直後の七～八世紀にかけてアラブ軍は陸と海からたびたび攻撃を加えたが、いずれも堅い守りに阻まれて征服はかなわなかった(2)。一一世紀にビザンツ帝国の中核地域だったアナトリアの大半が、ルーム・セルジューク朝などテュルク系勢力の支配下におかれてイスラーム化が進行したのちも、コンスタンティノープルはかろうじてその命運を保っていた。ところが西北アナトリアの新興勢力だったオスマン朝が一四世紀後半にダーダネルス海峡を渡ってバルカン半島にも版図を拡大すると情勢は一変する。一四五一年に和平派だった父ムラト二世を継いだメフメト二世は、即位直後からコンスタンティノープル征服の野望を明らかにし、首都エディルネで巨砲を鋳造させるなどして、城塞攻略の準備を着々と整えたのだった。

約一ヵ月の包囲戦を経て、五月二九日に城壁を突破したオスマン軍が市内に入った時、かつて地中海世界の中心都市だったコンスタンティノープルも一地方都市の規模にまで衰微していた。一五世紀前半には人口はわずか数万にまで落ち込み、長大な城壁に囲まれた市内各所には空地や菜園が広がっていたという(3)。イスラーム法上「征服地」となったイスタンブル市内の不動産所有権は国庫に属し、捕らえられた市民らは奴隷として売り払われたが、のちに身代金を払って解放された者も多かった。一方、金角湾北側のジェノヴァ人居留区のガラタはオスマン軍に対して中立の立場をとっていたため、征服後もここに留まった旧住民の自由と財産の安全は保証された(4)。

征服直後よりイスタンブルを首都とすることはメフメト二世によって宣言され、矢継ぎ早に復興策が実施されていった。当時のイスタンブル復興を分析したカフェスチオールは、メフメト二世が自らの建設する帝国を象徴する都としてイスタンブルを計画したとし、「記念碑化（monumentalization）」「居住化（inhabitation）」「表象化（representation）」という三つの概念から叙述した(5)。メフメト二世はテュルク系有力家と辺境の戦士集団によって支えられた従来のオスマン集団を、イェニチェリ軍団に代表されるスルタン個人に直属する軍人・官僚集団によって支えられた、より中央集権的な国家へと変貌させることを企図していた。その拠点となるのが新首都イスタンブルだったとする見解である。征服直後のイスタンブルにはイタリアから建築家も招かれてルネサンスの幾何学的計画に基づく城塞やモスクが計画され、新首都のモニュメントになったとカフェスチオールは推測する。

その一方で復興の実態に即してみると、異なるイスタンブル像が浮かび上がる。当時のオスマン支配層にとって都市造りの基本となるのは「栄えた状態にすること」と「人が住んだ状態にすること」であり、[6]新首都でもこの状態を目標とした施策が採択されたにすぎなかった。具体的には、都市インフラ整備と人口回復策という二つの相互に関連しあう再建計画が進行したのである。[7]いずれもそれまでオスマン朝がアナトリアとバルカンで征服した都市でとられた手法であった。

第一の都市インフラ整備策として、まずはアヤソフィア（ハギアソフィア）などの教会建築の一部がモスクやマドラサへと転用された。これを維持運営するため、スルタンの出資のもと市内中心部には商業施設であるバザールが建設されてワクフ財（宗教的寄進財）として運営されるようになった。これらの施設は賃料によって宗教施設の運用を支えると同時に、市民生活に不可欠なインフラを提供した。そのほかにも中小のモスクが軍人らの寄進によって建設されて市民生活の中心となった。また新首都のモニュメントとして、ビザンツ時代に聖アポストレス教会があった場所に一四六三年頃からメフメト二世の名を冠した巨大なファーティヒ（征服者）・モスクと施設群が建設された。さらにスルタンと宮廷活動の舞台として、市内の中心部には宮殿（旧宮殿）が、市内東端の岬ではトプカプ宮殿（新宮殿）の建設が始められた。

第二の人口回復策として、市内に残された家屋や教会、修道院などの建物は征服に参加した者たちや、領内各地から自発的あるいは強制的に集められた移住者にミュルク（私財）として無償で与えられ移住が推奨された。特に高位の軍人や官僚、イスラーム法学を修めたウラマー層、神秘主義教団の長老らには大きな敷地と屋敷が与えられたとみられ、彼らは自らの名を冠したモスクや商業施設、住居などをワクフ財として寄進して都市空間形成に大きく寄与した。これらのモスクはマハッレ（mahalle）と呼ばれる街区の中核となる。

以上のような復興策の結果、一四七七年に行われた調査によるとガラタを除いたイスタンブル市内には、イスラーム教徒の戸数八九五一戸、非イスラーム教徒の戸数五八五二戸の合計一万四八〇三戸が存在するまでに人口は回復した。(8) メフメト二世が一四八一年に死去したのちも、市内では盛んな建設活動が続き人口が増加した。さらに時代が下って一六世紀後半にもなると、帝都イスタンブルにはオスマン領各地から移民が押し寄せるようになり、政府はそれまでとは逆に急増する人口への対応に苦慮する事態にまでなった。

先ほどのカフェスチオールの三区分に即していえば、ハード面では街路網や建造物の転用と再建、ソフト面では移住と都市統治のための諸制度整備、そして最後に都市アイデンティティの構築という三つの要素が絡み合いつつ、都市復興が進められた。本章もこの三つの観点から分析を進めたい。まず一節ではビザンツ時代の主要な教会建築や敷地のモスクへの転用と、商業施設や宮殿の建設の実態を述べる。続く二節では征服直後の一四五五年に作成された検地台帳の分析を通して、新住民の構成や都市所有形態について考察する。最後の三節ではメフメト二世が喧伝した吉兆の新首都イスタンブルという都市観と、逆にここを呪われた都だと考える新住民の反発にも注目する。都市の征服と復興という動乱のなかでとられた諸策は、のちのイスタンブルの繁栄の基盤を築くことになったのである。

一　都市インフラの整備

先述のように、征服の結果、イスタンブルの土地と建物はすべてスルタン個人の所有物となった。この点において復興期のイスタンブルは、複雑な権利関係を整理・調整する必要に迫られる、そのほか大多数の危機に直面した都市

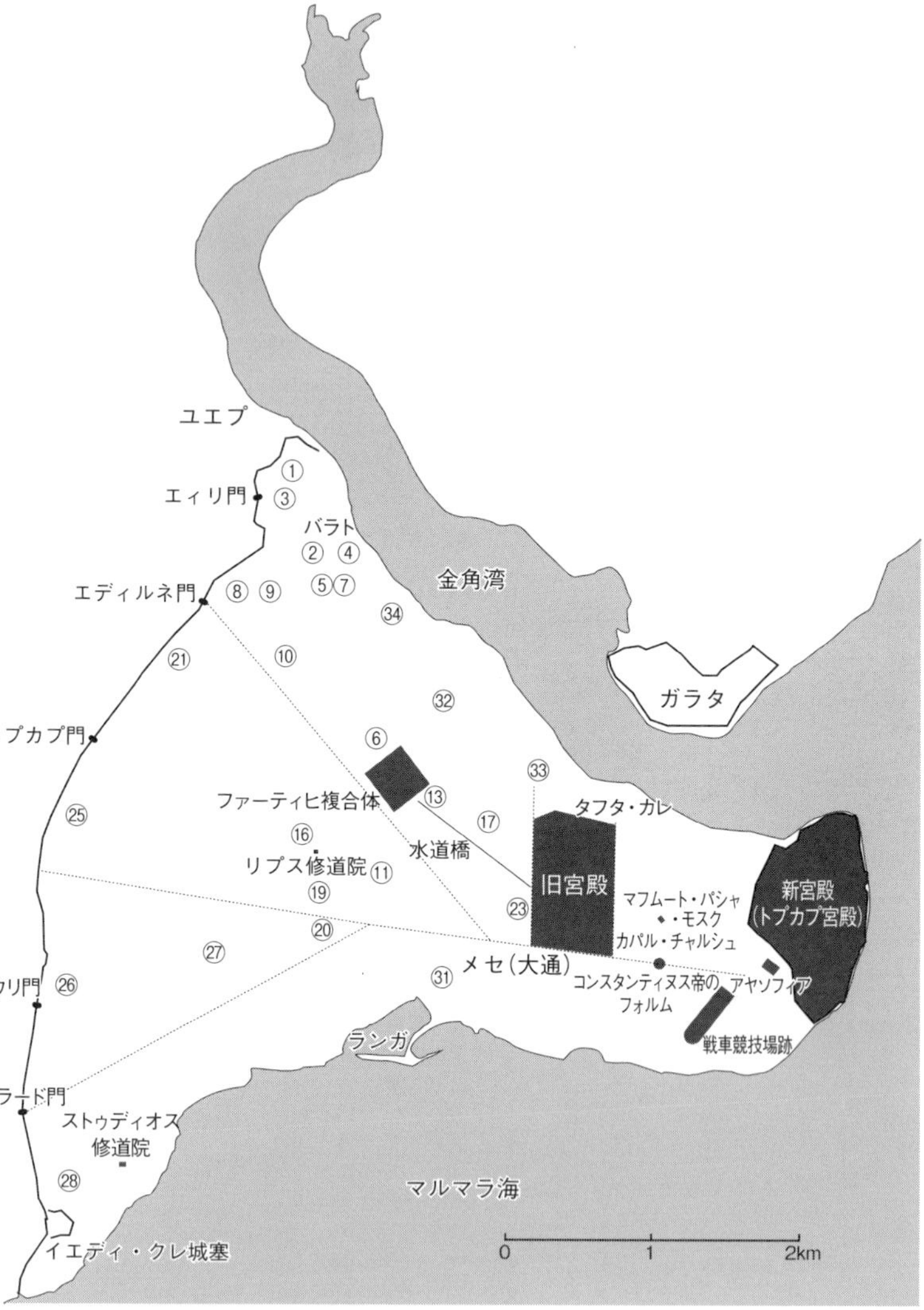

図１　復興期のイスタンブル(番号は表２の街区に対応)

とは様相を異にする。いってみればスタート段階ではメフメト二世は完全なフリーハンドを得て、自由な都市計画の余地があったようにみえる。だが旧住民こそほとんど姿を消したものの、イスタンブル市内には教会や住宅が多数存在し、街路網も残存していた。さしあたりオスマン政府は既存のインフラを再利用しつつ、徐々に新規建設を行うという方針をとらざるをえなかったのである（図1）。

そのため征服後に復興が進んでも都市の骨格は大きく変わらなかった。起伏の激しい地勢にあわせて設定された街路体系は基本的に維持され、四世紀に建設されたヴァレンスの水道橋などもそのまま利用が続けられた。ランドマークとなる七つの丘の上には、それぞれ教会に代わってモスクが建てられるか、イスタンブル旧宮殿やトプカプ宮殿といった王権シンボルがモニュメントとして屹立した。

教会の改修とモスクの建設

キリスト教からイスラームへという支配者交代を最も明確に印象づけたのが、教会の改修とモスク建設である。征服後もイスタンブルの住民の約半数はキリスト教徒であったとはいえ、市内各所にあった教会や修道院は漸次モスクへと改修されていった(9)。なかでもコンスタンティノープルを代表するモニュメントで大聖堂だったアヤソフィアは直ちにモスクとして用いられるようになり、これを維持管理するための収益源となる後述のワクフ財も一四五六年頃から設定されていったのである(10)。

ある建物がモスクとなるためには、市民が集合して礼拝する空間が確保され、礼拝方向であるキブラを指し示すミフラーブがあれば十分であった。そのため教会建築であっても偶像とみなされる宗教画などを漆喰で塗りつぶしてミフラーブを設置してしまえばたちどころにモスクとすることができたし、異教徒の教会堂を自らの礼拝空間とすることに対する抵抗感もほとんどなかった。アヤソフィアはその巨大さゆえ、当初よりユスティニアヌス帝の創建説話とともにオスマン人たちに神聖な建造物として受容され、二〇世紀に至るまでモスクとしての利用が続けられた。

アヤソフィアとならんで新首都を象徴するモニュメントになったのが、征服者メフメト二世の名を冠したファーティヒ(征服者)・モスクとそれに付属するマドラサなどの施設群である。かつて歴代ビザンツ皇帝の墓所となる聖アポストレス教会があった丘において、一四六三年頃から建設が始められたファーティヒ複合体は完成までに長い年月を要し、メフメト二世が没した一四八一年の直後になってようやく全体が完成した。(11)メフメト二世の墓廟もここに併設されており、ちょうど礼拝者が拝跪する方角となるモスクの南東に位置する。

アヤソフィアはミフラーブの追加など軽微な改修を加えることで旧来の宗教施設を再利用した例であるが、ファーティヒ・モスクではもともとあった建物は利用されず、皇帝墓所という場所性のみが継承されて、帝都の征服者を顕彰する施設が建設されたのである。メフメト二世の父ムラト二世までの歴代スルタンの墓所は、一五世紀初頭のエディルネ遷都後も、オスマン朝最初の都であるブルサにおかれていた。オスマン王家発祥の地にほど近い、古都ブルサという精神的な故郷を捨てて、ビザンツ皇帝の墓所を「乗っ取って」モスクと自ら墓廟を建てたことで、メフメト二世はイスタンブルに遷都する強固な意志を示したのだった。

市内のモスクに加えて、イスタンブルにおける重要な聖地となったのが郊外に建設されたエユプ廟と付属するモスクである。ここには七世紀に預言者ムハンマドの教友で、コンスタンティノープル攻撃中に陣没したアブー・アイユーブ(エブー・エユプ)が葬られて聖地になっていたとされる。墓所は一四五三年のコンスタンティノープル包囲中に、メフメト二世の師アクシェムセッティンによって奇跡的に「発見」され、征服直後から墓廟とこれに付属するモスクなどが建設されて、郊外の一大宗教施設群へと発展した。アヤソフィアとファーティヒ・モスクはビザンツ時代の聖性に深い関わりを持つ宗教施設であるのに対して、エユプ廟は基本的にムスリム伝承から生み出されたものである点に特徴がある。征服後に宗教施設を整備していく過程では、①ビザンツ時代の宗教施設をそのまま再利用する（アヤソフィア）、②場所性だけ継承する（ファーティヒ・モスク）、あるいは③伝承を活用しつつ聖地を創出する（エユプ廟）という、三つのパターンが状況に応じて現れたのである。

スルタンが寄進者となったこれらモスク・墓廟のほかにも、パシャとよばれる政府高官らには市内にモスクと付属施設を建設することが復興の一環として推奨された。その代表例が市内中心部にあるマフムート・パシャ・モスクで、商業施設やハマームが併設されて都市インフラを供給した。

商業施設の建設

オスマン期都市開発の軸となったのが、ワクフ制度（宗教的寄進）に基づくインフラと商業施設の建設である。モスクや学校などの運営資金として、寄進された店舗やハマーム、住居の賃料、あるいは農村からの税収があてられ、都市生活の基盤が用意された。イスタンブルではスルタンの寄進したアヤソフィア・ワクフとファーティヒ・ワクフが群を抜いた規模を持ち、前者にはイスタンブル市内の不動産収益、後者には農村からの収入が配分されていたことが一五世紀末の収支簿台帳から判明する。[12] 表1はアヤソフィア・ワクフの収入内訳をまとめたもので、一四九〇～九一年の収入七六万五五七五アクチェの内訳をみると、その大半が市内の隊商宿や店舗の賃料であったことが読み取れる。なかでも計二〇九七戸と記録された店舗群は、三八万七六六六アクチェと群を抜いて大きな賃料収入をアヤソフィア・ワクフにもたらし、全収入の半分を占めるものとなっている。

商業の中心となったのが市内中心部にあって今日もカパル・チャルシュ（覆われた市場）として知られる地区で、貴金属などを取り扱うベデスターンや隊商宿を核として周囲には多数の小規模店舗が広がる。イスラーム世界の都市は職住分離が基本で、同業店舗を一個所に集めて商業地域を形成する手法がイスタンブルでもとられた。

ガラタの店舗と家屋、およびユスキュダルのハマームとその他の賃料の分	
ガラタのボザ屋の分、数戸	4,340
ガラタの羊頭屋の賃料、計１戸	2,100
ガラタの肉屋の店舗の賃料、計６戸	7,560
ガラタのその他の賃料、計33戸	10,420
ガラタの家屋のムカータア税、軍人の私有地の家屋を除いたもの	35,549
ユスキュダルのハマームと店舗と羊頭屋、計29戸	5,075
小計	65,044
売却分とその他	1,505
アヤソフィアワクフ　895-896年総計	765,575

二　征服直後の移住の実態——土地所有形態と一四五五年検地台帳——

続いて征服直後の移住の実態を分析していこう。インフラ整備と並んで都市復興のもう一つの鍵となる人口増加策のため、自発的あるいは強制的な移住政策がとられたことは既に述べた。コンスタンティノープルに続いてメフメト二世が征服したバルカン半島やアナトリアの諸都市の住民は強制移住の対象となったことが年代記に伝えられる(13)。新住民はおおむね出身地別に集まって街区を形成し、例えば中央アナトリアのアクサライからの移民は同名の地区に集住した。

このような移住の実態をさらに詳細に明らかにするのが本節で分析を行う一四五五年に作成された検地台帳である(14)。資料を刊行したイナルジュクによれば、もともと首相府オスマン文書館に所蔵されていたと推測され、現在消息が不明な計六四葉の台帳のコピーがベースとなり、欠落部分が別分類から発見されたフォリオで補われている。台帳の最初には登記がヒジュラ暦八六〇年ムハッレム月初頭（一四五五年一二月半ば）に行われたことが書かれているため、これを台帳の作成時期とみなすことができる。台帳は大きく二つの内容から構成され、前半は金角湾対岸のジェノヴァ人

表１　アヤソフィア・ワクフの収入内訳

イスタンブル市内のキャラバンサライと店舗の分	
マフムート・パシャのハマーム近くの新キャラバンサライ	37,500
部屋と店舗の付属したボドルムキャラバンサライ	15,450
果物計量のキャラバンサライとその店舗	17,582
古馬市の近くのキャラバンサライとなったスレイマン・パシャの家々	13,750
イスタンブルのベデスタンの店舗と角の賃料、計140戸	31,056
イスタンブルの肉屋の店舗の賃料、計45戸	34,235
イスタンブルの料理屋の店舗の賃料、計53戸	19,605
イスタンブルの羊頭屋の店舗とパン屋の角の賃料	34,835
イスタンブルの小麦計量所の賃料、数戸	1,440
魚市場の塩倉庫の賃料	840
イスタンブルのボザ屋の賃料、計27戸	49,923
イスタンブルの果物計量所とそのひさし	4,680
他の店舗と、新キャラバンサライ前の店舗、ベデスタンとディキリタシュとスルタンバザルとスィナーン・パシャのハマーム前の店舗、タフタカレの部屋と店舗、皮なめし所、およびその他、計2097戸、加えて、ヤルの漁師の家とタフタカレの酒場の角々と前面	387,666
旧象舎地区のセクバーンのパン屋窯	720
イスタンブルのムカータア家屋と、搾油所の家屋、旧イマーレットから軍人の私有地を除いたもの	35,216
イスタンブルの建築家アヤスのマスジドの向かいにある部屋の賃料、計19戸	1,134
アルトゥメルメル街区の小ハマーム	8,188
スルタンバザル近くの外科医ヤークプの店舗と家屋の地代、ここから軍人の私有地の店舗を除いたもの	1,374
ろうそく工房と染色工房と毛織り工房と布地プリント工房、キリスト教徒の監督官の地下蔵、以前はその他の店舗とともに書かれていたもの、計５戸	2,800
奴隷のキャラバンサライとなったスレイマン・パシャの家の古い門近くの、草地の地代	1,032
小計	699,026

居留区だったガラタを登記対象とし、後半はイスタンブル市内の住戸を登記対象とする。前半は最後の数ページが失われ、後半もかなりの部分が欠損しているとイナルジュクは推測する[15]。本章ではイスタンブル市内を対象とする後半を考察対象とし、これを便宜上「一四五五年検地台帳」と呼ぶことにする。

土地所有形態

史料から垣間見える移住の実態を分析する前に、その前提条件ともなる当時のイスタンブルにおける不動産所有の形態を確認しておきたい。征服直後、征服地であるイスタンブル市内の土地はいったんスルタンのものとなり国有地に区分された。しかし首都への人口定着を促すため、有力者や移住者、あるいは捕虜とならなかった旧住民には、土地が下賜され証書が発給されたため、かなりの部分が私有地となった[16]。

さらに国有地のうち一部は収益物件が建設されてスルタンのワクフ地に設定され、同様に私有地の一部も一般のワクフ地へと転換された。国有地ないし私有地から寄進されたワクフ地は、イスタンブル市内のかなりの部分を占め、特にキャラバンサライやハマーム、バザールなど商業施設の大半はワクフ財であったと考えられる。ワクフは未来永劫特定の公共目的にあてるため設定されるものであるから、原則としていったんワクフ地になってしまえばその状態は永続した（図2）。

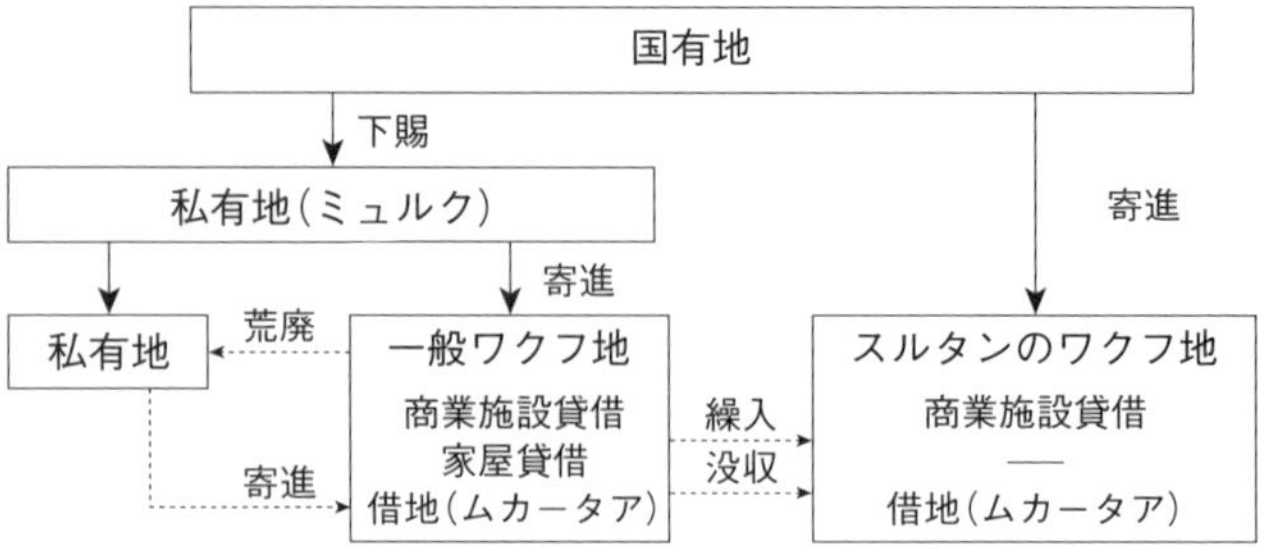

図２　征服直後イスタンブルの土地所有形態

つまり征服直後イスタンブルにおける土地の所有形態は国有地、私有地、そしてワクフ地に三分することができ、ワクフ地はスルタンのものと一般のものとに分かれる。では一四五五年検地台帳に現れる家屋はこのうちどれに分類されるものだったのか。

一四五五年検地台帳の性格

一四五五年検地台帳は、住戸（hâne）を中心とする不動産が三四の街区（マハッレ）ごとに分類されているものである。巻頭部分には「コスタンティニーイェのまちにワクフ家屋（hānehā-yi mevqūf）がいくつあり、うちいくつが有人でいくつが無人かを調査して明らかにする台帳の写しである」との表記がある。(17)つまり一四五五年検地台帳に登場する不動産はワクフであり、原則として私有ではない。(18)

年代記の伝えるところによれば、征服から間もない時期にイスタンブルではいったん下賜されたはずの家屋から地代を徴収する試みがあった。メフメト二世は「所有権を認めたのは建物であり、土地はスルタンのワクフである」という論理をかざしてイスタンブル全体の不動産調査を行ったうえで、これに借地料であるムカータア（muqāṭa'）を課そうとしたのである。(19)これに対して新住民たちは大きく反発し、「この異教徒の家のために家賃を払わせるために俺たちを連れてきたのか」といって家族を捨てて逃散したという。(20)

つまり一四五五年検地台帳こそ、メフメト二世がムカータア徴収のために作成させた台帳の一部だったと考えられるのである。住民の強い反発を受けてイスタンブル全域からのムカータア徴収は断念されたが、調査自体はブルサの長官だったジェベ・アリーによって行われ土地をワクフ地にしようとしたことを、甥で調査にも参加したドゥルスン・ベイが伝えている。(21)これを裏付けるように、一四九一年のアヤソフィア・モスクのワクフ収支台帳をみてみると、イスタンブルとガラタを合わせて一二六〇戸の住宅がワクフ財としてムカータア徴収の対象となっていることが記録されている。(22)この数字は、次に述べる一四五五年検地台帳に現れる総住戸数から大きく異なるものではないから、やはり台帳はワクフ地に設定された不動産の把握のため作成されたと結論づけられる。これは先に紹介した一四七七年のイスタンブルの私有家屋調査で得られた総戸数一万四八〇三戸と比較すると一割以下にとどまるものの、征服直後のイスタンブル市内における不動産と移住に関してある程度の動向を示唆するものと評価できる。

一四五五年検地台帳の分析

では具体的に検地台帳の内容をみていこう。台帳では全九五一件が三四の街区ごとに記録されている（表2）。記載されるのは大半が住戸であるが、教会や店舗、修道院なども含まれる。原則的に対象となった住戸は居住・非居住にかかわらず住戸が一軒ずつ、時に階数も含めて記載されるが、登記一件に複数の住戸が含まれることもある。居住中の場合は住民の名前・宗教・出身地も記入され、旧住民がいた場合は同様の内容が付記される。先述のドゥルスン・ベイは調査の様子を「千の困難のもと、家から家へ、部屋から部屋へ（調査に廻り）、平屋と二階建て、菜園と庭園を記録した」と述べており、台帳の内容ともよく合致する(23)。

まず建物に目を向けてみたい。台帳中の総住戸数は一五六五戸である。征服後間もないことを考えれば、このほとんどはビザンツ時代から残る建物であったとして間違いないだろう。このうち大きな割合を占めるのが修道院ないし教会に付属していた住居で独房も含めればその合計は四一八戸となる。例えばエディルネ門近くのプロドロモス修道院は一〇〇戸以上の家屋に加えて倉庫や果樹園を有しており、征服前は多数の修道士が生活する一大共同体だったことがうかがえる(24)。台帳中に修道院は計二八件登場し、そのほとんどが依然無人であることから征服後その扱いにオスマン政府が苦慮していたことは明らかだろう。当時学生が集団で寄宿するマドラサを除けば集合住宅は一般的でなく、砲兵部隊の駐屯地になったクズルタシュ街区の事例など例外を除けば、市民がキリスト教の修道院建築で集団生活を送るのはまったく困難だったと考えられる。このような修道院建築以外に、都市住宅の大半を占めたのは一階建てないし二階建ての住居で、おおむね一戸につき一家族が居住したと考えられる。一部長屋と思われる住居群の記述もみ

表２　1455年検地台帳

番号	街区名	登記件数	家屋数	住民数	教会	修道院
1	Vlaherna-Kastel	23	27	4	1	
2	Eski-Balat	11	13	1	1	
3	Avrantharya	13	21	1	1	
4	Fila	5	7	0	1	
5	Balat Ⅰ	68	84	60	1	
6	Badrak（Patrik）	16	17	11	1	
7	Balat Ⅱ	63	73	52		1
8	Bab-i Edirne	26	132	17		1
9	Zaganoz Paşa	27	37	18		1
10	Prokambo（Prokambiyo）	4	5	1		
11	Kızlar Manastırı	5	8	2		
12	Kron	6	8	5		
13	Can-Alıcı	7	29	3		2
14	Misivyani（Mesoyani?）	4	8	1		
15	Liko Spiros	9	10	1		
16	Lips	16	74	7	1	1
17	Kir Martas	40	72	11		2
18	Megalo Dhimestiko	6	14	2		
19	Ayos Hristoferoz（Ayos Hristoforo）Manastırı	5	5	2	1	
20	Sofyan（Sophianos）	22	26	17	1	
21	Top-Yıkığı	93	135	76	5	2
22	Kir Nikola	14	39	11		1
23	Ral Karmir（Kirmir?）	11	16	3	1	
24	Kılıc	35	48	13		1
25	Istraduthna	12	20	7	1	
26	Bab-i Silivri	43	57	9	3	3
27	Altı-Mermer	78	126	38	2	1
28	Kastel Hirise	14	20	4	2	
29	Istudhyo Manastırı	12	87	0	1	1
30	Ipsomethya	107	116	67	7	3
31	İsa-Kermesi	51	88	30	5	3
32	Kızıl-Taş	31	97	18	2	4
33	Azeban	21	23	10	3	1
34	Büyük Balat	11	23	6		
	計	909	1565	508	41	28

られるが、当時の住宅建築の実態については今後さらなる検討を要する。

一方の住民層に目を向けると興味深い事実をいくつか読み取ることができる。

まず現住民五〇八人の内訳はギリシア人七三人、ユダヤ教徒二〇五人、ムスリム二二〇人、不明一〇人となる。後年大量に移住したアルメニア人はここでは現れない。ユダヤ人は多くはギリシア方面のカストリアやラミアから移住し、ムスリムはアナトリア方面やイスタンブルからほど近いボルやチョルル、テキルダー出身の住民が多いのが特徴となる。彼らは同宗教同出身地の単位で各街区に集住していたとみられる。年代記の記述も裏付けるようにメフメト二世は支配下にあった都市からイスタンブルに住民を強制移住させたから、彼らも集団でイスタンブルに連れてこられた人たちであったと考えられる。

興味深いことに現住民とともに、旧住民が併記されている住戸は計二一七件ある。死亡したか許可を得て移転したものを除けば、その多くは「(どこかに)行った」「逃げた」とされ逃散してしまったと考えられる。その人口構成をみると、ギリシア人九人、ユダヤ教徒一人、ムスリム二〇〇人、不明七人であり、大多数はムスリムである。一四五五年検地台帳の登記対象となったのはほとんどが征服以来空家だったか、最初の住民がムカータア徴収のうわさに憤慨して逃散・放棄した後に国庫に接収されてムカータア戸としてワクフ化されたものだったのである。つまり旧住民は移住者の第一陣で、新住民の大半は空家に強制移住させられた第二陣だとみなすことができる。第一陣はオスマン軍の征服に直接参加したか、無償の家屋提供に惹かれて間もない時期に自発的に移り住んだ人々であり、大多数がムスリムであったこととも整合性がとれる。ムスリム旧住民の出身地をみると、アナトリアのエフラーニーやアイドゥンなどの割合が多いが、第二陣の移住者と違い突出して特定都市出身者が多いことはない。これもオスマン領の広範囲から自発的に移り住んだ人々が多かったためだとみられる。

次に台帳に記録された三四の街区の分布にも目を向けてみたい。一五〜一六世紀のイスタンブルの街区は調査のたびに名前や領域が変化する、流動的な都市組織であったことが指摘されている[(25)]。それでも現在の地名との比較や街区中に記録された教会の名前から、一四五五年検地台帳に記載された街区の多くは、おおまかな位置を比定することが可能である（表2、図1）。その地図中の分布をみると街区のほとんどは、メフメト二世が開発した市内中心部ではなく、城壁に沿った市街地西端地域やマルマラ海沿岸部など都市の周縁部に位置していたことがわかる。

市内中心部の条件のいい場所は当初より有力者らに私有地として下賜され、あるいはスルタンのワクフ地として商業施設が建設されて積極的に開発が進められた一方で、周縁部では空き家が多く残り住民も逃散するという対極的な実態が存在していた。逃散者の家屋は一四五五年までにワクフ家屋に編入されていたため、その存在が一四五五年検地台帳で浮き彫りとなったのである。このような地域に住まわされたのは移民第二陣で、その半数以上を多くが強制移住の対象になったと考えられる非ムスリムが占めたことからも、従属的な立場におかれる人々を無人となっていたワクフ家屋が多数存在した周縁へと配置する一種の都市計画があったことが推測できる。

三　都市と伝説

このように様々な紆余曲折を経つつ、イスタンブルはハードとソフトの両面から首都としての体制が整っていった。本章の最後に、征服者たるオスマン人たちがコンスタンティノープル＝イスタンブルの歴史をどう認識したかという、都市のアイデンティティにまつわる問題を考えてみたい。

元々メフメト二世は、日々ギリシア・ローマの英雄譚を講読させ、自らをアレクサンダー大王の再来とみなして大帝国建設を夢見る人物であった。アジアとヨーロッパの架け橋であり長年の帝都だったコンスタンティノープル＝イスタンブルの征服は、ローマ＝ビザンツ帝国の後継者であるという意識を根本的に支えるものであった。そのためメフメト二世の宮廷サークル周辺では、異教徒が建設したにもかかわらずコンスタンティノープルの歴史とアヤソフィアをはじめとするモニュメントの伝承は肯定的に捉えられ、オスマン朝は偉大な遺産を受け継いだという文脈のもと語られたのである。征服直後には、メフメト二世の命で一〇～一一世紀に編纂された地誌がギリシア語から当時の文語であるペルシア語とオスマン語に抄訳され、都市の歴史と伝承は宗教の違いを超えてある程度継承されていった。

ところが、オスマン朝内部からこのような言説に対抗する動きが鋭く立ち現れた。イェラシモスは同時代の年代記や頌詞を分析し、メフメト二世の意向を汲む「親帝国」と、これに反対する「反帝国」という二つのタイプに分類した(26)。反帝国側とは、それまでオスマン朝の中核を担ってきたが政権から疎外されつつあったテュルク系有力家や周縁部で略奪征服活動に従事した戦士たちであった。彼らはメフメト二世が目指す中央集権国家の帝都として復興が進むイスタンブルに対しては愛着どころか反感を抱き、旧都エディルネへの復都を望んでいたのである。

そのため反帝国的な説話では、コンスタンティノープルの歴史が否定的に語られる。中世からのアラブ説話に基づいてコンスタンティノープルの破壊は最後の審判の到来の徴であり、伝説上の創建者であるソロモン王の時代からこの都市は呪われていたことが強調されるのである(27)。新住民たちも必ずしも復興途上のイスタンブルを好まず、むしろそこが亡国ビザンツの首都であったという事実は「呪われた都」であるという言説を強化した。彼らの嫌悪感に拍車をかけたのが、メフメト二世による下賜されたはずの家屋に対するムカータア徴収の試みであった。経済的にも何ら利点の見出せなくなったイスタンブルから、新住民たちは何の未練もみせずに次々と逃亡していったのだった。

征服直後のイスタンブルでは親帝国と反帝国という政治的立場が、新首都に対する態度と言説にそのまま投影されていたのである。「西洋かぶれ」のメフメト二世は、ビザンツの説話をそのまま受容することで、コンスタンティノープル＝イスタンブルの後継者としての性格を強調し帝国建設を正当化しようとした。これに対して、ムスリムの住民たちはアラブの伝承を動員してイスタンブルを呪われた都だと糾弾し、時に逃散してまで対抗を試みたのだった。

おわりに

征服したコンスタンティノープルの復興が、オスマン朝にとって大変な難事業であったことは間違いない。衰退したとはいってもそれまでに征服したいかなる都市とも比べ物にならない規模を誇っていたし、キリスト教世界の中心として、まちのあらゆる場所に刻み込まれた歴史性にも立ち向かっていかなければいけなかったのである。

復興の具体策としては、やはりワクフ制度を利用して都市インフラを整備し、住民を呼び込むという従来の政策がここでも採用され、オスマン的な都市空間が創出されていったといえる。教会に代わってモスクという表面的にわかりやすい改造に加えて、細かいワクフ施設のネットワークが都市空間に張り巡らされて都市民の生活基盤が確保された。

またイスタンブルでは、いったん不動産がすべてスルタン個人の所有になることで、下賜による私有地と寄進によるワクフ地の設定という土地所有区分の操作が可能になった。中心部の土地はスルタンや有力者が積極的に開発する地域であった反面、周縁部はスルタンのワクフ地としてユダヤ人を主体とする強制移住者たちに割り当てられムカータアを負担したことが一四五五年検地台帳から浮き彫りになる。ここからは都市の地域に応じて住民や課税方法を変えるという、一種のゾーニングの思想を読み取ることが可能であろう。

土地の割り当てと再建という具体的復興策に平行して、メフメト二世はイスタンブルを帝国の新たなシンボルとして位置づけることを目論んだ。彼はビザンツ時代の都市アイデンティティを継承して吉兆の帝都というイメージの流布に努めるが、中央集権国家建設に反対する勢力は呪われた亡都という相反する都市像を持ち出して抵抗を試みたのである。一四五五年検地台帳から浮かび上がる多数の逃散者たちは、征服直後に移住したもののイスタンブルそのものを嫌悪し、加えて新税徴収の試みに抗った民衆だった。これに対してメフメト二世はユダヤ人集団をはじめとする人々の強制移住によって、強権的に首都の復興を推し進めたのだった。

容易に帝都は滅びない。モンゴル軍が一三世紀に徹底的に破壊したはずのバグダードは、今日もイラクの首都である。蓄積された膨大な都市インフラと、歴年の権威性を身にまとったコンスタンティノープル＝イスタンブルは、他王朝の征服と住民の大半が入れ替わるという制度＝ソフト面での変化程度では、びくともしなかった。そして予期せぬことに、ここで新たな危機に直面したのは、むしろ征服者たちの側だった。彼らは帝都の持つ物語を受容して新しいアイデンティティを獲得していかなければならず、これに抗うものたちはまちを去ることを選択した。かくして人々のイメージのなかに生きる都市は、強靱な命脈を保ち続けてきたのである。

注

（1）イスタンブルの復興は、今日まで多くの研究者によって論じられてきたテーマである。特に歴史学の立場からは、オスマン史研究の第一人者であるイナルジュクが数々の考察を行った（主なものに H. İnalcık, "Istanbul", *The Encyclopaedia of Islam 2nd ed.*vol.4（以下 *EI2*）. "Istanbul :An Islamic City", *Journal of Islamic Studies*, 1, 1990. "The Policy of Mehmed II toward the Greek Population of Istanbul and the Byzantine Buildings of the City", *Dumbarton Oaks Papers*, 23/24, 1969/1970）。クバンに代表される建築史の研究者らは、主にモスクとそれに付随する施設の建設という観点からイスタンブル復興を説き起こす（D. Kuban, *Istanbul –An Urban History*, Istanbul, 2010〈Revised Edition〉）。メフメト二世の首都建設という観点から俯瞰したカフェスチオー

ルの最新の研究は、モニュメントとしての都市空間を分析する初めての試みであり、今後のイスタンブル都市史研究の出発点を提示するものである（C. Kafesçioğlu, *Constantinoplis/Istanbul -Cultural Encounter, Imperial Vision, and the Construction of the Ottoman Capital*, University Park, PA, 2009）。林佳世子は主にワクフ（宗教寄進）財文書の分析を通して征服後の建設活動を分析した（林佳世子「オスマン朝の新都イスタンブル建設」板垣雄三監修、堀川徹編『講座イスラーム世界三 世界に広がるイスラーム』栄光教育文化研究所、一九九五年、同「一六世紀イスタンブルの住宅ワクフ」『東洋文化研究所紀要』一一八、一九九二年）。守田正志も一五四六年と一六〇〇年のイスタンブルワクフ調査台帳を分析して一六世紀の都市構造を提示した（守田正志・篠野志郎「『メフメト二世のワクフ文書』および『一五四六年付けイスタンブル・ワクフ調査台帳』にみる一五～一六世紀イスタンブルの都市構造―オスマン朝初期におけるイスラーム都市の史的研究一―」『日本建築学会計画系論文集』六〇〇、二〇〇六年、守田正志・篠野志郎「『イスタンブル・ワクフ調査台帳』にみる一六世紀後半のイスタンブルのワクフの実態と都市構造の変容―オスマン朝初期におけるイスラーム都市の史的研究二―」『日本建築学会計画系論文集』六二四、二〇〇八年）。

（2） J. H. Mordtmann, "Ḳusṭanṭīniyya", *EI2*, vol.5, 1986, pp. 532-534.

（3） 一五世紀初頭に中央アジアに向かう途中コンスタンティノープルを通過したカスティーリャ王の使者デ・クラヴィホの記述（R. G. de Clavijo (trans. C. R. Markham), *Narrative of the embassy of Ruy Gonzalez de Clavijo to the court of Timour at Samarcand, A.D. 1403-6*, London, 1859, p. 46.)。

（4） 一部住民はオスマン支配を恐れて逃亡したためその不動産などは没収された。なお一五世紀ガラタに関してはイナルジュクの以下の論考が詳しい（H. İnalcık, "Ottoman Galata, 1453-1553", *Essays in Ottoman History*, İstanbul, 1998)。

（5） Kafesçioğlu, op. cit. (1), p. 10.

（6） 林前掲注（1）「一六世紀イスタンブルの住宅ワクフ」二三八～二三九頁。

（7） 林前掲注（1）「オスマン朝の新都イスタンブル建設」三一二頁。

（8） ただしこの「戸数」がどの家屋、あるいは世帯を対象にしていたのかについては定かではない。林はこれを後述するムカータア戸を除いた、不動産としての私有家屋の総数と推測し、地租（ムカーター）徴収のための調査であったとする。さらに付言すれば、一戸あたりの平均人口については諸説あり、ここからイスタンブルの正確な人口を推定できるわけではない。林前掲注（1）「一六世紀イスタンブルの住宅ワクフ」二四一～二四三頁。

（9）　ただし征服後急速に教会の改修が進捗したわけではない。実はメフメト二世期にモスクへと転用された教会はアヤソフィアを含めてもごくわずかであった（Kafesçioğlu, op. cit.（1）, p. 172）。市内の教会接収とモスク転用が進むのは、メフメト二世の後継者であるバヤズィト二世期以降である。

（10）　林佳世子、「「メフメト二世のワクフ文書」群の成立」（『日本中東学会年報』三—二、一九八八年）。

（11）　同右、一〇〇頁。

（12）　Ö. L. Barkan, "Ayasofya Cami'i ve Eyüb Türbesinin 1489-1491 Yıllarına âit Muhasebe Bilançoları", *İktisat Fakültesi Mecmuası*, 23, 1962-3, 306-311および344-348。

（13）　İnalcık, *EI2*, 238. これによれば強制移住者の一覧は次の通り。
一四五九年　フォチャとアマスラのアルメニア人・ギリシア人商人
一四六〇年　モレア、タソス、レムノス、インブロス、サモトラケのギリシア人
一四六一年　トレビゾンドのギリシア人
一四六二年　ミティレネのギリシア人
一四六三年　アルゴスのギリシア人
一四六八〜七四年　コンヤ、カラマン、アクサライ、エレーリのムスリム・ギリシア人・アルメニア人
一四七五年　カッファのアルメニア人・ギリシア人・ラテン人

（14）　H. İnalcık（ed）, *The survey of Istanbul 1455 – The Text, English Translation, Analysis of the Text, Documents*, İstanbul, 2012.

（15）　Ib, pp. 4-7.

（16）　林前掲注（1）「一六世紀イスタンブルの住宅ワクフ」一三九頁。

（17）　İnalcık, op. cit.（14）, 62.

（18）　イナルジュクはmevqūfを「国有地」と解釈するが、字義に従えば「ワクフの（もの）」である（İnalcık, op. cit.（14）, p. 3）。結果としてここに現れる家屋はスルタンのワクフとなっているから国有地的な性格を持つものではあるものの、制度上は区別しておく必要がある。

（19）　本来ムカータアは徴税権の請負を意味する用語であるが、ワクフ制度ではワクフ地の上に私財の建物を有するものに課された一

種の地代を意味する（林前掲注(1)「一六世紀イスタンブルの住宅ワクフ」二四〇頁）。

(20) この時の顚末については以下を参照。Âşıkpaşazâde (prep. N. Öztürk), *Âşıkpaşazâde Tarihi*, İstanbul, 2013, pp. 192-195. Neşri, *Kitâb-i Cihan-nümâ*, Ankara, 1956-57, pp. 708-711.

(21) Tursun Bey (prep. M. Tulum), *Târîh-i Ebü'l-feth*, İstanbul, 1977, pp. 67-68.

(22) 林前掲注(1)「一六世紀イスタンブルの住宅ワクフ」二四〇～二四一頁。

(23) Tursun Bey, op. cit. (21), p. 68.

(24) デ・クラヴィホも修道院に多数の独房や菜園が付属していたことを述べている（de Clavijo, op. cit. (3), p. 34）。九～一〇世紀コンスタンティノープルの修道院建築と付属施設については太記祐一「ストゥディオス修道院の九～一〇世紀における付属施設について」（『日本建築学会計画系論文集』六一三、二〇〇八年、二三五～二四〇頁を参照。ここで太記が分析したストゥディオス修道院は一四五五年検地台帳にも登場する。

(25) Kafescioğlu, op. cit. (1), p. 181.

(26) S. Yerasimos (trans. Ş. Tekeli), *Kostantiniye ve Ayasofya Efsaneleri*, İstanbul, 1993. Kafescioğlu, op. cit. (1), p. 172.

(27) Ib. Yerasimos, pp. 49-62.

（付記）本稿は、拙稿「征服と復興—オスマン朝期コンスタンティノポリス＝イスタンブルの再建に関する一考察—」（日本建築学会編『危機に際しての都市の衰退と再生に関する国際比較研究［若手奨励］特別委員会 報告書』二〇一五年）に、加筆・修正したものである。

第五章　水都と近代化
——近代バンコクの水路の汚濁と埋立て——

岩城考信

はじめに

水路は、交通路や上水路、下水路といった様々な機能を兼有する、都市の最も重要なインフラの一つである。特に、熱帯モンスーン気候のチャオプラヤー・デルタの低湿地に形成されたタイのバンコクでは、水路は右記の機能に加えて、干拓や降雨、洪水時の排水路や灌漑用水路としても機能していた。そして、一八世紀後半から、チャオプラヤー川を中心に大小様々な水路が開削され、水路沿いに人々が居住し、水都として都市や農地が発展してきたのである。このように水路を軸に形成された都市では、その維持管理が特に重要となる。

しかし、これまであまり論じられることはなかったが、一九世紀末〜二〇世紀初頭のバンコクの都市部にある水路は、危機的な状況に直面していた。多くの華人が高密に暮らすバンコクで最も人口密度が高かった華人街・サムペンの水路のみならず、王宮を抱き多くの王族や官僚が居住した都城域・プラナコーンの水路のなかにも、大量の違法建造物や糞尿により水が汚濁し悪臭を放つものも少なくなかったのである。

バンコク都市部の水路は、一九〇〇年前後には衛生や臭いの面で大きな危機に瀕していた。これら水路の危機的な状況に対して、政府や市井の人々は、対処療法的な対策は行ったものの、根本的な改善がなされることはなく水路の汚濁や詰まりは進み、場所によっては多くの水路が埋め立てられていったのである。

本章では、一九世紀末〜二〇世紀初頭のバンコク都市部の水路について、まずその規模に応じて整理しながら、それぞれが直面した水の汚濁や悪臭、詰まり、そしてその背景と政府や人々の対応を通して、水都におけるインフラとしての水路の危機について考えてみたい。

一　バンコクの水路の特徴

水路ネットワークと水の循環

バンコクの水路を考えるうえで重要なことは、二つある。

第一に、水路は人体の血管のように内陸部まで張り巡り、ネットワークしていることである。水は、チャオプラヤー川や幹線水路、支線水路から、用水路や水溝といった小水路を経て最後は末端のロン・スアン（*rong suan*）という果樹や野菜を栽培する農園へと送られる。

ロン・スアンとは、バンコク以南の平坦な低湿地を農地に変えるために生みだされた農園の開発手法である（図1）。ロン・スアンは、ロンと呼ばれる水溝を掘り、その残土を側に盛り上げ、これまたロンと呼ばれる畝とし、これを繰り返して形成される農園（スアン）である。ロン・スアン内の水溝には、小水路から水が引き込まれ、蓄えられる。

図1　バンコクに現存するロン・スアン

水溝は、乾季の雨が降らない時期には水を蓄え、また雨季の降雨や洪水時には微高地となる畝と共に、内水氾濫から作物を護る排水路の機能も担う。また、水溝では、洪水時に外部からもたらされる土や作物の落葉などが蓄えられ、それらは微生物分解され、有機肥料が生みだされる。そして、果樹園に用いられる伝統的なロン・スアンでは、水溝から施肥が行われる。このロン・スアンの形態は、日本の濃尾平野の輪中内にかつてあった掘田や関東地方の掘上田といった、洪水や湿地と強い結びつきを持つ農地の形態と類似している。

第二に、血管を流れる血液が心臓と筋肉の収縮を動力に循環するように、バンコクの水路を流れる水は、緩やかな地形の高低差と潮汐という二つの自然の力によって循環していることである。

バンコクは、中央を流れるチャオプラヤー川の沖積土によって形成されたデルタの低湿地に立地する。そこには、地形勾配が数kmで、数cmという非常に平坦な土地が広がる。そのため、海から二五km離れているにもかかわらず、潮汐の影響を強く受ける。潮汐表によれば、プラナコーンの王宮前の干満の差は、最大で二・五mにもなる。潮汐は、満潮時には水路の水を逆流させ、循環を促し、これを利用してロン・スアンにも引水が行われてきた。ただし、乾季の干潮時など水路の内の水位が低い時には、竜骨水車を利用して、ロン・スアンへ引水が行われてきた。

幹線水路、支線水路、小水路とロン・スアン

前述したように、バンコクの水路の大きな特徴は、幹線水路から小水路へと様々な規模の水路が、内陸部まで毛細血管のようにネットワークし、水が潮汐によって逆流し、日常的に循環していることである。

幹線水路、支線水路、小水路という三つの段階ごとに、各水路の用途、隣接する土地の地主の社会階層や利用状況は異なり、それらに応じて各水路沿いの人口密度もまた大きく変化する。当然、それら三つの水路ごとに、維持や管理の仕方、またそこで発生していた問題も異なっていたのである。

続いて、幹線水路、支線水路、小水路からロン・スアンへと至る水路のネットワークを段階ごとに、本章で扱う地域に絞ってみていく。一九〇〇年前後にはあったものの、現在では埋め立てられ、消失した水路は多い。そこで、詳細に水路が描かれた地図のなかで最も古い一九〇七年印刷地籍図を利用して、幹線水路、支線水路、小水路の幅員による分類について簡単にみていく。(1)

幹線水路とは、チャオプラヤー川と環状につながる、プラナコーンの中央を流れるクームアンドゥーム水路(一七七一年開削)や、プラナコーンを取り囲む濠であるバーンランプー水路とオーンアーン水路(一七八五年開削)、さらにそれらの外側に開削されたパドゥンクルンカセーム水路(一八五一年開削)などが主要なものである(図2)。一九〇七年印刷地籍図における幹線水路の幅員は、一〇~三〇mほどである。そこから、幅員五~一〇mほどの支線水路へ、さらに二~三mの小水路がつながる。そして、水路ネットワークの末端には、ロン・スアンが開墾されていたの

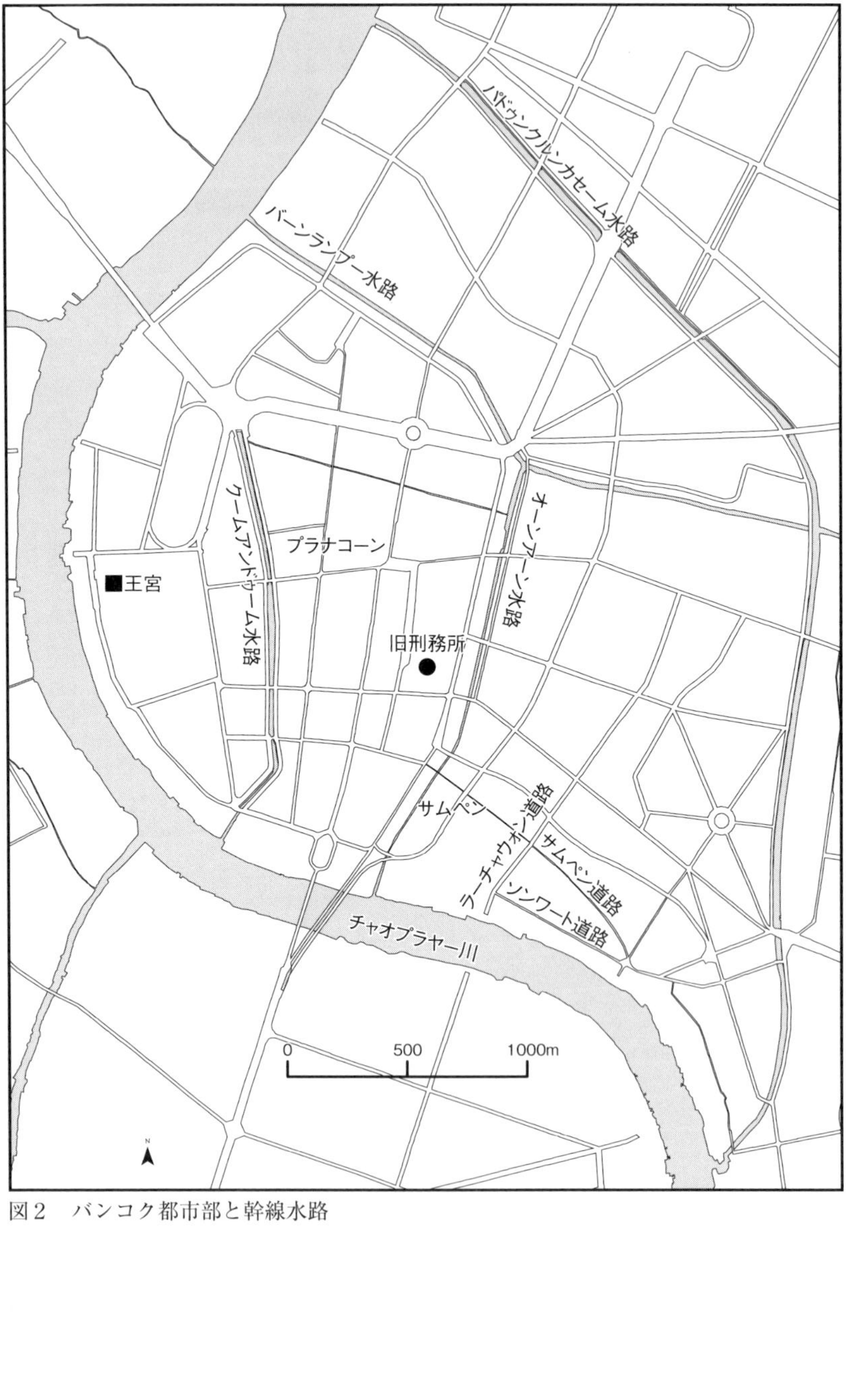

図２　バンコク都市部と幹線水路

である。続いて、それぞれの規模の水路ごとに、一九〇〇年前後の様子を古地図や公文書史料から具体的にみていく。

二　違法建造物と汚濁の幹線水路

違法建造物と幹線水路

バンコクで水路の維持管理に関する法律が制定されたのは、一八五八年の「水中法」(2)が初めてである。さらに一八七〇年には「一〇項目の水路慣例に関する法」(3)が制定された。これらの法律では、特に幹線水路内につくられる違法建造物とそこから排出される廃棄物の規制に重点が置かれていた。違法建築物は、水の流れを阻害し、水路内に堆積物を生み出す。また、それらからの廃棄物は、水中に漂い、さらに水質を悪くする。こうして、幹線水路では、悪臭や不衛生な状態が生じるのである。この法律の制定時期から、一九世紀後半にはバンコクの幹線水路は、違法建造物と廃棄物により、汚濁の問題を抱え始めていたことを読み取ることができる。しかし、これら法律からでは、幹線水路の具体的な様子を知ることはできない。

管見の限り、幹線水路が問題を抱え始めた一九世紀後半以降の様子を具体的に知ることのできる史料としては、一八九二年に土木局が行った幹線水路の調査(4)がある（以下、一八九二年幹線水路調査）。これは、クームアンドゥーム水路、バーンランプー水路・オーンアーン水路、パドゥンクルンカセーム水路という三つの主要な幹線水路内における違法建造物に関する調査報告である。続いて、この史料から、一九世紀末の幹線水路における違法建造物の状況をみていく。

一八九二年幹線水路調査によれば、クームアンドゥーム水路には、東岸五四ヵ所、西岸五一ヵ所、合計一〇五ヵ所の違法建造物があったことがわかる。内訳を多い方から記述すれば、桟橋や階段六三ヵ所、便所一九ヵ所、違法建造物の柱一七ヵ所、舟囲い二ヵ所、住宅の広縁一ヵ所、船着場一ヵ所、工場一ヵ所、建築物一ヵ所となる。

この史料からさらに、それら違法建造物と隣接する土地のなかで八七ヵ所の用途がわかる。内訳を多い方から記述すれば、住宅五八ヵ所、宮殿八ヵ所、産業施設七ヵ所（製材所五、精米所一、工場一）、トイレ三ヵ所、店舗二ヵ所、木造長屋二ヵ所、桟橋二ヵ所、政府施設二ヵ所（裁判所と軍施設）、賭博場一ヵ所、浮家一ヵ所、建築物一ヵ所となる。全体における住宅や宮殿といった居住空間が占める割合は、七五・九％と最も高く、続いて商業・産業施設の占める割合は、一〇％となる。このことから、クームアンドゥーム水路沿いは、居住空間が多く並んでおり、所々に商業施設や産業施設があったことがわかる。

続いて、一八九二年幹線水路調査からクームアンドゥーム水路のさらに東側にある二つの幹線水路の状況をみていく。クームアンドゥーム水路の東側にあり、同じくチャオプラヤー川と両端がつながる、バーンランプー水路・オーンアーン水路（長さ三四二六ｍ）とさらに東側にあるパドゥンクルンカセーム水路（長さ五五〇〇ｍ）である。それぞれの水路は、長さ二五〇〇ｍほどのクームアンドゥーム水路より長いものの、一八九二年幹線水路調査によれば、水路内の違法建造物は圧倒的に少ない。バーンランプー水路・オーンアーン水路では三八ヵ所、パドゥンクルンカセーム水路では一〇ヵ所と極端に少ないのである。一方、クームアンドゥーム水路の違法建造物は一〇五ヵ所あり、その立地の密度は、突出して高いものであったことがわかる。

一八九二年幹線水路調査から、バンコク中心部にある両端がチャオプラヤー川とつながる三つの幹線水路では、都市の外側から王宮といった都市の中心部に近づくにつれて、水路内の違法建造物の数が激増する傾向があることがわかる。これは、都市の外側から内側に行くにしたがい、居住者が段々と増加し、市街地化がより進んでいたためと考

図3　20世紀初頭のクームアンドゥーム水路とその沿岸道路(Beek, Steve Van. *Bangkok Then and Now*, Nonthaburi : AB Publication, 1999, p. 24)

えられる。

一八九二年幹線水路調査の後、一九世紀末〜二〇世紀初頭にかけてクームアンドゥーム水路の両岸には、それまでプラナコーンには存在しなかった広幅員の沿岸道路が建設された（図3）。当時の王、ラーマ五世王の異母弟で、タイの歴史に精通したダムロン親王は、この沿岸道路の建設は、ラーマ五世王が一七八一年にシンガポールとバタヴィアへ行幸を行い、当地の沿岸道路がある水辺空間から影響を受けたためと指摘する。[5]この沿岸道路の建設は、両岸併せて全長五㎞ほどの大計画であるものの、建設計画や背景の詳細に関する公文書は管見の限りない。

一八九二年のクームアンドゥーム水路内の違法建造物の数は、ほかの二つの幹線水路と比べると突出して多かった。沿岸道路の建設は、レンガによる護岸整備と同時に行われており、それは水路内の一〇五ヵ所の違法建造物を撤去し、不揃いな水景を刷新することによって成し遂げられた。このことを加味すれば、この沿岸道路の建設とそれに伴う護岸整備は、ラーマ五世王の、周辺の西洋諸国の植民都市の近代的な水辺空間への憧れと模倣と単純に捉えるだけでは不十分であろう。クームアンドゥーム水路は、王宮や王宮前広場に近く、その水辺は王族や官僚が居住する一等地であり、城内で最も象徴的かつ重要な幹線水路であった。しかし、都市の中心に立地しているためその水辺は高密化が進み、その結果、水路内の違法建造物が突出して多くなった。だからこそ、ラーマ五世王は、クームアンドゥーム水路沿いに沿岸道路を建設することで、違法建造物を撤去し、雑多な空間を刷新し、それまでプラナコーンにはなかった近代的な水辺空間を生みだしたと考えられる。沿岸道路を持った近代的な水辺空間の建設地としては、その重要性や雑多な既存空間の刷新ということを加味すれば、クームアンドゥーム水路以外には候補地はなかったといえよう。

汚濁と悪臭

幹線水路では、しばしば水の汚濁と悪臭が発生した。最大の原因は、水路に廃棄される人々の糞尿であった。チャオプラヤー川と比べれば、幹線水路であってもその水深は浅く、流水量も少ない。一方、幹線水路沿いには、多くの人々が居住しており、そこを流れる流水には彼らの糞尿のみならず、支線水路からのものも合流した。このようにバンコクで、多くの糞尿が水路に廃棄された背景には、華人を除く一般的なタイ人には、それらを下肥として再利用する考えがなく、単に廃棄することが一般的であったからである。人々の糞尿の多くは、水路に投棄されたり、敷地にゆとりがある場合は空地に埋められたりしたのである。

詳しくは後述するが、人々が高密に居住する華人街・サムペンは、水路のみならず道路によっても一七八二年の遷都以来、街が形づくられてきた。支線水路沿いや道路には多くの便所が設置され、肥溜めも設置された。それらのなかには、サムペンの郊外にある菜園の下肥として再利用されたものもあった。

サムペンという例外を除けば、バンコク都市部では、糞尿は、再利用されることなく、幹線水路や支線水路に投棄され、水流によって、チャオプラヤー川へと運ばれていくことなった。しかし、乾季や干潮といった水が少ない時期や土砂が堆積した場所では、糞尿は水路内にとどまり、汚濁や悪臭の原因となったのである。

一九世紀末～二〇世紀初頭のバンコクで幼少期を過ごした民俗学者プラヤー・アヌマーンラーチャトン（一八八八―一九六九）の回顧録によれば、バンコクでとりわけ糞尿が多かった幹線水路は、プラナコーンのクームアンドゥーム水路であった。彼は、自身の幼少期を回想して、この幹線水路を「数ある運河のなかでも、こと〃あれ〃（筆者注＝人糞）の多さにかけては、この運河の右にでるものはない」と指摘する(6)。その背景には、この水路に多くの幹線水路や支線水路から水が流れ込み、人々が廃棄した糞尿が合流していたことがある。

また、汚濁や悪臭の激しかった幹線水路としては、プラナコーンの濠の一部であるオーンアーン水路がある。ここには、東側にあるサムペンの人々の糞尿のみならず、西側のプラナコーンに一八九〇年に設置された刑務所の囚人たちの糞尿が大量に廃棄されたからである。オーンアーン水路とチャオプラヤー川の結節点周辺に船で運ばれ投棄された刑務所からの大量の糞尿は、悪臭の大きな原因となり、一八九五年には大きな問題となった(7)。その後、刑務所や病院などからの糞尿は、郊外の幹線水路まで運び投棄されるようになった(8)。

このようにバンコク都市部の幹線水路では、一九世紀末～二〇世紀初頭には、人々によって廃棄された糞尿によって、水質の汚濁や悪臭が問題となっていた。しかし、都市部の幹線水路は、それら問題が発生したからといって、一九世紀末から始まる道路建設を基盤とする都市開発の時代にあっても、埋め立てられたり、暗渠化されたりすることはなかった。

一九世紀半ばのバンコクでは、チャオプラヤー川下流にある郊外の港と都市部を結ぶための広幅員の道路が西洋人の要請のもと敷設され、その後道路沿いにはシンガポールから導入されたショップハウスが建設された。また、一九世紀後半からラーマ五世王は、海峡植民地や西洋諸国の諸都市への行幸を通じて、西洋の都市のあり方を実見し、一九世紀末～二〇世紀初頭にかけてバンコク都市部において、水路の開削ではなく、広幅員の道路の敷設による都市改造を推進した。さらに、一八八八年に軌道、一九〇四年には電灯、一九一四年には水道が敷設され、都市インフラが整備されていくようになる。そして、近代的な整備が進む都市には、労働者として華人が流入し、バンコクの都市人口は拡大していくことになる。

近代的な都市整備が進むなかでも、幹線水路では、クームアンドゥーム水路沿いに沿岸道路の敷設に連動して、レンガによる護岸整備がなされた程度であった。そして、人口増加に応じて、水路の汚濁や悪臭の問題が表面化していたにもかかわらず、下水道の敷設や下水処理施設の建設は行われなかった。下水道としては、チャオプラヤー川からの水流が緩やかに循環する幹線水路からロン・スアンに至る水路ネットワークがそのまま利用されていたからである。

このように都市化が進むなかで、バンコクの水路ネットワークでは、糞尿をチャオプラヤー川へと流しだす下水道としての機能がより重要なものとなっていく。それゆえ、都市化が進む近代バンコクおいて水路の維持管理は、政府としても重要なものとなった。政府は、前述した水路の維持管理に関する法律の制定のみならず、幹線水路では浚渫を実施した。この政府が行う浚渫作業は、一九〇四年に浚渫船を購入するまでは(9)、基本的に華人の労働者を中心とする人力によってなされていたと考えられる。

このように、バンコク都市部の幹線水路のいくつかでは、水路内の違法建造物の設置とそれに伴う水流の阻害や土砂の堆積、さらに人々が排出する糞尿による汚濁や悪臭が発生していた。それら問題に対して政府は、一部の水路内の違法建造物に対してのみ、沿岸道路の建設とそれに伴う護岸整備時に撤去を行い対応した。一方、幹線水路の汚濁や悪臭の問題に対しては、下水道の整備といった抜本的な対策は実施せず、近代的な都市整備が進むなかでも浚渫など対処療法的な対策を行うことに終始した。当然、浚渫はバンコクの水路ネットワークの持つ自然の浄化能力の汚物への許容範囲を維持し、限界点への到達を先延ばしすることには役立ったものの、汚濁や悪臭の問題の根本的な解決にはならなかった。

三　汚濁と消失する支線水路

支線水路の維持管理

政府は、公地にあるすべての水路において浚渫を実施していたわけではない。政府の浚渫船は、幅員が狭く、浅い支線水路や小水路には入ることはできない。それらでは、周辺住民が協力して浚渫を行っていた。続いて、支線水路の維持管理についてみていく。

支線水路では、土砂などが堆積し水の流れが悪くなった場合、水路沿いの住民たちが、まずバンコクの都市行政を担っていた首都省に浚渫許可を乞う嘆願書を提出し、許可を得たうえで、共同で資金を出し合い作業員を雇い、必要な箇所の浚渫を行っていた。サムペンにかつてあった支線水路、サーンチャオマイ水路の浚渫のために一九〇五年に出された嘆願書(10)によれば、タイ人の官僚や庶民、また華人といった階層や民族の異なる人々が、浚渫費用を拠出し、支線水路の水流を維持していたことがわかる。そこには多様な民族や階層の人々が一つの水路に依拠し、それを共同で維持する支線水路の管理のあり方を垣間見ることができる。

消失する支線水路とその立地

歴史家ピヤナートらは、ラーマ五世王期（治世一八六八―一九一〇）のバンコクでは、王の命令によって西洋式の道路が多く敷設されたものの、その敷設や拡幅のために水路の埋め立てを命じることは基本的になかったと指摘する[(11)]。それは、バンコクにおいて水路は、交通路や生活用水路としてだけでなく、排水路や下水路など様々な機能を持ち、複雑にネットワークすることで全体として都市の隅々まで水を循環させる重要なインフラであったからである。しかし、インフラとして水路が重要な意味を持っていた一九〇〇年前後のバンコクにおいて、支線水路が埋め立てられたり、暗渠化されたりして、道路となり、消失した唯一の地区があった。それが、華人街・サムペンである。続いて、サムペンにおける支線水路の消失の背景についてみていく。

ピヤナートらもサムペンにおいて、水路が埋め立てられたことを指摘しており、その理由として、①水路から道路へと交通の重要性がシフトしたこと、②水路の埋め立てにより地価が高騰し隣地の地主に利益があったためとしている。ただし、一般的なバンコクの人々は、水路からの恩恵と共に暮らしており、水路を埋め立て、道路にするという考えはなかったと指摘する[(12)]。つまり、サムペンにおける支線水路の消失は、バンコクにおいて非常に特殊な事例であったのである。

なぜ、サムペンでのみ、水路の埋立ては、実行されたのだろう。もちろん、サムペンに多く住んだ華人とタイ人とでは、街づくりや水路に対する考え方が異なるという居住者の民族性の差異も考えられる。それ以外にも、一九〇〇年前後のサムペンの都市の様相と前述したピヤナートらの意見を考慮すれば、水路が消失した理由としては、以下の三つがあげられる。

第一に、道路を基盤としながら形成された商業地サムペンの陸上交通ネットワークの改善ため水路が道路へと転用されたと考えられる。サムペンでは、チャオプラヤー川と平行して、内陸側に幅員一〇mに満たない狭小のサムペン道路が商業の中心地として通る。そして、チャオプラヤー川とサムペン道路をつなぐように、支線水路の開削や道路の敷設がなされ、都市が形づくられてきた。このチャオプラヤー川から引き込む、支線水路が一八九〇～一九〇〇年代にかけて道路へと転用され、消失し、その後そこには町屋やショップハウスが並ぶ商業空間が形成されていくことになる。かつての水路が道路へと転用されたものとしては、チャオプラヤー川から垂直に内陸へと引き込むラーチャウォン道路（一八九二年）、アヌウォン道路（一八九三年）、またチャオプラヤー川から内陸側に四〇～九〇mの場所に建設されたソンワート道路（一九〇七年）の一部などがある。ただし、これら道路の一部は、水路から道路に転用されたのは間違いないものの、暗渠化なのか、埋め立てなのかは、管見の限りよくわからない。

第二に、支線水路の水質汚濁と悪臭対策がある。サムペンの水路においても、水質汚濁と悪臭の最大の原因は、支線水路に廃棄される大量の糞尿であった。サムペンの正確な人口や人口密度の変遷を提示することは史料的に難しいものの、サムペンがバンコクにおいて最も人口が密集した地区であったことは間違いない。そして、一八七三年に香港、一八八二年に汕頭、一八八六年に海口とバンコクの定期航路が開設され、多くの華人のバンコクへの流入が容易になったこともあり、[13] サムペンでは一九世紀末から華人の居住者が急増したと考えられる。

また、一九〇一年六月には、サムペンには首都省の役人の立ち入り可能な道路や路地沿いだけで三一四ヵ所の便所があり、立ち入り調査ができない水路沿いでは各住宅や各建物が水辺に便所を設置し、便所がない場合でも、人々は水路のみならず、道路や路地の側溝でも排泄を行っている状況が報告されている。[14] また同時に多くの水路が、あまりに不潔で役人が立ち入れないほど汚い便所から垂れ流される糞尿で水が汚濁し腐り、悪臭を放っているとも報告されている。

サムペンで排出された糞尿のなかには下肥として、回収利用されたものもあったと考えられる。しかし、支線水路内に設置された便所も多くあり、また桶などを利用して幹線水路に投棄される糞尿も多かった。こうして、サムペンの支線水路には、プラナコーンを超える多くの糞尿が投棄され、水質の汚濁と悪臭はより激しかった。これら幹線水路が抱える問題を解決する手段として、臭いものに蓋をするために、水路の埋立てや暗渠化が行われ、道路へと転用されたと考えられる。

第三に、支線水路の埋立ては、サムペンで頻発した火災の跡地を再開発する場合の道路建設や残骸の処理のためにも行われたと考えられる。災害後の残骸を処理するために、水路を埋め立てることは、関東大震災後の東京でも行われていたことである。サムペンでは、町屋やショップハウスが密集していたこともあり、火災が頻発し、大火災となることもあった。火災跡地の残骸を、多くの船が行き交うチャオプラヤー川に投棄することはできず、それらのなかには隣接した支線水路の一部を埋め立てることで処理されたものもあったと考えられる。ただし、サムペンでは、水路の水は火災の消火にも利用された(15)。それゆえ、水路の暗渠化や埋立ては、火災時の消化を難しくするなどの問題を引き起こしていたとも考えられる。

このように一九〇〇年前後のバンコクにおいては、サムペンでのみ支線水路が埋め立てられたり、暗渠化されたりして、消失したのである。そこには、水路のみならず道路を基盤として、高密に都市が形成された華人街・サムペンの特殊な事情があった。サムペンの支線水路の埋立ての背景には、まず水路から道路へと都市基盤の重要度が変化したこと、水路の汚濁や悪臭が酷く蓋をせざるをえなかったこと、そして頻発した火災の跡地の再開発や残骸の処理といった、バンコクのなかでも特殊な事情があったと考えられる。

図4　1907年印刷地籍図の水路とロン・スアン

四　小水路の詰まりとロン・スアンの消失

ロン・スアンの消失の外的要因と内的要因

バンコクの水路ネットワークの末端に位置するものが、小水路とロン・スアンである。一九〇七年印刷地籍図をみれば、プランコーンの王宮周辺やサムペンの商業地を除く、バンコク全体に多くのロン・スアンがあったことがわかる（図4）。さらに、一九〇七年印刷地籍図を詳細にみていくと、これらロン・スアンは、サムペン周辺では野菜を生産する菜園として、それら以外ではマンゴーといった熱帯果樹を生産する果樹園として主に利用されていたことがわかる。

しかし、この一九〇七年印刷地籍図で多く確認できるロン・スアンは、本章で扱ってきたバンコク都市部には、現在、一つも残っていない。ロン・スアンは、なぜ、消失してしまったのだろう。続いて、その消失の背景を外的要因と、内的要因という二つの要因に分けてみていく。

外的要因によるロン・スアンの消失とは、都市の内部あるいは近郊にあったロン・スアンが、都市の高密化あるいは都市域の拡大化に直面し、外部からの人々や開発資金の流入によって、農園から宅地や商業地へと用途の変更がなされていくことで起こるものである。これは、日本の諸都市において、近代化の過程のなかで郊外住宅地の拡大と都市近郊の農地の減少が、同時に進行していたことと同様のことである。そして、このような都市の拡大に伴う、ロン・スアンの売却と用途変更から埋立てに至るプロセスは、現在もトンブリーと呼ばれるチャオプラヤー川の西岸地域で進んでいるので、容易に理解することができる。

内的要因によるロン・スアンの消失は、外部からの開発圧力ではなく、そもそも引水できなくなり農園として機能しなくなることによって引き起こされる。チャオプラヤー川や幹線水路、支線水路からロン・スアンに引水する場合、小水路を利用することになる。当然、それらに土砂が詰まり、水の循環を阻害することもある。単に小水路が土砂で詰まったのであれば、前述した支線水路のように、周辺住民で協力して浚渫をすれば問題を解決することができる。しかし、バンコクでは、近代化の過程のなかで、周辺住民が自由に小水路を浚渫できない新たな問題が発生したと考えられる。

新たな問題とは、二〇世紀初頭に確立した私的な土地所有権のもとで、私有地となった小水路で発生した。一九〇七年印刷地籍図をみると、幹線水路は公有地にあり、それゆえ首都省が浚渫を行っていた。また、本章で扱った支線水路もまた公有地にあり、そのため周辺住民が、首都省から浚渫の許可を得たうえで、費用を自ら負担して浚渫を行っていた。

一方、ロン・スアンに引水する小水路の多くは、一九〇七年印刷地籍図をみれば、公有地ではなく、私有地にあることがわかる（図５）。それゆえ公有地にある幹線水路や支線水路から、内陸の私有地にあるロン・スアンに引水する場合、所有者の異なる複数の土地にある小水路を経由して、水は循環することになる。小水路を流れる水は、周辺住民が共同利用するコモンズであるのに対して、水が流れる小水路は所有者の異なる複数の私有地にまたがり、水と

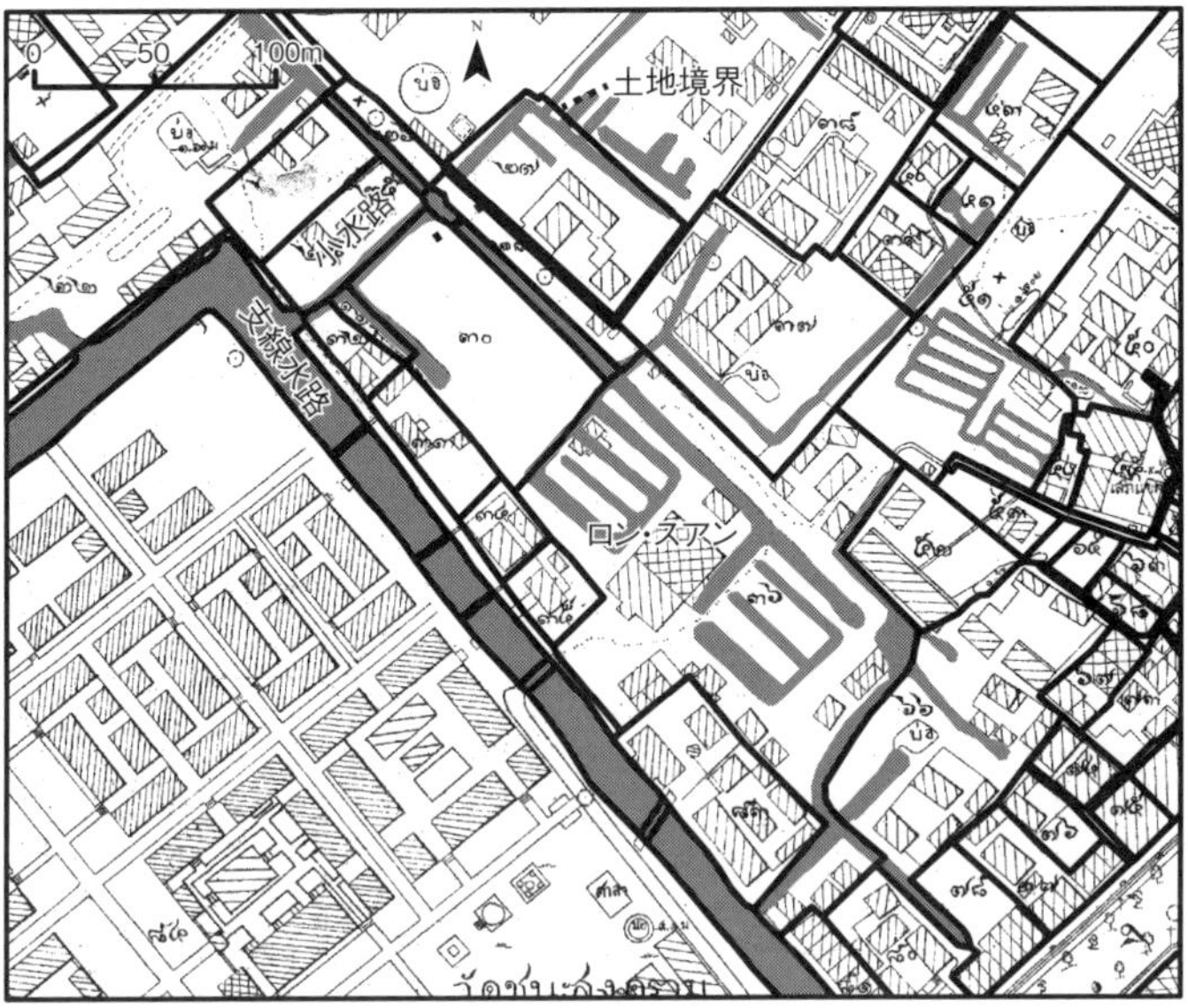

図5　1907年印刷地籍図の土地境界と小水路

水路の所有権に、ねじれた関係が生じていたのである。

一九〇七年印刷地籍図をみる限り、内陸にあるロン・スアンの地主が、所有者の異なる複数の土地にある小水路を通じて、自らの農地に引水するというケースは多数あったことがわかる。このようなケースで、小水路に土砂が詰まったり、あるいは地主が私有地内の小水路を埋め立てたりした場合、内陸側のロン・スアンには引水できず、農園としては機能しなくなったと考えられる。当然、所有者が異なる小水路内の土砂の浚渫を行う場合は、その地主の許可を必要とすることとなり、周辺住民で自由に実施ができなくなったと考えられる。こうして、水が循環せずに機能不全に陥ったロン・スアンが多数あったであろうことは想像に難くない。

土地所有権の確立とロン・スアンの機能低下

ロン・スアンが衰退する背景には、二〇世紀初頭に伝統的な土地はすべて国王のものという概念から脱却し、それ

まで曖昧であった土地境界を明確にして、私的な土地所有権を確立したことがあった。

バンコクにおける私的な土地所有権が確立したのは、一九〇一年の地券交付布告と一九〇九年の地券交付法が出された後である。(16) それまでは土地はすべて国王のものであり、臣民には土地の利用が認められていただけであった。そして、この地券交付にあわせて、バンコクにおいて本格的な測量がなされ、明確な土地境界が描かれた地籍図が初めて作製された。この時作製された一九〇七年印刷地籍図をみると、幹線水路や支線水路では水際線が土地の境界線であるのに対して、小水路は土地の境界線とは関係なく、毛細血管のように複雑にネットワークしながら各敷地を巡っていることがわかる。

また、小水路のなかには、水路の真ん中を土地境界としたものも少なくない。なぜ、小水路では水際線ではなく、水路の真ん中を土地境界として、一つの水路を二つに分けて所有することになったのだろう。このように小水路を二つにわけて所有するに至った経緯に関する史料は、管見の限りみつかっていないが、二つのことが考えられる。

第一に、小水路は幅員二m程度であり、水際を土地の境界とすると、敷地が必要以上に狭小に細分化されてしまうことがある。第二に、ロン・スアンに引水する小水路では伝統的に、その両側の敷地の地主が水路の真ん中で分けて、管理しており、それが土地の境界を決定する際にも、参考にされたと考えられる。人類学者の佐治史は、現在のサムットソンクラーム県のロン・スアンへつながる小水路の浚渫作業では、河床にたまった良質な栄養分を含む泥の利用権は、水路の両岸の地主が持っており、浚渫時には水路の半分を相手のために残しておくという慣習があることを報告している。(17) これは現代のロン・スアンの維持管理の事例であるが、一九〇〇年前後のバンコクの小水路でも同様の浚渫慣例があり、それが土地境界の決定に影響を与えた可能性は十分に考えられる。

二〇世紀初頭の私的な土地所有権の確立時に、毛細血管のように都市内を縦横無尽にネットワークする小水路とそこを循環する流水に、十分に配慮しながら、土地境界を策定することは不可能であっただろう。こうして、小水路とそこを流れる水はコモンズとして、周辺の住民で共同管理するものであったにもかかわらず、新たに確立した土地所有権のもとで、私的なものへと編入されていったのである。こうして、ロン・スアンへの水循環は滞り、その機能は少しずつ低下していき、さらに都市化に伴う用途の変更の圧力を受けながら消失していったと考えられる。

おわりに

一九〇〇年前後のバンコク都市部の水路は、牧歌的で清澄なものではなく、そのあり方を大きく変えるような危機に直面していた。現在のバンコクの水路が抱える、違法建造物、水質汚濁やそれに伴う悪臭といった危機的な状況は、二〇世紀初頭には、すでに発生していたのである。

しかし、それら水路の危機は水路に依拠する都市構造に単に停滞をもたらしたのではない。プラナコーンの幹線水路では、護岸整備や沿岸道路の建設による水辺空間の刷新のための原動力の一つとして働き、またサムペンという高密な地区では、埋め立てや暗渠化による都市改造の大きな要因となったと考えらえる。

そして水路ネットワークの末端に位置する小水路とロン・スアンは、二〇世紀初頭のバンコクにおいて私的な土地所有権が確立し、土地境界が、そこに流れる水流と無関係に引かれ小水路が複数の土地所有者に分割された時に大きな危機を向かえた。地主の異なる土地の小水路の浚渫は困難となり、ロン・スアンは水涸れを起こし農園としては機能しなくなり、消失していくのである。しかし、この広大なロン・スアンの跡地が、その後の宅地や商業地の開発の大きな受け皿となったことは間違いない。

　このように、様々な規模の水路がネットワークすることで形成された、自然の優れた浄化能力や豊富な水流に依拠するバンコクの水路システムは、人口の増加や都市化、また急速な私的な土地所有権の確立に伴う水循環を看過した土地境界の確立によって、二〇世紀初頭には緩やかに崩壊を始めていたのである。しかし、この時期は、水路と道路がより密接に結びつき、多様な水辺空間が形成され始めた時期でもあった。とりわけチャオプラヤー川沿いの河港や倉庫、船着き場や市場のなかには、内陸側の道路沿いのショップハウスと一体となって複合的な建築として再建され、水辺の物流拠点としての機能が強化されたものもあった。このように近代バンコクの水路では、水辺空間の多様化と水環境の悪化という状況が同時に発生していたのである。

　バンコクの水路が向かえた様々な危機とその背景を明らかにしたうえで、対処療法的ではあるが政府や市井の人々の対応の歴史を知ることは、今後の水辺空間の保存や再生を考えるうえで、大きな示唆を与えてくれるのである。

注

（1）　一九〇七年印刷地籍図とは、縮尺一〇〇〇分の一で作製されたバンコクで初めての地籍図である。現在、タイ国立図書館、国立公文書館、内務省土地局がそれぞれ部分的に所蔵している。

（2）　Piyanat Bunnak, Duangphon Nopkhun, and Suwatthana Thadaniti, *Khlong nai krungthep: kwam pen ma kan pliamplaeng lae phonkrathop to krungthep nai rop 200 Pi*（バンコクの水路—二〇〇年間の来歴と変容、バンコクへの影響—、原典タイ語・括弧内日本語訳＝以下同）, Bangkok: Chulalongkon Mahawitthayalai, 1982, pp.287-292.「水中法」（Praratchabanyat lae kotmai thong nam）。

（3）　Ib. pp.293-297所収、「一〇項目の水路慣例に関する法」（Praratchabanyat wa duai thamniam khlong mi yu 10 kho）。

（4）　タイ国立公文書館（NAT） R.5 N.46.1/49, Krom yotha ham rasadon pluk ban ruean yuen long pai nai khlong Lot khlong bang lamphu khlong phadung kho hai khap lai（土木局は住民がロート水路、バーンランプー水路、パドゥン水路内に家屋を建設することを禁止し、排斥を請う）1892.

（5）Krom Phraya Damrongratchanuphap, *Khwam songcham*（回顧録）, Bangkok: Samakhom Sangkhomsat Haeng Phrahet Thai, 1963, p.174。
（6）プラヤー・アヌマーンラーチャトン（森幹男訳）『回想のタイ 回想の生涯 上巻』（井村文化事業社、一九八一年）二四三頁。
（7）NAT　R.5 N.5.1/1, Rueang betset krom sukhaphiban 29 pho. kho. 114-20 so. kho. 118（衛生局全体、一八九五年五月二九日〜一八九九年八月二〇日）。
（8）ニパーポーン・ラチャタパタナクン『近代バンコクにおける公共事業―道路建設・衛生管理地区・公衆衛生―』（京都大学大学院アジア・アフリカ地域研究研究科博士論文、二〇一二年）六五頁。
（9）Op. cit.,（2）, p.98.
（10）NAT R.5 N.4.6/25, Banchi phu thi chuai ok goen khut som khlong sancho mai（サーンチャオマイ水路浚渫費出資者名簿）1905.
（11）Op. cit.,（2）, p.107.
（12）Op. cit.,（2）, p.127.
（13）ウィリアム・スキナー（山本一訳）『東南アジアの華僑社会』（東洋書店、一九八八年）四二〜四四頁。
（14）NAT R.5 N.5.12/17, Wet（便所）1901.
（15）Op. cit.,（2）, p.100.
（16）田坂敏雄、西澤希久男『バンコク土地所有史序説』（日本評論社、二〇〇三年）二〜四頁。
（17）佐治史「タイ・運河沿い市場集落の空間からみる社会集団の形成論理―生業空間としての水上市場を事例に―」（『東南アジア研究』五四―一、二〇一六年）四七頁。

（付記）本稿は、拙稿「近代バンコクにおける水路の危機―違法建造物、水質汚濁、土地所有権―」（日本建築学会編『危機に際しての都市の衰退と再生に関する国際比較研究［若手奨励］特別研究委員会 報告書』二〇一五年）に、加筆・修正したものである。

第六章　アメリカ都市の衰退

――ロウハウスの街ボルチモアの荒廃過程――

鈴木真歩

はじめに――アメリカ都市の荒廃と住宅との関係――

アメリカ東海岸メリーランド州の最大都市であるボルチモア市。その中心部であるインナー・ハーバー地区からわずか二、三kmにあるイースト・ボルチモア北部は、一八七〇～八〇年代にかけてガーデン・スクエア（緑化された方形の広場）とあわせて建設されたロウハウスの界隈であった。ロウハウスは間口が狭く奥行きが深い一戸建てを連続させた町家型住宅で、一九世紀後半に都心部でアパートメントやテナメント（棟割長屋）が建てられたり、交通網が発達した後に郊外の一戸建て住宅が普及するようになるまで英米の都市で一般的であった。ロウハウスは庶民向けのものもあるが、階数が高くなるとそれなりの床面積を持つ邸宅となり、さらにスクエアに隣接させれば高所得層を狙った開発であるのが相場である。筆者はイースト・ボルチモアでそうした高級住宅地を期待して歩き回ったが、それは存在しなかった。多くの住宅の入り口は空き家を示すべくベニア板でふさがれ、あるいは既に取り壊されて空地とな

図1　イースト・ボルチモアのマディソン・スクエア（2010年３月撮影）

り、歯抜けになった家並みが続いていた。一度は整備されたはずのスクエアのほうも、古ぼけた樹木以外はほぼ草原のようになっている（図1）。

二〇世紀後半においてモータリゼーションに伴い居住地および職場が郊外化し中心市街地が衰退するのと並行して、製造業の機械化が進んで失業者が増え、都心に隣接する住宅地に貧しい人々がとり残される、という一連の現象が世界的にみられた。この都心部の衰退と荒廃を指すインナーシティ問題（Inner City Problem）という言葉は、工業化の最先進国で問題がいち早く顕在化したイギリスで造語され、同様の課題を抱える国々でも研究されてきた。(1)しかし、都市衰退が著しい国の一つであるアメリカ合衆国では、その問題の拡大や根深さがアフリカ系アメリカ人（黒人）への人種差別から来ていることがほとんどであり、ある人種・民族集団を都市内で隔離する地域であるゲットー（Ghetto）の語を使う場合が多い。(2)ボルチモア市も、現在アフリカ系アメリカ人が六〇％以上を占め、さらに一部地域では九〇％以上を占める「ゲットー」を持つ町の一つなのだ。

これまで個別のゲットーについての都市史的研究にニューヨーク、シカゴ、デトロイト、セントルイスなどのものがあり、いずれの研究もアフリカ系アメリカ人が職業的、政治的に疎外され、また経済的困窮のなか居住状態が悪化し、ついには治安悪化や住宅の放棄や破壊に至るという過程が描かれてきた(3)。このように荒廃に至るまでには多数の要因が絡み合っており、例えばボルチモアでみられるロウハウスという住宅形式だけに問題を帰することはできない。しかし、荒廃は現実に住宅を舞台に起こっており、その影響は皆無であろうか。本章では、ボルチモアについて、これまでの同市の住宅史研究の成果(4)をふまえつつ、現在空き家が多いイースト・ボルチモアの人種構成の変化やその後の住宅事情について地図資料や国勢調査など(5)により明らかにし、荒廃の具体的なありようを示したい。

一　ボルチモアの都市化と黒人居住地区の拡大

本節ではボルチモア史の既往研究より、ボルチモア市の都市化と黒人居住地区の拡大の経緯を概説する。

ボルチモアの立地と経済

ボルチモアは、アメリカ東海岸の中部諸州の経済発展の基盤となる三河川の一つ、サスケハナ川が注ぐチェザピーク湾の中ほどにあり(6)、波の静かな入り江、水車の動力源となる小河川の流れ込み、肥沃な土地に恵まれ住みやすい土地であった。しかし植民地時代は有力な都市というほどではなく、一八世紀半ばでも人口六〇〇〇人程度の集落だった。本格的な成長のきっかけは、独立戦争（一七七五―八三年）前後のたび重なる戦争でヨーロッパの小麦価格が高騰し、また小麦の消費地である西インド諸島の経営主体が変遷したため、そこへの輸出拡大に加えて価格の乱高下に乗じた取引で利を得ることができたことにあった。その後も都市間競争を勝ち抜くことを目指し、一八三〇年代には同市の商人と州が出資してボルチモア・オハイオ鉄道を敷設し、南北戦争（一八六〇—六四年）までにはニューヨークに次いで全米第二位の人口を抱える都市に成長した。(7)

そうした交通と動力源を得られる立地を生かして、紡績、縫製や雑貨、家具、機械の製造などで発展したボルチモアであったが、結果的にはローカルな港の地位にとどまった。そして、一九世紀末の不況でかなりの打撃を受け、小資本家による製造業がフィラデルフィアなどの大資本に買いたたかれ、地元がイニシアチブを持つ産業のない町になった。ただ、二〇世紀前半まではヨーロッパからの移民が、そして南部諸州の綿花栽培地帯から黒人が断続的に流入し、(8)二〇世紀半ばまで人口規模としては全米六、七番目の地位を保った。そうした豊富な労働力により、製鋼や造船、自動車、航空機、飲料向けのシロップ製造など、海岸低地地域に立地する大規模な産業に軸足を移しながら発展を続けた。(9)

ボルチモアの住宅地

ボルチモアの市街地を形成する建物については、都市としての発展が始まったのが公共交通網の未発達な一九世紀前半であったためロウハウスをベースに高密に建て進んだ。住宅地開発は最初に港湾地区であるインナー・ハーバーの南の高台、フェデラル・ヒルで行われ、そこから北と西に向けて進み、一八三〇年代には、インナー・ハーバーの北側ちょうど一マイル（一・六km）ほどのところの高台に最も高級な住宅地マウント・ヴァーノン地区が形成された。同市は、このマウント・ヴァーノン地区を南北に走るチャールズ・ストリートでイーストとウェストに分けるのが慣例であるが、そのうちウェスト・ボルチモアでは南北戦争までにガーデン・スクエアを持つブルジョワ向けの住居が建てられた。(10)一方東側の地域については、チャールズ・ストリートから数ブロック東をジョンズ・フォールズという中規模河川が流れており、その東岸には植民地時代以来の集落であるオールド・タウンがあって、ベルエア市場や小売り街がつくられていた。その南に位置するフェルズ・ポイントは造船地区となり、その先の海岸に沿って庶民向けの小売り街や住宅地が形成された[11]。本章が対象とするイースト・ボルチモア北部の開発は一八八〇年頃と比較的遅いのだが、それはこうした既存の集落やそのほかのコンテクストによって住宅地開発が東側に連続的に進めなかったためとみられる。一八五〇年代に路面電車が導入され、一八九〇年代末頃より都市外縁部で庭のある一戸建て住宅の開発も始まるが、旧市街地では第二次大戦が終わるまではロウハウス型開発が続いて、インナー・ハーバーから五㎞程度を北限として高密度に住宅が立ち並んだ[12]（図2）。

黒人ゲットーの形成

こうした都市組成における黒人の住まいについては、一九世紀前半の間は大規模なゲットーはなく、仕事が得られる各地域における裏通りの小住宅（Alley House）に暮らしていた。すなわち、港湾の積み降ろし人足の需要のあるフェルズ・ポイントの裏通りや、洗濯女やポーターなどの需要がある裕福な住宅地の裏通り、オールド・タウンの市場の裏手の入り組んだ細道である。またこの頃は、黒人より移民の人口の方が多く、これらの場所では黒人はアイルランド人やドイツ人、ドイツ系ユダヤ人などと隣り合って暮らしていた[13]。しかし、南北戦争前後に奴隷身分から解放された黒人が主に州内の田舎から流れ込み始め、一九〇〇年時点では、北部都市としては最も多い七万九〇〇〇人を数えた。彼らはカムデン駅やレキシントン市場のまわりに身を寄せたが、そこが飽和すると、スラムは駅や市場に近いフリモント・アヴェニューやパカ・ストリートに沿って北上し始め、またオールド・タウンの黒人居住地域も拡大した。これらの新しい居住地域も黒人のみからなるわけではなく、例えばフリモント・アヴェニューは新入りで貧しいロシア系ユダヤ人やイタリア系移民の居住地域でもあった。ただし、第一次世界大戦前後より移民制限が始まったため、貧しさを抱える新住人は南部から移住してくる黒人が中心となり、彼らは最も低質な住居に住まわされることになっ

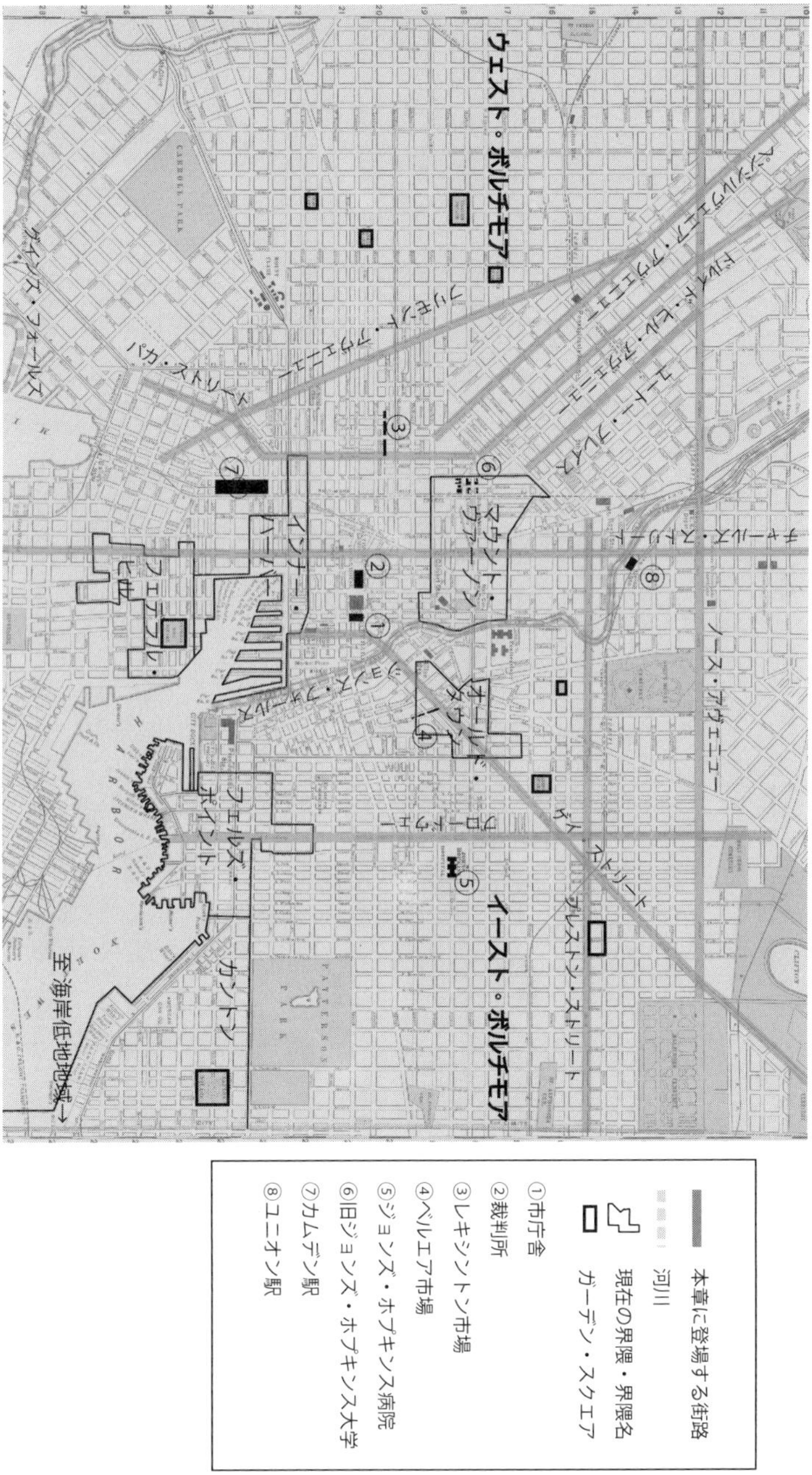

図2　ボルチモアの旧市街地(Rand McNally and Company, Map of Baltimore and Environs, 1907より作成)

た。(14)

そうした貧しい黒人の増加の一方、市内で生まれ育った黒人たちはそれなりに経済的基盤を築き、パカ・ストリート北端のエリアに白人が残した邸宅に住まい、中流以上の生活を享受する者も現れていた。(15)しかし一九世紀末から二〇世紀初頭にかけては黒人に対する差別意識があからさまに示されるようになった時期であり、例えばゲットーにおける結核のまん延が黒人の人種的特徴によるものという偏見が広がった。そのため劇場やホテル、百貨店など公の場で隔離的扱いが始まり、住宅地でも近隣で黒人居住地区が存在感を示すようになると白人住人が流出し、住宅価格が下落した。ただ、黒人が白人の界隈に自由に進出できたわけではなく、確固たる白人住宅街に飛び地的に黒人が住まいを得ようとすれば罵声や暴力を受けた。(16)むしろ、黒人居住地区の拡大への恐れから白人住人が入居せず長く空き家となっていた物件の大家が、仕方なく人種を問わずに住人を募るようになった結果、黒人居住地化していったのである。一方、黒人を許容する物件の供給は十分とはいえず、大家が黒人に白人以上の高家賃を要求したうえ修繕や設備の更新を行わないという強気の経営をする「二重市場（dual market）」の問題が現れた。(17)後の時代には政府金融機関「住宅所有者貸付会社（Home Owners' Loan Corporation：HOLC）」（一九三三―五一年）までもが、黒人が住んでいるというだけで、融資格付けで最低ランクを意味する「赤線引き（Red Lining）」地区とし、維持管理や更新の滞りを促進した。

赤線引きは現状の居住地区の追認であるが、白人社会はより積極的に黒人居住地区を限定しようと画策した。まず一九一〇年にはボルチモア市議会が街区ごとに居住する人種をわけるという条例を可決した。同条例は一九一七年に違憲であるとして廃止されたため、代わって土地取引に関する私的契約「制限付き約款（Restrictive Covenant）」を利用することが考案された。それは、住宅地開発で土地を分譲するにあたり、その後の黒人への譲渡、入居を禁止する条項を契約に含めるという手法であり、一九四八年に再び違憲判決が下されるまで黒人の新築住宅所有、特に郊外進出を妨げた[18]。こうした人種差別的な居住地分離（Racial Segregation）は黒人が南部から北部都市に移動するなかで全米各地で発生し、様々な階層はあれども黒人だけが住む地域であるゲットーが都市の中心部にまとまって形成されたのである[19]。

建物の質と人種的変化の関係については、たとえ白人富裕層向けにつくられた大邸宅であっても、黒人居住地区と隣り合っていれば早晩空き家となり人種の入れ替えがおこった。例えば黒人向けの商業の通りとして活況を呈したペンシルヴェニア・アヴェニューの二ブロック北のドルイド・ヒル・アヴェニューにはヴィクトリア朝風のロウハウスが並んでおり、近くのジョンズ・ホプキンス大学に勤める白人たちが住んでいたが、一九〇一年に同大学が郊外に移転すると、ゲットーとの近接もあって新しい白人入居者を得られず、間もなく黒人エリートの住まいとなった[20]。ただ、白人に比べれば邸宅に一家族で住まえるような階層の黒人の数は限られており、内部が分割されて複数世帯に提供されることもざらであった。ドルイド・ヒル・アヴェニューの三ブロック北のドイツ系ユダヤ人の高級住宅地、ユートー・プレイスの邸宅が第二次世界大戦後に黒人用に貸し出された時も、内部が分割されたアパートメントとしてであった[21]。つまり建物の質や大きさにかかわらず、時代を下るほどに都心の住宅は黒人のものとなっていった。

二　ボルチモアの空間と社会の変遷――二〇世紀前半のイースト・ボルチモア地区の復元――

ボルチモアの都市空間は、当初は裏路地が機能して異なる階級、人種が近接していたのが、ゲットー化するなかでどのように変化していったのであろうか。本節ではイースト・ボルチモアを素材として、さらに解像度の高い空間と

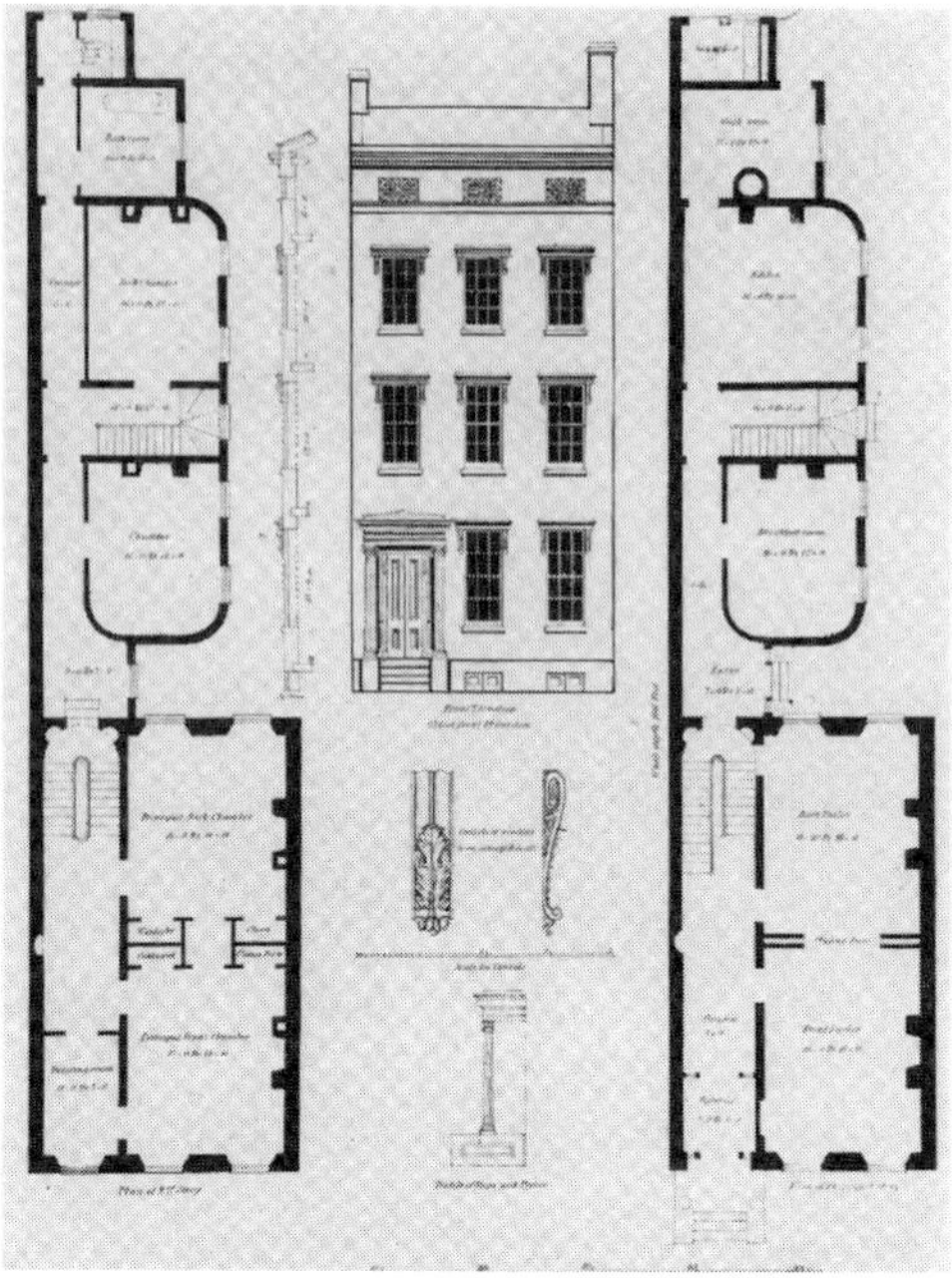

図３　３ベイ３階建てのロウハウス（Mary Ellen Hayward and Charles Belfoure, *The Baltimore Rowhouse*, New York: Princeton architectural Press, 2001）
マウント・ヴァーノン地区の住宅に類似するとされる1840年のパターンブックの図面.

社会の復元を試みる。

空間の復元

ボルチモアのロウハウスのつくりについては、間口が三ベイ（柱間）分、奥行き二部屋分で三階建ての「邸宅」といっていいようなもの（図3）から、間口二ベイ分で奥行き一部屋分の屋根裏付き二階建ての労働者向け（図4）まで多岐にわたる。母屋の裏手にはたいてい間口のやや小さい裏小屋（back building）が接続していて、さらに屋外には独立した汲み取り式のトイレがあった。同市の都市部の住宅は一八世紀末から耐火構造になるよう規制されレンガ造がほとんどだが、こうした付属小屋は木造で、スラムと呼ばれるようになると空地がないほどに建て増している場合もある。またボルチモアの街区割りは、表通りのロウハウスの背後に通用路となる裏路地「アレー」があるものが多く、また町の街路システム全体が幅広の通りと狭い通りが交互に配置されているため、狭い方はアレーと捉えることもでき、いずれのアレーも奥行き一部屋分の極小ロウハウスの表通りとなった。

一九世紀後半に開発されたイースト・ボルチモア北部でも、ジョンソン・スクエア（一八七八年〜）やマディソン・スクエア（一八五三年〜）に面してはアッパーミドル向けの三ベイの三階建て（図5）、裏路地には労働者や使用人向けの二ベイ分の二階建て、あるいは三階建てだが二ベイ分の中流向けの住宅がつくられた。ただ一九世紀後半の労働者の働き口は港湾地区やジョンズ・フォールズ上流にある紡績工場地域で、このエリアから路面電車で通勤するのは費用がかかりすぎるため、裏路地の小住宅であっても適当な住まいとはならなかった。このためさらに後の時代に開発されたコリントン・スクエア（一八八〇年～）周辺では、デヴェロッパーたちは中所得層にターゲットを絞り、表通りも裏通りも二ベイ分二階建てのロウハウスだけからなる界隈を建設した（図6・7）[22]。こうして建物規模が均質化していく地域があったものの、ほかの大都市、例えばニューヨークに比べれば小ぶりなものが中心であり、様々な階層が必要とするサイズの住宅が用意されていた。

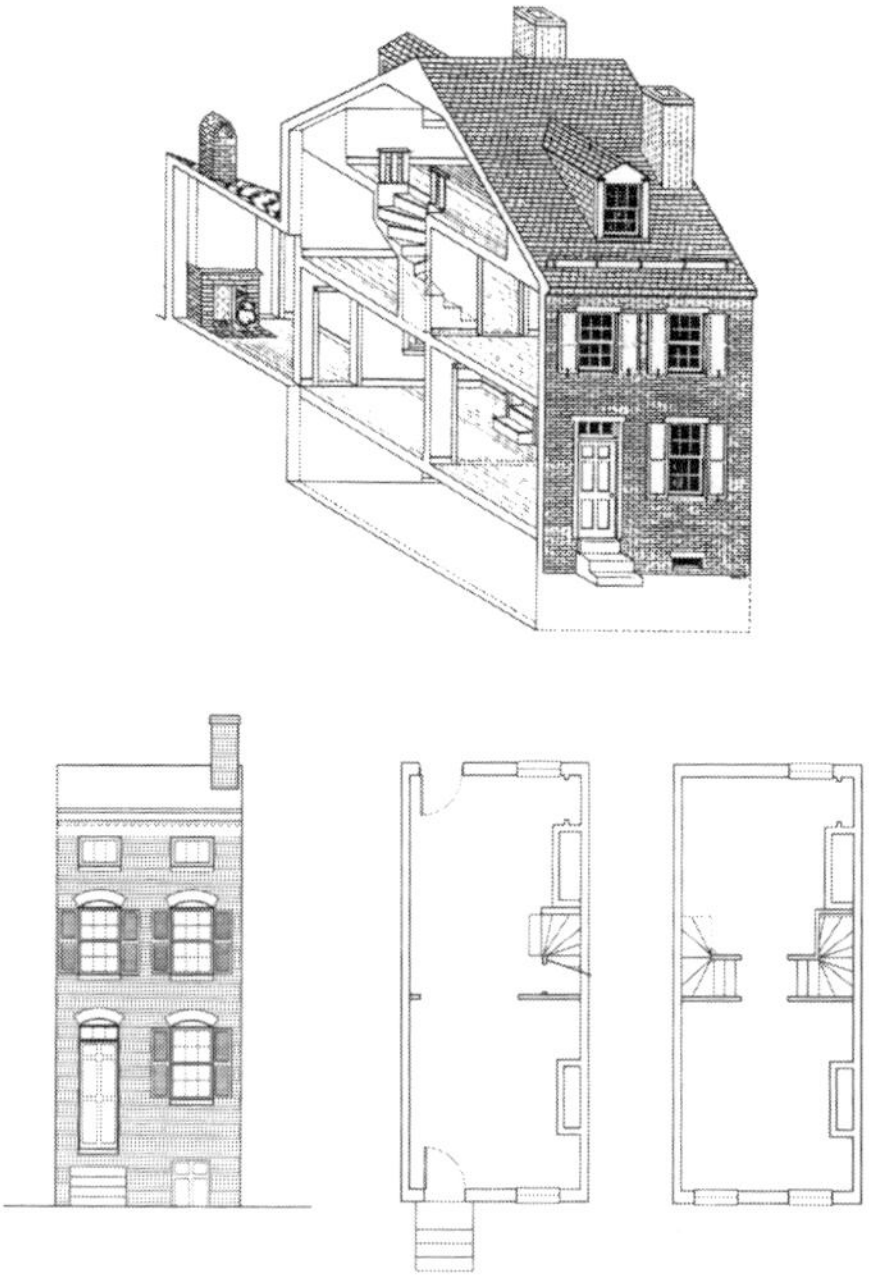

図4　２ベイ２階建ての労働者向け住宅（Mary Ellen Hayward and Charles Belfoure, *The Baltimore Rowhouse*, New York: Princeton architectural Press, 2001）
Hayward と Belfore による19世紀前半の小型ロウハウスの模式図.

社会の復元

このようなイースト・ボルチモアの住宅ストックにおける、二〇世紀初頭から半ばにおける住人の属性や住まい方を国勢調査から確認する。

同地域北部のガーデン・スクエアの東隣の一つ、マディソン・スクエアの東隣のブロックを取り上げれば（図8）、一九〇〇年ではドイツ系移民かその第二世代目が四五％、既に移民後三世代以

図５　ジョンソン・スクエア南側に面したロウハウス（2010年３月撮影）

図６　コリントン・スクエア北側に面したロウハウス（2010年３月撮影）

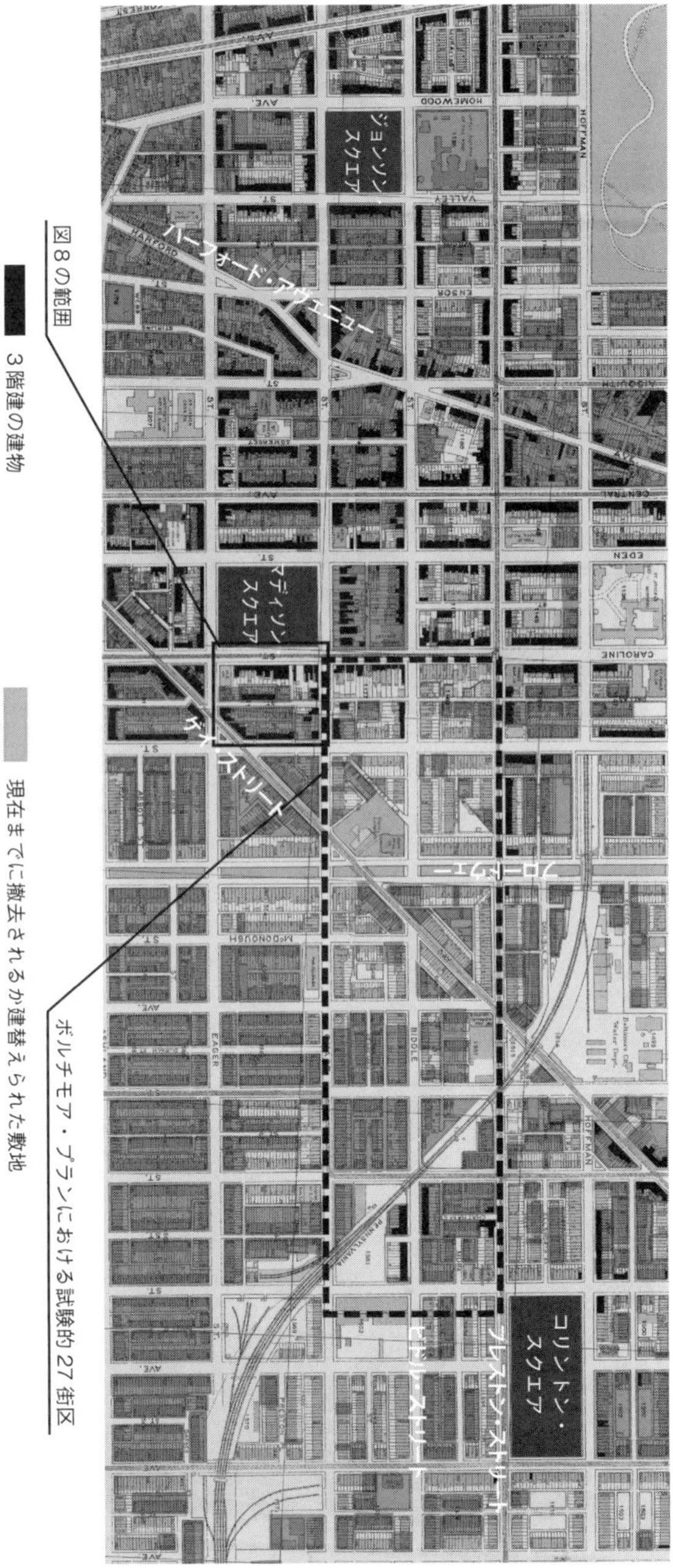

図7　イースト・ボルチモアの3スクエアと周辺の3階建ての住宅分布(The Map of the City of Baltimore, Baltimore: Topographical Survey Commission, 1914より作成)

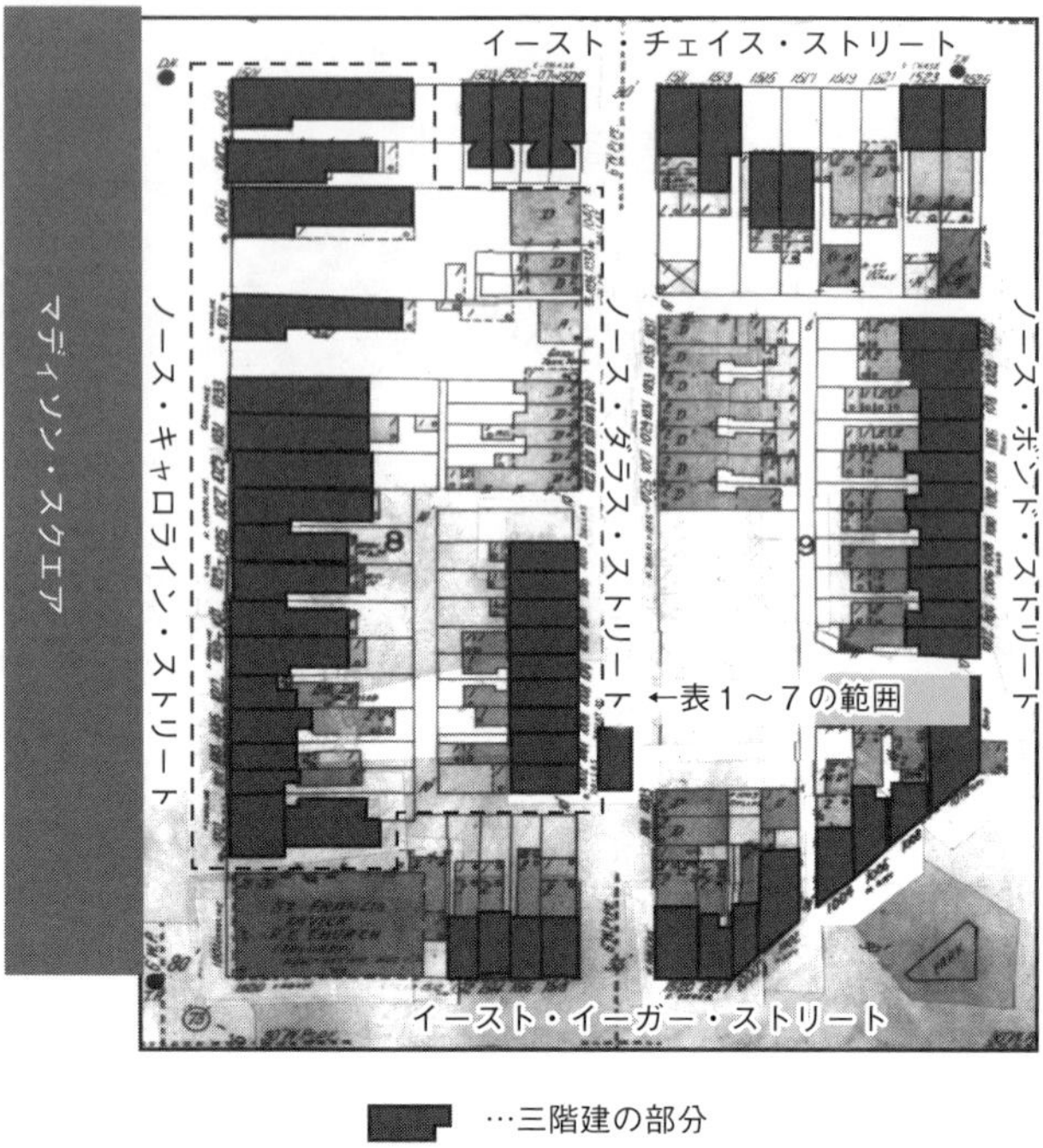

図８　マディソン・スクエア東側の街区詳細（1953年時点, Sanborn Map Co., Baltimore, Fire Insurance Maps of Maryland Towns and Cities, Vol. 1）

上経った白人が四割弱と、大きくはこの二つのグループからなっていた（表1）。黒人もいるが、基本的には住み込みの使用人であった（表2）。ここから二ブロック東側の地域「ミドル・イースト・ボルチモア」でも、ドイツ系のほかイタリア系、ポーランド系などもう少し新しい白人移民の住まいであったといわれている[23]。前項でみたようにジョンゾン・スクエアやマディソン・スクエアのある地区には裏路地の小規模ロウハウスが存在したが、既に黒人世帯との混住が望まれなくなっている様子がうかがえる。

　職業について再びマディソン・スクエアの東隣のブロックをみれば、スクエアに面したノース・キャロライン・ストリート沿いで事務員や販売員がやや多く、裏通りのノース・ダラス・ストリート沿いでは製造業にたずさわる人が多かったが、住人の階層は表通りと裏通りでかなりオーバーラップしており、また当時の産業の状況から労働者というより職人（仕立て屋や家具製造など）が多い（表2）。

同時にイースト・ボルチモア全体を見渡せばところどころにアッパーミドルの集まる界隈もあり、ジョンズ・ホプ

表1　マディソン・スクエア東側の街区の人種・民族的出自の構成

	1900			1940		
	人種／民族的出自※	人数	割合（%）	人種／民族的出自	人数	割合（%）
キャロライン・ストリート沿い東側	イングランド系	9	7.7	イタリア系	7	5.8
	ウェールズ系	1	0.9	黒人	104	86.7
	ドイツ系	54	46.2	三世以降の白人	9	7.5
	黒人	8	6.8			
	三世以降の白人	45	38.5			
	小計	117	100.0	小計	120	100
ノース・ダラス・ストリート沿い西側	アイルランド系	9	9.6	ドイツ系	1	1.3
	オーストリア系	5	5.3	黒人	76	98.7
	スコットランド系	1	1.1			
	ドイツ系	42	44.7			
	三世以降の白人	36	38.3			
	不詳	1	1.1			
	小計	94	100.0	小計	77	100
街区合計	ドイツ系	96	45.5	イタリア系	7	3.6
	その他ヨーロッパ系	25	11.8	ドイツ系	1	0.5
	三世以降の白人	81	38.4	三世以降の白人	9	4.6
	黒人	8	3.8	黒人	180	91.4
	不明	1	0.5			
	合計	211	100.0	合計	197	100

出典（表1～7で共通）

1900年アメリカ合衆国国勢調査メリーランド州ボルチモア市102調査区（7地区8区）1～4・8・12・30・31頁

1900年アメリカ合衆国国勢調査メリーランド州ボルチモア市134調査区（12地区10区） 10頁

1940年アメリカ合衆国国勢調査メリーランド州ボルチモア市4-130調査区（7区） 20～25頁

※1900年と1940年に共通して，国勢調査の項目に自身の「出生地」，「親の出生地」と「人種（Race: White/Black〈Negro〉）」の項目があり，ここでは自身か親の出身国を民族的出自とし，既にアメリカで三世代経っている場合は白人か黒人かを示した．なお，当時社会的に目立つ「ユダヤ人」という民族グループについては，それがわかる項目（「宗教」など）がなかった．

表2　1900年時点での黒人のいる世帯の内訳(ノース・キャロライン・ストリートのみ)

番地	所有状況	性別	年齢	世帯主との関係*1	民族的出自／人種	職業
N・キャロライン・ストリート一〇四九	持家	男	84	世帯主	三世以降の白人	大家
		女	83	妻	ウェールズ系	
		女	25	孫娘	三世以降の白人	
		女	51	使用人	黒人	使用人
N・キャロライン・ストリート一〇四三	持家	女	55	世帯主	イングランド系	
		女	31	娘	イングランド系	教師
		男	29	息子	イングランド系	委託販売人
		女	27	娘	イングランド系	
		男	25	息子	イングランド系	販売
		男	23	息子	イングランド系	販売
		女	21	娘	イングランド系	
		女	19	娘	イングランド系	
		女	17	娘	イングランド系	
		女	38	養女	三世以降の白人	
		女	25	使用人	黒人	使用人
		女	65	使用人	黒人	使用人
N・キャロライン・ストリート一〇三七	借家	男	30	世帯主	三世以降の白人	医師
		女	29	妻	三世以降の白人	
		男	1	息子	三世以降の白人	
		女	22	使用人	黒人	使用人
N・キャロライン・ストリート一〇三一	借家	男	33	世帯主	ドイツ系	出納局長
		女	34	妻	ドイツ系	
		女	11	娘	ドイツ系	
		女	10	娘	ドイツ系	
		男	9	息子	ドイツ系	
		女	8	娘	ドイツ系	
		女	5	娘	ドイツ系	
		女	3	娘	ドイツ系	
		男	2	息子	ドイツ系	
		男	0	息子	ドイツ系	
		女	16	使用人	黒人	使用人
N・キャロライン・ストリート一〇二七	持家	男	40	世帯主	三世以降の白人	医師
		女	39	妻	三世以降の白人	
		女	14	娘	三世以降の白人	
		男	10	息子	三世以降の白人	
		女	9	娘	三世以降の白人	
		男	4	息子	三世以降の白人	
		男	2	息子	三世以降の白人	
		女	0	娘	三世以降の白人	
		女	58	母	三世以降の白人	
		女	34	使用人	黒人	
		女	18	使用人	黒人	
		男	25	下宿人	三世以降の白人	歯科医
N・キャロライン・ストリート一〇二一	持家	男	61	世帯主	三世以降の白人	大家
		女	60	妻	三世以降の白人	
		女	25	使用人	黒人	使用人

キンス大学付属病院の東側でパターソン公園から北に延びるマケルダリー通りには医師や医療関係者が住まい、その家族がお互いの家を訪問し午後の紅茶を楽しむような住宅街であったといわれている。(24) マディソン・スクエア東側の街区にも医師が五名ほど住んでおり、幅のあるミドルクラスの住宅地に、同病院が高収入の住人を加えていたとみられる。

しかし、それから四〇年後の国勢調査をみると、このブロックの住人はすっかり入れ替わっていた。一九〇〇年と

表3　マディソン・スクエア東側の街区の住人の職業一覧

	1900		1940	
	職業	人数	職業・勤務先業種	人数
キャロライン・ストリート沿い東側（マディソン・スクエア東側に面する表通り）	大家	1	教会の司祭	3
	下宿の女将	1	航空機リベット係	3
	医師	4	製鋼所電気配線工	1
	歯科医	1	製鋼所雑用係	1
	事務員（商社）	2	製鋼所クレーン操作	1
	商社経営	1	薬局の？メイド	1
	委託販売人？	1	乾ドックトラック運転手	1
	販売（？）	2	乾ドックボルト打設	1
	販売（商社）	1	古物商古着仕分け係	1
	出納局長（銀行）	1	お針子	2
	会計士	1	管理人	1
	教師	1	個人宅の家事	1
	司祭	1	個人宅メイド	4
	音楽家	3		
	裁断係	1		
	お針子	1		
	仕立て屋	1		
	婦人服仕立て	2		
	織物小売り	2		
	織物主任	1		
	織物店員	1		
	織物販売	1		
	靴・裁断	1		
	靴技手	1		
	香水工場	2		
	むち／滑車製作	1		
	荷馬車御者	1		
	塗装（住宅）	1		
	洗濯婦	2		
	家事	1		
	使用人	9		
	見習い（？）	2		
	？	1		

	1900		1940	
	職業	人数	職業・勤務先業種	人数
ノース・ダラス・ストリート沿い西側（マディソン・スクエア東側の街区内のアレー）	医師	1	製鋼所の蒸気技師	1
	技術者	1	製鋼所のクレーン操作員	1
	婦人服仕立て	2	製鋼所のトラック運転手	1
	仕立て	1	製鋼所の組立整備工	1
	仕立て屋（プレス）	1	製鋼所の大工補佐	1
	衣類プレス	1	製鋼所の鉄鉱石投入係	1
	裁断	1	製鋼所の清掃員	4
	鋳型職人？	1	鉄工所鋳型職人	1
	ウイスキー梱包	1	食品包装工場クレーン操作	1
	タバコ？	1	パン製造補佐	1
	タバコ製造	2	ベッドばね製造操作員	1
	植字工	1	下水道敷設業レンガ積み補助	1
	工場勤務	1	建設業掘削	1
	大工	2	乾ドックでの船体修理工	1
	指物師	1	港湾ドック掃除人	1
	ガス設置	1	港湾の積み降ろし人足	1
	ペンキ屋	1	電力会社お抱え運転手	1
	井戸掘り職人	1	ホテルのウェイター	1
	肉屋	1	個人宅メイド	5
	家具販売	1	？のトラック運転手	1
	電燈？	1		
	警備員	1		
	洗濯	1		
	洗濯女	1		
	不詳	2		

職業欄については，手書きのうえ別の情報が重ね書きされており判読が難しい場合が多く，確実でない場合は「？」としてある．

一九四〇年で共通する人物はたった一人で、新しい住人は九割以上がアフリカ系アメリカ人であった。ブロックの南東端を横切るゲイ・ストリートはオールド・タウンから続く大通りであり、同通りを北上する黒人居住地区の影響を受けたとみられる。黒人の住人は四割強がヴァージニア州や南北カロライナ州など近隣南部州の出身であり（残りはメリーランド州、表4）、多くの新住人が流れ込んできている様子がうかがえる。

　職業については、一九〇〇年代には存在した医師や歯科医などの専門職や大家などブ

表4　1940年時点でのマディソン・スクエア東側の街区の黒人住人の出身地

1940年の黒人の出身地		人数(人)	割合(%)
メリーランド州		96	53.3
近隣南部諸州	ヴァージニア州	53	
	ノース・カロライナ州	23	
	サウス・カロライナ州	3	
	ワシントンDC	1	
	ウェスト・ヴァージニア州	1	45.0
その他の州	ルイジアナ州	1	
	テネシー州	1	
	カリフォルニア州	1	1.7
合計		180	100

表5　マディソン・スクエア東側の街区の世帯数と住宅の所有状況

1900			1940		
住宅の所有状況	件数	割合(%)	住宅の所有状況	件数	割合(%)
持家	15	44.1	持家	8	17.8
借家	17	50.0	借家	37	82.2
不明	2	5.9	不明	0	0.0
世帯数	34	100.0	世帯数	45	100.0

ルジョワジーは見当たらなくなった。失業状態の者もいないが、工場では清掃員や雑用係を、製鉄所では溶鉱炉を、建設現場では掘削を任されることも多く、そのほかには港湾の人足、女性では洗濯婦やメイドが目立つ。一方、蒸気技師やクレーン操作員、教師など、ある程度技能や学歴がある者もいて、流れ者ばかりのコミュニティではなかった。しかし住居の所有状況については、一九〇〇年時点では半分以上が持ち家であったのが、四〇年には二割を切るくらいに減少し、借家街になっていた（表5）。

表通りと裏通りの違いについては、住人の職業においては一九〇〇年同様階層差を歴然と示すような傾向はみられない（表2）。しかし住まい方をみると、住宅規模の大きい表通りで、間借り人、下宿人をおいている例（表6）、一つの住宅内を区切ってア

表6　マディソン・スクエア東側の街区の住人数と下宿人の割合

世帯主	1900 家族・世帯主	1900 下宿人	1900 住人数合計	1940 家族・世帯主	1940 下宿人	1940 住人数合計
Nキャロライン・ストリート沿い	86	8	94	100	20	120
Nダラス・ストリート沿い	116	1	117	74	3	77
合計	202	9	211	174	23	197
割合(%)	95.7	4.3	100.0	88.0	12.0	100.0

パートメントとして貸し出す例が多くみられた（表7）。一方裏路地ではその規模の小ささからかアパートメント化しているものはなかった（表6）[25]。多様なサイズの住戸を揃えたボルチモアにおいて、むしろ表通りの邸宅から過密化していくという皮肉な状況があったといえる。

イースト・ボルチモアのロウハウスにおける住宅問題

ゲットー化したロウハウスではどのような住宅問題がおこっていたのだろうか。一九五一～五三年にかけて行われたイースト・ボルチモアの住宅改善活動「ボルチモア・プラン」を記録した *The Human Side of Urban Renewal*（1960）という書籍から、イースト・ボルチモアの住宅の使用状況を確認する。

同書によれば、ボルチモア・プランはやや予防的な施策であり、対象とされた二七の試験的街区（図7）は最底辺のスラムではなかったが、やはり様々な形の劣化や荒廃がみられた[26]。具体的には、トイレに関してはほとんどが屋外の汲み取り式で、アパートメントに改造された場合は多世帯でのトイレ共用が発生し、また仮に水洗化し各戸に設置されていてもスペースの不足からキッチンとバストイレが同じ部屋に収められていることがあった。そしてアパートメント化した場合は、無窓の居室や避難階段の未設置という法令違反もみられた[27]。さらに鼠害が深刻であったが、その侵入を許す窓や壁の破損が放置されていたり、敷地境界が木製の塀で囲われ裏庭も無造作な増築で覆われたため、ネズミや害虫を招くゴミが放置されがちであった。むきだしの電線で裏路地から電気がひかれ、集中暖房がなく性能の悪い石油

表7　1940年代のノース・キャロライン・ストリート沿いの1住戸に複数世帯が住む事例

番地	所有状況	性別	年齢	世帯主との関係	民族的出自／人種	職業	建物規模
1037	持家	男	37	世帯主	黒人	お抱え運転手	3階建
		女	39	妻	黒人	教師	
	借家	男	32	世帯主	黒人	コルク栓つめ	
		女	34	妻	黒人	家事	
1033	借家	男	33	世帯主	黒人	組立整備工	3階建
		女	27	妻	黒人	洗濯婦	
		女	24	義妹	黒人	メイド	
		男	25	間借人	黒人		
		男	21	間借人	黒人		
	借家	女	47	世帯主	黒人	お抱え洗濯婦	
	借家	男	32	世帯主	黒人	溶鉱炉作業員	
		女	25	妻	黒人		
		男	10	息子	黒人		
1031	借家	男	39	世帯主	黒人	作業長	3階建
		女	29	妻	黒人		
		女	13	娘	黒人		
		男	11	息子	黒人		
	借家	男	46	世帯主	黒人	バスタブ鋳型制作	
		女	35	妻	黒人	コック	
		男	17	息子	黒人	港湾清掃員	
	借家	男	57	世帯主	黒人	荷揚げ人足	
		男	32	息子	黒人	荷揚げ人足	
1029	持家	女	55	世帯主	黒人		3階建
		女	55	間借人	黒人	メイド	
		男	70	間借人	黒人		
		男	60	間借人	黒人		
	借家	女	38	世帯主	黒人		
		女	18	娘	黒人	メイド	
	借家	男	30	世帯主	黒人	溶鉱炉作業員	
1027	借家	男	29	世帯主	黒人	教師	3階建
		女	28	妻	黒人		
		女	4	娘	黒人		
	持家	女	46	世帯主	黒人	蒸留所用務員	

番地	所有状況	性別	年齢	世帯主との関係	民族的出自／人種	職業	建物規模
1027	借家	男	43	世帯主	黒人	シャベル作業員	3階建
		女	30	妻	黒人	メイド	
		女	12	継娘	黒人		
1025	借家	男	37	世帯主	黒人	溶鉱炉作業員	3階建
		女	32	妻	黒人		
		男	13	息子	黒人		
		女	10	娘	黒人		
		女	8	娘	黒人		
		男	7	息子	黒人		
		男	5	息子	黒人		
		男	3	息子	黒人		
		男	65	義父	黒人		
	借家	男	44	世帯主	黒人	トラック運転手	
		女	40	妻	黒人		
	借家	男	37	世帯主	黒人	攪拌係	
		女	33	妻	黒人	メイド	
		女	17	継娘	黒人	メイド	
1009	持家	男	47	世帯主	イタリア系	管理人	3階建
		女	47	妻	イタリア系	お針子	
		男	19	息子	イタリア系	航空機リベット？	
		女	16	娘	イタリア系		
	借家	男	29	世帯主	三世以降の白人	航空機リベット？	
		女	28	妻	イタリア系		
		女	5	娘	イタリア系		
		男	3	息子	イタリア系		
	借家	男	29	世帯主	三世以降の白人	航空機リベット？	
		女	29	妻	三世以降の白人		
		男	6	息子	三世以降の白人		

ストーブが使用されるなど火災のリスクも懸念された[28]。このように大家の維持管理の放棄、そして安全性・衛生性より利益優先の態度があらわであった。

こうした実態を受け、市の住宅局に宗教団体などのボランティアも加わって試験的街区のネズミ駆除や石油ストーブ、裏路地の塀の撤去が行われ、屋外トイレの撤去は試験的地区を超えて二万件にのぼった。しかしその成果は限定的で、特に不在地主は法令を最低限守るだけであるためネズミが戻ったり、あるいは負担の軽い罰金を支払って修繕を行わないこともあった。住人も、その貧しさから家賃上昇や退去を恐れて違反を通報しないこともあった。その結果、五〇年代半ばまでには再び状況が戻りつつあるという報告がなされた[29]。

これについて著者でジャーナリストのマーティン・ミルスポーは、イースト・ボルチモアは改善しても「引く手あまたの住宅地（sought-after place to live）」にはなりえず、地主も住人も熱心になれないという立地上の限界を指摘した。すなわち試験的二七街区を貫通するゲイ・ストリートは郊外へ続く主要道路であるため、第二次世界大戦後にモータリゼーションが進むと大型トラックが行き来するようになり、また商業化も進んだ。そのため、ロウハウスには専用庭がないにもかかわらず、通りで子どもを遊ばせることができなくなったという。また第二次世界大戦中の軍需産業の活況と戦後の復員、そして市内の別エリアのスラムクリアランスによってこのエリアへの黒人人口の流入はとどまるところをしらず、文字通り人であふれていた[30]。そしてある住人による「お金があれば、もっと子どもを育てやすい、静かなところに引っ越していっているわ」というコメントにもあるように、五〇年代には黒人にも環境のよい郊外への扉が開かれつつあった[31]。

その後の建て替え状況からの考察

ボルチモア・プランの記録書では、当該地区の改善が進まない原因として、モータリゼーションによるゲイ・ストリート沿いの住環境の悪化があげられた。それは一つの事実であろうが、地域全体における、現在までの建て替え状況（図7）をみると、もう一つの側面が浮かび上がる。このエリアにおいては、東西・南北にのびる碁盤の目の通りと、それを斜めに横切るゲイ・ストリートやハーフォード・アヴェニューやグリーンマウント・アヴェニューがあるが、後者沿いでは建て替えが進んだ一方、前者沿いはそれほどではないのである。碁盤の目の街路のうち、ウェスト・ボルチモアまで続くプレストンやビドルなどのストリート、およびフェルズ・ポイントまで続くブロードウェイも交通量が多い通りでありながら、むしろロウハウスが維持されている地点が多い。こうした違いは、斜めの道路が多数の不整形で狭小な区画を作り出し、低所得者を集め見た目も乱雑になりやすかったことに起因ではないだろうか。取り壊されなかったロウハウスであっても内実は過密化していた可能性は否めないが、いかにもスラム然とした外観に映ったのは対角線方向の通り沿いの住宅の方であろう。黒人住人にとってもそうした住宅の状況が理想とは程遠いもので愛着にはつながらず、市当局もクリアランスの格好のターゲットとみなしたのではないだろうか。

おわりに──その後のボルチモアとロウハウスの評価──

以上をまとめれば、一九世紀末に建て進んだイースト・ボルチモア北部は、大小の住戸規模が混在する状態から中規模の住戸を中心としたやや均質な住宅地に移行する過程にあり、また白人社会が既に黒人との混住を受け付けなくなるなかで、ミドルクラスからアッパーミドルクラスまでの白人のみからなる住宅地としてスタートした。しかし一九四〇年までに黒人のゲットーとなり、五〇年代までには住宅の質が著しく低下し、特に大きな住宅では過密化が進んだ。外部から多数の貧しい住人が絶えず流入することによって、大家は強気の経営を続けることができ、住宅の質を保つ維持管理のサイクルが定着することはなかった。また、モータリゼーションによる屋外環境の悪化や街路パターンがもたらす宅地形状の問題の可能性が推察された。住宅内の個々の問題は、例えばボルチモア・プランのような修繕・設備更新や建て替えの対応がなされ、またゲイ・ストリートはその途中が閉鎖されて歩行者専用の「オールド・タウン・モール」（一九六八年）や高校の運動場が建設され、通過交通が排除された。しかし、それを経た現在においても、イースト・ボルチモアは空き家率が三〇％を超える地区をかかえ、[32]沈滞した空気が漂う。アメリカ都市史全体を見渡せば、都心住宅地の荒廃は一九六〇年代半ば〜七〇年代にかけておこった脱工業化と、暴動などの社会不安、および財政破綻までの状況をさす「都市の危機[33]」に結びつけられることが多い。よってその後の社会経済の変化にふれてイースト・ボルチモアの荒廃の全容を示し結びとしたい。

二〇世紀後半のボルチモア市の社会・経済の変化は、大要においてほかの荒廃都市と同じであった。ゲットーの黒人たちは引き続き割高な住居費に苦しみ、また六〇年代より製造業企業の整理統合、オートメーション化、港湾の機械化が始まり、黒人の失業率を高くした。[34]こうした経済的苦境により次の世代の教育不足や非行がうまれ、階層の階梯を上がることができない「アンダークラス」が形成され始めた。同時代の公民権運動で黒人の地位向上が主張されたが、一九六八年にマーティン・ルーサー・キング牧師が暗殺されると、黒人たちの不満が爆発し、ボルチモアでもオールド・タウンを発端として放火や破壊が相次ぎ、暴力的な場所としての黒人居住地域のイメージを人々に与えた。[35]

さらに現在ボルチモアは「ヘロインの首都」と呼ばれるほど違法薬物使用のまん延が深刻である。一九五〇年代くらいから黒人の低所得の若者グループのなかで使用が広がり始め、一九六〇年代には二〇〇〇人の中毒患者が確認された。[36]これに伴って様々な犯罪が増え、一九七〇年までの二〇年間で住居侵入が一〇倍、強盗が三〇倍となった。都心住宅地に住む住人に対して行われた調査の結果によると、居住する界隈について最も不満に思っている項目は、一九六六年の時点では「住居」の問題であったが、一九八八年の時点では「薬物」と「犯罪」となった[(37)]。十分な雇用を提供できるわけでもなく、治安も悪い都心住宅地は、人種を問わなくなりつつあった郊外住宅地と張り合う力を失ったといえる。ボルチモア市の総人口は一九六〇年に約九四万人にまでふくらんだが、八〇年までに一〇万人以上減らし、同時に郊外と人口が逆転した。黒人の割合は市内人口で一九七〇年に四六・四%となり、直近の二〇一〇年で六三・七%とさらに高くなっているが、黒人人口の絶対数はピーク時より三万六〇〇〇人ほど減っている[(38)]。様々な住宅修繕や建て替えの努力がなされているが[(39)]、それでも空き家が絶えないのはゲットーがエリア全体として避けられているためであろう。

このような都心の衰退の最終段階をみると、まずは治安悪化とそれをもたらす黒人の長年の低所得状態、そして郊外の黒人の受け入れと都心経済の地位低下というエリア全体を覆う大きな構造があり、ロウハウスの大きさの混在や周辺環境の変化に対する脆弱性、および街路設計がもたらす狭小区画などはその構造に少し濃淡を加える程度のものであったということがうかがえる。そして都市の危機から五〇年経過しても改善しない街並みをみると、その構造の底堅さを感じさせられる。荒廃したロウハウスの家並みは、よほどの変革がおこらない限り、二〇世紀のアメリカの人口移動の激しさと人種差別都市の使い捨てを象徴する存在としてたたずみ続けるだろう。

注

（1）　成田孝三『大都市衰退地区の再生―住民と機能の多様化と複合化をめざして―』（大明堂、一九八七年）七八～七九頁。

（2）　「ゲットー」の語をタイトルとする荒廃地域の研究については後掲注（3）を参照。アメリカにおいても、例えばWilliam Julius Wilson, *The Truly Disadvantaged: The Inner City, the Underclass, and Public Policy*, Chicago: University of Chicago Press,

1987、平川茂、牛草英晴訳『アメリカのアンダークラス—本当に不利な立場に置かれた人々—』（明石書店、一九九九年）のように八〇年代の都市社会学や都市政治学の研究者は「インナーシティ」の語を使っていた。しかしアメリカ都市史の最新の通史である Lisa Krissoff Boehm and Steven H. Corey, *America's Urban History*, Routledge, 2014、通史的アンソロジーである Raymond A. Mohl and Roger Biles, eds., *The Making of Urban America* (Third Edition), Lanham: Rowman & Littlefield Publishers, 2011のいずれの都市史のテーマ分類でも「インナーシティ」という項目はなく、関係する文献は「空間と場所（Space and Place）」（Mohl and Biles）や、「ハウジング（Housing）」、「都市部における人種とアイデンティティ（Race and Identity in Urban Areas）」（Corey and Boehm）などに振り分けられている。

（3） Gilbert Osofsky, *Harlem: The Making of a Ghetto: Negro New York, 1890-1930*, New York: Harper & Row, 1963. Jonathan Gill, *Harlem: The Four Hundred Year History from Dutch Village to Capital of Black America*, New York: Grove Press, 2011. Arnold R. Hirsch, *Making the Second Ghetto: Race and Housing in Chicago, 1940-1960*, Cambridge University Press, 1983. Thomas J. Sugrue, *The Origins of Urban Crisis: Race and Inequality in Postuar Detroit*, Princeton, NJ: Princeton Univ. Press, 1996（川島正樹訳『アメリカの都市危機と「アンダークラス」—自動車都市デトロイトの戦後史—』明石書店、二〇〇二年）、Colin Gordon, *Mapping Decline: St. Louis and the Fate of the American City*, Univ. of Pennsylvania Press, 2008. これらはそれぞれフォーカスに違いがあり、シカゴについてはゲットーを作り出した政治や白人住人の態度、デトロイトについては住宅と職業での差別、セントルイスは白人と黒人が市内で移住していく過程を数量的に明らかにしている。ハーレムについての Osofsky の研究は、主に文献調査によりゲットー社会を初めて詳しく描きだしたが、六〇年代の研究ということもあり都心の空洞化などとの関係づけはみられない。

（4） ボルチモアのロウハウスの盛衰ついては、Mary Ellen Hayward and Charles Belfoure, *The Baltimore Rowhouse*, New York: Princeton architectural Press, 2001 や Mary Ellen Hayward, *Baltimore's Alley Houses: Homes for Working People since the 1780s*, Baltimore: John's Hopkins University Press, 2008が、市内の住宅地における人種差別的な居住地分離については Antero Pietila, *Not in My Neighborhood: How Bigotry Shaped a Great American City*, Ivan R. Dee, 2010が網羅的であるが、いずれも不動産業者など供給側を取材している部分が大きい。Marisela b. Gomez, *Race, Class, and Organizing in East Baltimore: Rebuilding Abandoned Communities*, Lanham Md: Lexington Books, 2013は都市再生における住人参加に着目しミドル・イース

ト・ボルチモアのプロジェクトを取り上げている。またボルチモア市に関する通史Sherry Olson, *Baltimore: The Building of an American City*, Baltimore: Johns Hopkins University Press, 1997（Revised and Expanded Edition）にも住宅や地域社会への言及があり参照している。David Harvey, *Spaces of Hope*, Berkeley: Univ. of California Press, 2000は都市一般における格差について考察したものだが、Harvey の所属するジョンズ・ホプキンス大学が所在するボルチモアに対する言及が多いため参照した。

（5）　国勢調査は一七九〇年から一〇年ごとに合衆国政府により行われており、アメリカ史の研究者は、個人レベルの情報（職業や民族・人種、出身地など）が記録されるようになった一八五〇年以降のものを対象として、都市内での物理的移動や階層移動、農村の移民の実態などを明らかにする研究に用いてきた。本研究では、ある建物群の居住実態を明らかにし時代による変化を比較する目的で用いている。対象を一九〇〇年と一九四〇年としているが、前者はイースト・ボルチモアの開発がほぼ終わったとみられる一八九〇年以降で最も古い調査記録であり（一八九〇年の調査記録は一九二一年に焼失している）、一方後者は、現時点で閲覧可能な最新の年であるための選択である（調査から七二年経過しなければ個人を特定できるような情報にあたることはできない）。治安悪化や空き家が進むのはさらに後の時代であるため、さらなる実態解明のためには今後の研究が待たれる。地図資料は、建物の形状・階数などが明示されているサンボーン火災保険地図（Sanborn Insurance Map）のボルチモア市のうちウェブ閲覧可能な一九五三年最終更新版を主な資料とするが、ゲットー化以前の住宅の状況と公園なども含めた都市環境の状況を確認するためThe Map of the City of Baltimore, Baltimore: Topographical Survey Commission, 1914も対象とし、図7で使用した。また同時代的な文献資料として、一九五〇年代の市の住宅改善運動をまとめたMartin Millspaugh and Gurney Breckenfeld, and ed. by Miles L. Colean, *The Human Side of Urban Renewal: A Study of the Attitude Changes Produced by Neighborhood Rehabilitation*, New York: Ives Washburn, 1960を用いた。

（6）　ほか二つの河川は、ニューヨーク市付近を河口とするハドソン川およびフィラデルフィア市を通るデラウェア川である。岡田泰男編『アメリカ地域発展史―諸地域の個性と魅力をさぐる―』（有斐閣、一九八八年）八四～八五頁。

（7）　Olson, op. cit.,（4）, pp. 1-2, 10-11.

（8）　Pietila, op. cit.,（4）, p. 46、川島訳前掲注（3）書、五七頁。

（9）　Olson, op. cit.,（4）, pp. 77, 83, 241.

（10）　Hayward and Belfoure, op. cit.,（4）, pp. 14, 34-35, 60-65.

（11）Olson, op. cit.,（4）, p. 229.

（12）Hayward and Belfoure, op. cit.,（4）, p.164.

（13）Olson, op. cit.,（4）, p. 121. Hayward and Belfoure, op. cit.,（4）, pp.20–21. Pietila, op. cit.,（4）, p. 8. 一八六〇年に黒人は市の人口の二三・一％である一方、海外生まれの市民は二四・七％であった。Mohl and Biles, eds., op. cit.,（2）, p. 86.

（14）一九世紀後半には、移民と黒人では若干の住まいの違いがみられ、前者はボルチモアで若干つくられたテナメントにやや多く、後者は引き続き裏通りの小住宅にみられた（Olson, op. cit.（4）, pp. 233, 269）。

（15）Olson, op. cit.,（4）, p. 276. Pietila op. cit.,（4）, p. 12.

（16）Pietila, op. cit.,（4）, pp. 110, 145.

（17）Olson, op. cit.,（4）, p. 277. Pietila, op. cit.,（4）, pp. 15–6.

（18）Olson, op. cit.,（4）, p. 326.

（19）Pietila, op. cit.,（4）, pp. 22, 47–48. 制限付き約款による黒人排除は全米的に浸透し、例えばシカゴやロサンゼルスでは一九四〇年までに八〇％の物件がそうした約款を定めていた（http://www.bostonfairhousing.org/timeline/1920s1948-Restrictive-Covenants.html〈二〇一八年九月二一日閲覧〉）セントルイス市における人種に関する制限付き約款の最古の事例として、一九一一年のものが紹介されている（Gordon, op. cit.,（3）, p. 73）。

（20）Pietila, op. cit.,（4）, pp. 12, 14.

（21）Pietila, op. cit.,（4）, p. 79.

（22）Hayward and Belfoure, op. cit.,（4）, pp.72–73. Millspaugh and Breckenfeld, op. cit.,（5）, p. 4.

（23）Gomez, op. cit.,（4）, p. 27.

（24）Gomez, op. cit.,（4）, p. 28.

（25）国勢調査の項目において、一つの建物内に複数の世帯主がいる場合は、建物内を区切ってアパートメント状に利用しているものと考えられる。

（26）ボルチモアでは、ボルチモア・プランに先立つ一〇年ほど前から住宅改善運動が展開されていた。一九三六年に、ニューヨークで社会福祉を学んでいた学生フランシス・モートンが、スラムの実態調査を新聞発表して世論を喚起し、四一年に住宅基準の順守を実現させるための条例（"Hygiene of Housing"）が可決された。四〇年代にはスラム化が目立つ場所において街区単位で一〇〇件ほどの修繕やクリアランス事業が行われていたが、改善されなかった周囲の街区から悪影響を受けてもとに戻ってしまう例もあったため、面的・予防的に改善するプロジェクトとしてボルチモア・プランが計画された（Millspaugh and et al., op. cit.,（5）, pp3-4）。

（27）Millspaugh and et al., op. cit.,（5）, p. 72.

（28）Millspaugh and et al., op. cit.,（5）, p. 5. Olson, op. cit.,（4）, p. 229.

（29）Millspaugh and et al., op. cit.,（5）, pp. 10-11, 20.

（30）Millspaugh and et al., op. cit.,（5）, pp. 10, 20. 世界恐慌期にカムデン駅周辺やウェスト・ボルチモアで大家による住宅放棄がおこったため、市がこれらの地域のスラムクリアランスを行っていた。しかしクリアランス後に連邦政府の資金を使って黒人向けの公営住宅をつくることには反対がおき、公園や公共施設などがつくられて、黒人向け住宅市場は一層ひっ迫した（Olson, op. cit.,（4）, pp.338-39.）。

（31）Millspaugh and et al., op. cit.,（5）, p. 21.

（32）ボルチモアの行政の持つ様々なデータを集計した「ヴァイタル・サイン15」によれば、イースト・ボルチモアのうちジョンソン・スクエア周辺が三二・五％と市内最高レベルであり、一方最東端では二〇％を切る。そのほかは二六％程度である（http://bniajfi.org/〈二〇一八年九月二一日閲覧〉）。

（33）Boehm and Corey, op. cit.,（2）, p. 268.

（34）Olson, op. cit.,（4）, p.366. United States Commission on Civil Rights, *Great Baltimore Commitment: A Study of Urban Minority Economic Development*, University of Michigan Library, 1983, p. 13.

（35）Olson, op. cit.,（4）, p.383.

（36）"A Bleak Narrative Behind the Title "Heroin Capital"（http://welcometobaltimorehon.com/a-bleak-narrative-behind-the-title-heroin-capital〈二〇一七年三月一三日閲覧〉）, "History of Baltimore,"（https://en.wikipedia.org/wiki/History_of_Baltimore〈二〇一七年三月一三日閲覧〉）。

（37）Harvey, op. cit.,（4）, p. 134.

(38) 郊外と都心の人口比較については、Mohl and Biles, eds., op. cit., (2), p. 199に国勢調査データをまとめた表がある。

(39) 平山洋介『コミュニティ・ベースト・ハウジング—現代アメリカの近隣再生—』(ドメス出版、一九九三年)において、ボルチモアの住宅保全、修繕に係るNPO団体セント・アンブリューズ住宅援助センターが紹介されている(同書一〇四~〇五頁)。

第二部　都市アイデンティティと危機

第一章　防御施設と共同体
——中近世移行期京都における権門寺社の構と地域社会——

登谷伸宏

はじめに

中近世移行期において、日本各地の都市や集落には構・惣構が構築された。構とは、土塁、堀、木戸門・釘貫などを用い、ある領域を防御するために設けられた施設を指し、それらにより囲繞された都市・集落を構と呼ぶこともある。一方、惣構は、都市や集落全体を囲繞する防御施設を意味する。その多くは、応仁・文明の乱以降、軍事的脅威が顕在化したことに対して、諸社会集団が自らの拠点を防御するために築いたものであった。

かかる都市や集落に構築された構・惣構の実態については、これまで多くの研究が積み重ねられてきた。とりわけ、一九九〇年代以降には惣構へ注目が集まり、飛躍的に研究の蓄積が進んだ。そのなかで、構・惣構は防衛施設として機能するだけでなく、都市や集落を拠点とする領主権力にとっては支配の象徴となるものであり、またそこに居住する住人にとっては、自らが獲得した、あるいは領主により保障された「安穏」「平和」の領域の表象でもあったことが解明された[1]。

しかしながら、近年は研究の重心が城下町や寺内町へ移り、多くの研究で取り上げられてきた京都については、議論が低調である。そのため、京都に構築された多数の構の実態や機能、そこから見出される領主と住人との社会的関係に関しては、城下町や寺内町の研究において提示された論点をふまえ、改めて論じる段階に至っているといえよう。その際に主要な論点となると考えられるのが、①構の囲繞範囲、②構の構築・維持主体の問題である。①は、東国の城郭の惣構について検討を加えた市村高男が、惣構には城下の宿・町のすべてを囲い込むものや、それらの一部分のみを囲繞するものがあり、「惣構の形成が城主（領主）と宿・町の住人、さらには領民全体との関係の在り方に対応し、多様な形で現れるものであることをうかがわせる[2]」と述べたように、領主権力と住人との社会的関係を明らかにするうえで重要な論点となる。また、②については、仁木宏の研究が参考となる[3]。仁木は、石山本願寺寺内町の惣構は都市領主である本願寺が構築したものの、寺内町内の町がその修築を担うことがあったこと、日常的には町人による惣構の防衛が行われ、門の開閉権も委ねられていたことを指摘した。そして、領主権力の築いた構・惣構をそこに居住する都市共同体が主体的に維持するということは、領主権力と都市共同体との社会的関係の成熟、すなわち、領主権力による「平和」領域の保障と、それに対する都市共同体の支持を示すものであったとする。②は、①とは別の視点から領主権力と住人との社会的関係に迫るための大きな手がかりとなるといえよう。

以上の問題関心に基づき、本章では、これまでそれほど言及されてこなかった権門寺社に築かれた構・惣構のなかから、洛外に位置する吉田社と醍醐寺の構に注目し、その囲繞範囲、構築・維持主体、戦時における機能を明らかにするとともに、領主権力と住人との社会的関係について論じていきたい[4]。

一　吉田社と吉田構

吉田構の空間と維持主体

吉田社は、鴨川の東、吉田山（神楽岡）に位置する。中近世移行期において、その門前集落であった吉田郷に、集落を囲繞するように構が設けられたことはよく知られる（以下、吉田郷の構を吉田構とする）。その空間構造は浜崎一志により復元され、特徴が明らかにされた(5)。浜崎によると、吉田郷は「北之在所」「南ノ在所」から構成され、それぞれ四〇戸、三〇戸ほどの家数があった。また、領主である吉田家の屋敷と両在所を囲繞するように堀などからなる構が設けられていた。移行期における郷内の屋敷配置などは明らかでないものの、近世には現在の吉田神社南参道、およびそこから南へ延びる吉田東通に社家の屋敷が軒を連ね、その一筋西側の南北道路沿いには構の出入口として三ヵ所に門が配されていた。浜崎は、吉田家の屋敷周辺のこうした地割は移行期に遡るとしている。

ここでは、浜崎の研究をふまえ、吉田構の囲繞範囲、構築・維持体制、戦時における機能についてみていくこととするが、その前に構を復元的に考察するため、元禄期の京都を描いた『洛中洛外大絵図』で吉田村の景観を確認しておきたい（図1）。この絵図に描かれた吉田社・吉田村の景観は非常に克明であり、当時の景観をある程度正確に示していると考えられる。また、一七世紀を通してこうした景観に大きな変化はない可能性が高く、絵図に描かれた景観は、中近世移行期のそれを基本的に引き継いでいるといえよう。

この絵図には、吉田山の西麓、集落の中央にやや大きな建物が描かれる。その脇には「吉田三位殿」と記された押紙が押され、吉田家の屋敷であったことがわかる。屋敷の南北と西側には民家が集中し、それを取り囲むように竹な

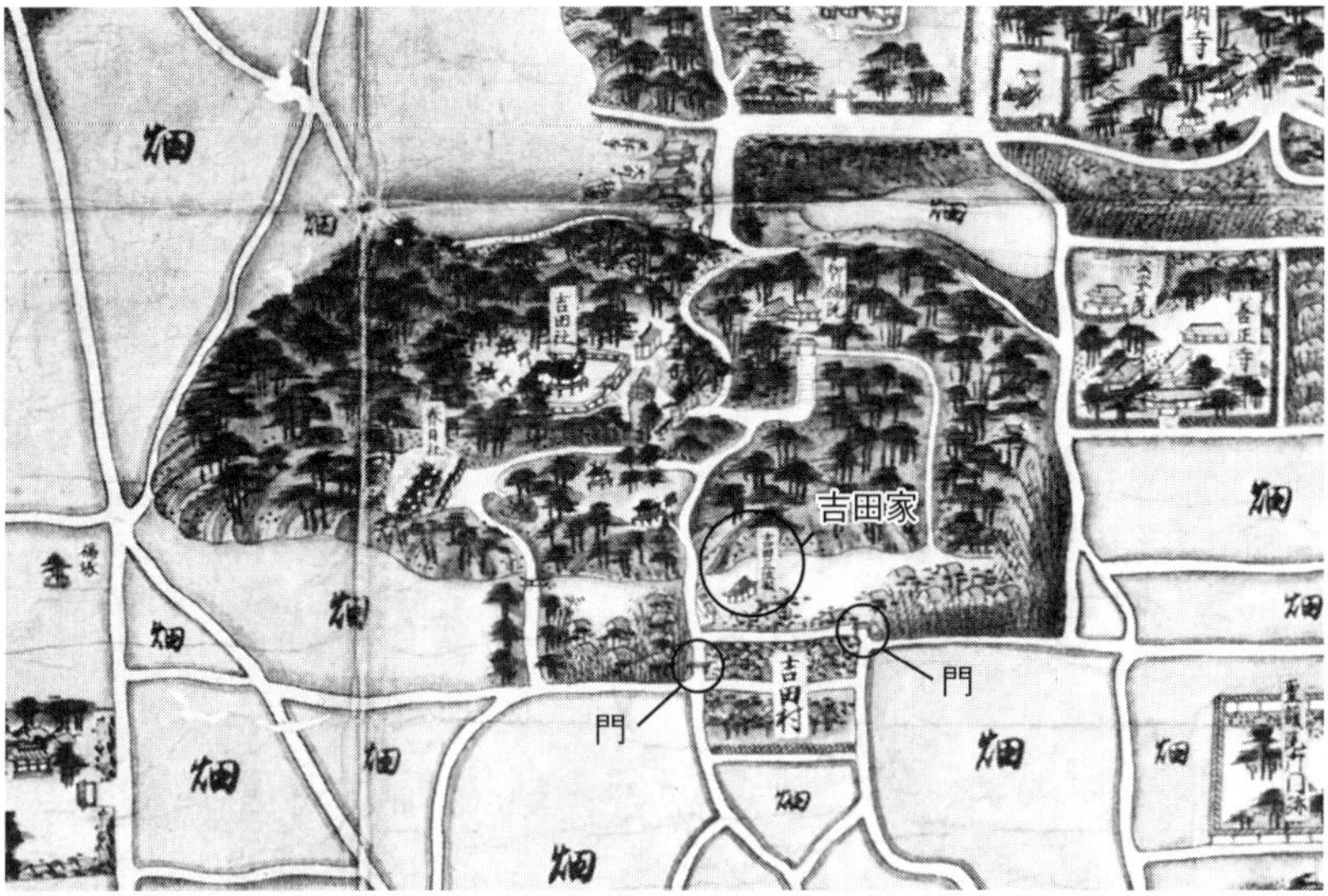

図１　『洛中洛外大絵図』（慶應義塾大学文学部古文書室所蔵）に描かれた吉田村
絵図の左が北となる

どの植栽が描かれる。とりわけ西側では、突出した区画があり、畑との境には埒が結われているような表現となっている。この植栽と埒で区切られた範囲が、吉田村の集落部分であったと考えられる。集落内には、吉田家屋敷の西側に二本の南北道路が通り、その北端には現在の南参道に相当する道路が東西に走る。また、南端にも集落と畑を区切る東西道路があり、この二本の東西道路には集落の出入口となる門がそれぞれ描かれる。

さて、中近世移行期の吉田構には、前述のように、南北の在所があった。両在所は方角で区別されており、その呼称から吉田家の屋敷の南北に位置していたと考えられる。さらに、天正期にはそれらに加え、「近衛町（近衛新町）」「西新在所」と呼ばれる地区の成立していたことがわかる。(6)両地区はいずれも、その名称から南北の在所よりも新しく成立したと考えられ、近衛町の位置は現在の町名から南在所の西側に比定できる。一方、西新在所は吉田家の屋敷の西側に位置したと想定でき、図1で描かれた集落西側の突出部がそこにあたると推測される。また、吉田郷内に所在した吉田家の菩提所神龍院の院主梵舜は、郷内の火災により「北町」が焼亡したと記しており、南北の在所は町と呼ばれることもあったと思われる(7)。それぞれの在所・町には、社家や地下人などが居住していた。その集住形態は不明ながら、右の火災は北町の鈴鹿定継の屋敷から出火したことから、各在所に社家や地下人の屋敷が混在していたことがわかる。また、近衛町には百姓として「皮籠屋」「マス屋」という屋号を持つ者がおり（天正一三〈一五八五〉年五月六日条）、商業的な機能を備えていたことをうかがわせる。

吉田構では、これらの在所を囲繞するように堀が掘られていた(8)。天正八年には一旦「吉田惣構ノ堀」を埋め立て各屋敷の周囲に竹を植えたとされるが(9)、天正一〇年の本能寺の変後には、白川・浄土寺・聖護院郷の協力を得て「南之外堀」などの普請を行い（天正一〇年六月一二日条）、再び構を構築したことがわかる。それ以降も、「西之堀道」（天正一一年閏正月二四日条）、「北在所之北方二重堀」（天正一三年閏八月六日条）などは維持され、山に接する集落東側を除く三方が堀で取り囲まれていたと想定できる。堀に沿ってどのような遮蔽装置が築かれていたかどうかは不詳ながら、「芝築地」（＝芝棟の築地塀か）が立てられていたことは明らかとなる（文禄二〈一五九三〉年三月二九日条）。また、堀の代わりに屋敷廻り植えられた竹もその役割を担ったと考えられる。さらに、構の南北には出入り口として惣門が設けられ（元亀四〈一五七三〉年三月二九日条、文禄二年三月二七日条）、後述のように、軍事的な危機に際しては閉ざされた。図1に描かれた二ヵ所の門が南北の惣門に相当する可能性がある。

一方、構内部では、吉田家の屋敷の周囲に堀が設けられ、特に西側は二重に堀が掘られていた（天正一二年四月四日条）。また、天正一九年に吉田兼見が隠居所として造営した屋敷にも堀があり、それに沿って土居が築かれ、部分的に芝築地が立てられた。したがって、吉田構は、在所の大部分を囲繞するように堀が掘られ、それに沿って芝築地や竹藪が巡らされていたとすることができる。さらに、構内部では、吉田家の屋敷は堀で囲われており、他の屋敷とは区分されていた。

こうした構の構築・維持は、浜崎の指摘するように、吉田家が担っていたと考えられる。兼見の日記には構の普請に関する記事が多数確認でき、頻繁に普請が行われていたようである。それらの普請は「在所北之構普請、橋以下申付了」（元亀三年閏正月九日条）とあるように、兼見の命令で行われた。また、それに携わっていたのは、次の事例から在所の住人であったと考えられる。

〔史料1〕『兼見卿記』天正一〇年一二月一五日条

普請、右馬助屋敷之東堀之、南北七間、南之在所今小路留道堀切南衆普請、北衆右之堀也、

史料1からは、兼見の家来である鈴鹿定世の屋敷の東側に南北七間の堀を掘削するのを「北衆」が、南在所の今小路留道の堀切を「南衆」が分担したことがわかる。そして、「北衆」「南衆」は、その呼称から南北の在所の住人を指すとしてよい。定世の屋敷は兼見の屋敷近傍に位置したと考えられ（天正一三年三月二九日条）、それぞれの在所に近い場所の普請を受け持ったといえよう。在所を単位とする普請の割り当ては、吉田家の屋敷や斎場所の作事・普請などにも用いられており（天正一一年一一月三日条、同一五年七月二八日条）、右の傍証となる。このように、構の堀かどうかは不明ながら、堀の掘削に在所の住人が動員されていることをふまえるならば、構の普請も同様であった可能性が高い。さらに、兼見の日記からは住人の動員に対して対価が支払われている形跡は確認できず、おそらくは夫役として普請を課したと考えられる。

吉田構と危機

では、吉田構は危機に際してどのような機能を果たしたのだろうか。それが明らかとなる事例として、織田信長と室町幕府将軍足利義昭との衝突を取り上げたい。元亀四年、信長との対立を深めた義昭は、二月頃から二条城の堀な

どの普請や、武器の用意を始めた（元亀四年二月一七日・二二日条）。吉田郷でもそれに対応するように、三月一七日には構の門の普請を行っている（同年三月一七日条）。

〔史料2〕『兼見卿記』元亀四年三月二九日条（丸括弧内は筆者による、以下同）

参竹門御雑談之砌、告来云、信長出張先勢粟田口出勢也、令乗馬急皈在所、近郷男女逃入当郷無正体、堅申付打両門令堅固了、午刻諸勢至三条川原出勢、大樹御城被上旗、御人数一人モ不出勢也、本陣打入知恩院、諸勢東之郷悉陣取也、当郷之事、自最前柴田修理進へ警護之事申遣、両人来両門堅令番了、未刻山岡対馬守来云、当郷之事、自信長陣取以下之事堅被免除之旨、諸陣へ被申付也、早々罷出可申入御礼之由申之条、即山対令同道本陣へ罷出了、奏者春木也、銀子一枚令持参、信長対面、在所之儀聊以不可有別義、（中略）次預物禁制与打札事、長袖分別尤也、

二九日には信長の軍勢が粟田口まで迫ったため、吉田構では「近郷男女」を受け入れるとともに、南北の惣門を閉ざしている。その後、信長は本陣を知恩院に置き、軍勢を鴨東の諸郷に陣取らせたのに対し、兼見は予め信長の重臣柴田勝家に吉田郷の警固を依頼しており、勝家による警固が行われた。

また、この時は、吉田構が近郷の住人の避難場所となっていたことが明らかとなる。しかしながら、岡崎郷・聖護院郷など近隣の郷村は多くが構を築いており[10]、各郷の住人はそれぞれの構に立て籠もったとするのが妥当であろう。したがって、吉田構に避難したのは、信長軍が南方の粟田口から入洛したことを勘案すると、粟田口に近い近郷の住人うち吉田郷と関係が深い人々や、老人・女性・子どもなど戦闘に加われない人々であったと想定できる[11]。戦国期の吉田郷は近隣の郷村とともに東山十郷を形成し協同した行動をとっており、本能寺の変後は白川・浄土寺・聖護院郷の協力により構の普請を行っている。近郷からの避難はこうした十郷の歴史的な関係を背景としていると考えられ、

軍事的な危機に備えて、近隣の構同士の連携が図られていた可能性が高い。

さらに、ここで注目されるのは、吉田郷に「預物」を禁じた制札が打たれたことである。預物とは、戦乱などにあたって安全な場所に持ち込まれた家財道具などの財産を指し、預物をすることは当該期に広く行われていた。(12) 藤木久志によると、預物は有徳の人に依頼するものであり、預かる側にとっては名誉にかけて守るべきものであったという。兼見が預物を禁じた理由は明らかでないが、おそらくは軍勢による預物の追及・没収を避けるためであったと考えられる。この時期には戦いに勝った側が、敗れた側の預物を没収するため徹底的な追及を行うことが一般的であり、郷内に軍勢が侵入する可能性もあった。こうした事態を避けるために兼見は制札を掲げたのであろう。

このように、吉田構は軍事的な危機に対して防御施設としての機能を果たしており、領主吉田家にとって「平和」「安穏」を保障すべき領域であったとすることができよう。そのため、吉田家では日常的な構の維持とともに、本能寺の変の直後にみられたように軍事的な危機の高まりに対応した構の強化が求められたと考えられる。一方、吉田郷の住人は、いかなる役割を担っていたのだろうか。戦国期の吉田郷は、前述のように、鴨東の郷村とともに東山十郷を形成していた。十郷は室町幕府から軍事力を期待され、天文元(一五三二)年の山科本願寺攻めなどの軍事行動に動員された。さらに、山科本願寺への攻撃に参加した際には、その見返りに領主に半済を求めており、連合して領主と対峙できるだけの実力を備えていた。こうした軍事的な実力をふまえるならば、吉田郷の住人もまた、吉田家と協同して構を守る役割を担ったとすることができよう。

二　醍醐寺の構と醍醐郷

醍醐寺は、山科盆地の南に位置する笠取山にあり、山上・山下に伽藍が広がる。このうち、山下の下醍醐は、金堂・五重塔などが所在する伽藍中心部（「寺中」）と、それに隣接して多くの子院が集中する地区（「寺家」）からなる。[13]さらに、寺家の西側を南北に走る奈良街道沿い、および寺家の南北には門前集落が形成され、「在所」と総称された（慶長五〈一六〇〇〉年七月二二日条）。在所は寺領である醍醐郷の集落部分にあたり、おおよそ二〇〇戸からなっていたことがわかる（慶長二年六月一二日条）。また、文禄・慶長期には在所内に「南里」「開田町」「落東」「御陵町」などがみられる。[14]これらは中世に組織された住民組織である「醍醐十保」の一部であるとともに、[15]それぞれが地縁的な共同体を形成していたと考えられる。それぞれの在所には、地下人とともに、下級の僧侶や院家に仕える坊官・被官の屋敷も混在していた。例えば、金剛輪院（三宝院）の坊官であった治部卿の坊舎は、後述する六坊の整備に伴い、理性院の西、大谷へ屋敷替えとなった。さらに、理性院の北に位置する赤間には堂童子を務めた福万の屋敷があったことが判明する（慶長三年四月二七日、五月二〇日、八月五日条）。

ところで、醍醐寺は、文明二（一四七〇）年の大内政弘の攻撃により、下醍醐の伽藍の大部分が焼失した。火災後、伽藍の再建が開始されたものの造営は進まず、ようやく慶長二年二月から、豊臣秀吉の援助により本格的な伽藍の復興に取り組むこととなった。[16]また、秀吉は寺家の再編も並行して進め、桜馬場の北側にあった金剛輪院（三宝院）を大きく拡張するとともに（慶長三年二月一六日条）、金剛輪院前から南に延びる六坊馬場に面して東頬に岳西院・普賢院・阿弥陀院、西頬に金蓮院・西往院・成身院の六坊を再配置した（同年五月二七日条、図2）。各子院の造営は、短期化を図るため、金剛輪院などから殿舎を移築することにより進められた（同年二月二八日条）。

醍醐寺による構の構築

それでは、この時期の醍醐寺、および在所には、どのように構が構築されたのだろうか。

〔史料3〕『義演准后日記』慶長三年九月九日条

神幸路次事、□□桜馬場末、崛ニホリキル故ニ御旅所ヨリ南へ、開田ノ町ニ、落東ヲ東ヘ、其ヨリ今度新馬場へ入給六坊ノ前也、其ヨリ金剛輪院・桜馬場・八足へ神幸以下如常、

この史料は、醍醐寺の鎮守であった長尾天満宮の御輿渡御の順路を記したものである。神輿は奈良街道から寺家へ

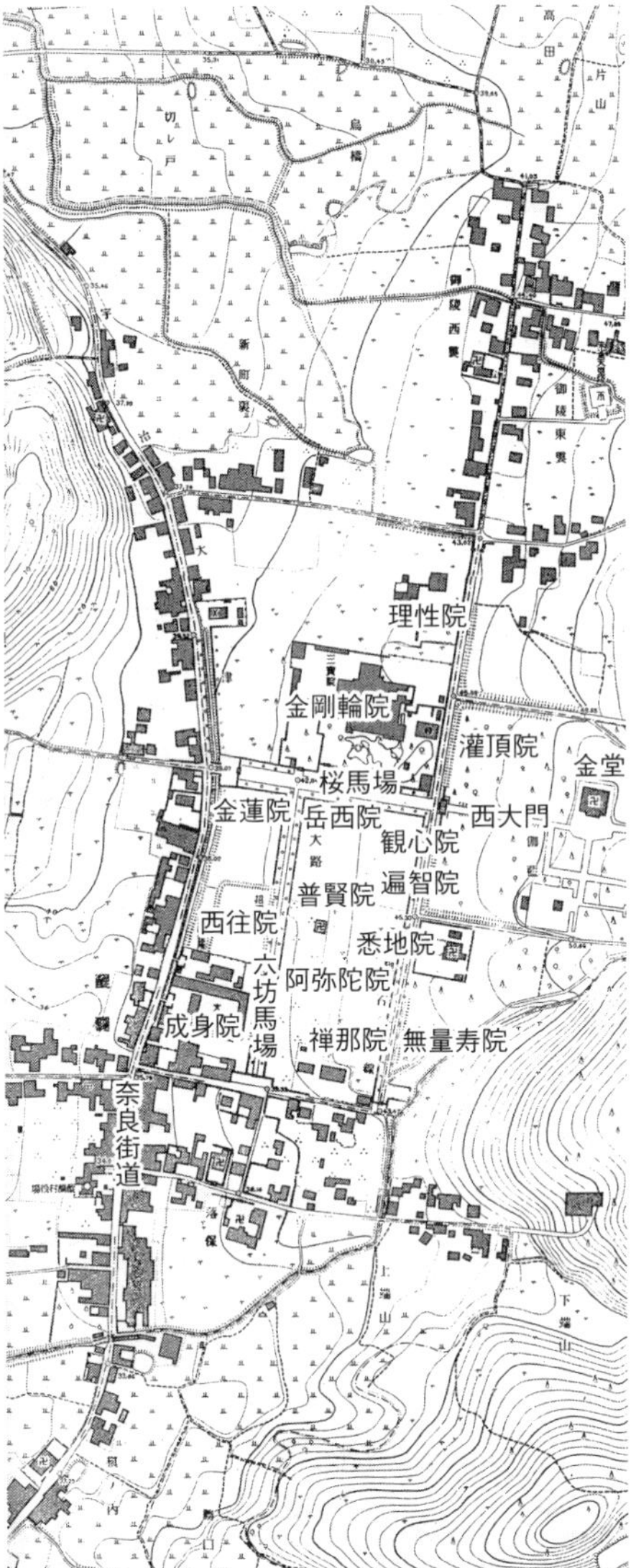

図2　下醍醐の伽藍と六坊，門前集落（3000分1都市計画基本図〈大正11年〉をもとに作成）

入り、桜馬場を通って西大門へ渡御するのが本来の順路であったが、桜馬場の末、すなわち奈良街道沿いに大規模な南北堀が設けられていたため、神幸の順路を変更せざるをえなかったことがわかる。(17) 前年まで神幸は従来通り行われており（慶長二年九月九日条）、この堀は秀吉による寺家の整備の一環として設けられたものであった。

〔史料4〕「大かうさまくんきのうち」（慶應義塾図書館所蔵）

こんど御はなミの事、にちげん　三月十五日とおほせいたされ、御もよをしおびた丶しきやうだひ也、此はなと申ハかミのだいごよりしものだいごのあひだにこれあり、五十ちやうよはう山々二十三ところ御けいごをかせられ、申ニおよばす、ゆミ・やり・てつはうとうのひやうぐそのて〳〵のまへをうちまハしふしミよりしものだいごまて御こせうしゆ・御むままハり御けいご也、だいごそふかまへにハさく・もかりいくえもこれあり、みちとをりらちをゆハせられけんぶつくんじゆの事なれば、そふがまへよりまちへ、（後略）

史料4は、慶長三年に秀吉が催した醍醐の花見について記した部分である。ここから、醍醐寺の周囲には「だいごそふかまへ」（醍醐惣構）があり、柵・もがりが巡らされていたことがわかる。この時秀吉は、惣構に入り町を経て三宝院へ向かったと書かれているが、この町は順路から門前集落を指すとみてよく、醍醐惣構は醍醐郷を囲繞する構であった可能性が高い。(18)

その後、慶長三年八月の秀吉の死による堂舎造営の中断を経て、翌年正月には諸堂造営の再開が決定した。醍醐寺ではそれに合わせるように南北堀の本格的な普請に着手し、二月中には醍醐郷、東・西笠取郷など寺領の村々へ命じて、金剛輪院から寺家の南辺に位置する成身院の辺りまで堀を掘り進めている（慶長四年正月二五日条など）。堀には隣接して土居を築き、その上に竹を植えており（同年二月一三日条）、防御施設としての機能を有していたと考えられる。さらに、同月末からは南北堀に続いて、寺領の村々や山科七郷に人夫を賦課し「六坊南堀」「理性院西大谷堀」

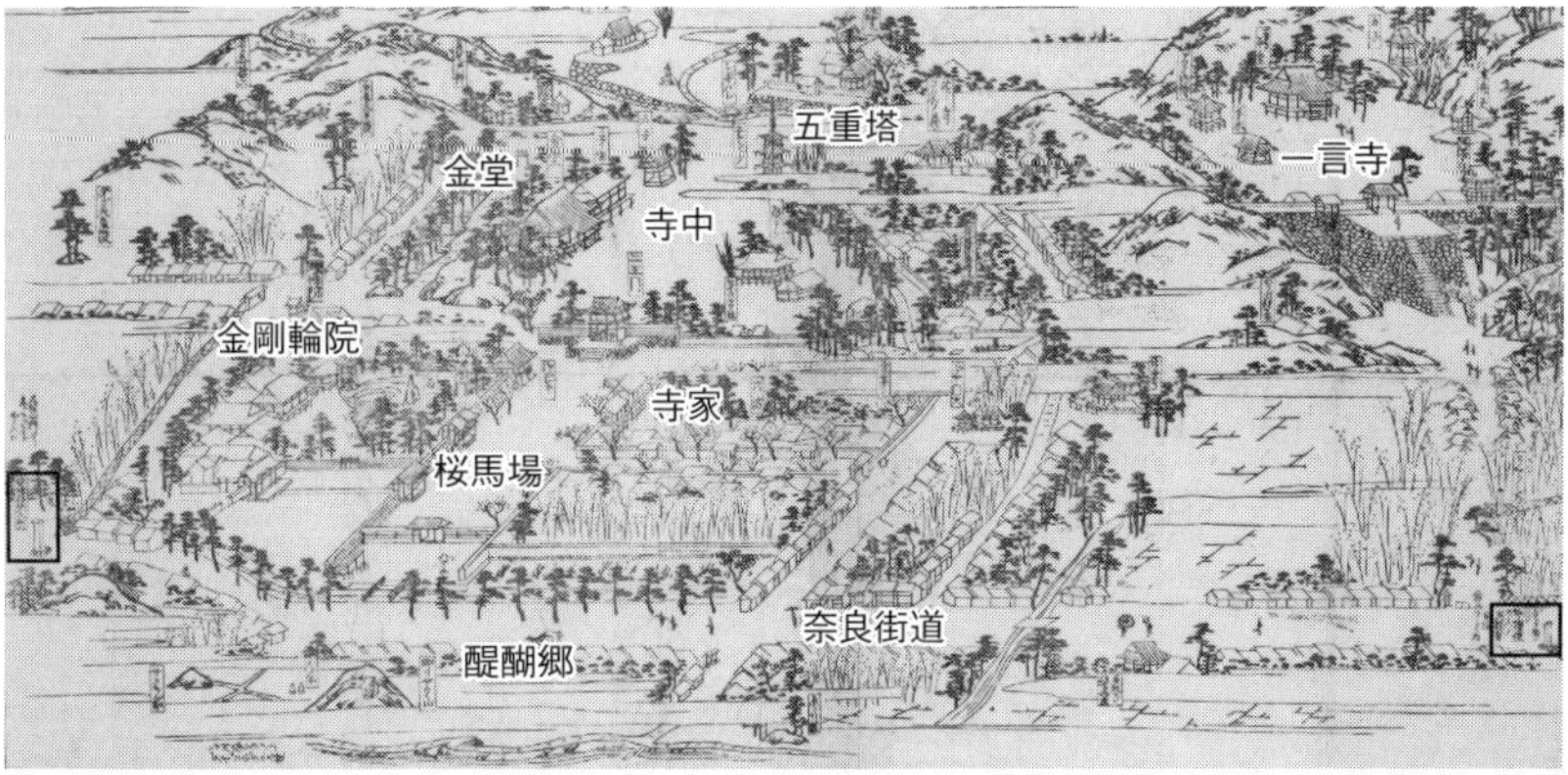

図３　『山城国醍醐之図』（部分，京都府立京都学・歴彩館所蔵）
図の下方の両端に標柱が立ち，「守護使不入」と記されている（四角で囲った部分）．

「理性院北堀」の普請を行っている（同年二月二〇日・二六日・三月四日条）。これらが土塁を伴ったかどうかは不明だが、南北堀と連続して掘られており、土塁を備えた構の一部として築かれた可能性が高い。このように、この時に築かれた構は下醍醐の寺中・寺家のうち山に接する東側を除く三方を囲繞するように設けられ、寺家と在所との間に位置した。また、構の普請は、醍醐寺が構築主体となって慶長四年正月〜二月にかけて集中して進められ、寺領である醍醐・笠取・炭山郷の住人が夫役として動員されたと考えられる。

その一方で、門主であった義演の日記から、在所には集落の出入口二ヵ所に「在所北南ノ構」が設けられていたことが判明する（慶長五年七月二二日条）。これらは醍醐惣構の一部と考えられ、それぞれの位置は明らかでないが、寛政一二（一八〇〇）年に出版された『山城国醍醐之図』（図３）では、奈良街道沿いに「守護使不入」と記された標柱が二ヵ所あり、この辺りに南北の構が設けられたと推測される[19]。すなわち、当該期の醍醐寺には、寺中・寺家を囲繞する構と在所を包摂した惣構とが二重に設けられていたのである。また、後述のように、構が境内の境界装置として位置付けられていたこと、そこに制札が打たれたことをふまえるならば、醍醐寺が構築主体、あるいは門前集落の住人と協同で設けた可能性が高い。

しかしながら、義演の日記には、門前集落を囲繞する構の普請に関する記事はなく、慶長期の醍醐寺再興においては前者の構築のみが進められ、惣構には手が加えられなかったとすることができる。さらに、惣構を醍醐寺が維持していたこと示す記事もなく、日常的な維持や管理は醍醐郷が行っていたと考えられる。

醍醐寺の構とその機能

醍醐寺の構が防御施設としての役割を果たしたのが、慶長五年の関ヶ原の戦いにおいてであった。七月一八日には東軍が伏見城に籠城し、翌日から西軍による伏見城攻撃が始まった。

〔史料5〕『義演准后日記』慶長五年七月一九日条

辰剋伏見御城籠衆トノ徳善院・長束以下宿所焼之了、仰天此事〳〵、寺家南構自身仰付キリフサキ了、大杉通二ヶ所構仰付了、御陵口一所幷灌頂院ト金院トノ間構仰付了、桜馬場同前、地下男女猥雑以外、寺家西方カキ悉仰付了、今夕寄衆少々在之、終日鉄放打之、

醍醐寺ではかかる不穏な動向を受けて、寺家に通じる道路や馬場の各所に堀を掘り、垣を設けるなど臨時の構を構築していることがわかる。さらに、この時には桜馬場に醍醐郷などから住人が避難し、「地下男女猥雑以外」という状況であった。史料5では、避難した人々の具体的な姿は明らかでないが、後述のように、軍勢が醍醐寺へ迫った際に醍醐郷の住人が武具を持って応戦したことから、老人・女性・子どもなど戦いに参加できない人々が予め構に避難した可能性が高い。

こうした構の構築に加えて、義演は醍醐寺各所の門の警固に寺領の大住村から人数を召し寄せ当たらせた（慶長五年七月二〇日条）。また、二二日には「在所北南ノ構」に「守護不入之折帋」の写しを打ち付け、二五日にはさらに小

早川秀秋の制札も掲げており（同年七月二一・二五日条）、この二ヵ所の入口より内側が領主である醍醐寺が「平和」を保障すべき領域であったとすることができよう。

ところで、この時南北の構に打たれた制札はそれほど効力を持たなかったようで、七月二八日には一五〇人ほどの軍勢が、伏見城攻撃に用いる竹を伐り取るため桜馬場まで乱入するという事件が発生した。

〔史料6〕『義演准后日記』慶長五年七月二八日条

辰剋、濫妨人百四五十、金剛輪院桜馬場マテ押入、先伏見城責ノ用ト号ノ、竹ヲ可伐取由申懸之、雖然不許容、侍共出合門ヲ閉テ戦之、早鐘ヲ突、当郷民武具ニテ蜂起、既及大事、爰彼賊徒種々懇望、仍無為帰了、安堵此事〳〵、

この時は、醍醐寺の侍が門を閉じて応戦するとともに早鐘を打ち、それに応じた醍醐郷の住人が武器を持って助勢しており、軍勢の濫妨に対しては、領主・領民が協同して応戦することとなっていたと考えられる。醍醐寺と醍醐郷とは相互扶助的な関係、すなわち醍醐寺は領主として制札を得ることにより「平和」を保障するが、軍事的な危機に対しては両者が協同して対応するという関係にあったということができよう。

その後、関ヶ原の戦いが終了した九月一九日には、義演は山科郷に陣取した東軍の濫妨を防ぐため、さしあたり福島正則・池田輝政から制札を獲得して各所に打ち付けさせ、のちに徳川家康の制札を得ている（同年九月一九日条）。

おわりに

中近世移行期の日本は、各地で戦争が続発し、まさしく軍事的な「危機」が常在する時代であった。領主や都市民

はそうした危機に対して、構・惣構を築くことにより都市・集落の防御を固めた。本章では権門寺社である吉田社、醍醐寺の構について、元亀～慶長期に焦点を絞り、その囲繞範囲、構築・維持体制、さらに領主である寺社と門前集落の住人との間に形成された社会的関係をみてきた。

吉田社・醍醐寺はともに、社殿、または堂舎の所在する社地・「寺中」の外側に、領主の屋敷や寺家を囲繞する構と、在所を包摂する惣構とを二重に設けた。こうした特徴は、教王護国寺や本圀寺など洛中の寺院に構築された構と共通しており、危機に対する普遍的な対応であったといえよう。さらに、いずれも惣構の内部は領主が「平和」を保障すべき領域であり、惣構の構築・維持は領主の責務であった可能性が高い。それに対して、門前集落の住人は軍事的な危機に領主と協同して対応する役割を担っていたと想定される。しかしながら、吉田社は天正八（一五八〇）年に惣構を埋め立て、醍醐寺では慶長期のはじめには惣構の構築・維持を醍醐郷の住人に委ねていたと推測される。ここからは、天正～慶長期にかけて、惣構の防御施設としての重要度が低下していたことがうかがえる。その要因としては、当該期には織田政権の畿内支配、それに続く豊臣政権による全国的な「平和」が実現されつつあり、京都において軍事的な危機に対する意識が弱まり始めていたことがあげられる。そのなかで、まずは在所を包摂する惣構維持の必要性が薄れていったと考えられる。また、かかる変化は、両者が地縁を媒介とする相互依存の関係を形成してきたことふまえるならば、危機が和らぐなかでそうした関係が希薄化する兆しとして捉えることができよう。

慶長五（一六〇〇）年に発生した醍醐寺内への軍勢の侵入という危機にあたっては、史料6にみられたように、醍醐寺と醍醐郷とが協同して応戦しており、それまでの相互依存関係が残存していたことが判明する。だが、当初寺内の警固にあたっていたのは、慶長三年に新たに寺領となった山城国大住村の住人であった。これは夫役として領主醍醐寺に賦課されたものであり、そこに相互依存の関係は存在しない。こうした醍醐寺との地縁的関係のない新たな寺領の成立によって、醍醐寺と門前集落の形成してきた地縁の介在する濃密な支配・被支配関係は徐々に変質していったと考えられる。[20]そして、かかる変化も、惣構の構築・維持体制、さらには惣構そのものの存続に影響を及ぼしたのではないだろうか。

注

（1）一九八〇年代までの研究の到達点は、『図集 日本都市史』においてまとめられている（高橋康夫・吉田伸之・宮本雅明・伊藤毅編『図集 日本都市史』東京大学出版会、一九九〇年）。その後の研究の成果と課題については、拙稿「中近世移行期における都市の危機と構について」（日本建築学会編『危機に際しての都市の衰退と再生に関する国際比較［若手奨励］特別研究委員会報告書』二〇一五年）を参照。また、そこでは言及できなかったが、近年、佐々木健策により惣構研究の成果と課題が整理されている（佐々木健策「城郭を囲うもの―「惣構」とは何か―」萩原三雄・中井均編『中世城館の考古学』高志書院、二〇一四年）。

（2）市村高男「中世東国における宿の風景」（網野善彦・石井進編『中世の風景を読む 第二巻 都市鎌倉と坂東の海に暮らす』新人物往来社、一九九四年）。

（3）仁木宏「都市の惣構と「御土居」」（同『京都の都市共同体と権力』思文閣出版、二〇一〇年、初出は二〇〇一年）。

（4）寺社の構のうち、洛中に位置する教王護国寺（東寺）や、本圀寺など法華宗寺院の構については多くの研究でふれられており、その詳細が明らかとなっている（髙橋康夫『京町家・千年のあゆみ―都にいきづく住まいの原型―』学芸出版社、二〇〇一年、森田恭二「中世京都法華「寺内」の存在―六条本国寺を中心として―」『ヒストリア』九六、一九八二年）。本来であれば、これらの成果をふまえて、洛中・洛外の権門寺社の構について論じる必要があるが、紙幅の都合からここでは洛外に位置する吉田社・醍醐寺のみを取り上げる。

（5）浜崎一志「浄蓮華院と吉田構―応仁の乱後の吉田の復原的考察―」（『京都大学構内遺跡調査研究年報 昭和五六年度』一九八三年）。

（6）『兼見卿記』史料纂集、天正四年七月一四日条、天正一五年七月二八日条。以下、本節での『兼見卿記』からの引用については、本文中に日付のみを記す。

（7）『舜旧記』史料纂集、天正一二年七月二八日条。

(8)　吉田郷のうち近衛町のみは「在所」とは記されず、また在所には賦課される斎場所や吉田社本殿の屋根の葺き替えも負担していない(『兼見卿記』天正一五年七月二八日条)。このことをふまえるならば、近衛町は天正期に構の外側に位置していた可能性がある。

(9)　「神業類要」(吉田神社編『吉田叢書』第三編、理想社、一九六五年)。

(10)　田中克行「村の「半済」と戦乱・徳政一揆─戦国期京都近郊村落の連帯と武力動員─」(同『中世の惣村と文書』山川出版社、一九九八年、初出は一九九三年)。以下、吉田郷や岡崎郷などからなる東山十郷に関する事実関係についてはこの論文による。

(11)　ルイス・フロイスは、この時上下京の人々が老人や女性を近隣の村落へ避難させたと述べており(松田毅一・川崎桃太訳『日本史四　五畿内篇Ⅱ』中央公論社、一九七八年)、吉田郷に避難した人々のなかに近郷の老人・女性・子どもが含まれると想定するのは妥当であろう。

(12)　藤木久志『城と隠物の戦国誌』(朝日新聞出版、二〇〇九年)。

(13)　これらの呼称は、『義演准后日記』(史料纂集)による。「寺中」＝『義演准后日記』慶長二年三月八日条など。「寺家」＝『義演准后日記』慶長四年正月二一日条など。以下、本節での『義演准后日記』からの引用については、本文中に日付のみを記す。

(14)　「南里」＝『義演准后日記』文禄五年八月二五日条、「開田町」＝同年一一月二五日条、「落東」＝『義演准后日記』慶長三年九月九日条、「御陵町」＝慶長九年九月八日条。

(15)　京都市編『史料京都の歴史　第一六巻　伏見区』(平凡社、一九八九年)。

(16)　『醍醐寺大観』第一巻(岩波書店、二〇〇二年)。以下、醍醐寺の歴史に関する基本的な事実関係は、特記しない限りこの文献によるものとする。

(17)　『醍醐寺新要録』(巻第九)は、堀の設置を慶長四年正月のこととする。だが、後述のように、この堀は慶長四年正月に掘り直されており、『醍醐寺新要録』の記述はそれを指すと考えられる。

(18)　京都市埋蔵文化財の発掘調査により、醍醐寺から約五〇〇m西側に位置する醍醐廃寺遺跡(現在の醍醐市営住宅)から近世初期に埋められた大規模な堀が検出された。発掘担当者はそれを醍醐惣構の遺構と判断している(『平成八年度　京都市埋蔵文化財調査概要』一九九八年、『平成九年度　京都市埋蔵文化財調査概要』一九九九年)。

(19)　南側の標柱の周辺には現在も「醍醐構口町」という町名が残り、構が設けられていた傍証となる。

(20) 伊藤毅は、本圀寺と、中世にはその寺内の一町であった西門前町との相論をとりあげ、近世以降、町側が人的な支配を含む中世的な領主・領民の関係の解消を望んだと指摘している(伊藤毅「京都本国寺門前相論一件—近世寺院境内地と町の関係—」同『都市の空間史』吉川弘文館、二〇〇三年、初出は一九九〇年)。

(付記) 本稿は、JSPS科研費一七K〇六七六〇の助成を受けたものである。

第二章　天皇・院の崩御と町
――光格院葬送時における三井家の動向――

岸　泰子

はじめに

天皇は近世の国家・社会のなかで固有な役割を果たしていた。その天皇の崩御、特にそれが予期せぬ場合、天皇家の存続、そして皇位の継承に関わる問題が顕在化することがあった。この時、摂家衆はもちろん、天皇家につかえることで生計を立てていた公家や地下官人らは少なからず影響を受けることになる。

また、院の崩御が皇位の継承問題に直接的に結びつくことはないが、近世の院は天皇の後見をつとめることが多くあった。ゆえに、院の崩御も朝廷内の不安や危機感を誘引する可能性があった。

一方、京都には門跡寺院や禁裏御用をつとめる商人などが多く居住していた。天皇が安定して存在するか否かは、都市社会全体に関わる問題であったはずである。しかし、京都の町人らが天皇・院の崩御に際して動揺したという記録はない。その理由を、天皇は幕藩体制下において都市の直接的支配者ではないからといってしまえば簡単である。

だが、むしろそこには、古代から権力・権威者側で起こる様々な事態に向き合わなければならなかった都市社会側の論理をみてとれるのではないだろうか。

表1は江戸時代の天皇・院、女院、江戸幕府将軍の崩御を整理したものである。先行研究では、これらの天皇・院・女院の崩御時の鳴物停止や触穢令の構造などが解明されている。筆者も中世後期から近世中期の天皇・院・女院の崩御時の触穢・清浄の場の特性について論じた(1)。しかし、拙稿を含めた先行研究では、天皇崩御時の幕府や禁裏の対応の解明に主眼があるため、町側の対応の分析が不十分であった。

そこで、本章は、近世の天皇・院の崩御のうち、天保一一(一八四〇)年の光格院崩御時の禁裏の対応を確認したうえで、この崩御に関する町の対応を明らかにする。近世の天皇・院崩御時の町の様子を知る史料は少ないが、豪商・三井家の史料に注目し、町側の動きを確認してみたい。

一　天皇・院の崩御と禁裏社会

天皇の崩御時にみえる朝廷内の危機感

近世において、天皇もしくは譲位した院が崩御すると様々な儀礼が行われるが、その前提として最も大切なことは天皇家・禁裏社会の継承、すなわち安定した皇位継承であり、ここで動揺がある場合に危機感が表出してくることになる。特にそれがわかるのが、予期せずして天皇が早世した場合である。

久保貴子は、政治史の観点からこの天皇の早世に関わる動向を明らかにしている(2)。ここではこの成果をもとに、天皇の早世時の「危機感」のあらわれを確認する。

宝暦一二（一七六二）年七月一二日、脚気衝心のため二二歳の桃園天皇が急死した。この時、英仁親王（後の後桃園天皇）はまだ五歳であった。しかも院（上皇）がおらず、朝廷内部にはその前にあった宝暦事件(3)の動揺も残っていた。そこで、摂家衆は天皇の姉であった智子内親王（後桜町天皇）に皇位を継承させることとし、幕府にその旨を通達した。そして、この皇位継承の幕府の返書が七月二〇日に禁裏に届くまで、天皇の死は表向き伏せられた。一方、七月一二日の崩御以降、内々に践祚（皇位継承の儀礼）の準備は行われていたため、同じく後光明天皇が在位中に急逝した承応三（一六五四）年の事例よりも短期間で践祚することができた（七月二七日践祚）。久保は、この短期間での践祚の実現を摂家衆の危機感のあらわれと位置づけている。

この時即位した後桜町天皇は明和七（一七七〇）年に譲位し、次に後桃園天皇が即位した。しかし、安永八（一七七九）年一〇月二九日、後桃園天皇も二二歳の若さで崩御した。ただし、後桃園天皇は死去の六ヵ月前から病床にあったため、皇位継承については準備が進められており、死去前には閑院宮典仁親王の息子の祐宮（後の光格天皇）が皇位を継承することが内定していた。後桃園天皇の崩御を受けて、その当日に禁裏側は京都所司代久世広明に内慮書を提示した。そして、幕府からの受諾の返書は一一月八日、死去の約一〇日後には禁裏へ届けられた。この間、天皇の死は伏せられていたが、一一月九日に公表された。

久保は、このように立て続けに起こった天皇の早世に対し、公家のなかには天皇の死の公表が伏せられることへ不満を抱くものがあったことを指摘する。また、安永八年の後桃園天皇崩御時、御内に皇位継承の候補がいた伏見宮邦頼親王が天皇に呪詛を行ったという風聞が出回っていたことに注目し、これを桜町天皇以降続く天皇の早世に際しての皇位継承に対する危機感のあらわれと評価する。朝廷の構成員同士が疑いあうような動揺、すなわち危機はまずは内部において顕在化するといえる。

表１　江戸時代の天皇・女院崩御および江戸幕府将軍死没年月日一覧川家

崩御年日	天皇	女院	将軍(徳川家)
文禄２年(1593) １月５日	106　正親町院		
元和２年(1616) ４月17日			家康
３年(1617) ８月26日	107　後陽成院		
６年(1620) ２月18日		新上東門院	
寛永７年(1630) ７月３日		中和門院	
９年(1632) １月24日			秀忠
慶安４年(1651) ４月20日			家光
承応３年(1654) ９月20日	110　後光明		
明暦２年(1656) ２月11日		壬生院	
延宝５年(1677) ７月15日		新広義門院	
６年(1678) ６月15日		東福門院	
８年(1680) ５月８日			家綱
８月19日	108　後水尾院		
貞享２年(1685) ２月22日	111　後西院		
５月22日		逢春門院(追号)	
元禄９年(1696)11月10日	109　明正院		
宝永６年(1709) １月10日			綱吉
12月17日	113　東山院		
12月29日		新崇賢門院(追号)	
正徳２年(1712) ４月14日		新上西門院	
10月14日			家宣
６年(1716) ４月30日			家継
享保５年(1720) １月20日		新中和門院	
２月10日		承秋門院	
享保10年(1725) ８月４日		礼成門院	
17年(1732) ８月６日	112　霊元院		
８月30日		敬法門院	
元文２年(1737) ４月11日	114　中御門院		
寛延３年(1750) ４月23日	115　桜町院		
４年(1751) ６月20日			吉宗
宝暦11年(1761) ６月12日			家重
12年(1762) ７月12日	116　桃園		
安永８年(1779) 10月29日	118　後桃園		
天明３年(1783) 10月12日		盛化門院	
６年(1786) ９月８日			家治
寛政元年(1789) ９月22日		開明門院	
２年(1790) １月29日		青綺門院	
７年(1795)11月30日		恭礼門院	
文化10年(1813)閏11月２日	117　後桜町院		

文政6年(1823)4月3日		新皇嘉門院(追号)	
天保11 (1840)年11月19日	119　光格院		
12年(1841)閏1月7日			家斉
14年(1843)3月21日		東京極院(追号)	
弘化3年(1846)1月26日	120　仁孝		
6月20日		新清和門院	
4年(1847)10月13日		新朔平門院	
嘉永6年(1853)6月22日			家慶
安政3年(1856)7月6日		新待賢門院	
5年(1858)7月6日			家定
慶応2年(1866)7月20日			家茂
12月25日	121　孝明		

天皇名の数字は即位の順序を示す.

なお、桃園天皇崩御の呪詛の騒動の際には、上皇もその騒動の鎮静化に動いている。特に天皇が若年の場合、院の存在は朝廷運営にとって重要であったことが本事例からもわかる。

天皇の崩御時の体制の整備

一方、近世の禁裏では、実際に起こった事件を契機として皇位継承に関わる危機を回避するための動きもあった。その一つが、禁裏にある内侍所の清浄性の確保のための体制整備である。これに関しては、既に拙稿で明らかにしているので、ここでは簡単に説明する(4)。

延宝五（一六七七）年七月一五日、新広義院が崩御した。これを受けて、禁裏では、中世後期からの慣習に従って天皇が継承すべき神器である神鏡が祀ってある内侍所に結界が張られた。しかし、その内侍所で火災が発生する。禁裏は、この事態を神器の継承によって保たれる清浄かつ正統たる天皇の位や役割の継承の危機として捉え、霊元天皇を中心に速やかに対策を講じていくことになる。

具体的には、触穢期間内にその清浄性を確保するために内侍所付という役職を設け、その役についた公家らに内侍所勤仕を課した。さらに、内侍所の場の清浄性の厳重化とそれを支える儀礼の体系化を進めた。

また、右記のような対応策の確立には、翌延宝六年の東福門院の崩御も影響している。禁裏は幕府に対し、徳川家から嫁いできた同女院の喪葬儀礼が武家側でも重視されていた触穢観念に基づいて実施されることを示す必要があった。そのために、内侍所では触穢の対義となる清浄が確保されることを明確にしなければならなかった。

天皇が崩御すると、官位の叙任などを担うだけでなく、国家安泰に関する祈禱を行う祭祀主催者としての天皇の役割の継承も重要な課題となる。そこで、禁裏側は、次の王への継承が正常かつ正統性をもって迎えられるように、幕府などへの配慮も示しつつ細心の注意を払いながら、喪葬儀礼を行うことができるための体制を整備したのである。

このように、禁裏では、皇位の継承の際に生じる問題をできるだけ回避もしくは最小限に抑えようとしており、その姿勢は近世後期になっても大きく変化するものではないと考えられる。

二　天皇・院の崩御と町——光格院を事例として——

禁裏・天皇・院と町

近世の京都の行政・警察権などは江戸幕府の体制下にあった。天皇を中心とする禁裏社会も同様であり、その動向は京都所司代や禁裏付、禁裏側では武家伝奏らを介して幕府に把握されていた。このようななかで、ほとんどの天皇は、禁裏から外に出る行幸の機会を得ることはなかった。すなわち天皇と近世京都の町・町人らが直接会う機会はほぼなかったといってよい。

しかし、藤田覚は、わずかな行幸や遷幸（内裏火災後に仮御所から禁裏御所へ戻る行列のこと）をあげて、天皇と町との関係を「存在はするがその姿は見えない、しかしいったん外にでると多数の見物人がでる、それが江戸時代の天皇だった」(5)と位置づけている。この評価は的確であり、京都の町にとって、天皇は京都の人々の興味をひく存在であり続けていたことは間違いない。

このような天皇との関係性の背景には、拙稿で取り上げた祭礼や禁裏内侍所参詣のような禁裏と町を結ぶ場の存在があると考えられる。(6)下御霊社の祭礼行列（神輿巡幸）は、禁裏御所を取り囲む築地之内に入った。霊元天皇などはこれを各御所の門前で叡覧した。そして、この叡覧のために、氏子らは行列に伴う練物に工夫を凝らした。また、町人らは節分の日に禁裏御所のなかにある内侍所に参詣することを許されるようになった。人々は禁裏が単なる名所ではなく、ご利益に結びつく場であることを知っていた。

京都の人々は近世の天皇が京都の中心に存在していることを様々な場で体験できるようになっており、決して切り離された関係ではなかった。が、肝心の天皇は決して表に出てくることはない。この微妙なバランスが、「天皇をみたい」という人々の意識とつながってくるのであろう。

光格院の崩御

このような天皇と京都の町の日常的な関係のあり方を踏まえつつ、天皇・院崩御時の町側の動向をみていきたい。まず、ここで注目する光格院の崩御の経緯と禁裏側の動向を確認しておく。(7)

天保一一（一八四〇）年一一月一九日、かねてより療養中の光格院は禁裏御所の南東にある院御所で崩御した。前々日の一七日に新嘗祭、一八日に豊明節会が行われていたために、実際は一八日に崩御していたが、一九日になって明らかにされたとする記事もある。いずれにせよ、同院はかねてより療養中であり、崩御時の混乱は少なかったのであろう。同月三〇日に内棺之儀、一二月四日には入棺之儀が行われた。(8)

葬送は、同年一二月二〇日に行われた。御所での作法が終わった後、酉半刻になって院の遺骸を乗せた御車が御所を出発する。道筋は、図1の通りである。院御所の丁か庚の方角の門口から堺町通に出た後、三条通、京極通、五条通を経て、伏見街道から泉涌寺に至る道筋が選択された。泉涌寺には子刻に着き、そこで葬送之式などが行われ、同寺に葬られた。

その後、般舟三昧院と泉涌寺で法会が行われる一方で、宮中において天皇の倚廬殿への渡御（天保一一年一二月二四日～翌年正月六日まで）などが実施される。そして、天保一二年正月一九日の触穢限の清祓をもって触穢が終了する。また、天保一二年一一月二二日には大祓をもって諒闇も終わりとなる。

光格院崩御時の町の対応

次に、光格院（天保度）崩御に接した町側の対応を整理する。

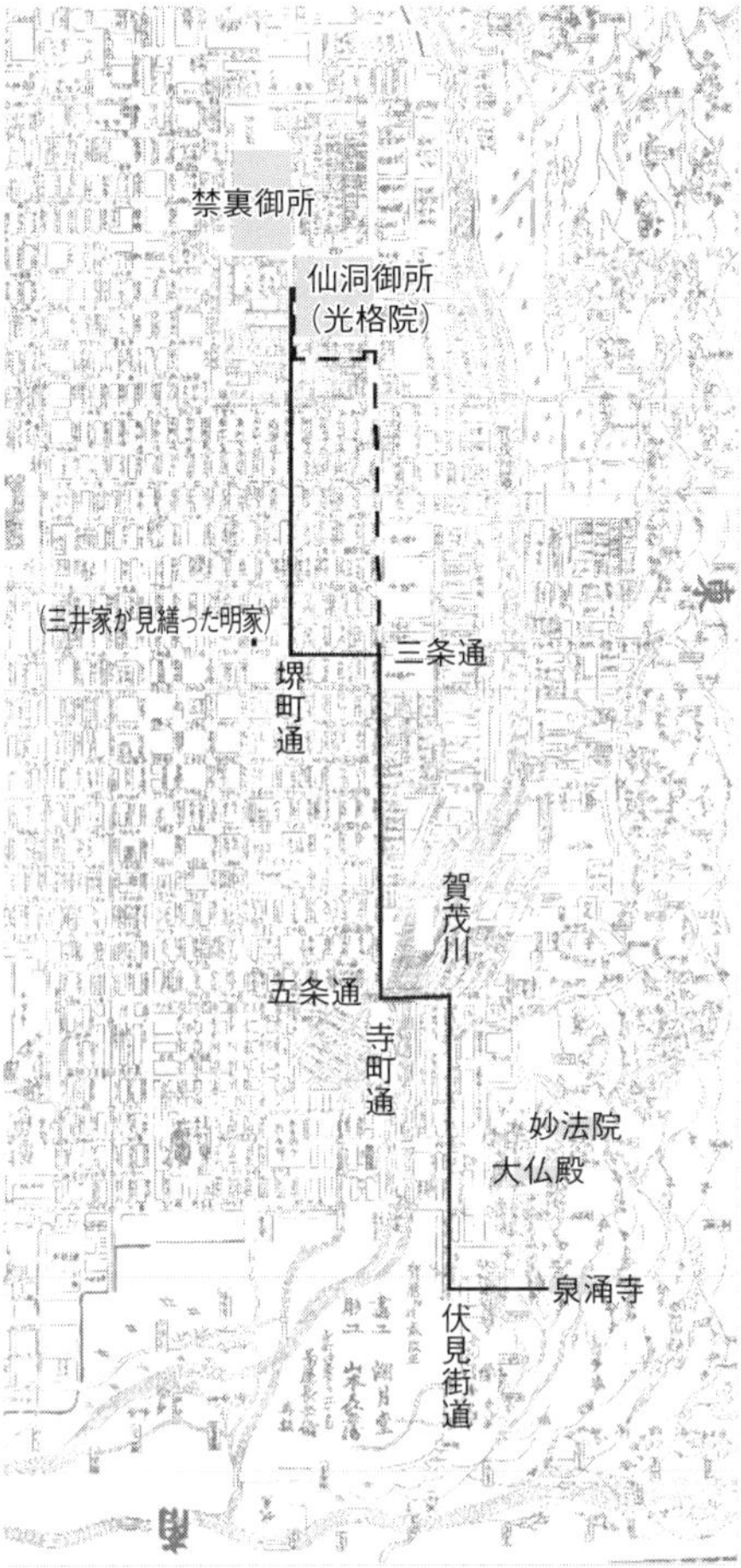

図1　天保11年光格院葬送経路（『野宮定功日記』〈宮内庁書陵部所蔵〉天保11年11月20日条参照）
点線は宝永7年の東山院葬送経路（『章弘宿禰記』〈宮内庁書陵部〉宝永7年1月10日条参照）を示す.
地図は「名所手引 京図鑑綱目」（『新修 京都叢書』所収）を使用した.

天皇・院が崩御すると、町に対して、まず幕府から触穢の触が出る。天保度には、天保一一年一一月に以下の二通の町触が確認できる（以下、町触は『京都町触集成』[9]による）。

仙洞御所崩御ニ付、鳴物普請停止ニ候、日数之儀者追而可相触候、尤町中自身番いたし、火之用心等随分可入念候様、洛中洛外江可相触者也、

子十一月廿日

仙洞御所崩御ニ付、従明後晦日触穢之義被仰出候間、文化十酉年後桜町院様崩御之節之通可相心得旨、洛中洛外社方江可触知者也、

子十一月

鳴物や普請の停止、火元の注意のほか、触穢の心得は先例に従うことが示される。同年一二月には同月二〇日の葬送の実施も町触で知らされる。また、この時は年の暮れも迫っていたため、触穢中の生活の規制に対しての配慮も早いうちに町に通達された。例えば、御所近辺の町を除いて普請停止は一二月一一〜一九日まで一旦解除すること、煤払いや餅つきは穏便であれば自由に実施してよいとされた。普請停止の中断も含めてこのような町触の内容は、これ以前の触穢期間中も状況に応じて適宜実施されていたもので、天保度特有の対応ではない。

一方、葬送の御車が禁裏御所から泉涌寺に行く間の道筋にあたる町に対しては、幕府から葬送のしつらえや道幅の拡張への対応などさらなる指示があった。

天保度の具体的内容は確認できなかったが、宝暦一二（一七六二）年の桃園天皇崩御時には次の史料がある。

御築地之内溝差支有之所々被埋云々、仮御門ゟ寺町仮御門御道筋タテ砂敷砂、所司代□［虫損］警固幷竪桃灯也、町々タテ砂敷、砂道ヲ作成、或ハ角々ノ家ヲコボチ、家幷白張桃灯ヲ出シ、町々者町奉行ゟ警固候云々（『松尾相修日

記』〈東京大学史料編纂所所蔵写真帳〉宝暦一二年八月二二日条）

まず、築地之内のしつらえが記された後、町でも砂を敷き「白張桃灯」を出すことになっている。蒔砂などは、幕府から禁裏へ上使を迎える場合などにも施されたしつらえである。

また、本史料に「各々ノ家ヲコボチ」とあるのは、次の『桃園天皇御凶事日次（平田職方別記）』（宮内庁書陵部所蔵）にある次の記事に対応するものと思われる。

一、御車舎人差出候書付留左之通

口上書

御車御道筋昨日武辺御役人と寺町通泉涌寺入口迄見分ニ立合差障リ候処申達候処、右之段武辺江書付差出シ候旨ニ付、左之通書付差出シ申候、

此度　御葬送御道筋　御車廻リ候辻々御見分之上差支候処御座候ニ付、私共江場所之様子御見□被来差障有無之儀可申上旨奉承知候、則差障候処左ニ申上候、

一、寺町通三條辻西北角町家隅之処四尺同所東南角町家隅之処三尺切縮

一、寺町五条通辻東北角町家隅之所五尺同所南西角町家隅之所壱間切縮

一、五条通伏見海道辻東南角町家隅之所三尺五寸同所西南角町家隅之処三尺五寸切縮

一、伏見海道泉涌寺入口北東角町家隅之処三尺程南東角町家庇幷格子共取払

右之通被　仰付候様仕度御座候得者　御車御通り□□差障リ候義無御座候、此段一統御請合申上候、以上、

午八月　　御車舎人

惣司文四郎印

中村二兵衛印

中村佐七郎印
荻田右兵衛印

御奉行所

右之通御届申上候、以上、

午八月　　右四人各印有

出納殿

天皇の遺骸がのった御車の通行に障害があると判断された箇所では、町家の切り縮めや庇や格子の撤去が求められている。そして、この町家の切り縮めなどの対応は、安永八（一七七九）年後桃園天皇や寛政二（一七九〇）年の青綺門院の崩御時にも確認できる。安永八年以後天皇・院の葬列の道筋に変更がみられるが、[10] その前後においても道筋の町での町家の改造は確認できる。以上から判断して、天保度においても葬送の道筋にあたる町には同様の対応が指示されていたと考えてよいであろう。

以上のように、光格院葬送時の町の対応は、以前と大きくかわるものではない。町・町人は、天皇崩御後から葬送までの間、先例に沿って行動することになる。

天皇葬送と町人の拝見

一方、天保度には、先例にはみられない町人の行動を確認することができる。それが、拝見場の確保である。

三井文庫所蔵の「天保十一庚子歳十一月　仙洞御所崩御ニ付御触流幷御葬送拝見諸事被斗一巻」には、天保度の葬送時の三井家の拝見場の確保の様子が記される[11]（傍線は筆者による）。

御葬送拝見前格茂有之候ニ付、右体堺町通り竹屋町ゟ三条迄ニ而明家見繕借り請度、則台所通勤脇方押小路東洞

院西江入町三文字屋弥兵衛江申付、十二月五日為見繕候所、堺町通彼是明家茂候へ共、何連茂疾ニ矢入有之、難出来、併三条通柳馬場東江入町北側間口三間余之明家有之、右者同町桝屋利兵衛与申方之家ニ付相尋候所、未貸シ無之趣、尤一ヶ月宿料八拾目ニ候間、一日ニ而茂右宿料ニ而貸可申旨被申之候由、依之表方門次郎・右弥兵衛同道ニ而、右町内ニ店出入紙屋岡定方江罷越及相談候処、同家儀者右桝利与至而懇意ニ付、早速参り致相談候呉候所、町内之所含ニして為相済金一両之宿賃ニ而相談出来、則家相改候所、至極勝手茂宜、右ニ而治定いたし候所、十日朝、升利殿ゟ手代被参、此程借家御相談申候得共、町内差支御座候間、無拠御断申候旨被申出候、（中略）然ニ今更右様之儀、甚以差支候ニ付、猶参り委細可申承旨申使差戻し候、尚又門次郎・弥兵衛同道ニ而、世話人岡定方江参断之趣如何之儀ニ候哉、甚手支之儀ニ付及相談候所、同人より聞合被申候所、右者明家之分堂上方ゟ借呉候様被仰候ニ付、無拠筋を申立相断被申上候所、然者御当日外方拝見之者差置候儀相成不申候間、〆切置候哉之儀、西御役方ゟ厳鋪御糺之由、勿論堂上方ニ御かし被申上候得者、何角と雑費も相掛候ゆへ、現当宿料手取ニ相成可申儀も振捨御断申候程儀故、御当日〆限り置候儀ニ付、誠ニ気之毒之由被申居実々無拠訳合何共いたし方無之、依之手段相替、右家江致借宅候儀者、出来申間鋪哉之儀、段々請合候所、年寄町中江相談之上、御返答可申候間、左様相心得呉候様、併名前差出候様被申之候ニ付、帰店候上、相談之上、左之通、

借主　越後屋幸右衛門
請人　越後屋嘉助
引取　越後屋幸三郎

右之通書附差出候、右名前之銘々江其訳相頼置、弥兵衛儀幸右衛門与いたし置候所、町内之所右ニ而相談出来候段申参、則証文案紙被差越候ニ付、請状引取証文共認指出候、弥兵衛江町内判元之仁同道、何連茂調印出来申候、

尤右之訳合故、両三日已前ゟ表明置、御当日後迠も両三日者致借宅呉候様、家主より之頼ニ付、則十六日家移、右弥兵衛幷家内とも彼方江参、寝泊りいたし候事、

要約を以下に記す。

①葬送の拝見のため、三井家に仕える押小路東洞院西入町の三文字屋弥兵衛に申し付けて、竹屋町通から三条通までの堺町通沿いに明家を見繕うことになった。しかし、堺町通の明家をみつけることは既に難しかった。

②桝屋利兵衛が三条通柳馬場東入町の北側に所有する間口三間の明家をみつけてきた（位置は図1を参照）。宿賃は、一ヵ月八〇匁で日貸しも可能であった。三井家は懇意の出入の紙屋岡定の仲介で宿賃一両で交渉を成立させ、家の内見も済ませた。

③しかし、一二月一〇日になって、町内から差し支えがあることが伝えられる。根拠もなく、しかも今さら断られても困るので、詳細を伝えるようにとの旨が町側に伝えられることになる。すると、その理由は、堂上方から借りる申し出があり、それを無碍に断ることができないためだということが判明した。ただし、葬送の当日には傍線部のようなしつらえで拝見することなどが西役所から申し渡されているうえに、堂上方に貸すと何かと雑費がかかる懸念があった。

④そこで、堂上にいろいろな理由をつけて断ろうとしたがそれよりも手段を替えて三井家側で町家の未出来を「段々請合」することを理由に申し出たところ、三井家側に貸されることになり、借主に越後屋幸右衛門などを記した証文を作成し、調印に至った。そして、葬送の前後三日貸し出されることになり、一六日には弥兵衛が妻とともに寝泊まりするようになった。

以上の経緯からは、天皇葬送を見物しようとする町人の対応の特徴をいくつか指摘できる。

まず、①にあるように、三井家は葬送拝見のために空き家を探している。しかも、当初は堺町通沿いで見繕おうとしたが、それは既に難しいことから、②のように葬送行列のルートから少し外れた押小路東洞院にある空き家を借りようとしている（図1参照）。ここから葬送がみえると判断したのかどうかは不明であるが、いずれにせよ室町通沿いの冷泉町に店舗を構えていた三井家本店などから葬送をみることはできない。そこで、少しでも葬送の経路に近い場所にある空き家を借り受け、拝見もしくは拝見に出かける拠点としたのではないかと推測される。

さらに、この文書には押紙が押しており、そこには、「御葬送御道筋明家等遙以前ゟ借人多、容易ニ者難出来候間、後年右体之儀有之、拝見為致候ハヽ、前広ニ家見繕定置可申事」とある。これは、三井家だけでなく他の町人らも空き家を見繕っていたことを知りうる重要な記述である。京都ではこれ以前の天皇・院の葬送時に拝見のための空き家を確保する町人らが多くおり、空き家をみつけることが容易でなくなっていたために早くから見定めておくことが検討されていたことがわかる(12)。

では、ここまでして三井家が確保した拝見場では、誰が見物していたのだろうか。本史料からは判明しないので、三井家が同じく禁裏の儀礼を見物していた事例として、新造内裏への遷幸をみてみたい。

新造内裏への天皇の遷幸は、寛政二年と安政二（一八五五）年に実施されている。このうち、寛政度の禁裏遷幸は、寛政二年一一月二二日辰刻に仮御所の聖護院御殿から、黒谷街道を通り、三条通を経て、堺町通を北へ上がり堺町御門より禁裏へ入る。また、仙洞遷幸は、同月二六日辰刻から仮御所の粟田御殿（青蓮院門跡）から三条通を西へ行き、堺町通を北へあがり、堺町御門より仙洞御所へ入る。さらに、女院遷幸は、一二月四日に実施される。辰刻に仮御所の大仏宮御殿から馬町、建仁寺町を通り、三条通を西へ行き、堺町通りを北へ上がり、同じく堺町御門より女院御所へ入っている。

この時、三井文庫にある「従寛政元年酉五月　永書」には、拝見について次のように記される。

右之通御触流有之、尤廿一日夜ゟ焚火相成不申、洛中洛外昼夜火之元見廻り候事、厳敷被仰出候、扨右拝見之儀店表人数三ツ割イロハト分ケ、三ヶ度拝見致させ候、則庭所々三条通橋東大黒屋平蔵幷橋脇寺井瀬兵衛、三条河原町西へ入福井伊予、三条柳馬場東へ入町香具屋長右衛門、右四ヶ所へ差遣、夫々仕度用意持参之事、扨亦江戸松嶋林右衛門、市川長右衛門、此方在京之事故、別段ニ堺町御池下ル町大喜屋庄兵衛殿と申方、借受差出之事、

店表の人を三グループに分け、天皇・院・女院の遷幸ともに見学をさせている。そしてその拝見場は、同じく遷幸の道筋にあたる三条通橋東側、三条河原町西入、三条柳馬場東入にある町家が設定されている（図2参照）。さらに、上京していたという江戸町人二名分の拝見の場も堺町御池下ルに用意している。

以上から、光格院の葬送時においても、三井家の拝見場では店に勤める人や知り合いの町人らが拝見したのではないかと推測される。

なお、当時の当主らの動きは定かではないが、安政度内裏遷幸時には商売関係者を自邸に招いていた(13)。葬送拝見時も店主らは拝見を主目的とした接待を行っていたのではないかと思われる。

以上、三井家の光格院葬送時の動向について、拝見場の調達の経緯やその場の用途に注目して確認してきた。ここからは、三井家という京都を代表する豪商の対応が確認できるだけでなく、町家の不足が示すように他の町人らも葬送行列を競うようにしてみようとしていたことがわかる点は重要である。本節の最後に、町の人々が競うようにして天皇葬送の拝見場を確保するようになった理由を示しておきたい。

その背景には、天皇・院の葬送がそれほど頻繁にはない出来事であること、さらに天皇に関わる儀礼をみたいという人々の関心があることは間違いない。加えて、天皇の崩御とそれに伴う喪葬儀礼を何度も経験したことで、それが

イベントとして成立することを町側が認識するようになっていたことが大きく影響していると考えられる。禁裏側の動向に簡単に動じることなく、それにあわせて先例に従って動き、さらにそこに利益にかかわるようなイベント性を見出す、そのような町社会の論理が定着していたのではないだろうか。

なお、先に掲げた天保度の三井家の史料からは、次の二点も指摘できることを付しておきたい。

まず、葬送儀礼時の町家のしつらいである。史料の傍線部の解釈は難しいが、町家の外での拝見は禁止で、町家は閉め切ったと解釈できる。この拝見の作法に関しては、次のような町触が出されている。

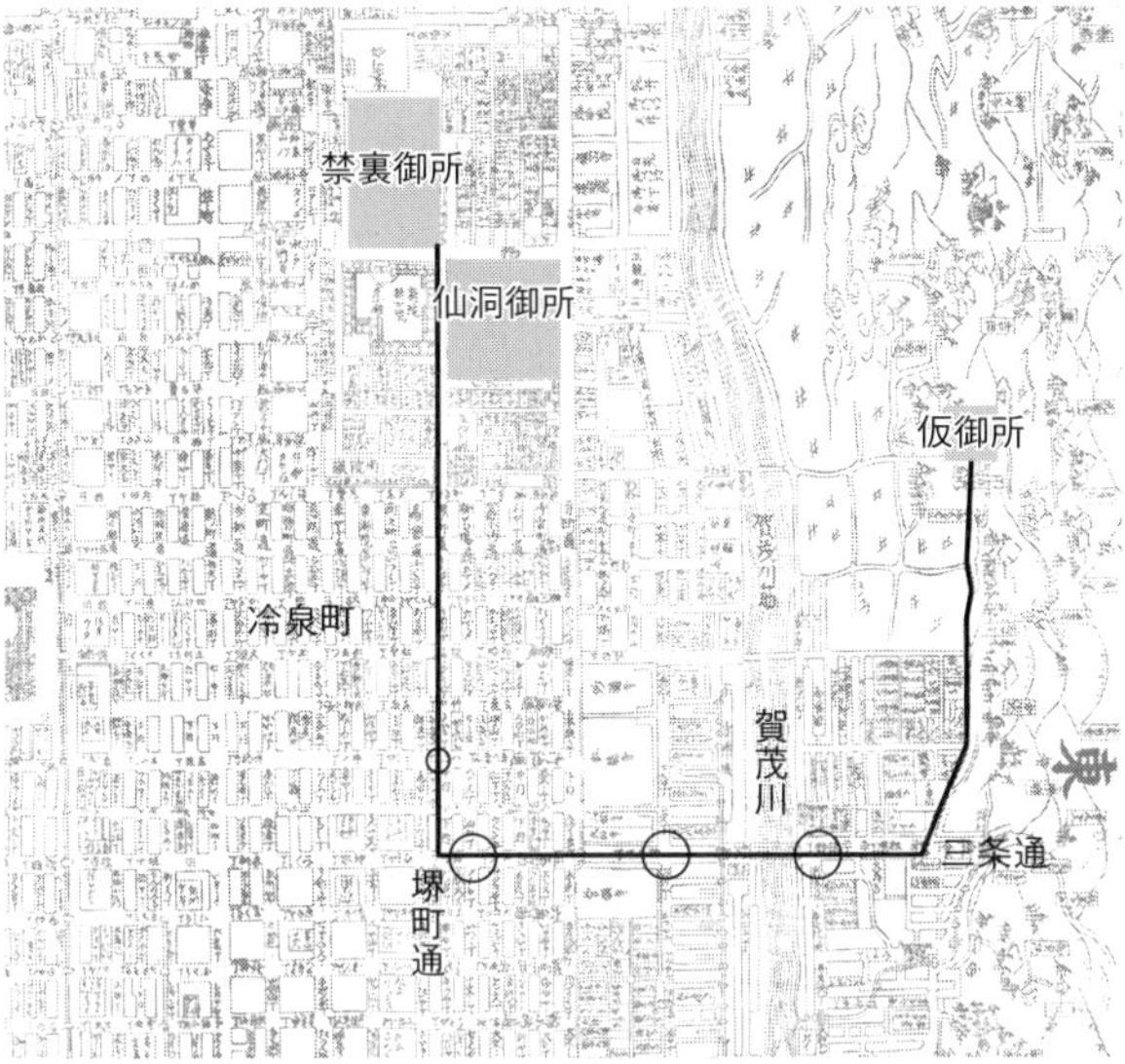

図２　寛政２年内裏遷幸（天皇）経路の概略
丸印は三井家が手配した町家の位置を示す.
地図は「名所手引 京図鑑綱目」（『新修 京都叢書』所収）を使用.

> 一、御葬送之節拝見之者共御車御通之砌平伏仕、男者拾五歳以上土間ニ可罷在候、女幷子供床之上又ハ格子之内ニ而茂拝見不苦候間、不作法無之様急度相慎可申候、勿論二階ニ而拝見之儀、堅可為無用候、
> 右之通御葬送御道筋町々江可申触候事、

寛政七年の恭礼門院の崩御時に出された町触である。葬送の沿道にある町では格子越しであるが床上部から拝見を許されている。確かに閉鎖的であるが、閉め切りとは書かれていない。道筋から外れた家との違いも詳細にはわからない。ゆえに、町家を閉め切るとは実際にどのようなしつらいを必要とするのかは確認する必要があろ

う。

また、堂上方の貸し出しの申し出に関して、町が無碍なく断ることを躊躇している点にも注目しておきたい。一度は三井家側に貸し出しを渋る回答がなされていることを考えれば、町人よりも公家の申し出の方が優先される傾向にあったと理解することも可能であろう。公家が町人地に居住を申し出た際には様々な問題が生じていたが[14]、基本的には公家らの行動が優先される傾向にあったことは、近世の京都の社会構造を考えるうえで重要な論点となると考える。

おわりに

本章では、三井家を事例に光格院崩御時の町側の対応について確認した。字数の制限もあって史料の確認に終わってしまったが、最後に本書の主題である「都市の危機」という視点から、本章の内容を整理しつつ、その解明に関わる視点や方法に関わる課題をまとめておきたい。

天皇・院の崩御は、皇位継承や朝廷運営に危機をもたらす可能性のある出来事であった。実際、朝廷内部では危機感が顕著にあらわれる事態も生じていた。

一方、町では、天皇・院崩御に際しては触穢として振る舞うとともに、先例に従って葬送に必要なしつらいや町家の取り壊しなどを実施した。そのなかで、近世後期になると、三井家では、その行列を見物するための町家を確保しようとした。しかも、かかる動きは他の町人・公家にもあり、行列がみられる町家の争奪戦ともいえる様相を呈していた。三井家のような豪商ですら借家不足のためにその前から算段しようとしている。天皇をみたいという認識を京都の町人らが持っていたことは明らかであり、さらに院の葬送が一種のイベントとして成立していたことがよくわかる。

このようにみていくと、町側には天皇・院の崩御に対する危機感はないようにみえる。時期・事例が異なるとはいえ、禁裏と町では天皇・院の崩御に関わる危機、特にその受容のあり方には大きな相違があるかのようである。

しかし、これは単純に比較できるものではない。身分だけでなくその立場によっても危機の受容のあり方は様々である。そもそも、それらは当時の常識であり、「危機」「危機感」として捉えるものではないのかもしれない。また、幕府の指示に基づき葬送道筋を整える必要があった町・町人、先例に基づき拝見を継続することが上層町人としてのつとめでもあった三井家、彼らはそれぞれの立場で先例にそっての対応ができるか否か、という危機感を抱いていた可能性は否定できない。

結局、危機とみなされる可能性がある出来事のありさまを正確に把握したうえで、それは誰が認識したものであるのか、その影響がどこまで及んでいたのか、そしてその状況はどのように受容され展開していくのかなどを丁寧かつ具体的に明らかにしていくことが重要であると考える。「危機」は時代を超えてどこの場所でも起こりうるものである以上、その使い方には十分に留意しなければならない。

なお、今後の課題としては、権力者側（都市支配者など）の危機管理体制と町との関係を考えていく必要がある。例えば、近世の禁裏では、前述のように内侍所という場の清浄性を確保することで、皇位継承の危機という状況が回避できる体制が構築されていた。これがどのくらい町側に影響を与えるものであったかを考えれば、権力者側の危機管理が有効であったことの証明にもなりえる。本章では言及できなかったが、危機的状況を受け入れる民衆らの動向を視野にいれることで、権力者側の都市の危機管理に関する理念とその実現のありかたをより具体的に考察できるのではないかと考える。

注

(1) 拙著『近世の禁裏と都市空間』（思文閣出版、二〇一四年）第二部。天皇の崩御や触穢令に関する先行研究についても、同書でまとめている。
(2) 久保貴子「上皇・天皇の早世と朝廷運営」（同『近世の朝廷運営』岩田書院、一九九八年）。
(3) 宝暦八（一七五八）年、京都所司代が朱子学者の竹内式部を重追放にした事件。式部に習った正親町三条公積をはじめとした公卿らは桃園天皇に『日本書紀』などの進講を行ったが、これを従来の朝廷秩序からの逸脱とみなした摂家衆たちによってかかる公卿らも処分された。この事件は朝廷内の公家らの対立が主因であり、朝廷内部に動揺をもたらした（『日本史事典』角川書店、一九九六年）。
(4) 拙著前掲注(1)書、第二部第二章参照。内侍所付に関する本章での記述も同書に基づく。
(5) 藤田覚「天皇 変わるものと変わらないもの」（『思想』一〇四九、二〇一一年九月）。
(6) 拙著前掲注(1)書、第二・三部。
(7) 本節の記述は、藤井譲治他監修『光格天皇実録』『仁孝天皇実録』（ゆまに書房、二〇〇六年）を参照した。
(8) 追号に関しては仁孝天皇の叡慮があり、葬送が終わった天保一二年閏正月二七日になって光格天皇の御諡号宣下があった。
(9) 京都町触研究会編『京都町触集成』一～別巻二（岩波書店、一九八三～八九年）
(10) 宝暦度の葬送は、新在家町を南へ進み、院参町を東へ行き、寺町通、五条通を辿る。一方、安永八年の葬送は、南門通を西へ進み、烏丸通を南へ行き、三条通を東へ行き、寺町通で曲がり、五条通まで進むというルートをとっている。近世後期の葬送では、各御所から三条通へ至るまでのルートにばらつきがみられるようになる。
(11) 拙著前掲注(1)書、第三部第三章において安政度内裏遷幸時の同家の動向を考察している。また、三井家の概要や同家に関する先行研究、遷幸時や崩御時の町家のしつらえについて言及した先行研究の概要についてもここでまとめているので、あわせて参照されたい。
(12) 史料の概要②からわかるように、宿賃は当初の八〇匁ではなく一両で合意されている。拝見の経路から外れた位置にあるために値下げされたのかどうかは定かではないが、安政度内裏遷幸時にも拝見場を貸し出す町人が多くいたことを考慮すれば、行列という行事を契機に町の不動産が一時的に売り手市場に転換していたのかもしれない。

(13) 拙著前掲注(1)書、第三部第三章参照。
(14) 登谷伸宏「堂上公家の町人地における屋敷地集積過程―久世家を例として―」(同『近世の公家社会と京都―集住のかたちと都市社会―』思文閣出版、二〇一五年、第二部第一章、初出二〇〇四年)。

(付記) 本稿は、拙稿「天皇の死と都市―光格院葬送を事例として―」(日本建築学会編『危機に際しての都市の衰退と再生に関する国際比較研究［若手奨励］特別研究委員会 報告書』二〇一五年)に、加筆・修正したものである。

第三章　火災復旧と維持管理
——近世江戸の鳶人足と都市空間の定常性——

髙橋元貴

はじめに

都市における災害（本章では火事）という事象を特異点的にみるのではなく、平時との連続性のなかで捉えること。いいかえれば、災害からの復旧の過程に、新たな開発や計画といった都市がみせた非常態的な様相を探るのではなく、都市が有していた常態的側面の発現を見出すこと。これが本章の主眼である。

城下町江戸は近世を通じてたび重なる火事に見舞われた。火災のたびにいく度も灰燼に帰した江戸だが——個々の被害の大小は措くとしても——、そのつど人々の手によって再建されてきた。こうしたなか町方の防火・消火活動を一心に背負っていたのが町火消＝鳶人足たちであった。しかし、町火消として知られる彼らが、火災後の復旧に際しても重要な存在であったことはこれまであまり語られてこなかった。

本章では、町方における土木・普請工事の従事者という鳶人足本来の職分に改めて光をあて、安政元（一八五四）

年に内神田で発生した火災を具体的事例に町場復旧（「焼土瓦取片付」）の実態を考察し、これを広い意味での都市空間の維持管理労働として位置づける。そして、町方における鳶人足の存在意義と、巨大都市江戸にとっての火事がどのような史的意味を持ちえたのかを考えてみたい。

一　鳶の職分と仲間集団

鳶人足の二つの顔

図1は、江戸三大大火の一つとされる目黒行人坂火事（明和九〈一七七二〉年二月）の火災発生から消火、復旧までを描いた絵巻の一部で、火災が鎮火し、ちょうど復旧作業が始まった場面である。同図には、焼け焦げた町家のそばで取っ組み合いの喧嘩をしている町火消たちの様子が描かれるとともに、これをよそ目に、焼け跡の只中で町家再建のための仮囲いの設置に取り掛かる一番組よ組鳶の姿が描き込まれている。ここには、江戸の町火消＝鳶人足が消火活動のみならず、その後の復旧にも携わっていたことがよく示されている。

火事絵巻にみられる町火消と土木・普請工事の従事者という鳶人足が持つ二つの顔は、「実躰」なる鳶人足を評する際に文書中にしばしば見出される「平日・火事場出精仕候者」（普段の仕事でも火事場でも精を出して努める者）という文言にも端的に表現されるものである。

江戸の鳶人足は、市中の消防体制の考究、即ち、町火消としての性格が中心に論じられてきた(1)。そこで本章の前提として、これまでの諸研究をもとに、鳶人足の存在形態と彼らの共同組織であった町火消組合について一瞥しておこう。

鳶人足と町火消組合

江戸における町火消制度は、享保五（一七二〇）年三月の「いろは組」（四七組）の幕府による結成と、同一五年正月の大組（一〇組）の設定を大きな画期とする。元文三（一七三八）年には、大組の四番組と七番組がそれぞれ五番組と六番組に合併され、これとほぼ同時期に北・中・南組の三つの小組からなる大組＝本所深川組が成立したと考えられ、これらが幕末まで維持された。

そもそも町人（家持）には、居町を含む市中の防火と消火に対する「火消人足」としての出動が役負担として課されていた。そのため、町方での火災時には、家持から家主、表店や裏店に暮らす人々といった町中の全構成員が消火にあたることが原則となっていた。

しかし、こうした町人身分の人足役の一種であった防火・消火活動を一七世紀半ば頃から代替し、その主たる担い手となったのが、町ごとに雇われていた「町抱鳶」（鳶頭）と彼らの指揮のもとに編成される「町々駆付人足」たちであった。彼らが町火消組合の構成員であって、当組合は、享保期以降、事実上の鳶人足の仲間組織となっていた。

江戸の日雇労働者層（「日用」層）を管理する幕府の組織であった日用座が解体された寛政九（一七九七）年一〇月、火事場における火消人足＝鳶人足

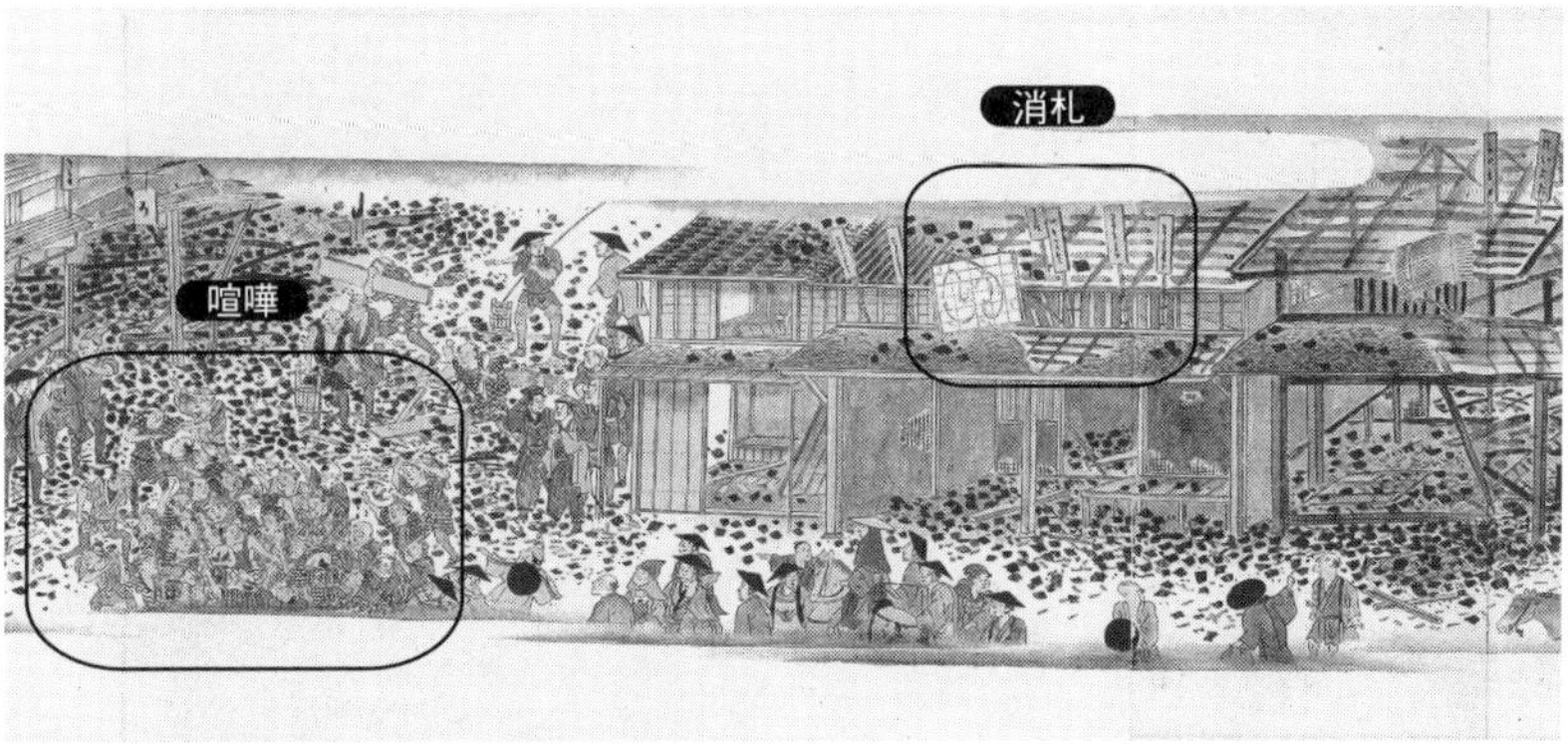

図1　「火事図巻」(横浜市歴史博物館所蔵)

の取締りのため、町火消小組のメンバーから二七四名の「人足頭取」が任命された。彼らの多くは町抱の鳶人足＝鳶頭であり、ここに町火消組合は名実ともに鳶人足集団の公認された共同組織となったのである。

こうした町火消組合の展開を含め、鳶人足そのものの存在形態や社会集団の内部構造を包括的に論じているのが吉田伸之である。(2)

吉田は、労働力販売者であった鳶人足の本源的形態を「最上級の日用」と措定したうえで、「火消人足を随時供給する日用頭」として町抱鳶＝鳶頭を位置づけている。そして、町火消＝鳶人足集団の内部には、〈α〉町抱鳶＝鳶頭―駆付鳶人足―彼らに雇用される平人足＝日用、〈β〉人足頭取―道具持（纏持・梯子持など）―下方人足という二つの側面があったという。(3)〈α〉は町との関係性、〈β〉は町火消組合に属する系統的地位といえる。それぞれは必ずしも一対一に対応するものではないが、町火消と土木・普請工事従事者としての二つの性格が不即不離の関係にあったことをよく示している。こうした意味でも鳶人足の平時と有事（火災時）の活動を総合的に捉えてゆく必要があるだろう。

このほか、幕末期における鳶人足の存在形態を四谷塩町一丁目の人別帳から分析した市川寛明は、町抱鳶・人足頭取・駆付鳶人足が「鳶人足という生業と鳶集団の地位を家職として相続するイエ」を形成していたことを指摘している。[4] つまり、当該期の鳶人足の一部は吉田のいう「『家』を欠損した単身者」ないし都市で流動・滞留する労働力販売者＝日用層としての本来的な性格を一面には克服し、家族を持ちながら裏店に暮らす借家人層としての社会階層的位置を占めていた点は注目に値しよう。

鳶人足の「平常職分」

土木・普請工事従事者としての鳶人足に関わって実証を伴う言及がなされるのは、吉田による論考がほぼ唯一のものといってよい。[5] そこでは、町抱鳶＝鳶頭の経営にとっての最大の基盤が市中における厖大な土木・普請工事の需要にあったとされ、彼らは居町や所属する町火消小組の管轄域における多様な工事を独占的に請け負うとともに、出入関係を持つ商人や武家からも個別に仕事を受注していたという。

こうした鳶の「平常職分」については、史料的制約もあってこれまで十分に検討されてきたとはいえない。以下、鳶人足が町中から請け負った仕事の内容を少しくうかがい、土木・普請工事従事者としての特徴をみておきたい。

〔史料1〕[6]

町火消鳶人足共、町々普請其外道造り些小之事ニ至ル迄、町内抱鳶人足ニ不申付候半テハ難相成様成行、他町又ハ組合違之人足え申付候へハ町内抱鳶人足彼是故障申出、種々妨致シ暴行ニ及候者モ有之哉ニ相聞、右は去々午年中旧弊相改候様相達候以来右様之儀ハ無之筈之處、未タ旧弊改リ不申場所モ有之趣以之外之事ニ候（後略）

これは明治五（一八七二）年二月二日に、東京府から各区の戸長宛に下達された布告の一部である。[7]「去々午年中旧弊相改」とは、明治三年一〇月の東京府の消防体制の改正、つまり鳶人足の仲間集団とほぼ同義であった町火消組合の縮小と再編のことである。[8]

ここから「町火消鳶人足」の多くが、町中に雇用される日用人足であって（「町内抱鳶人足」）、居町での「普請其外道造り些小之事」を一手に請け負っていたことがよくわかる。当時、様々なことで妨害行為に及び暴行を働く者までいたとされることからは、町内の土木・普請工事の請負が鳶人足の生計にとって不可欠であったことを如実に物語っている。

それでは「普請其外道造り些小之事」とは何を指すのであろうか。もちろんこれらは、各町における町家や土蔵の建設、道路修繕などの建築・土木関連工事を意味すると思われるが、ここで紹介してみたいのは『清水組諸職人差出帳』という史料である(9)。このうち「古来之風習」と題される部分は、神田区東紺屋町二五番地に住む鳶頭であった関口亀治郎（明治九年五月二一日生）が作成した挿図入りの記録で、七つの「お話」――地形、下小屋、井戸替・下水、曳方、風呂屋・出火、建方、神田祭――から構成されるものである。ここでは「地形のお話」と「井戸替下水話」を取り上げよう。

図2　地形(左)と井戸替・下水浚(右)(伊藤ていじ監修『清水組諸職人差出帳』清水建設広報室, 1978年より作成)

〔史料2〕(10)

一、地形のお話

（一条目略）

一、町方御店様土蔵の地形杭打頭衆の木遣です。只今でわ一日位いの地形を三日・四日位い致すのです。蛸の根取わ道具持ち、杭打わ根取が非常に骨を折ます。

此絵わ地形です。（後略、図2左）
〔史料3〕(11)
一、昔わ、町内の鳶が井戸替や下水の掃除を致した物です。此仕事が実に儲る事です。毎年七月井戸、下水わ年二回で、勘定の掛りより三つ割二分わ儲です。仕事師の事をどぶさらいと申したのてあります。只今わ丸でありません。町内の頭わ気の毒です。（図2右）

三、井戸替下水話

まず史料2には、町内の土蔵建設（「町方御店様土蔵」）にあたって、鳶が基礎工事である「木遣」(12)を行っていたことが記されている。彼らは「地形杭打頭衆」（木遣衆）などと呼称され、鳶頭が中心的役割を担ったものと思われる。(13)ここで注目されるのは、「蛸の根取」、即ち、地固めのための工具である蛸の下端につないだ綱を持って、蛸の振れを調整する人が「道具持ち」とされていることである。近世の町火消としての地位の一つであった「道具持」との直接の関係は未詳だが、町火消組織の階層性が職能集団のなかの地位——技能や熟練度——とも即応していたことをうかがわせ興味深い。

続く史料3からは、町住民の共同施設であった井戸（図2では上水井戸）や下水の定期的な掃除や修繕が鳶によって担われていたことがわかる。また「此仕事が実に儲る事」とされ、昭和初期には「只今わ丸でありません」、「町内の頭わ気の毒です」と述べられており、彼らの重要かつ安定的な収入源であったことがわかる。(14)

このように町中から鳶人足が請け負った仕事には、町内での町家・土蔵建設といったいわゆる土木・普請工事のほか、町空間を維持するための雑業も多分に含まれていたのである。こうした「些小」な仕事から、建物の修繕や再建といった定期的に必要とされたはずの広い意味での維持管理労働の受注が、彼らの経営にとっての最良の基礎をつくりだしていたのである。

二　日常としての火事

安政元年一二月、神田多町二丁目火事

安政元（一八五四）年一二月二八日の夜八時頃、神田多町二丁目庄兵衛店で乾物渡世を営む三河屋半次郎の表店から火の手があがった（以下「神田多町二丁目火事」と呼ぶ）(15)。急いで「家内」にて初期消火にあたったが、すぐさま屋根へと燃え移り、季節柄晴天続きで空気が乾燥し、北西の風も強かったため、神田多町東側の佐柄木町・連雀町へと燃え広がり、通町筋（通新石町・鍋町・鍛冶町）を通って今川橋を越え、日本橋の手前までを焼く大火事となった。

出火後しばらくは北西風であったが、翌午前零時頃にかけて、つむじ風によって「東風交リ」となり、これにより、町方住民らが所狭しと御堀沿いの鎌倉河岸に持ち出していた「荷物・家財諸道具・畳・建具」などが延焼を促進し、もともと風上であった西神田一面までをも焼きつくした。結果的に、幅四町四〇間・長さ一〇町三〇間にわたる内神田と日本橋北を含む町方中心部を類焼させ、火が鎮まったのは明朝八時頃のことであった。

表1は、この時の消口の情報をまとめたもので、図3には消口の地点と類焼範囲とをあわせて示している。消口とは「火事などの延焼をくいとめた場所」のことを指し、そこには消火活動の証として町火消組合の名を記した札（「消札」図1参照）が掲げられた。

これらから大半の消し手が町火消＝鳶人足であったことが明らかであろう。町火消組合にはそれぞれの管轄域が定められていたが、延焼が拡大した神田多町二丁目火事は、市中の惣町火消たちが自身のテリトリーを越えて消火にあ

表１　安政元年12月神田多町２丁目火事の消口と消し手

番号	消口	消し手
［１］	須田町②北角	８番組
［２］	佐柄木町裏通角・連雀町東西角	５・６番組
［３］	雉子町西北角	５・６番組
［４］	三河町④角	６番組・本所深川組
［５］	三河町③新道角	６・９番組
［６］	三河町③新道	６・９番組
［７］	平永町三ヶ所	９・10番組
［８］	本石町④角・大伝馬町	店火消・本所深川組
［９］	鉄砲町横	11番組(?)・本所深川組
［10］	大伝馬塩町角	本所深川組
［11］	本白銀町角	本所深川組
［12］	冨山町北角	９・10番組
［13］	小柳町③角	10番組
［14］	本船町川岸角	２・３番組・本所深川組
［15］	本船町木戸際	１番組
［16］	常磐橋御門前	２番組
［17］	長浜町②角	１・２番組
［18］	伊勢町河岸中程	３・８番組
［19］	小田原町横町河岸	１番組
［20］	瀬戸物町より小田原町の角	本所深川組
［21］	本町③横町木戸際	１番組
［22］	伊勢町	店火消
［23］	地蔵橋・丸太河岸角地	町内店火消・本所深川組
［24］	本白銀町会所屋敷地	本所深川組
［25］	神田橋外本多豊前守・本多加賀守両やしきうしろ	定火消
［26］	新土手通り・紺屋町③河岸	店火消
［27］	九軒町河岸	店中
［28］	堀江町	店中
［29］	永富町代地(?)	店中
［30］	小網町	店中
［31］	柳原岩井町上納地・元岩井町	店中
［32］	小伝馬町・鉄炮町・小船町・道有屋敷・亀井町	店中・浅草田原町若者・松下町若者

『藤岡屋日記』第６巻（三一書房，1989年）379～380頁．

たることでようやく火が消し止められたのである。

火事の時代的文脈

ところで、神田多町二丁目火事が発生した時、江戸はまさに時代のうねりの只中にあった。

火事のほぼ一年前の嘉永七（一八五四）年一月一五日、「異国船」が浦賀に再来航し、日本が開国をせまられたことはよく知られている。(16) 前年一二月二六日には「異国船」の渡来に備え、「壱町限町火消抱人足幷店人足・家主共一同、自身番屋江相詰非常相守」るべき旨が町中に触れられていた。(17) さらに町火消人足たちは大組ごとに江戸市中七ヵ所の「詰場」に待機することとされており、市中では厳戒態勢が敷かれていた。(18) こうした市中警固は、嘉永六年六月三日のペリー初来航時にも求められたものであった。(19)

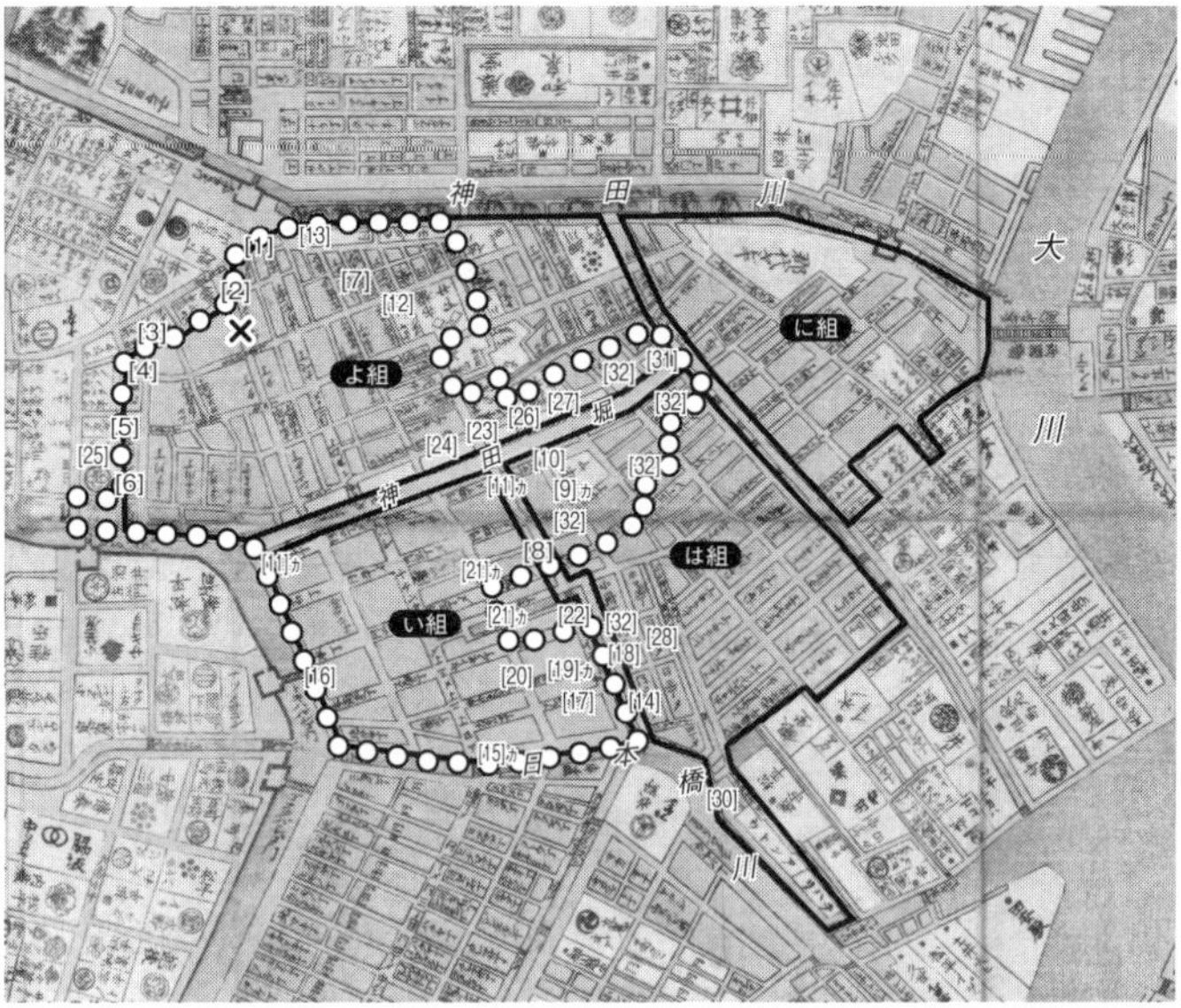

図３　町火消一番組の管轄域と神田多町二丁目火事の類焼範囲・消口
（「安政六年版 泰平御江戸町鑑」〈『江戸町鑑集成』第５巻，東京堂出版，1990年〉，「安政改正御江戸大絵図」〈国立国会図書館所蔵〉，『藤岡屋日記』第６巻〈三一書房，1989年〉379〜380頁より作成）
×印＝出火元，太実線＝小組の出動範囲，丸点線＝類焼範囲，［番号］＝消口（表１を参照）

他方、この時期の江戸には、もう一つの避けがたい大きな動揺が迫っていた。それは嘉永七年頃から畿内・東海地方を中心に頻発していた地震である。安政二（一八五五）年一〇月二日夜一〇時頃、直下型の大地震が発生し、火事もあわさって江戸が甚大な被害に襲われたことはあまりに有名である。(20)

この安政江戸大地震のほぼ一年前の嘉永七年一一月一〇日、世話懸名主は、同月五日に発生した「東海道筋地震」をふまえ、「江戸表は地震薄キ土地柄之段は銘々弁居候事ニ而、此うえのうれいハ有之間敷」としながら、「万一地震之節火事有之候而は以之外之事ニ候」と町中に警戒を促している。[21]さらにその翌々日には、非常懸名主から「国中大地震大津波等」が発生しているため、「市中火之元守方」を再応徹底すべき旨が町中に触れられている。[22]こうした通達は嘉永五年以来頻々に繰り返されていたものであった。[23]

安政元年の江戸は、まさに幕政史上の転換期を迎え、かつ、列島における地震頻発の渦中にもあって、通常よりも厳重な警備・防火態勢が敷かれていたといえる。しかし『藤岡屋日記』によれば、神田多町二丁目火事は三河屋半次郎の「召仕之者」が「居宅奥二階より見世二階中仕切杉戸」に提灯を懸け置いたままにしていたのを失念したことが出火の原因であったという。つまり、この火事は幕末の不穏な情勢とはまったく無縁な出来事であった。

「大火」とは何か

江戸で頻繁に火事が起きていたことはつとに指摘され、これまでも史料に基づく通時的な整理や年表作成が試みられてきた。[24]しかし、火事をどのように評価すべきか、はたまた何をもって「大火」と呼びえるのかは必ずしも判然としない。

神田多町二丁目火事の場合を考えてみると、日本橋北から内神田辺りまでの町方中枢が類焼しており、その範囲からは決して小規模な火事とはいえない。しかし、火災後に通例達せられる諸職人の手間賃と建材価格の統制に関する町触では「格別之大火と申ニは無之候得共、町家多分焼失」した火事であったと評されている。[25]

他方、この年には神田多町二丁目火事の約二ヵ月前にも火災が発生していた。浅草聖天町の水茶屋女の居宅を火元としたこの火事は、当町東隣に位置した江戸三座（歌舞伎座）が軒を構える猿若町を全焼させ、周辺の浅草寺の子院群の一部にも延焼した。[26]その類焼規模は幅二町・長四町ほどで、神田多町二丁目火事に比べ半分に過ぎなかったが、火災後に火元守方を通達した町触では「大火とも可申」と述べられている。[27]

類焼規模や人的被害の度合は火事を評価する際の一つの有効な指標であろう。しかし、こうした定量的な分析は、当時の人々がそれぞれの火事をどのように認識していたのか、という側面を見落としてしまう危険性をも孕んでいる。右にみた類焼規模の大きさと史料上の評価との不一致は、この点を示唆しているように思われる[28]。

先述したように、当時の江戸はこれまでにない緊迫した状況にあった。それゆえに、奉公人の不始末によって発生した神田多町二丁目火事は、町家の焼失数は「多分」なものではあったものの、市中の人々にとってはあまりに日常的な風景の一齣に過ぎなかったのではないだろうか。

三　町場復旧の初動

焼土瓦取片付一件

火災後の町は、焼け落ちた家屋廃材や大量の瓦礫などが山積する状態にあった。こうした焼土類の一部は新たな資源（地形土など）として再利用される場合もあったが、その大半は廃棄物として幕府公認の捨場＝深川越中島に廃棄され[29]、神田多町二丁目火事の後も同様の撤去作業が進められていた。

ところが、年を明けた安政二（一八五五）年正月、「越中島新田」の地先にある「人足寄場」向側の「大川澪筋」（上総澪）に焼土類が不法に取り捨てられていたことが発覚し、これを問題視した下田奉行・勘定奉行は、大川の「水行」に支障がでかねないと町奉行に具体的な措置を求めた[30]。これに対し町奉行側は、改めて町中に厳しく申渡しを行い、不法に取り捨てられた焼土瓦については違反者に取り揚げさせるとして、同月二二日に市中取締掛名主を呼び出し、町中への申渡しと取調べを命じている[31]。

次に掲げる史料は、同日に市中取締掛名主から町奉行宛に上申された町中への「通達振」の伺書の一部である。

〔史料4〕[32]（括弧内は筆者注）

一、類焼場所焼土瓦之類大川内上総澪通辺江取捨候趣入御聴今日被仰付候ニ付、市中土船持共幷類焼場町々人足抱頭共、且（町火消組合）組々一統江早々行届候様通達仕候

一、此節も焼土瓦類焼場所ニ而取片付中之分も有之候ニ付、類焼場壱町限焼土瓦取捨受負候もの之内市中幷近在土船、町々人足抱頭等之手続ニ而雇上候ニ付、此雇頭ゟ下々ニ而是迄雇入候土船乗名前取調、支配限り来ル（正月）廿五日迄ニ定次郎（一番組支配名主）方江無間返取集メ、此もの共之内川中江取捨候分取調候上、取計方御伺可申上候

但、車力請負候分ハ所々地低之場所江持運候ニ付、取調および申間敷候、此分も川端迄差出船手江相渡候手配之受負致候もの者、船受負同様取調可申候

右からわかる内容を摘記すれば次のようになる。

・類焼場の瓦礫処理（以下、「焼土瓦取片付」と統一して表記する）は、「町々人足抱頭」（鳶頭）や「市中土船持」などによって請け負われていた。
・このうち一町ごとに仕事を請け負っている場合（「類焼場壱町限焼土瓦取捨請負候」）、捨場までの焼土瓦類の水上輸送を担った「市中幷近在土船」は、「町々人足抱頭」などの差配（「手続」）によって雇い上げられていた。
・不法投棄を行ったのは「雇頭」が雇い入れ、焼土瓦取片付作業の末端に従事した「土船乗」たちであるとされ、彼らの名前を調査して早々に報告すべきとしている。
・一方、請負人は物資の陸送業務を稼業とした車力（車屋）であることもあった（「車力請負候分」）。この場合の取

調べは不要とされた。焼土瓦類は市中の「地低之場所」（武家の屋敷地や市中道路）に運搬され、土木・普請用の資源（地形土など）として再利用ないし販売されたと考えられる。

・ただし、請負人が車力（車屋）であっても、焼土瓦を町から川端へと運び出したのち、船積みして輸送し、廃棄される手筈となっている場合は取調べを行うこととされた。

「焼土瓦取片付」とは、類焼した町々に散乱した瓦礫の収拾、その運送と廃棄、そして、町屋敷の地形＝整地までをも含むものと思われる。名主たちは、請負人であった鳶人足（鳶頭）を介して取調べを行えば、不法投棄を行った者（「土船乗之名前」）を特定し、処罰できると考えたのである。時期は不明だが、後述する史料から、右と同内容の通達が実際になされたようである。

翌二月一〇日、焼土瓦取片付請負人であった本石町一丁目勘次郎店伊兵衛（一番組い組頭取惣代）・瀬戸物町利兵衛店谷五郎（一番組い組鳶人足）・三十間堀三丁目弥五郎店市右衛門（二番組も組鳶人足）ら二〇名が町奉行所に嘆願書を提出した。(33)その内容は、不法投棄者の取調べを行うことを前提に、「上総澪筋左右・鉄炮州寄州之場所」と「大川中州」に捨てられた焼土瓦が潮の満ち引き（「汐指引」）によって澪筋へと流れ落ちてしまうのを防ぐため、自分たちの差配で事前に浚い揚げることを申し出るものであった。同史料には、不法投棄を行っていたのは取片付を請け負った「土船又者土方共」が「賃銭安」に雇い入れた「下方土船乗共」であったと記されている。(34)この請負人らの願いは町奉行所に認められたようで、この一件は特別なお咎めなどなしに落着した。(35)

請負人らの嘆願書によれば、請負方法には町から「鳶人足抱頭之もの」が作業を請け負い、土船持へ「船運送」を「下請」する形と、町から土船持・車力などが「直請負」する形があったとされる。先にみた名主らの「通達振」とあわせて考えれば、焼土瓦取片付が町に抱えられた鳶人足が請け負う形が一般的であったと考えてよいだろう。

即ち、消火活動に従事した鳶人足＝町火消たちは、類焼した町々の瓦礫処理という町場の初期的な復旧作業の担い手でもあったのである。また、「此節も焼土瓦類焼場所ニ而取片付中之分も有之」とはされるものの、火災発生から一ヵ月を経ずにして鳶人足を中心に瓦礫処理が実施済であったという復旧の迅速性にも注目しておきたい。

焼土瓦取片付場所と請負人

嘆願のあった安政二年二月には、焼土瓦取片付請負人のうち船積みを行った者のリストが市中取締掛名主から町奉行宛に上申されている。同史料中には、右のリストの原本にあたると考えられる焼土瓦請負人の書上（「焼土瓦取片付請負人名前」）が含まれており、ここから請負関係の全体像を知ることができる。(36)

表2（A・B）は、この書上からわかる情報を一覧にしたもので、請負人は個別町単位（「壱町限請負人」）と、家屋敷単位（「家主某地面内」）とに分類される。以下、これをもとに焼土瓦取片付請負人と請負関係の特徴を考察していこう。

まず焼土瓦取片付場所（四二件、うち実数は町二六、町屋敷＝家主地面二六）をみると、すべての場所が被災地域にあたる。町単位と家屋敷単位の所在を比較してみると、後者は御堀端や伊勢町入堀沿い、つまり類焼域の境界に集中

備考	下請人
	なし
	1c, 2b, 3a
1番組い組頭取	1a, 2b
	1b, 2c
	1b, 2c
	1d, 2e
1番組い組頭取	1e, 2d
	なし
	1g=2a
	3b
	2f, 3a
	3a, 3d
	3a
1番組い組頭取	1a, 2b
	3b
1番組い組頭取	1a, 2b
1番組い組頭取	2b, 2d
	なし
	3b
1番組い組頭取	3a, 3c
	3a
1番組い組頭取	3a, 3c
2番組ろ組頭取	3b
1番組い組頭取	3a, 3e
	1f
	なし

東京堂出版, 1990年）より作

請負人（「船取不仕分」）を指

表２Ａ　焼土瓦取片付請負人（個別町単位）

番号	片付場所	居所	名前	職分
[1]	室町①	品川町六平店 高輪北町清兵衛店	勘七 金次郎	鳶人足 土方
2	室町②	瀬戸物町利兵衛店	谷五郎	鳶人足
3	室町③	本石町①勘次郎店	伊兵衛	鳶人足
4	瀬戸物町	瀬戸物町利兵衛店	谷五郎	鳶人足
5	本小田原町①	芝田町③伊三郎店	源次郎	土方
6	本船町	難波町裏河岸又右衛門店	徳兵衛	土方
7	按針町	本石町①勘次郎店	伊兵衛	鳶人足
8	長浜町①・②	下谷坂本町①茂兵衛店 武州荏原郡品川猟師町	太助 金蔵	土方 土船乗
9	本石町①a	本石町①市五郎店	源三郎	鳶人足
[10]	本石町①b	本石町①清蔵店	㐂右衛門	鳶人足＝土方
11	本石町②	本石町②銀五郎店	勘助	鳶人足
[12]	本石町③	本石町③金兵衛店	市五郎	鳶人足
[13]	本石町十軒店	本石町十軒店金三郎店	八右衛門	鳶人足
14	本革屋町a	本石町①勘次郎店	伊兵衛	鳶人足
[15]	本革屋町b	本石町①清蔵店	㐂右衛門	鳶人足＝土方
16	金吹町	本石町①勘次郎店	伊兵衛	鳶人足
17	品川町	品川町音吉店	善八	鳶人足
18	品川町裏河岸	住吉町裏河岸安兵衛店 下柳原同朋町忠兵衛店	寅右衛門 松五郎	土方＝土渡世 船積世話方＝土船持
[19]	本町①	本石町①清蔵店	㐂右衛門	鳶人足＝土方
[20]	本町③	本町③利兵衛店	仁兵衛	鳶人足
[21]	本町③裏河岸	本石町①勘次郎店	豊次郎	鳶人足
[22]	本町④	本町③利兵衛店	仁兵衛	鳶人足
[23]	駿河町	新右衛門町忠兵衛店	丑右衛門	鳶人足
[24]	岩附町	本町③利兵衛店	仁兵衛	鳶人足
[25]	三河町②	三河町②八郎兵衛店	伊之松	鳶人足
26	鎌倉横町南側代地	松嶋町久七店 三河町①玄蔵店	伊右衛門 倉右衛門	土渡世 土船持

『市中取締続類集』地所之部３ノ４（旧幕），「安政６年版 泰平御江戸町鑑」（『江戸町鑑集成』第５巻，
成．

表２Ｂと重複する名前はゴチで示し，網掛けは同町居住の請負人，□番号は船積みを行わなかった
す．「下請人」は表４を参照．

していることが注目される（図4）。町全体での被害が小規模で済んだ場合には、町中の共同負担（町単位）ではなく、それぞれの家主らによって個別に請負人への業務依頼が行われたと想定されよう。

請負人の職分は、鳶人足・土方・土船関連（土船持・土船乗・船積世話方など、以下「土船持」と統一して表記）の三つである。

土船持は自己の所有する土船をもちいて土木・普請用の土砂の運送や仕入・販売を稼業とする者で、彼らにとって火災後の取片付は、瓦礫の輸送を担えることに加え、商品となる資源確保の絶交の機会になったと考えられる[37]。一方の土方とは、「黒鍬者」などと呼ばれる土手築造や土地造成といった土工工事を専門とする者で、地形が必要であろう類焼後の復旧作業にも従事したものと推定される。実際に労働を担った土方人足らは、労働の質からいっても鳶人足の派生的形態とみなしえる存在であった[38]。ただし、当一件で焼土瓦取片付請負人として現われる「土方」とは、土方人足＝工事従事者そのものではなく、彼らを統轄し斡旋する鳶頭や人足頭取と類似した日用頭ないし請負商人的存在であったと思われる。

さて、請負人の職分の内訳をみると、鳶人足が約五五・六％（五四人中三〇人）、土船持が約二九・六％（五四人中一六人）、土方が約一四・八％（五四人中八人）となる[39]。ここで特筆すべきは、請負人の半数以上が鳶人足であることである。その割合は個別町単位に限れば七〇％にまで達する（三〇人中二一人）。さらに、焼土瓦取片付場所の件

備考	下請人
1番組い組頭取	1a, 2b
請負人（5）と同居	なし
2番組も組頭取	2f, 3b
	なし
	なし
1番組い組頭取	なし
1番組い組頭取	3a
請負人（5）と同居	なし
	なし
	なし
	2f, 3b
	なし
	3b
	なし
	なし
	なし

東京堂出版, 1990年）より作

請負人（「船取不仕分」）を指

表２B　焼土瓦取片付請負人（家屋敷単位）

番号	片付場所（家屋敷＝家主名）	居所	名前	職分
27	本町②　庄兵衛	本石町①勘次郎	伊兵衛	鳶人足
28	本両替町　久兵衛	瀬戸物町利兵衛店 芝田町③伊三郎店源次郎方同居 幸町次郎八店	谷五郎 半兵衛 伊之助	鳶人足 土方 土船持
29	〃　嘉平次・伊助	三十間堀③弥五郎店	長兵衛	鳶人足
30	〃　辰兵衛	冨嶋町嘉兵衛店	平吉	土船持
31	〃　庄右衛門	本所花町勘右衛門店	倉吉	土船持
32	〃　㐂右衛門	本石町①勘次郎店 本所花町勘右衛門店	伊兵衛 倉吉	鳶人足 土船持
[33]	〃　儀三郎	本石町①勘次郎店	伊兵衛	鳶人足
34	北鞘町　久兵衛	瀬戸物町利兵衛店 芝田町③伊三郎店源次郎方同居 幸町次郎八店	谷五郎 半兵衛 伊之助	鳶人足 土方 土船持
35	〃　四郎左衛門・保平	深川元町家主留五郎方同居	銀次郎	土船持
36	〃　清右衛門・友右衛門・徳兵衛	霊岸島川口町佐兵衛店	源次郎	土船持
37	〃　嘉平次	三十間堀③弥五郎店	長兵衛	鳶人足
38	〃　庄右衛門・儀助	本所花町勘右衛門店	倉吉	土船持
[39]	〃　太右衛門・幸右衛門・忠兵衛	本石町①清蔵店	㐂右衛門	鳶人足＝土方
[40]	伊勢町　太平	本石町①清蔵店 深川蛤町家主不知	㐂右衛門 清蔵	鳶人足＝土方 土船持
41	〃　庄次郎・良助	住吉町裏河岸安兵衛店 下柳原同朋町忠助点	寅右衛門 安五郎	土方＝土渡世 土船持
42	〃　市兵衛・清兵衛	深川万年町③花五郎店	金次郎	土船持

『市中取締続類集』地所之部３ノ４（旧幕），「安政６年版 泰平御江戸町鑑」（『江戸町鑑集成』第５巻，
成．
表２Ａと重複する名前はゴチで示し，網掛けは同町居住の請負人，□番号は船積みを行わなかった
す．「下請人」は表４を参照．

数ベースで鳶人足の関与をみてみると、全体では七一・四％、個別町単位では実に八〇・八％に及ぶ。他方、土方・土船持については、類焼場以外に居所を持つ者のみで、家屋敷単位に多く見出すことができることを確認しておきたい（六〇・九％）。

ここからも焼土瓦取片付の大半が鳶人足によって請け負われていたことがうかがえる。表2から鳶人足のみを抽出したものが表3で、請負人となった鳶人足の特徴として次の三点が指摘できる。

第一に、鳶人足が居町を核としながら町火消小組の管轄内の町々や町屋敷の取片付作業を多く請け負っていたことである。第二に、請負人となる鳶人足がいずれも町に雇用される鳶頭層で

図４　焼土瓦取片付場所(「五千分之一東京実測全図」〈明治19〜21年，『5000分の１江戸東京市街地図集成』柏書房，1992年〉をもとに作成)
番号＝表２を参照，斜線＝取片付場所(個別町)，黒線＝町境界，黒太線＝町火消１番組い組管轄域，網掛け＝焼失範囲を示す．

あったと推定されることである。そして第三に、複数の請負契約を結ぶ鳶人足の多くが当該の町火消小組の人足頭取でもあったことである。また、一部の人足頭取が自身のテリトリー外の町や町屋敷の取片付をも請け負っていたことも注目される。

鳶人足の請負構造

ところで、「焼土瓦取片付請負人名前」（表2）には請負人に紐つけられる形で「下請人」の名前も明記されている。表4は、彼らの情報を職分ごとに整理したもので、表2には請負人との関係を別記してある。

表3　鳶人足の請負数

町火消組合	居所	名前	備考	町数	家屋敷
1番組い組	本石町①勘次郎店	伊兵衛	人足頭取	4	3
〃　〃	〃　〃	豊次郎		1	0
〃　〃	〃 清蔵店	㐂右衛門		3*	2
〃　〃	〃 市五郎店	源三郎		1*	0
〃　〃	本石町②銀五郎店	勘助		1*	0
〃　〃	本石町③金兵衛店	市五郎		1*	0
〃　〃	本石町十軒店金三郎店	八右衛門		1*	0
〃　〃	本町③利兵衛店	仁兵衛	人足頭取	3*	0
〃　〃	瀬戸物町新兵衛店	谷五郎		2*	2
〃　〃	品川町音吉店	善八	人足頭取	1*	0
〃　〃	〃 六平店	勘七		1	0
〃　よ組	三河町②八郎兵衛店	伊之松	人足頭取	1*	0
2番組ろ組	新右衛門町忠兵衛店	丑右衛門	人足頭取	1	0
〃　も組	三十間堀③弥五郎店	長兵衛	人足頭取	0	2
計				21	9

『市中取締続類集』地所ノ部3ノ4および安政6年版「泰平御江戸町鑑」(『江戸町鑑集成』第5巻, 東京堂出版, 1990年)より作成.
＊は居町を含むものを示す.

表4　焼土瓦取片付下請人

番号	居所	名前	職分	町	家屋敷
1a	西久保新下谷町卯右衛門店	三吉	土方	3	1
1b	**芝田町③伊三郎店源次郎方同居**	**半兵衛**	**土方**	2	0
1c	深川伊勢崎町忠兵衛店	源太郎	土方	1	0
1d	住吉町裏河岸安兵衛店	虎吉	土方	1	0
1e	深川海辺大工町嘉助店	栄次郎	土方	1	0
1f	上槇町松兵衛店	清次郎	土方	1	0
1g=2a	武州葛飾郡平井新田吉右衛門店	弥助	土方・船持	1	0
2b	浅草御蔵前片町代地忠兵衛店	亀五郎	土船持	5	1
2c	**幸町次郎八店**	**伊之助**	**土船持**	2	0
2d	本湊町忠兵衛店	新太郎	土船持	2	0
2e	深川上大坂町家主不知	新右衛門	土船持	1	0
2f	**本所花町勘右衛門店**	**倉吉**	**土船持**	1	2
3a	橋本町③家主	勘七	車力	8	1
3b	檜物町清兵衛(蔵?)店	清次郎	車力	4	3
3c	橋本町①佐七店	栄次郎	車持	2	0
3d	亀井町弁八店	万吉	車力	1	0
3e	難波町又右衛門店	要助	車持	1	0

『市中取締続類集』地所ノ部3ノ4(旧幕)より作成.
1＝土方, 2＝土船持, 3＝車力・車持を指し, 請負人との関係は表2を参照. ゴチは請負人(表2A・B)としても名前がみられるもの.

まず特筆すべきは、下請人をとる請負人の職分が、本小田原町一丁目（表2Aの5）と本船町（表2Aの6）を除いてすべて鳶人足であったことである。逆に下請人についてみると、その職分は土方、土船持、車力・車持の三種に限定され、ここに鳶人足は見出せない。

そこで、表4と表2を照合してみると、請負人としても下請人としても現われる土方・土船持を三名確認することができる（表4ゴチ）。さらに、「焼土瓦取片付請負人名前」（表2）では「請負人」と記されるのに対し、この書上をもとに名主が町奉行所に提出したリストでは「下請人」と記載されている者が四名見出せる（表2Aの8〈土方・太助〉・〈土船乗・金蔵〉、表2Bの40〈土船持・清蔵〉、表2Bの41〈土船持・安五郎〉）。彼らの請負形態を表2で確認すると、その大半が単独ではなく鳶人足と共同で請負人となっていることに気づく。

こうした事実は、請負人として名を連ねる土方や土船持が、実際には鳶人足（「町々人足抱頭」）の口利きを通して雇用されていたことを想像させ、むしろ、下請をとる請負形態が鳶人足固有のものであったことを示唆している。この点は、表2・表4から鳶人足と土方・土船持・車力との得意関係が読みとれることからも理解される。(40) 鳶人足を頂点とする異職種の組み合わせからなる請負形態は、瓦礫の撤去、その陸上・水上での輸送、町屋敷の整地作業などの一連の労働の分業関係に対応するものと考えられよう。

以上から焼土瓦取片付にあたって鳶人足が中核的役割を担ったことは明らかであろう。町との第一の得意関係を所有する鳶人足（鳶頭・人足頭取）が町中との直接の請負人（元請）であって、彼らが媒介（「手続き」）して焼土瓦の運搬や輸送などの取片付作業の一端を下請けしたのが土方・土船持・車力であったといえる。逆に、土船持や土方が焼土瓦取片付を直接請け負うためには（「直請負」）、個別の家主や表店商人らとの独自の出入関係に根ざすことが不可欠であって、これは家屋敷単位で彼らが卓越していたことと照応している。

ただし、下請人（土方・土船持・車力）が鳶人足に対して一方的な従属関係にあったわけではないだろう。詳細は割愛するが、下請人の側から請負人との関係をみてゆくと、特定の鳶人足との得意関係が読みとることができる(41)。鳶人足による斡旋を梃子に、下請人たちもまた町や商人たちとの地域的な取引関係を独自にとり結んでいたのである。

おわりに――再帰する火事と巨大都市の定常性――

本章でみた鳶人足（鳶頭・人足頭取）の請負構造は、町方における土木・普請工事を地域的に独占していた彼らの実態を示すものといえる。ただし、こうした請負ネットワークが近世を通じて達成された鳶人足集団の成熟段階を示すものであったことには留意しておく必要があろう。

焼土瓦取片付は、あくまでも火災からの復旧過程の端緒に過ぎないが、町家再建のための第一歩であったことは間違いない。筆者はこうした鳶人足による労働を、災害後にみられる臨時的なものではなく、日常的な営みのうえに捉えるべきと考える。というのも、鳶人足による瓦礫処理や普請地形は、彼らが不断に行っていた町家や土蔵の建設や修復、道や下水、井戸の清掃や修繕などの実に多様な町内の物的環境の維持管理労働の一部に位置づくものだからである。さらにいえば、彼らが担った市中の防火・消火活動もまた広い意味での都市空間の維持に直結する営為であったことはいうまでもない。

それでは、江戸にとって火事とは「危機」であったのであろうか。

家財の焼失や建物の倒壊、そして死人や怪我人といった実質的な被害をもたらすという点で、市中に暮らす人々にとって火事は危機そのものであった。しかし、鳶人足の側からみれば、火事は町火消としての勇敢なる自己表象の場であるとともに、土木・普請工事従事者としての需要を生み出す源泉でもあったといえなくもない。換言すれば、火事は社会集団としての鳶人足仲間＝町火消組合の成熟化を促す契機であって、その後の復旧作業は、彼らの経営にとっての潤滑油にもなりえた。本章でみられた鳶人足を中核とした請負ネットワークと火災後の迅速な対応は、いく度もの火災の経験によってこそ成立しえたのではないだろうか。

このように考えると、町に雇用された鳶人足＝町抱鳶を、まさしく町空間の再生産を根本から支え続けた存在として捉えることができるように思われる。そうした意味で、再帰する火事の経験は、江戸の都市空間の定常性をむしろ強化していったとみることができるかもしれない。

注

(1) 池上彰彦「江戸火消制度の成立と展開」（西山松之助編『江戸町人の研究』第五巻、吉川弘文館、一九七八年）、鮎川克平「江戸町方火消人足の研究―店人足と鳶人足の実態―」（『論集きんせい』三、一九七九年）、吉田伸之「江戸の日用座と日用＝身分」「日本近世都市下層社会の存立構造」「巨大都市における身分と職分」（同『近世都市社会の身分構造』東京大学出版会、一九九八年）、同「江戸町火消と若者仲間」（同『身分的周縁と社会＝文化構造』部落問題研究所、二〇〇三年）。
(2) 吉田前掲注(1)「日本近世都市下層社会の存立構造」「江戸町火消と若者仲間」。
(3) これらと併存する形で、「店抱」と呼ばれる出入先の商人との個別的関係もみられた（吉田前掲注(1)「巨大都市における身分と職分」）。
(4) 市川寛明「江戸における消防組織の存在形態と結合原理」（『関東近世史研究』五七、二〇〇四年）。
(5) 吉田前掲注(1)「巨大都市における身分と職分」。
(6) 『東京市史稿』市街篇・第五二巻、八六七頁。
(7) 吉田前掲注(1)「巨大都市における身分と職分」。
(8) 『東京市史稿』市街篇・第五一巻、六〇七～六一〇頁。明治期以後の町火消（組合）の動向については、鈴木淳『町火消たちの

近代』（吉川弘文館、一九九九年）を参照。

(9) 伊藤ていじ監修『清水組諸職人差出帳』（清水建設広報室、一九七八年）九〜一八頁（翻刻版）・八二〜八六頁（写影版）。「古来の風習」の作成年代は昭和一〇（一九三五）年八月であるが、鳶頭の手によって記された明治中後期における鳶職の「風俗・習慣・技法等」を伝える第一級の史料となっている。

(10) 同右、一〇・八二頁。

(11) 同右、一二〜一三・八三頁。

(12) 大櫓を組んで音頭にあわせて大蛸（地固めをするための工具）を用いて複数人で地面を突き固めること（中村達太郎著、太田博太郎・稲垣榮三編『日本建築辞彙〔新訂〕』中央公論美術出版、二〇一一年、四八二頁）。

(13) 省略した一条目には「丸の内御造営新築当時の地形、三重やぐらの上にて、各区鳶頭衆が七・八十貫位いの大眞棒にて、木遣音頭にて突固め」を行ったとある（前掲注(9)『清水組諸職人差出帳』一〇頁）。

(14) 「上水・井戸替のお話」の内容については、鈴木前掲注(8)書で既に指摘されている。

(15) 『藤岡屋日記』第六巻（三一書房、一九八九年）三七九〜三八〇頁。以下特記しない限り同史料を参照。

(16) 藤田覚『幕末から維新へ』（岩波書店、二〇一五年）などを参照。

(17) 『江戸町触集成』一六（塙書房、二〇〇一年）一五五〇九号。以下、『江町触』と略す。

(18) 同右、一五五一六号。

(19) 同右、一五四一六・一五四一九・一五四二一号。

(20) 同右、一五七二六号。安政江戸地震については、北原糸子『安政大地震と民衆—地震の社会史—』（三一書房、一九八三年）に詳しい。

(21) 『江町触』一六、一五六一八号。

(22) 同右、一五六二二号。

(23) 同右、一五二三三・一五二三五・一五二四〇・一五二四一号など。

(24) 西山松之助「火災都市江戸の実体」（同『江戸町人の研究』五、吉川弘文館、一九七八年）、吉原健一郎「江戸災害年表」（同上）、黒木喬『江戸の火事』（同成社、一九九九年）など。

(25)『江町触』一六、一五六四二号。
(26)同右、一五六六号。
(27)同右。
(28)神田多町二丁目火事および浅草聖天町火事ともに人的被害は未詳だが、浅草聖天町付近が不特定多数の人々の集う芝居地であったがために多くの人命が失われた可能性は高く、その意味で後者が「大火」と評されたとも考えられる。しかしこうした見解もまた、同年の二件の火事を相対的に評価したものでしかない。
(29)伊藤好一『江戸の夢の島』（吉川弘文館、一九八二年）、坂詰智美『江戸城下町における「水」支配』（専修大学出版局、一九九九年）。
(30)『市中取締続類集』地所ノ部、三ノ四（旧幕）。
(31)同右および『江町触』一六、一五六四三号。
(32)『市中取締続類集』地所ノ部、三ノ四（旧幕）。
(33)同右。
(34)同右。
(35)ただし、安政二年一一月六日の市中取締掛名主から町中・人足頭取・土船持への申渡では、「一同（筆者注：焼土瓦取片付請負人）申合浚取、越中島後ロ芥捨場江運送いたし取捨度旨相願、当時片付中之処」と述べられており、すぐには「浚取」作業が実行されなかったようである。
(36)『市中取締続類集』地所ノ部、三ノ四（旧幕）。三河町・鎌倉町横町南側代地（一番組よ組）を例外とすれば、焼土取片付場所の大半は町火消一番組い組のテリトリー内に分布しており、詳しくはわからないが、同書上は一番組い組の人足頭取によってとりまとめられたものと推定される。
(37)江戸市中の土船持（「土船乗・土商之者共」）は、文化九（一八一二）年、日本橋川筋の一部（「江戸橋ゟ豊海橋迄」）の定浚を請負うことの助成として鑑札が与えられており、この株仲間の前身は、明和七（一七七〇）年に「飯田町汐留ゟ数寄屋橋御門際迄御堀内澪通土浚取」ることを認められた際に既に形成されていた八組の仲間（「八河岸土船持」）であったと考えられ、その数は文化一二（一八一五）年には一一組一三二人、安政三（一八五七）年には一二組一九〇人であった（吉田伸之「「御堀端」と揚場」『別

冊都市史研究 パリと江戸』 山川出版社、二〇〇九年)。

(38) 安政江戸地震後の賃銀統制令のなかでは、大工や左官などの職人や鳶人足とは別に「土方人足」が独立した形で項目立てされており(『江町触』一七、一五八四四号)、統制の一環として五番組名主から提出された「大工棟梁其外重立候者」のなかには「土方人足割頭」として桶町二丁目松五郎店定吉の名が見出せる(『江町触』一七、一五八一一号)。近世後期から幕末にかけて土木工事全般を専門に請け負う「土木請負業者」が成長するとされ(土木工業協会・電力建設業協会『日本土木建設産業史』技報堂、一九七一年)、町火消組合=鳶集団とは別に、土木専門の労働力=土方人足を掌握する請負集団として土方仲間の組織化が進んでいたのではないだろうか。

(39) ここでは、本石町一丁目清蔵店㐂右衛門(表2の10・39・40)は「鳶人足」、住吉町裏河岸安兵衛店寅右衛門(表2の18・41)は「土方」として算出した。

(40) たとえば、西久保新下谷町卯右衛門店の土方・三吉(表4の1a)は、下請四件(表2の4・14・17・27)すべてを本石町一丁目勘二郎店の鳶人足・伊兵衛から請け負っており、浅草御蔵前片町代地忠兵衛店の土船持・亀五郎(表4の2b)も、六件中四件(表2の3・14・16・27)を同じく本石町一丁目勘次郎店の鳶人足・伊兵衛から下請けしている。また、檜物町清兵衛店の車力・清次郎(表3の3b)は、計七件の下請けのうち四件(表2の10・15・19・39)を本石町一丁目清蔵店の鳶人足・㐂右衛門から、二件(表2の29・37)を三十間堀三丁目弥五郎店の鳶人足・長兵衛から請け負っている。

(41) この点は下請人としてのみ登場する車力に特徴的に見出せる。車力・勘七(表4の3a)は橋本町三丁目の家主で、九件(表1の2・11・12・13・20・21・22・24・33)もの下請をしている。下請先となる町々からは、日本橋北を中核的なテリトリーとして諸荷物の運搬を諸商職人から請負っていたことがうかがえる。また車力・清次郎(表4の3b)は、日本橋南の御堀端に位置する檜物町に居所を持つ。下請先は日本橋川筋と御堀端に近接する町や家主=家屋敷が中心となっており古町地域の周縁部の河岸近辺に店を構え、中心部における諸商職人と「出入」関係をもとに稼業を営む車力の存在が推定されよう。

第四章　明治維新と都市
――第一回京都博覧会による都市整備――

三宅拓也

はじめに

明治の京都は危機から始まった。幕末の動乱は市中の治安を悪化させ、元治元（一八六四）年七月、ついには禁門の変に端を発する大火で市中は灰燼に帰した。しかし、「どんどん焼け」と呼ばれたこの大火よりも、京都の人々に絶望をもたらしたのは天皇の東幸であっただろう。明治二（一八六九）年三月に事実上の遷都がなされたことで、京都は平安京の遷都以来、一〇〇〇年を越えて保ち続けてきた天皇の居住地という地位を失うのである。

明治維新が京都から奪ったものはこれにとどまらず、遷都に伴って公家や諸侯も東京へ移り、幕末に集結した武士たちも京都から離れた。廃仏毀釈の広がりで寺院も力を弱めた。このことは純然たる消費者である彼らの「御用達」という特権で維持されてきた京都の産業の潰滅を意味した。明治時代を通じて京都の勧業政策に携わった丹羽圭介はこう述懐する。「元治兵燹にすつかり焼出された上に此の特権の消滅である。全く泣面に蜂だ」(1)。特権を失った商人の中には市場を求めて東京へと移り、あるいは外国人居留地へと移る者もいた。経済活動を縮小する京都は、いよいよ都市としての存亡の危機に立たされた。

明治維新期に衰退の危機が叫ばれた都市はなにも京都だけではない。日本の歴史的都市の主流を成す城下町は、維新の諸改革によってその成立の根幹をなす武家社会が解体され、都市ごとに程度の差こそあれ少なからぬ打撃を受けた。藩主を失った城は権力の象徴としての機能を失い、版籍奉還に伴う禄制改革や武家地処分によって、かつての武士＝士族は特権を失った。純然たる消費者であった士族の窮迫は都市の経済活動を縮小させ、都市は活気を失う。

この典型ともいえるのが、加賀藩一〇〇万石の城下町として江戸に次ぐ規模の軍事都市を誇った金沢であろう。廃藩置県によって金沢藩の県庁所在地となった金沢は、人口一二万三四五三人の四割を士族が占め（明治四年八月時点）、士族窮迫の影響はひときわ大きかった。さらには、行政区域の改正により県庁がしばらく美川に移されたことで、政治的中心地としての地位を失い、人口の流出は加速する。士族の屋敷は売り払われ、市中には空き地が増えた。明治五年一月に石川県の県庁所在地としてその地位は回復するが、明治五年には人口が一〇万九六八五人と激減しており、その代償は小さくはなかったことがうかがえる(2)。これが回復をみせるのは、明治後半期の師団設置による都市の新しい担い手の登場を待たねばならない。

明治維新の諸改革は既存都市の存立原理に大きな転換を招き、都市に近世の社会構造からの変革を迫った。横浜や神戸のように幕末の開港を契機に新たな都市構成員を獲得し、一介の漁村から交易都市へと発展した地域もあるが、かつての主役たちが去り、あるいは立場を変えた多くの都市において、それは都市衰微の始まりを告げるものであった。それゆえに、京都が直面した衰退の危機も、天皇の居住地からの転落という点においては唯一無二であったが、都市基盤構造の転換が招いたという意味では、多くの歴史的都市に共通する側面を持つといえるだろう。

「泣面に蜂」の重層する危機に直面していた京都は、これを乗り越えるべく官民一致して近代化を推進することとなる。この「復興」の推進力となったのは教育と勧業であった(3)。近代的教育制度の導入と勧業政策の推進は全国的に取り組まれたものであるが、廃藩置県に先立って体制の変革が起きていた京都はこれにいち早く取り組んだ。全国に先駆けて小学校を設立し、様々な勧業事業を展開したが、なかでも「京都の文明開化と経済的復興を実現する切札」(4)と評されるのが、明治四年冬に初めて開かれ、翌年以後、組織的に継続開催された京都博覧会である(5)。

京都博覧会の開催は、「京都はこの博覧会開設によつて初めて産業維新が完成した」というほどの成果をあげる(6)。その勧業事業としての評価は先行研究に譲り(7)、ここでは博覧会の開催が都市空間の整備にいかなる影響を及ぼしたのかを改めて考えてみたい。京都博覧会の会場については、その黎明期に寺院や御所を借用したことが知られ、御所を会場とした時期を中心に研究が蓄積されてきた。しかし、その開催経緯の分析や検討のなかで、会場の周辺や市街の状況を視野に入れるものはほとんどない。一方で、博覧会が創設された明治初年の京都は、社寺領の上地が進み、街路空間が整備され、「街の様相が一変したといえる」状況にあったことが指摘されている(8)。

そこで注目したいのが本願寺・建仁寺・知恩院を会場とした明治五年の第一回京都博覧会である。明治五年の博覧会は博覧会社が結成され京都府が組織的に関与した初めての博覧会であり、主会場を複数に分け、関連事業も含めて空間的広がりをもって実施された。会場が複数に分かれたことで、博覧会の観覧には市中を回遊する必要が生じた。この時、会場の周囲ではどのような変化が起こったのだろうか。以下では、博覧会研究の成果に学びながら、第一回京都博覧会の開催に際して生じた都市空間の変化を検討し、明治初年の都市整備の展開過程に、都市衰微の危機への対応として企画された博覧会を位置付けることを試みる。

一　幕末・維新期の京都

本題に入る前に、幕末・維新期における京都の空間構造を確認しておきたい(9)。

幕末の京都は、禁裏を中心とする公家社会、二条城を中心とする武家社会、町人地の町方社会、寺社地の寺社社会が、それぞれに空間的なまとまりを持って並存していた。とはいえ明確に区分できるわけではなく、とりわけ中心部は町屋が軒を連ねるなかに公家や武士の屋敷と寺院が散在するモザイクのような状態である（図1）。この様相を強めたのはペリー来航以後に続々と集まってきた武士たちの存在で、上洛する諸大名は寺院を居所とし、さらには京屋敷を増築・拡大し、それでも入りきれない藩兵は町会所や商家など町方に投宿した。この過程で、町屋を追われた町人らもいたという。武士たちの存在が町方社会・寺社社会を侵食し、幕末に至って武家社会が空間的にもその影響を強めていったのである。禁門の変はこうした状況のなかで起こった市街地での武力衝突であり、それゆえに市中の大部分を焼失する結果を招いたのであった。

焦土からの復興は、維新の諸改革とともに進んだ。町人地ではかつての姿を復元するかのように、近世以来の旧規にしたがって町家が再建された。とはいえ完全な復旧ではなく、維新後に新たに定められた町組ごとに町組会所を兼ねた小学校が建てられるなど、新たな施設も取り込まれた。

被災を免れた幕府の諸施設は行政を引き継いだ京都府の拠点となり（例えば、二条城は京都府庁に、京都所司代は養産場に、所司代千本屋敷は懲役場となる）、主を失った公家や武家の屋敷地は町場化した。大規模な屋敷地のなかには、京都府によって取得あるいは管理され、都市空間の近代的再編に大きな役割を果たしたものもある（例えば、長州藩

図1　幕末の京都（「大成京細見絵図」〈部分〉, 1868年, 信州大学附属図書館中央図書館所蔵）
宮門跡・諸大名屋敷・社寺・町人地が色分けされている.

邸跡は勧業場に、角倉邸跡は舎密局に、薩摩藩邸跡は同志社英学校となる）。社寺境内の一部も上地を経て多くは民有地として払い下げられた。寺町の寺院群の旧境内地を縦断する新京極通りの開削[10]や、建仁寺旧境内地の祇園町南側の開発[11]、八坂神社などの旧境内地への円山公園開設などは、明治維新に伴う境内地処分の際たる例であろう。

市内のこうした変化の後ろ盾となったのが、明治三（一八七〇）年に示された「京都府施政ノ大綱ニ関スル建言書」である。この建言書は初代京都府知事長谷信篤のもとで参事として影響力を発揮し、明治八年には二代目の京都府知事となる槇村正直がまとめたとされる。

武家や社寺が所有する地所の収公は政府による中央集権化政策の一端でもあったが、京都におけるその跡地利用に影響を与えたと思われるのが、京都府が明治三年に示した「京都府施政ノ大綱ニ関スル建言書」である。これを起草したとされる槇村正直は、明治元年から京都府に出仕して権大参事などを歴任したのち、明治八〜一三年まで第二代京都府知事を務め、京都府政の基礎を築いた人物の一人であった。この建言書では次の方針が示された(12)。

一　京都市中ヲ挙テ職業街トシ、追年、諸器械ヲ布列シ専ラ物産ヲ興隆ス可キ事

二　尽ク無用ノ地ヲ開テ地産ヲ盛ニス可シ

三　水理ヲ通シ道路ヲ開キ運輸ヲ便ニシテ、以テ商法ヲ弘大ニス可シ

四　職業教授ヲ開キ遊民ヲ駈テ、職業ニ基カシムル事

五　広ク海外ノ形勢ヲ示シテ人智ヲ発明スル事

ここに提示されるのは実業の発展を通じた京都の復興策であるが、そのためにインフラ整備や土地活用が示されている点は興味深い。京都府が京都博覧会への協力を惜しまなかったのも、博覧会の開催がこの建言書に沿ったものであったからにほかならない。明治初年の京都博覧会が寺社や御所を会場とした背景には、幕末までに連綿と築かれてきた都市構造と、明治維新後に起こった公家社会・武家社会の消失、そしてこれらに代わるように生まれた新しい支配権力の登場による都市空間への介入がある。

二　第一回京都博覧会の開催

京都で初めて博覧会が開催されたのは明治四（一八七一）年のことである。近世以来の有力商人である三井八郎右衛門・小野善助・熊谷久右衛門の発起によって一〇月一〇日〜一一月一一日にかけて西本願寺で開催されたこの博覧会は、日本で最初の博覧会とされる。開催の動機は、天皇が去ったことによって「満都乍チ衰色ヲ呈シ住民黍離ノ嘆ヲ発ス」状態であった京都の復興であり、「一ハ知識材芸ヲ啓開スルノ導線トナシ、一ハ満都衰色ヲ復活スルノ機器トナセン」ことを目指した[13]。

ただ、博覧会を告知する立て札の許可が下りたのが開会二日前ということもあり、準備不足の感は否めなかった。出品の多くが古物であったため、骨董会の様相を呈したともされる（これを理由に後年の記録において次年度以後続く京都博覧会の回数には数えられていない）。しかし、一万一二一一人の来観を得て二六六両を超える利益をあげており、興行としては一応の成功を納めたといえるだろう。そして、三井らは早くも閉会の二週間後に「贄物多ク其旨ニ不叶恥入」結果だったとして翌年三月からの「真実博覧会」の開催を府に願い出る[14]。こうして開催されたのが、のちに第一回と位置付けられる明治五年の京都博覧会である（以下、これを第一回京都博覧会と記す）。

主催
京都博覧会社
京都博覧会社
京都博覧会社
先春社
瑞草社
松上藤四朗ほか

第一回京都博覧会は明治五年三月二〇日から八〇日間開催された（当初は五〇日間として開場したが会期途中で三〇日間の延期が決定した）。博覧会の趣旨は前回同様に大きくは京都の復興である。ただ会期のほかにも変化した点があり、京都博覧会社の結成および京都博覧会御用掛の任

表１　第１回京都博覧会および附博覧会の諸会場

		会場	内容
博覧会	1	本願寺 対面所・白書院・黒書院	草木玉石，新古書画，手玩幷に細工物
	2	建仁寺 方丈	飲食物，新古器物，諸細工物，諸器械類，鳥魚類
	3	知恩院 大方丈・小方丈	呉服物類，武具衣冠，雑物
附博覧会	4	知恩院 山門楼上	茶席（茶菓，茶具・文具陳列）
	5	知恩院 山内	抹茶販売
	6	建仁寺 正傳院	抹茶販売
	7	祇園新地新橋 松ノ屋	歌舞（都踊）
	8	安井門前 平野屋	歌舞（東山名所踊）
	9	宮川町	歌舞
	10	巽新地	歌舞
	11	安井神社 舞台	能楽
	12	下鴨河原	花火

『京都博覧会沿革誌』上（京都博覧協会，1903年）より作成．会場名冒頭の番号は図２と一致する．

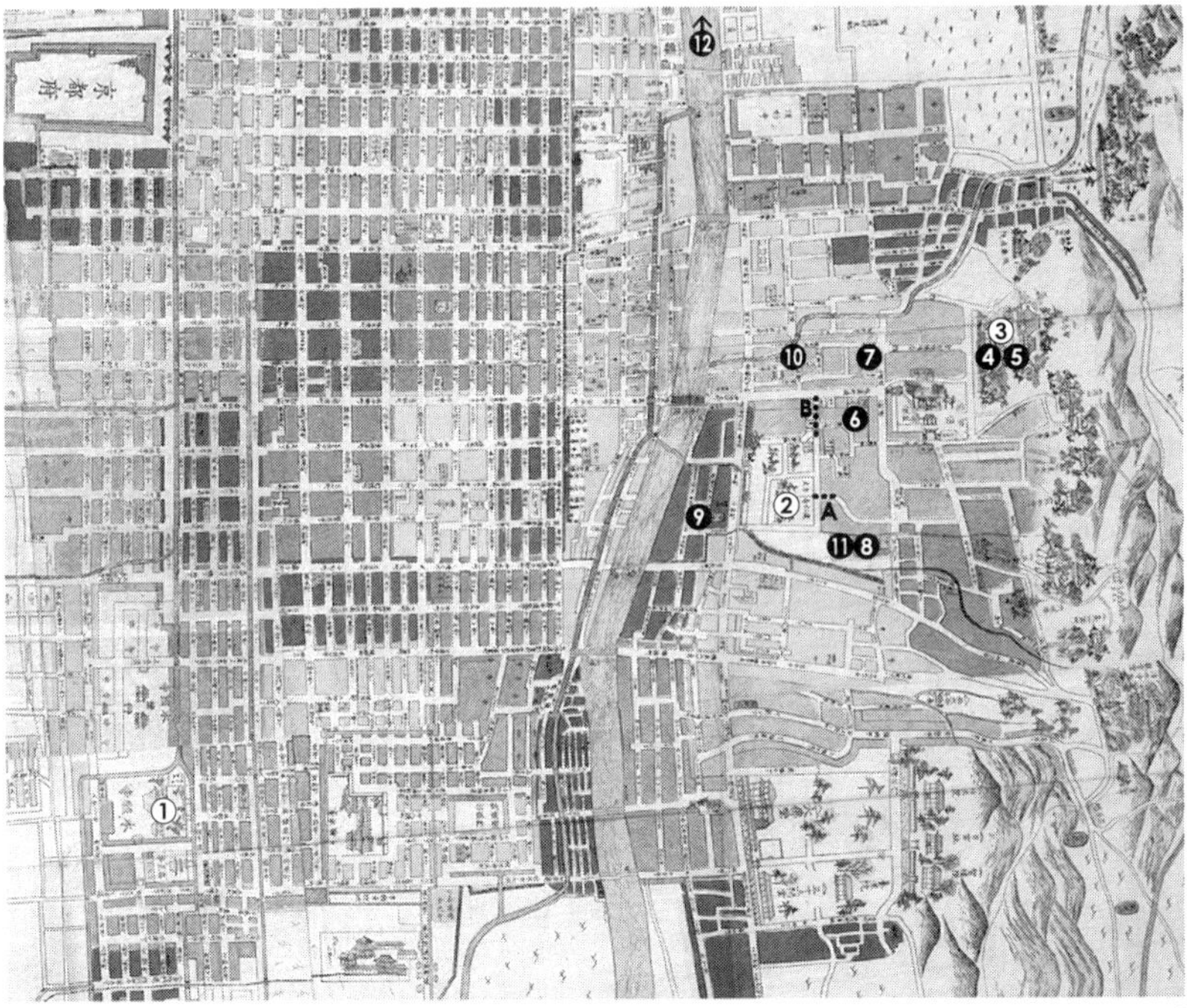

図２　第一回京都博覧会会場位置（『京都区分一覧之図 改正 附り山城八郡丹波三郡』1876年〈国際日本文化研究センター所蔵〉に加筆）

番号は表１に一致する．表１典拠記載の会場名からおよその位置を示した．図は明治９年のもので，道路や施設には開催当時の状況とは異なる部分もある．

命、会場規模の拡大（表1および図2参照）、外国人の特別入京、附博覧会の開催は先行研究においてもその特徴として指摘される。

三　博覧会に伴う都市空間の変化

祇園地域の新路開削――博覧会場をつなぐ道

第一回京都博覧会は、本願寺、建仁寺、知恩院の三ヵ寺を会場とした。増大する物品の陳列場所を確保するためとはいえ、会場の散在は観覧者に不便を強いることになる。とりわけ、附博覧会の会場も集まる祇園界隈は、各会場の接続経路が来観者の回遊を制限し、ひいては各会場の来観者数にも影響を及ぼしただろう。

主催者側もこのことに無自覚ではなかった。そのことを示すのが、『京都博覧会沿革誌』（明治三八〈一九〇五〉年）のなかで第一回京都博覧会に関して記録される次の一節である。

会社又来観人ノ便宜ヲ謀リ、会場建仁寺表門ノ東ヲ安井神社ノ方へ抜ケ八坂へ出ル捷路ヲ開キ、同寺ヨリ北方祇園新地へ出ル新道路ヲ通シ、現時ノミナラズ将来ニ於ケル好便宜ヲ得セシム。(15)

これによれば、博覧会社は来観人の便宜をはかるために、①「会場建仁寺表門」から東方へ安井神社（現安井金毘羅宮）を経て八坂地域に抜ける道、②建仁寺から北方へ祇園新地に至る道の二路を新たに開いたという。①にある、「表門」とは建仁寺で会場となった方丈のそれを指すものと考えられる。これらの新道は将来的にも地域に利便性をもたらしたというから、明治九年の「京都区分一覧之図」を下図とする図2において、新路①はA、新路②はB（花見小路）あるいは同位置でなくとそれらの土台となる道筋が該当すると思われる。ただし、詳細を伝える史料を欠き正確なところはわからない。

会場をつなぐ新路が通された建仁寺の北東地域は、現在は祇園甲部と呼ばれる祇園町南側地区にあたり、明治維新後に建仁寺領地が上地されて間も無く下京第十五区婦女職工引立会社（のちの八坂女紅場）が払い下げを受けて開発した地域である。ただ、祇園町南側地区の開発が本格化するのは、上地と寄付によって京都府の管理となった建仁寺などの旧領地が払い下げられた明治六年二月以後のことである(16)。

博覧会当時の祇園町南側地区

それでは博覧会の開催当時、この地域はどのような状況にあったのだろうか。そもそも博覧会社による新路開削は可能だったのか。ここでは、当時の祇園町南側地区について検討したい。なお、祇園地区はどんどん焼けの被害は免れたものの、翌年（元治二〈一八六五〉年）に祇園新地で起きた火災で建仁寺より北の一帯を焼失している(17)。

明治維新は社寺にも無関係ではなく、明治四年一月のいわゆる社寺領上地令によって、数年をかけて社寺領地の収容が管轄府県によって進められた。図3の灰色部分は、京都府が明治四年二月にまとめた境内略図(18)に、塔頭ごとの記録から敷地内に建物を有していないと報告（敷地内に「当時建物無御座候」の表記。ほかに「墓所」「藪」の表記があり、「門」が示されている）されたものを示したものである。明治六年一月に下京区第一五区婦女職工引立会社に払い下げられる北東部分には、建物を失っていた塔頭が集まっていたことがわかる。なお、敷地内に建物がある塔頭でも、敷地全体に建物が建つわけではなく、墓地や藪地が多くを占めていた。

建仁寺境内北東部において上地の対象となったのはいずれも建物なしとされた地所であり、広燈庵、普光院、養光庵、霊雲院、定恵院、光沢庵の六ヵ寺に属した（図3の横縞区域）。これらの塔頭は、「孰れも其寺は上地の当時より五六十年若くは百年も前より僅に門丈存したる位にて伽藍も無き廃寺同様のものにて墓所とても茫々たる野草の中に

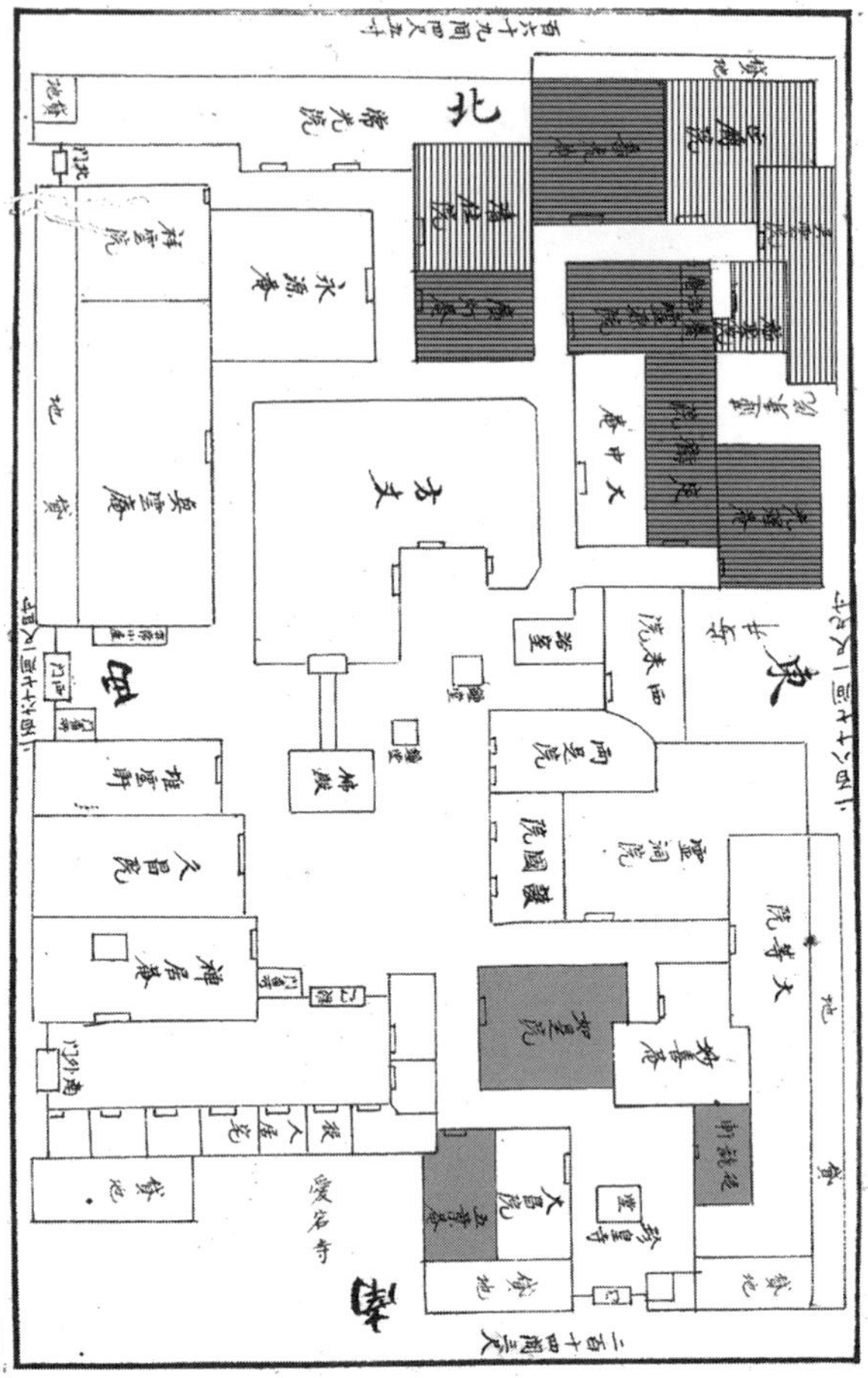

図3　1871年の建仁寺境内（『寺地画図 三十壱番 禅宗臨済派 建仁寺之部』〈京都府立京都学・歴彩館所蔵〉所収「建仁寺」〈M14002〉に加筆）
建物不在区域については，同簿冊中の各塔頭についての記録に基づく．灰色部分は建物不在．横縞部分が上地区域．縦縞部分が寄付区域．

断碑を見る位の事に過ぎず」という状態であったと、明治三三年に回顧されている。(19)

一方で、建仁寺境内と四条通に挟まれた地区は祇園町に属し、善光庵の北側には茶屋・万亭（一力亭）があった。建仁寺から北に伸びる道が祇園新地に出るには、ここに路地がなければその敷地を通過させねばならない。万亭の主人・杉浦治郎右衛門は下京区第一五区の区長で、槇村とも親しく、附博覧会として「都踊」を実施するなど博覧会にも協力した人物であった。後述するように祇園町南側地区開発の最重要人物と目される。万亭は婦女職工引立会社の設立のため八坂・清井町に店を移し、跡地を同社に譲っている（ここに「遊女女紅場」が明治六年三月に開業[20]）。したがって、その設立以前とはいえ、博覧会に合わせて融通させる余地は十分にあっただろう。

当時の祇園町南側地区の状態と関係者を鑑みると、少なくとも祇園新地に抜ける南北の新路②については、その空間を確保することは可能であったことが確認できる。新路①についても状況は大差なかっただろう。ただこの時通された道は必ずしも現在のような整ったものではなく、藪地を区画し整えた程度のものであったかもしれない。それでも、これら道が通ることで、知恩院や祇園新地から建仁寺への便利は格段によくなり、附博覧会として抹茶販売が行われた正伝院（織田有楽斎の茶室「如庵」があった）へのアクセスも容易になったことだろう。

建仁寺が京都府知事から上地に関して接触を受けたのは明治四年の冬が最初で、上地が決する翌年にかけて交渉が重ねられたという[21]。上地交渉と並行して、祇園新地が属する下京区三三番組（後に下京区第一五区と改称する）が、芸者・娼妓らに授産の道をつけるべく「為成産良木等植付申度候」として建仁寺境内地の下付を京都府に出願する[22]。これは明治五年三月のことである。これを受けた京都府は「建仁寺は未だ境内地内の区別未定に有之候條、追て境相立ち境外上地の場所は払下候間拝借願の義は難聞届候事」とこれをすぐには許可しなかった。

このように建仁寺境内地の上地交渉と下京区第一五区への払い下げ交渉は博覧会の開催期間中に進められたわけだが、つまりは当該地所が上地交渉中にありながら博覧会のための整備が行われたということになる。もちろんこうした利用は建仁寺から地所を借りて実施されたものと思われるが、建仁寺側が博覧会閉会後に「勧められ、否寧ろ命令された」と語る境内地寄付の経緯を鑑みると、博覧会のための整備も京都府側が主導権を握って進めたものと推察される。実際に、境内地の測量は建仁寺の承諾なく突如として開始されたらしい[23]。

なお、祇園町南側地区の建仁寺領地は、明治六年一月五日付で下京区第一五区から出された「当区内祇園町通南側

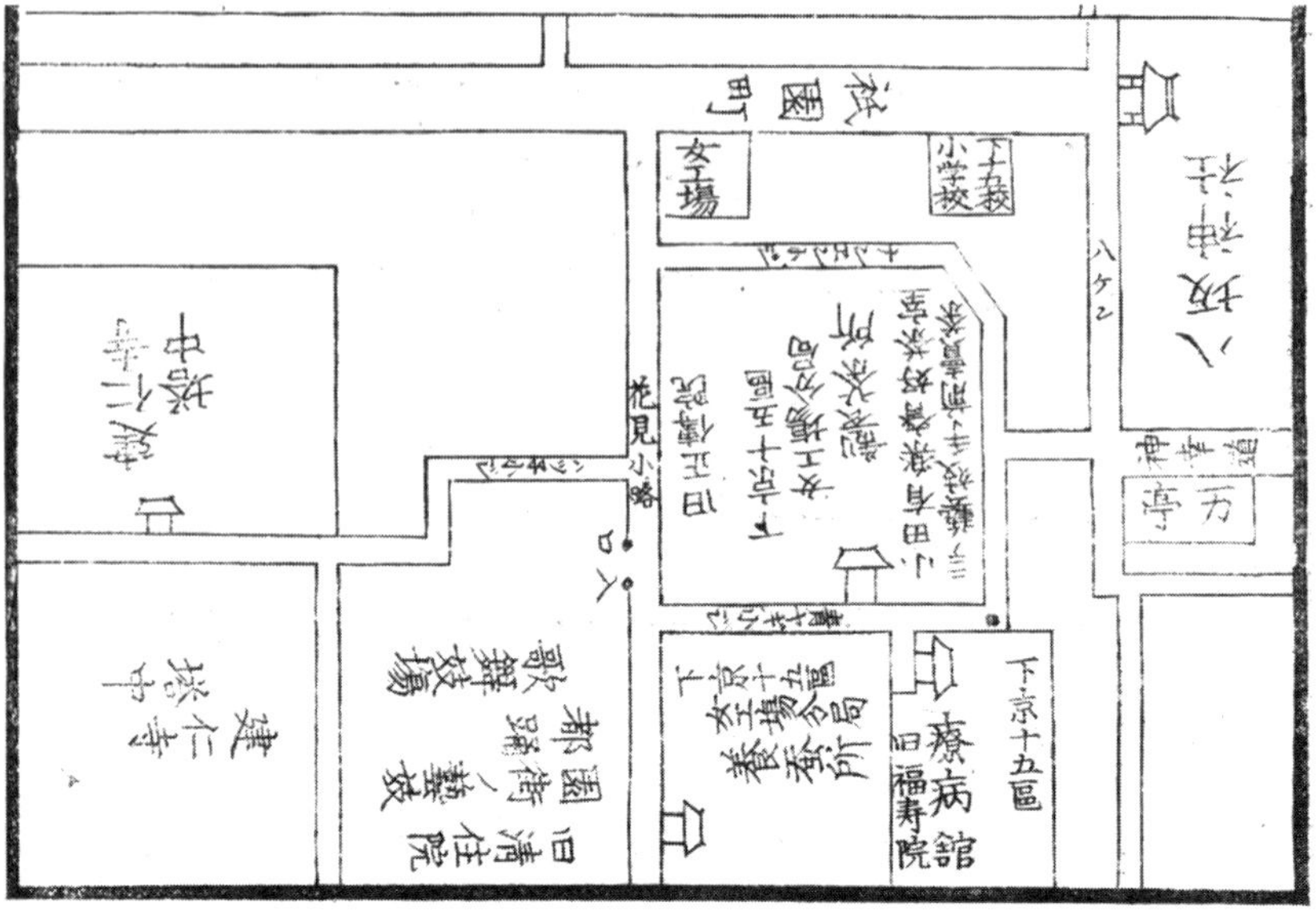

図4　明治6年5月に告示された祇園町南側地区の新路（『京都新聞』西京新聞社, 1873年5月）

裏地続建仁寺境内の外上地の分当区内に相接し地所一円」の払下げの請願により、京都府の管理となっていた建仁寺旧領地と六波羅蜜寺蓮乗院跡・蓮華光院跡が同年二月九日付で引き渡され、同月二〇日には代金の上納も完了する。(24) 立ち退きを迫られた福聚院、正伝院、霊源院、清住院の四ヵ寺（図3の縦稿区域）は建仁寺境内で移転した。跡地に残された建物は歌舞練場や製茶所などの授産施設の受け皿となり、さらなる新路が開かれていくのである（図4）。

祇園町南側地区の開発は、槇村正直が明治三年に示した「京都府施政大綱」を体現するものと位置付けられ、杉浦を筆頭とする下京区第一五区婦女職工引立会社の強い働きかけによって実現したとされる。(25) 京都博覧会による整備と利用はその布石となり、一連の土地所有移転を推しこそすれ、妨げるものではなかった。むしろ、開催時期や下京区第一五区婦女職工引立会社による地域開発・利用（新設された花見小路や、正伝院跡における芸妓による売茶など）を踏まえると、第一回京都博覧会における空間利用の経験がその土台となったともいえるだろう。

外国人の入京に備えた市街美化

第一回京都博覧会開催中に限って外国人の入京が特別に許可されたため、京都府と博覧会社は受け入れの準備に奔走する。宿泊先として知恩院塔頭や旅籠を旅館として定め、食事には洋食を提供した。さらに外国人応接所として四条寺町の大雲院を確保している。これは三月末に新築直後の勧業場に移された。勧業場は二階建て洋風建築で、「其高大輪奐ノ様人目眩セシムルハカリニテ外客ノ観ル者モ其美麗ナルヲ感賞シテ日本大工ノ手際トハ見ヘスト云フ由」と、外国人に誇るものとして報じられている(26)。

各会場では、京都府が近隣府県と外務省から通訳ができる吏員を招聘して対応し、外国人の警護のため「GUARD」の腕章をつけた「ポリス」を巡回させた(27)。さらに博覧会社は神戸や川口で事前に来京の意を受け付け、京都で宿主が待ち受けるという体制を敷く。これらの関連施設には「Committee of Kyoto Exhibition」と書いた旗が立てられた。

新聞紙上でも外国人に関する話題が増えたこともあって、「此度ノ博覧会ハ西洋人ノ為ニ催タル事ナリヤ」と尋ねる「某甲」と、これを否定して説く「某乙」による問答を通じて開催の趣意を改めて伝える記事が、博覧会社が発行する『博覧新報』に掲載されたほどである(28)。

市街美化の促進

このような記事が出されたことは、博覧会が外国人のために開催されたと感じていた者が実際に少なくなかったことをうかがわせる。その原因は、珍しさを求める新聞が外国人の話題を多く報じたこともあるだろうし、必ずしも博覧会の趣旨が正しく理解されていない状況もあっただろう。もう一つ、ここで指摘したいのは外国人の来京に備えた街中の変化である(29)。博覧会のために会場や関連書施設が外国人対応の拠点として整備されたが、同時に外国人を意識した市街地の整備が進めらた。

このことを強くうかがわせるのが、明治五年二月に京都府が発した次の布告である（傍線筆者）。

悪水溜滞シ塵芥積聚スレハ腐敗ノ気人身ノ毒ヲナシ種々ノ病ヲ生ス。人身汚穢市街不潔ナルニ是ヲ清浄洒掃スル事ヲセサルハ万国看テ野蛮ノ俗トナス。況卑劣懶惰ノ弊風アツテハ世界見テ是ヲ何トカ云フヘキ。此旨先年追々申聞タル所ナリ。然ル処今般当府下博覧会中外国人随意ニ入京被差免タレハ近日ヨリ多人数入京スヘシ。此時ニ当ツテ野蛮卑劣ノ謗リヲ請ル体ニテハ独リ京都ノ恥辱ノミナラス御国辱トモ云ヘケレハ、毎町毎戸其旨相心得家廻リ洒掃溝サラヘ等ハ素ヨリ小児小者ニ至ルマテ卑劣懶惰ノ行跡無キ様精々心ヲ付クヘシ。依テ市街洒掃補助費トシテ金三千両下ケ與フル者也。

壬申二月　　京都府(30)

博覧会を機に入京する外国人に不衛生な市街を見せることになれば、それは京都の恥辱、ひいては国辱であると市街の美化・清掃を言いつけているわけだが、これを推進するために市街洒掃補助費として京都市民に三〇〇〇両を下付している点にその切実さがうかがえる。かねてから市街の美化・清掃を指導してきたが、外国人の目を意識して、いよいよ徹底を図ろうというのである。京都府は同様の理由で伏見にも四〇〇両を下付したが、これは大阪からの中継地である伏見に博覧会関係の案内所が置かれていたからだろう。

同じ月、京都府は辻便所の設置など街路空間の整備に関するいくつかの布告を出しているが、市街洒掃補助費はこれらの実施に使用されたものと思われる。具体的には溝蓋の設置や辻便所の整備などだろう。当時は京都府顧問・山本覚馬を補佐し、のちに京都博覧会の中心人物のひとりとなる丹羽圭介も、当時の市街地の変化を「外国人が入洛できるやうになつては放尿勝手次第だつた街にも溝蓋が出来、辻便所が出来た」と語り、博覧会で入洛する外国人の影響を示唆している(31)。

市街整備の波及

美化・清掃のほかにも博覧会を契機とする街路空間の整備や取締りがなされた。外国人だけに関わることではないが、街灯整備もその一つである。明治五年二月の新聞は、京都府が「博覧会中諸人ノ往来ヲ保護スベキ為メ」、三条大橋・四条大橋・五条大橋の東西橋詰に「洋風瓦斯張リノ燈台」を二燈ずつ設置して夜通し点灯させること、これに加えて知事・長谷、参事・槇村、権参事・馬場の三氏が自邸付近に二燈ずつ設置することを報じる[32]。

同じく明治五年二月には御雇外国人教師が市中を歩く際に通行の邪魔をする無礼者がいるといって、外国と交際するうえで礼儀知らずは「国之辱」であるから今後は厳しく取締まると周知する[33]。既に京都に暮らす外国人教師が話題となったものだが、先に控える博覧会期間の外国人入京とも無関係ではないだろう。同年三月には、外国人の観覧も許された琵琶湖の畔に西洋料理屋・開化楼が開業すると、「嗚呼此モ亦京都博覧会ノ波及シタルカ」と報じられた[34]。

第一回京都博覧会が終盤にさしかかった明治五年五月、『京都新聞』が市中の様子を報じた。各種学校の整備や、戸籍取締りによる浮浪者・乞食・盗人の不在に続けて、街路について次のように描写している。

小石ヲ除キテ道砥ノ如ク諸溝ヲ蓋フテ臭汚ヲ遠サケ尿所ヲ設テ濫溺ヲ禁シ町々ノ木戸、地蔵堂、並番小屋、塵捨場等皆取払ヒ、縦横ノ街衢斉整心目ヲ爽ニシ、闇ヲ照ス萬燈ハ独リ京都ノ月夜カト疑ハル。之ヲ三年前ニ比スレハ、実ニ別天地ノ心地セリ[35]。

京都における明治初年の近代化を示すものとしてしばしば紹介されるこの風景も、博覧会の開催がつくりだしたといえる部分が少なくない。博覧会の以前からこれと無関係に周知されたものもあるが、辻便所や溝蓋などの美化・清掃や街灯の設置などは、博覧会のために入京する人々の目を強く意識して整備が進んだことは先にみた通りである。

とりわけ、博覧会を機に初めて京都に足を踏み入れる多くの外国人に、整備が行き届かない「野蛮」な姿をみせるわけにはいかないという思いが、「縦横ノ街衢斉整心目ヲ爽ニシ」という風景を実現させたといえるだろう。外国人入京者たちはこの爽やかな街路に繰り出し、市中の商店で買い物を楽しんだ。こうした経験が伝えられ、京都への訪問は日本にやってくる外国人たちの憧れとなっていくのである。[36]

四　その後の京都博覧会――御所・離宮の借用と維持管理――

京都博覧会は翌年以後も継続して開催されるが、先にみた道路整備のような変化はみられない。その理由の一つは会場が京都御所へ集約されたことにあろう。

翌年の第二回京都博覧会は禁裏御所の一部と仙洞御所を借用して開催された。この間の経緯を検証した吉岡拓は、御所の利用は分散する会場を一元化して利便性を高めるとともに、博覧会への御物の出品と合わせて庶民の関心を集めるべく天皇色を付与する意図があったと指摘する。[37] ここにおいて、京都は工業都市を目指す一方で、伝統都市としての活路を自覚し、これを復興の両輪とする。実際に第二回京都博覧会は四〇万人以上を集める大盛況であった。[38] さらに吉岡は、御所の利用についての検証のなかで先の二つとは別の「現実的な施策」として、御所の維持管理に関わる経費問題の存在にもふれる。都市整備の観点からはこの点に注目したい。そのためにまず、吉岡の研究によりながら、第二回京都博覧会における御所借用の経緯を確認しておこう。

京都御所は天皇の再幸後、留守官の預かるところとなったが、明治三年八月の留守官の廃止に伴って管轄が変わり、明治四年九月の時点で宮内省が管轄する禁裏・大宮・仙洞の三御所を除いて九門内は京都府の管轄となった。大蔵省営繕寮の管轄となっていた禁中の修繕は、山稜や社寺などの修繕と合わせて同時期に京都府に委託されていた。[39] しかしその費用負担は大きく（京都府は一年に三〇〇〇両余と見積もっている）、明治五年七月に京都府はその費用の事前下付を大蔵省に出願し、翌月にその許可を得るに至った。

御所を第二回京都博覧会の会場に借用する案が浮上したのはこの頃である。宮内省が維持管理のために不要な建物を取り壊そうとしていたところ、取り壊しが市民感情に影響を及ぼすこと、取り壊しはかえって費用を増大させること、取り壊したところで無用の場所になるだろうことを理由に、京都府・京都博覧会社はそれを存置して博覧会場としたいと申し出るのであった。これが聞き届けられると、実際に、建物修繕費をはじめとする多額の費用を投じ、開催に向けての整備を担ったのは博覧会社であった。博覧会社は博覧会の収益を充てる計画で、それゆえに会期途中で償却の見込みが立たないとして会期延長を申請している。

以上は第二回京都博覧会における動向であるが、博覧会の開催による御所の修繕とその費用捻出は、厳しい財政のなかで御所の維持管理を担当することになった京都府にとって妙案であった。それゆえに、明治六年六月に京都府は翌春に第三回京都博覧会を開く京都府は再び御所の借用をうかがい出るが、博覧会を開催する意義として「当地諸物産引立」をあげるとともに、「御所内不残当府へ御預ニ相成候処、追々修繕モ相掛リ候ニ付、右会社（筆者注・博覧会社のこと）ノ収税ヲ以費用ニ充申度」と、博覧会社からの収税（つまりは博覧会の開催収益）を御所の維持管理に充てることを表明している。(40)

その後の京都博覧会は、明治一〇年に始まる御所の大内保存事業が本格化していくなかで、明治一三年まで大宮御所や仙洞御所を借用し、明治一四年からは借用した御所内の一角の地所に博覧会館を新築して会場とした。加えて、明治一三年からは桂御所（現桂離宮）を、明治一四年からは修学院御茶屋（現修学院離宮）の会期中の拝観が許された。このうち京都府が管理した修学院御茶屋は、宮内省の記録に「維新後ハ拝観料ヲ徴収シ一般ニ観覧セシメラレタル有様」とある。(41)これは、博覧会社による公開を指すと思われる。明治一四年一月に京都府から管理を託された博覧会社は、拝観者から徴収する通券料と敷地内の手入れのために刈り取った草木の売り払い代金によって、修学院茶屋の維持・管理を行うよう京都府から指示を受けていた。(42)なお、明治一〇年に修学院御茶屋を訪れた明治天皇は維持管理を担う京都博覧会社に対して二五円を下賜しており、博覧会社による修学院御茶屋の管理は同年以前に遡る可能性がある。(43)

明治維新による社会構造の転換は、主を失った皇室関連施設にも影を落とした。ここにみてきた博覧会に際しての取り組みは、京都府が管理することとなった御所や修学院御茶屋の維持管理に、博覧会の開催と博覧会社の組織が大きな意味を持ったことを物語る。初めて御所を借用した第二回では、会期中の御所の警備には昼夜交代で町組が任された。彼らは町名を書いた揃いの羽織と提灯を持って隊列を組み、その新奇を競って歩いた。(44)博覧会中の「美観」の一つと称されたこの風景も、新しい町組の存在を確認する機会となっただろう。第一回京都博覧会における直接的な市街の改造とは異なるが、ここにおいても博覧会の存在が未熟な制度・組織を補うように、都市施設の荒廃を防ぎ、整備するための受け皿として機能し続けたのである。

おわりに

明治維新によって天皇の居住地というアイデンティティとそれを牽引した支配者層と純然たる消費者層を失った京都は、新たな産業を興し、あるいは新しい市場を開拓する必要に迫られた。一方で、大火で町を失い、御所や武家・武家の屋敷が空き家となり、そして寺院境内が縮小するなかで、その跡をいかに利用するのかという大きな課題が眼前に広がっていたのである。

京都復興の切り札とされた都博覧会の開催は、都市空間の変化に無関係ではなかった。第一回京都博覧会に際しては、祇園町南側地区に会場をつなぐために新しく道が開かれ、附博覧会として都踊を催した花街関係者が主導する地区開発の布石となる。新道の開削は博覧会社が実施したと記録されるが、その背景には上地交渉を進めていた京都府の存在が大きかっただろう。その一方で京都府は、外国人の入京に備えて、市街地の美化・清掃を進めた。その結果、博覧会のための街灯の設置などと合わせて、新時代の到来を告げる風景をつくりだした。

京都における行政主導の本格的な都市改造は、明治一八（一八八五）年から五年間をかけて完成する琵琶湖疏水の建設に始まり、明治四〇年に予算決定したのち明治四三年に完成する三大事業（第二疏水の建設、上水道の整備、市電敷設を伴う道路拡築）と続く。(45) 明治二八年に岡崎地区で実現した第四回内国勧業博覧会の開催も、都市改造がもたらした大きな成果であった。これらの事業が歴代の知事たちによって事業化され、計画的に進められたものであるのに対して、明治初年の取り組み（具体的には槇村が主導した京都復興策）は、そうしたものを持ち合わせていなかった。(46)

それゆえに改めて注意しなければならないのは、本章で取り上げた新道開美化・清掃も、博覧会が決まる以前から端緒となる方針や布告が示され、その実現に向けての取り組みが進められたことである。都市衰微への対応する勧業イベントとして京都府が組織的に関わって実施された第一回京都博覧会は、府が進めていた都市整備を具現化させる契機として利用され、その後につながる成果を生んだという点にその特質と意義がある。都市を整えるための技術や制度が未熟であり、それを実現させうる体力や戦略が不明瞭ななか、内外から人々を集める博覧会の開催は都市を整備する口実や推進力となり、博覧会開催の母体となる博覧会社がその実行力となったことも重要である。もちろん、博覧会社の実体が、維新においても変わらずに都市を支え続けた町人＝市民であったことも忘れてはならない。

幕末維新期の京都では有力町人が都市行政に大きな役割を果たした(47)。それは山間部などの運輸・交通の改良のための土木事業から、町組の改正といった行政事業にまで多岐にわたる。本章でも触れた祇園の杉浦治郎衛門もそのひとりである。博覧会中枢をになった熊谷直孝の父は、明治二年に資私財を投じて種痘所を設置しているし、直孝も町組改正後に私財と土地を提供して、京都市中で最初といわれる上京第二七番組小学校を開校させている。すなわち、博覧会社の主導者たちは半ば公共的な立場で都市経営に参画し、それゆえに、博覧会の開催を通じて都市整備に関わる重要な役割を担った。

博覧会と都市整備との関わりは、第一回博覧会後に京都府が新たに抱えることとなった御所の維持管理に、博覧会の開催が組み込まれていくことにも同じく指摘できることだろう。京都の人々は、博覧会の会場と陳列品によって、明治以後の都市アイデンティティを模索するとともに、それを担保する都市施設の整備を官民の連携によって進めていったのである。

注

（1）「付録」（『京都博覧協会史略』京都博覧協会、一九三七年）三四六頁（丹羽圭介談話）。
（2）『金沢市統計書』。なお、金沢の人口動態については、土屋敦夫「近代前期の金沢の人口変遷」（同『近代における歴史都市と工業都市の形成の研究』京都大学博士論文、一九九三年）を参照。
（3）前掲注（1）。
（4）小林丈広『明治維新と京都』（臨川書店、二〇〇四年）。
（5）京都博覧会に関する基礎史料として、同会の開催母体となった京都博覧会社（後に京都博覧協会に改組）が編纂した次の三冊がある。『京都博覧会沿革誌』上・中・下（京都博覧協会、一九〇三年）、『京都博覧協会五十年紀要』（京都博覧協会、一九二〇年）、『京都博覧協会史略』（京都博覧協会、一九三七年）。
（6）前掲注（1）。

（7）京都博覧会を取り上げた主な研究・文献として、小林前掲注（4）書のほかに、京都市『京都の歴史』八（京都市史編さん所、一九七五年）、丸山宏「明治初期の京都博覧会」（吉田光邦編『万国博覧会の研究』思文閣出版、一九八六年）、吉岡拓「第二回京都博覧会の開催―「伝統都市」京都の黎明―」（『近代日本研究』二二、二〇〇五年）、住吉哲志「明治初期京都博覧会と外国人誘致」（『北大史学』四八、二〇〇八年）などがある。

（8）中川理『京都と近代』（鹿島出版会、二〇一六年）四〇頁。

（9）京都市『京都の歴史』七（京都市史編さん所、一九七六年）、中川前掲注（8）書、三三一～三六頁。

（10）小林善仁「明治初期の境内地処分と旧境内地の開発―新京極を事例に―」（『佛教大学総合研究所共同研究成果報告論文集』三、二〇一七年）。なお、小林は寺町のほか、北野天満宮、鹿苑寺、大覚寺、天龍寺の上地についてそれぞれ別稿で検証し、これらの旧境内地では社寺領上地に始まる境内外区別と旧境外地の処分を通じて境内地が大幅に縮小すると共に大量の境外地が政府に収公されること、これに起因する経済的困窮から多くの塔頭が廃止・統合され、桑・茶を境内地内で栽培するなどの景観変化の発生を指摘している。

（11）日向進「〈近江屋吉兵衛〉と祇園町南側の開発」（同『近世京都の町・町家・町家大工』思文閣出版、一九九八年、第七章）、加藤政洋『京の花街ものがたり』（角川学芸出版、二〇〇九年）一七二～一八三頁、松田有紀子「「花街らしさ」の基盤としての土地所有」（『Core ethics』六、立命館大学大学院先端総合学術研究科、二〇一〇年）、同「祇園―京都の遊所女紅場―」（佐賀朝・吉田伸之編『シリーズ遊廓社会2 近世から近代へ』吉川弘文館、二〇一四年）。祇園町南側地域の地所所有の変遷については松田論文が詳しい。

（12）「京都府施政の大綱に関する建言書」明治三年（京都府総合資料館編『京都府百年の資料』第一巻・政治行政編、京都府、一九七二年、一三一～一五一頁）。

（13）前掲注（5）『京都博覧会沿革誌』上、一～二頁。

（14）「博覧会催度儀ニ付願書」明治四年一一月二八日付（『京都府史料』四六、七・八コマ目）。

（15）前掲注（5）『京都博覧会沿革誌』上、二七頁。

（16）日向前掲注（11）論文、松田前掲注（11）「「花街らしさ」の基盤としての土地所有」。

（17）「ぎおん新地大火の図（元治二年）」（『新撰京都叢書』第一〇巻、三八七頁所収）。

(18)『寺地画図　三十壱番　禅宗臨済派　建仁寺之部』辛羊歳二月改（京都府立京都学・歴彩館所蔵）。
(19)「八坂女紅場所有地の紛争顚末（十一）」（『朝日新聞京都附録』一九〇〇年七月三〇日）。
(20)「八坂女紅場所有地の紛争顚末（五）」（『朝日新聞京都附録』一九〇〇年七月二二日）。なお、明治一五年に女紅場が新築移転し、その後、万亭は現在地へと戻った。
(21)前掲注(19)「八坂女紅場所有地の紛争顚末（十一）」。
(22)「八坂女紅場所有地の紛争顚末（二）」（『朝日新聞京都附録』一九〇〇年七月一二日）。
(23)「八坂女紅場所有地の紛争顚末（二十）」（『朝日新聞京都附録』一九〇〇年八月一四日）。京都府の対応について建仁寺は次のように訴えている。「明治五年十月中、京都府検地係国友某建仁寺に出張し（中略）正伝院、清住院、福聚楽院、霊源院の敷地中墓地を除くの外は悉く之を京都府へ贈与し窮民産業所建設の用に供すべき旨再三御口達相成たり。当時に於ては未だ之に対し何等承諾の旨申出ざるにも不拘猥りに敷地の四方に測量標を建て且つ之に縄張を施し塔頭の住職等に立退を命じたり」。なお、京都府立京都学・歴彩館には明治八～一八年頃作成とされる『社寺境内外区別取調』の絵図が残る。建仁寺境内は祇園町南側地区の上地・払下げ以前の状況を示していると思われ、同地区は「藪地」となっている（「建仁寺境内外区別実測図」『社寺境内外区別取調』建仁寺二―六八）。この図において、建仁寺方丈から東に伸びる道は「新道筋」と記され、北へ向けて二箇所に藪中へ伸びる道の一部が描かれる。前出の実測時期なども踏まえると、これらは博覧会時の整備の名残りかもしれない。
(24)「八坂女紅場所有地の紛争顚末（六）」（『朝日新聞京都附録』一九〇〇年七月二三日）。
(25)日向前掲注(11)論文、松田前掲注(11)「「花街らしさ」の基盤としての土地所有」。
(26)『博覧新報』第五号、一八七二年三月。
(27)前掲注(5)『京都博覧会沿革誌』上、一四～二五頁。
(28)『博覧新報』第六号、一八七二年四月。
(29)第一回京都博覧会に関する市街整備は、刈谷勇雄「明治期の京都の風致景観行政に関する歴史的研究」（『土木史研究』一一、一九九一年）が、明治期京都の風致行政を概観するなかでふれている。ここでは刈谷が用いていない史料によりその背景を検討する。
(30)『京都府史料』四六、別部　博覧会類　第一、明治元年～七年（国立公文書館所蔵史料）二八・二九コマ目。
(31)「丹羽圭介氏談」（前掲注(5)『京都博覧協会史略』三四八頁）。

(32)「街燈照夜」(『京都新聞』第一八号、一九〇二年二月)。
(33)「第三十二号」一九〇二年二月(『布令書』京都府立京都学・歴彩館所蔵)。
(34)「湖上楼閣」(『京都新聞』第一九号、一八七二年三月)。
(35)「街衢一新」(『京都新聞』二七号、西京新聞社、一九〇二年五月)。
(36)丸山宏「近代ツーリズムの黎明—『内地旅行』をめぐって—」(吉田光邦編『一九世紀日本の情報と社会変動』京都大学人文科学研究所、一九八五年)八九～一一二頁。
(37)吉岡前掲注(7)論文。
(38)吉岡がいうように、第二回京都博覧会の会期は第一回より一〇日間長く、入場料も安く設定されたが、これだけの要因のみで来場者が一〇倍以上に増加したとは考えにくい。なお、陳列の内容は御物を除いて前年と大差ない。
(39)「京都府内禁中ヲ始山陵等修繕入費ノ儀ニ付伺」(『公文録』明治五年、第二九巻、壬申八月、大蔵省伺二)。
(40)前掲注(28)『京都府史料』四六、八五・八六コマ目。
(41)『修学院離宮沿革史』(宮内公文書館所蔵史料)。
(42)前掲注(5)『京都博覧会協会史略』一二八～一二九頁。
(43)『明治天皇紀』の明治一〇年六月一八日の項に「当時該離宮は京都府監督の下に京都博覧会社之を管し、庶民の縦覧を許し、拝観料等を以て其の修繕費に充つ、是の日、博覧会社に金二五円を、林丘寺に金五〇円絹一匹を、修学寺村児童に饅頭千個を賜ふ」と記録されている。(『明治天皇紀』第四巻、二〇一頁)。
(44)『京都新聞』六七号、一八七三年四月。
(45)『琵琶湖疏水要誌』(京都市参事会、一八九六年)。
(46)中川前掲注(8)書、四三～四九頁。
(47)小林丈広「幕末維新期京都の都市行政」(伊藤之雄編著『近代京都の改造』ミネルヴァ書房、二〇〇六年)。

第五章　都市の衰亡とモニュメント
――ヴェネツィアの危機とサン・マルコ広場への建築的介入――

青木香代子

はじめに

一六世紀、ヴェネツィアのサン・マルコ広場周辺では、二時期にわたる大規模な建築的介入（都市の改造）が行われている。最初の介入は一五三〇年代に当時のドージェ（総督）アンドレア・グリッティが主導した〝都市改新 la renovatio urbis〟の一環として行われた。グリッティは、建築家ヤコポ・サンソヴィーノを雇い、海に面したピアツェッタ（小広場）に、図書館、サン・マルコ聖堂やパラッツォ・ドゥカーレで行われる祭事や議会の際に傭兵が立つロジェッタ、造幣局をそれまでのヴェネツィアにはなかった新しい様式で建設させた。一方、二度目の介入は一五八〇年代に始まったヴィンチェンツォ・スカモッツィによる図書館の増築とプロクラティーエ・ヌオーヴェと呼ばれる財務長官の官邸兼オフィスの建設を中心とするもので、これによりサン・マルコ広場周辺の建築的介入は最終局面を迎え、以後、共和国が崩壊する一八世紀末まで、ヴェネツィアの象徴としてその姿を留めることになった。

ヴェネツィアが交易都市としての地位を確固たるものにしたのは、ビザンツ帝国が衰えをみせた一一世紀後半である。その後、一四世紀には東地中海での交易をほぼ独占し、さらに一五世紀にはテッラ・フェルマと呼ばれるイタリア本土にも急速に領土を拡大した。一方、政治面では、九世紀に基本的な政治の構造が確立し、一二世紀に行われた改革によってドージェの権限が規定され政体が整うと、それを基盤に都市は繁栄することになった。このように、交易都市としての地位と安定した共和政を長く誇り、自他共に〝静穏きわまる共和国 la Serenissima〟と認めてきたヴェネツィアだったが、一六世紀に入るとその安定を揺るがす事件が相次ぐ(1)。本章では一六世紀のこうした変革を中世から培ってきた〝静穏きわまる共和国〟としてのアイデンティティの危機として捉え、その建築や都市への表出として、象徴空間であるサン・マルコ広場における、二時期にわたる建築的介入の実態と意味を考えていくことにしたい。

一　一六世紀前半のヴェネツィアにおける危機と都市

社会的背景

一六世紀初頭のヴェネツィアにとって、ポルトガルが喜望峰経由でインドに到達する新航路を開拓したことは、大きな衝撃となった。また、一四九九〜一五〇二年まで続いたトルコとの戦争では、膨大な軍事費を支出しただけでなく、最終的にペロポネソス半島西岸の諸都市やギリシア沿岸部とアルバニアの支配権を失った。一方で一四世紀から徐々に領土を拡げつつあった陸側では、一五〇八年、教皇庁、フランス、スペイン、フィレンツェ、フェラーラの間でヴェネツィアの領土分割を狙ってカンブレー同盟が結ばれる(2)。そしてこの同盟との一連の戦いでヴェネツィアは惨敗を喫し、フリウーリ、トリエステ、ゴリツィアからアッダ川沿いに至るテッラ・フェルマの領土、さらにリミニ、

図１　ピアツェッタ（小広場）と図書館

ファエンツァといったイタリア中部の交易の拠点など、領土の大半を失うことになった。それまで外国からの侵略を受けることのなかったヴェネツィアにとって、この戦いで受けた打撃は経済的・精神的に極めて大きなものであった(3)。

このように、交易においても軍事面においても歴史上稀にみる危機的状況に瀕していた一六世紀初頭のヴェネツィアでは、古代ローマを研究・模倣することで、再生するための教訓を得ようとする時勢がみられるようになる。一五二三年五月二〇日〜一五三八年一二月二八日にかけてドージェに在位したアンドレア・グリッティは、当時失われつつあった支配階級の威信を取り戻し、ヴェネツィアの栄光を再び内外に誇示するための政策を打ち出した。それは、テッラ・フェルマを対象とした領土の防衛に関する改新「la renovatio securitatis」、国立造船所Arsenale における科学・技術の改新「la renovatio scientiae」、法律の再編纂を目論んだ法改新「la renovatio justitiae」、そして、都市改新「la renovatio urbis」の四つを軸とするものであった。

〝都市改新 la renovatio urbis〟

一五三〇年代のサン・マルコ広場における建築的介入は、都市改新の一つとして、サン・フランチェスコ・デッラ・ヴィーニャ聖堂やリアルトの計画と共に進められた。一五二九年、主任建築官 Proto della Procuratia de Supra に任命されたヤコポ・サンソヴィーノは、まず最初にピアツェッタとよばれる小広場（図1）に建つ二本の柱付近を占拠し悪臭や汚れが目立っていた露店を、新しい広場に相応しくないものとみなし、排除することを決めた。(4)

さらに一五三七年には、長く保管場所が問題となっていた、ギリシア人枢機卿ベッサリオーネから寄贈された膨大な書物を収蔵するための図書館の建設に着手する。(5) 一五五六年に完成したこの図書館は、一階はドリス式、二階はイオニア式オーダーによるアーチが二一列連続する長大なファサードを持つ。そのデザインはサンソヴィーノが一五二七年までの九年間滞在したローマにおける建築の影響をみせるもので、それによってピアツェッタは壮麗な儀式・祝祭の場に相応しい、新しい空間にうまれかわった。

また、サンソヴィーノは一五一一年の震災で損壊し、再建が待ち望まれていたロジェッタ（図2）の計画にも着手した。四本の石柱に支えられた三つのアーチからなるロジェッタには、都市の守護を象徴するアテナ、ヴェネツィア共和国が唯一無二の存在であることを比喩する太陽神アポロン、商業の神であり行動力の象徴でもあるヘルメース、そして平和のアレゴリーである四体のブロンズ像が設置された。またその上部には、ヴェネツィアの陸と海における領域支配を象徴する三つのレリーフがはめられた。こうしてサンソヴィーノによって再建されたロジェッタは貴族の会合や祭事・議会の際の傭兵の詰所というそれまでの機能に加え、〝ヴェネツィア神話〟を表明するモニュメントとなった。(6) そして、ヴェネツィアの英知の象徴としての図書館、財力の象徴としての造幣局と共に、グリッティの治世

図２　ロジェッタ

における政治的プロパガンダのための装置として利用された。

また、サン・マルコ広場における都市改新の一つとして、パラッツォ・ドゥカーレの再建も計画されていた。グリッティは、既存のパラッツォ・ドゥカーレを狭くて中世的であるとし、取り壊して運河を隔てた隣地への再建を望んだ。そして、パラッツォ・ドゥカーレの解体によって拡幅したピアツェッタは、ヴェネツィア共和国の卓越性を象徴するのにふさわしい空間になりえると考えていた。しかしながらこの計画は、グリッティが死去（一五三八年）したことにより実現に至ることはなかった。

二　一六世紀後半〜一七世紀前半のヴェネツィアにおける危機と都市

社会的背景

一六世紀中頃のヴェネツィアは比較的事件が少なく平穏な時期であったといわれている。その理由の一つとして、カンブレー同盟戦争を教訓にして消極的な外交政策をとったことがある。また、経済面においては、ヨーロッパにおける生活水準が向上して香辛料の需要が増大したことなどにより、ヴェネツィアの貿易は回復の兆しをみせた。さらに、ガラスや金属による奢侈品の製造、織物業、印刷業が好調に推移したことも経済の発展を支える重要な要因であった(7)。

しかし、一五七〇年代以降、ヴェネツィアは再び危機の時代を迎えることになる。まず一五七〇〜七三年のトルコとの戦争で、エジプトやシリアとの交易の中継地点であり、かつ農業生産物の供給地としても重要だったキプロスを失ったことが大きな痛手となった。さらに、一五七五〜七七年に流行したペストで、人口の四分の一にあたる約四万人の死者を出し、経済面だけでなく精神面でも大きな打撃を受けた。また、一六世紀中頃のヴェネツィア経済を支えた製造業の衰微、深刻な食糧危機、オランダやイギリスなどの高度な外国商船隊の出現もこの時代のヴェネツィアに暗い影を落とした。こうしたなか、ヴェネツィアの外交政策は消極路線から脱し、強硬路線へと転換し始める。その転機となったのが一五八二〜八三年にかけて起きた十人委員会改革だった(8)。

また、この時代の特色として経済面、外交面だけでなく、宗教面においても大きな変化に直面したことがあげられる。それまで比較的良好だったといわれているヴェネツィアとローマ教皇との関係は、トレント公会議閉幕後の一五六六年に即位したピウス五世が、交易を通じて異教徒と接し、異文化に対して寛容だったヴェネツィアを敵視したことで悪化し始める(9)。カトリック改革にとりわけ熱心に取り組んだイエズス会は、一六世紀半ばから徐々にヴェネツィア社会の深淵に入り込んでいたが(10)、それを支持したのは「老人派 i Vecchi」と呼ばれる親教皇派の教条主義的な思想を持つ貴族であった。「老人派」のなかには、十人委員会とその枠外追加議員を歴任することで政治的権力を得たものが多く含まれていたが、一五八二〜八三年の十人委員会改革以降、ヴェネツィアの政策は次第に反教皇的色合いを強めていくことになる。特に一五九〇年代になると、親教皇的で保守的な「老人派」の貴族が十人委員会をはじめと

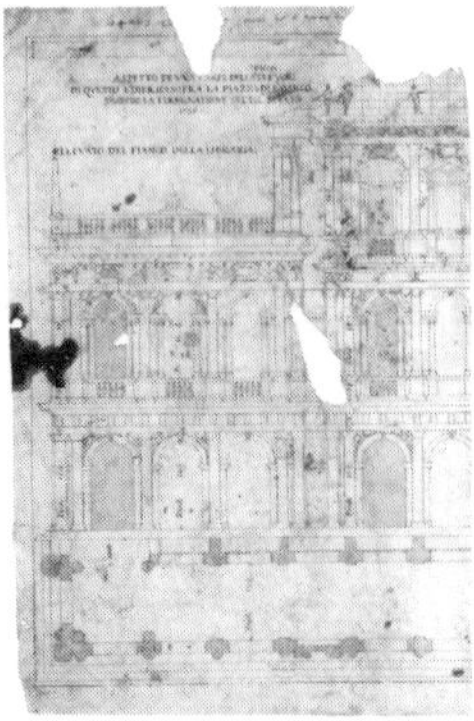

図3　プロクラティーエ・ヌオーヴェ計画案(1583)

図4　プロクラティーエ・ヌオーヴェ計画案(1596)

図5　現在のプロクラティーエ・ヌオーヴェ

する高位官職にほとんどみられなくなる一方、反教皇派の貴族「青年派 i Giovani」が増加していった[11]。また、一六〇六年一月一〇日の選挙によりレオナルド・ドナがドージェに選出されたことは、その象徴的な出来事であった。彼は、反教皇派貴族のリーダー格で、深い信仰心ゆえに、当時の教会を堕落し、俗化したものとして強く批判した人物だったからである[12]。また同年、ヴェネツィア領内で罪を犯した二人の聖職者をヴェネツィア政府が逮捕・投獄した事件が直接の引き金となり、教皇パウルス五世はヴェネツィアとその領域全土に聖務禁止令を下し、ヴェネツィアと教皇との断絶は決定的になった[13]。

V・スカモッツィによるサン・マルコ広場への建築的介入

以上のように交易をはじめとする経済面、政治面だけでなく教皇との関係においても危機的な状況にあった一六世紀後半、再びサン・マルコ広場における建築的介入が行われた。それは、ヴィチェンツァ出身の建築家、ヴィンチェンツォ・スカモッツィによる図書館の増築とプロクラティーエ・ヌオーヴェの建設を中心としたものであった（図3〜5）。図6は、この介入が行われる前の様子を表したものである。左側にある低い建物は、当時肉屋として使用されていたものだが、スカモッツィはこれを取り壊して図書館を五スパン分増築し、図7にみるような現在の

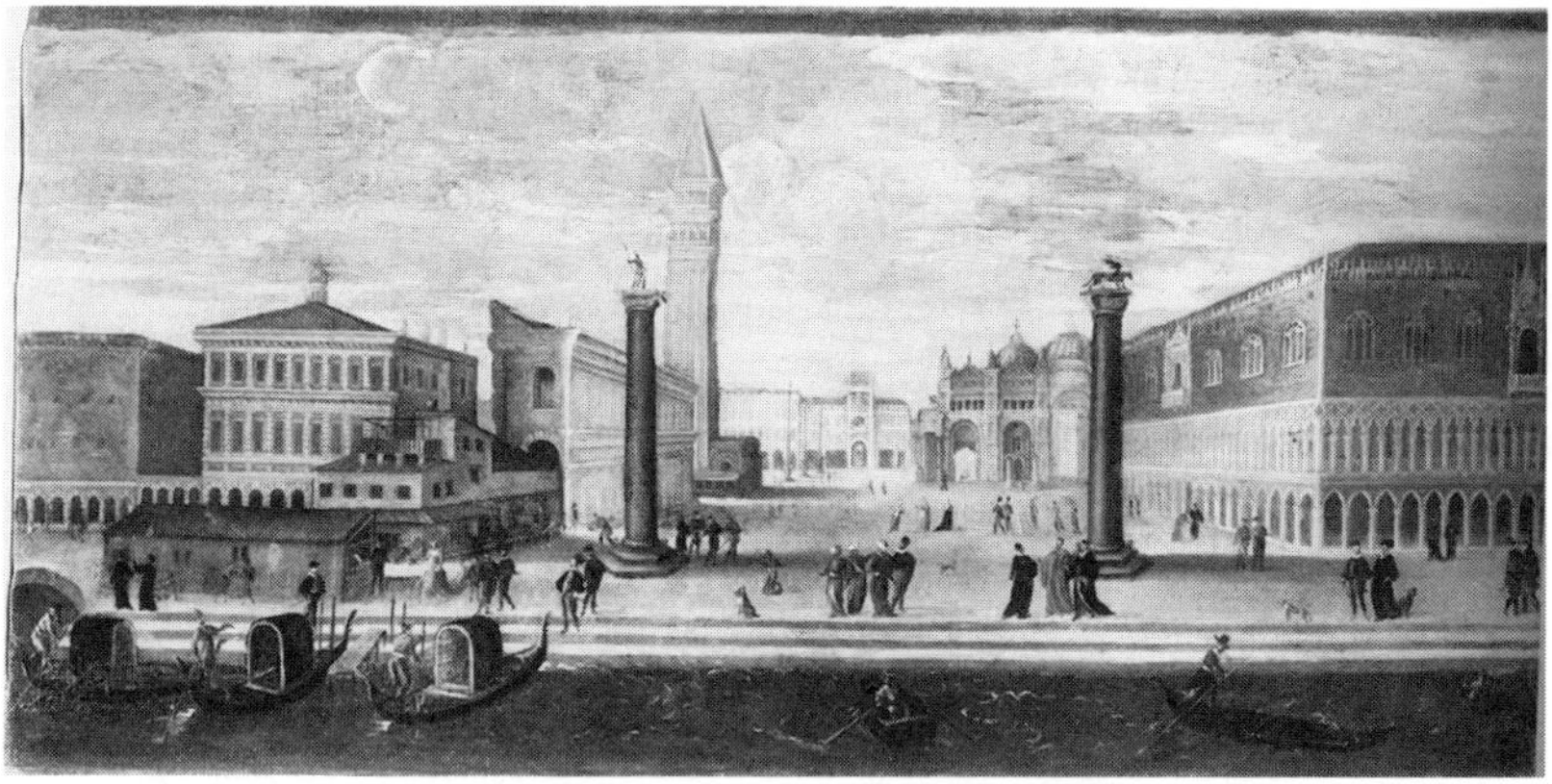

図6　16世紀後半の建築的介入以前の小広場（作者・制作年不明）

広場の姿へ改造した。

スカモッツィにこの計画が任されたのは一五八二年で、親教皇派のマルカントニオ・バルバロの支持を受けてのことだった。彼はダニエーレ・バルバロの弟にあたり、(14)兄とともにアンドレア・パッラーディオの最大のパトロンであったといわれている。またヴェネツィアにおける建築関係の要職を歴任し、一五八一年、プロクラティーエ・ヌオーヴェの建設を担当する監査官にも選出された。彼はスカモッツィが古典や数学に関する深い教養を身につけていたことに注目し、スカモッツィこそがパッラーディオの後継者となりえ、サン・マルコ広場を完成させるにふさわしい建築家であると考えた。(15)

一方、マルカントニオ・バルバロとともに、プロクラティーエ・ヌオーヴェ建設の監査官を務めた貴族のなかには、反教皇派のアンドレア・ドルフィンやアンドレア・モロシーニなどがいた。彼らはマルカントニオ・バルバロとは対照的に、スカモッツィをローマ・カトリック主義者であるとし、彼の計画を、ヴェネツィアの伝統を破壊するものとみなした。表1は、図書館の増築とプロクラティーエ・ヌオーヴェの建設に関する年表である。ここから、建築に対する豊富な知識と経験を持ちあわせていたバルバロが監査官の職を離れていた一五九二年四月一七日〜一五九四年一一月一一日

図7　現在の小広場

までの間と、辞任した一五九五年一二月一三日以降に集中してスカモッツィの計画を阻止しようという動きがあったことがわかる。その結果、図書館の増築に関するスカモッツィの提案は棄却され、基本的には一五三〇年代に計画されたサンソヴィーノの案に従うことが命じられている。こうした経緯もあり、スカモッツィはこの後に手掛けたプロクラティーエ・ヌオーヴェの建設において、自ずからサンソヴィーノの案を下敷きにした計画を提出した。しかし、それにもかかわらず一五八七年には反教皇派貴族たちの圧力によって罷免されるなど、再び困難に直面することになった(16)。

一五九四年にマルカントニオ・バルバロが監査官を辞職し、翌年死去すると、プロクラティーエ・ヌオーヴェの建設に関する議論が激化する。親教皇派の立場から常にマルカントニオ・バルバロとともにスカモッツィを支持していた監査官ヤコポ・フォスカリーニはスカモッツィの案をもとにプロクラティーエ・ヌオーヴェの建設工事を継続することを求めた。しかし、その一方でレオ

表1　図書館とプロクラティーエ・ヌオーヴェの建設関連年表

年	月日	事柄
1580	9月27日	セナートは図書館増設のため，食肉市場の移設を決定する．
1581	1月15日 2月 3月12日 3月30日 6月6日	セナートは専門家による測量と調査の結果をふまえ，満場一致でプロクラティーエ・ヌオーヴェの建設を決める． スカモッツィによる最初の図書館増築案が提出される． セナートは救貧院と旧官邸の一部の解体を決める． マルカントニオ・バルバロが監査官に就任． フェデリーコ・コンタリーニとアンドレア・ドルフィンが監査官に任命される．
1582	4月5日 9月3日 10月	投票によりスカモッツィのプロクラティーエ・ヌオヴェ計画案が採用される． スカモッツィに対し図書館増築，プロクラティーエ・ヌオーヴェ建設のための報酬の一部が支払われる． スカモッツィによる図書館増築の第2案が提出される(3層目を追加)． マルカントニオ・バルバロの主導で，新しい計画全体の具体化が開始．
1583	3月	フランチェスコ・フォスカリ，アンドレア・ドルフィンが相次いで監査官を辞任．
1586	12月9日	バルバロ，フォスカリーニ，ドルフィンが監査官に再任．
1587	4月6日 9月13日	主任建築官フランチェスコ・ソレッラへの年間給与が30ドゥカーティから40ドゥカーティに引き上げられる． スカモッツィに対し，1582年まで毎月6ドゥカーティを報酬として支払うことが決定する(これは極めて異例のことだった)．
1588	9月7日	セナートは図書館3階の増築を認めず，ファサードのデザインはサンソヴィーノの計画に準じることを決める．
1590	7月2日 12月13日	財務長官は図書館の前室にグリマーニ家のコレクションを展示することを決定する． プレガーディ（ヤコポ・フォスカリーニ，パオロ・コンタリーニ，ジローラモ・ダ・ムーラ)はスカモッツィの追放を企てる． プロクラティーエ・ヌオーヴェの建設にあたり20ドゥカーティをスカモッツィに支払う．
1592	4月17日	マルカントニオ・バルバロとヤコポ・フォスカリーニは監査官を辞任． スカモッツィへの支払の停止が満場一致で決まる． 財務長官プリウーリはスカモッツィの図書館増築計画の中断を求める．
1593	3月	フェデリーコ・コンタリーニはフランチェスコ・ソレッラとフランチェスコ・ズメラルディにプロクラティーエ・ヌオーヴェ建設地の再調査を依頼する．
1594	1月15日 11月11日 12月13日	当初は100ドゥカーティの予定だったが，60ドゥカーティに減額した報酬をスカモッツィに支払う． マルカントニオ・バルバロが監査官に就任． マルカントニオ・バルバロが監査官を辞任(翌月死去)．

年	月日	事柄
1596		アンドレア・ドルフィン，アントニオ・クエリーニ，レオナルド・ドナはスカモッツィによる計画を冒瀆的であるとし，阻止するために同盟を結ぶ．プロクラティーエ・ヴェッキエと類似する様式での再建を望む．
	9月16日	パオロ・コンタリーニとヤコポ・フォスカリーニはスカモッツィによる計画の継続をコッレージョに求める．
	9月17日	ジョヴァンニ・アルヴィーゼ・ガレージによって，スカモッツィの計画はサン・マルコ広場に適したものと認められる．
	9月28日	プロクラティーエ・ヌオーヴェについて，ジョヴァンニ・モチェニーゴ，フェデリーコ・コンタリーニ，アンドレア・ドルフィンの提案とドージェ(マリーノ・グリマーニ)の提案に対し，スカモッツィ計画案で継続することがセナートの投票で過半数で決まる．
	11月25日	スカモッツィによるプロクラティーエ・ヌオーヴェのファサード案が承認されるがスカモッツィ本人は解雇される．以後スカモッツィが1611年までプロクラティーエ・ヌオーヴェの建設に関わることはなかった．

ナルド・ドナをはじめとする反教皇派の貴族たちは、スカモッツィの残した案をオーバー・スケールで都市の美観を損ねると猛烈に批判した。そして広場を介して向かい合うプロクラティーエ・ヴェッキエ（マウロ・コドゥッシ、一五三二年）をサン・マルコ広場にとって相応しいデザインであるとして賞賛し、既にスカモッツィの案に基づき建設が進められていた部分を取り壊し、プロクラティーエ・ヴェッキエと同様のデザインで再建することを求めた。このように双方の対立が如実化していたなか、当時のドージェ、マリーノ・グリマーニはもう一つの案を提案した。それは、議論が長期化したために広場の南側部分がいまだ未完成であることを問題視したもので、基本的には既に建設が進行していたスカモッツィの案に従うものの、三層ではなく二層に変更して早急に完成させるというものであった。そして、この三つの案に対して一五九六年九月二八日と一一月二五日の二度にわたりセナートで投票が行われ、スカモッツィの案で建設を継続すること、ただし、スカモッツィ本人は解雇することが決定した(17)。

スカモッツィは図書館増築計画において、三層目を追加するという当初の考えを断念し、サンソヴィーノのデザインを踏襲した計画で進めた。また、プロクラティーエ・ヌオーヴェの計画においてもサンソヴィーノ

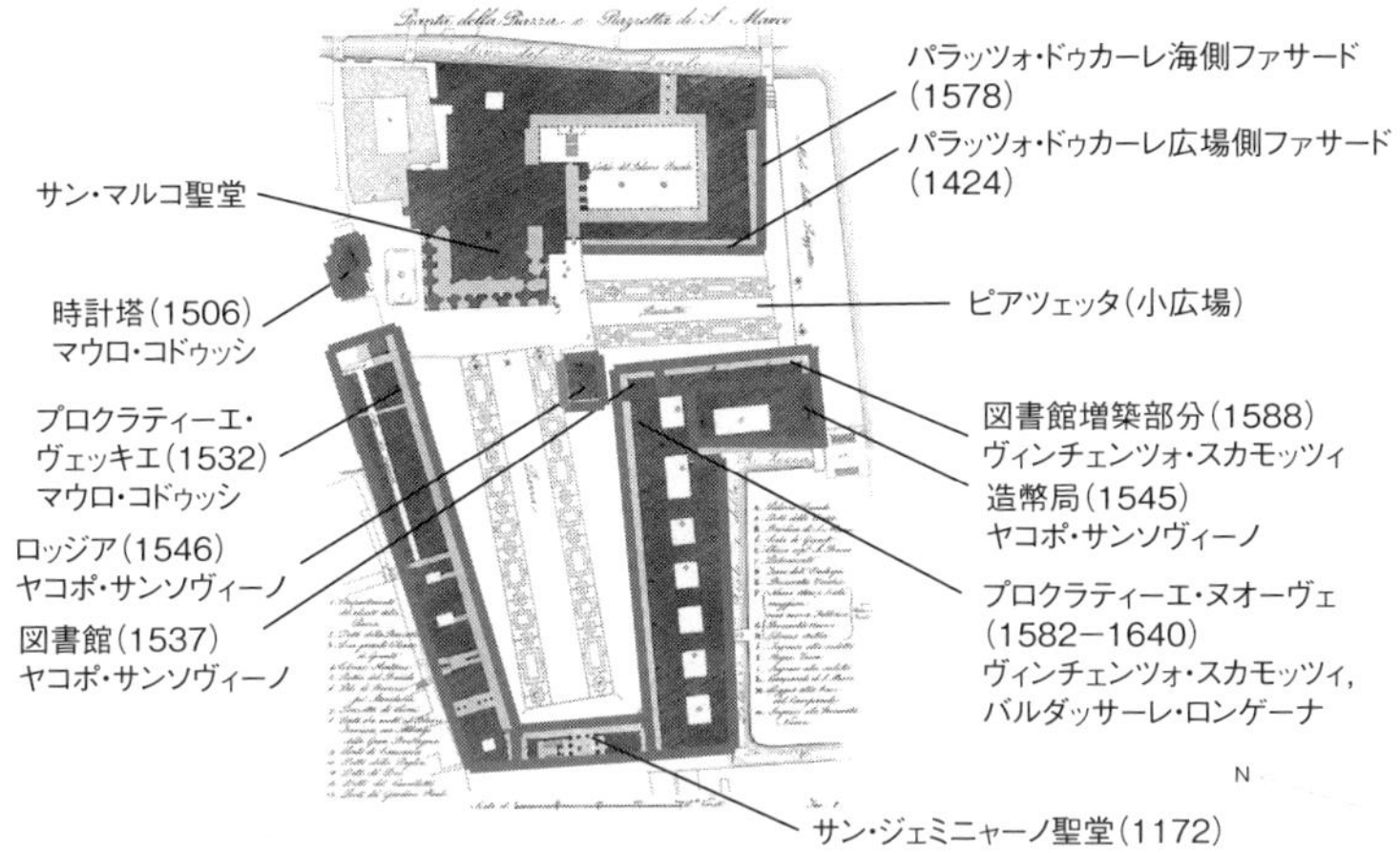

図８　サン・マルコ広場に面する建築の建設年（Antonio Quadri, La piazza S.Marco in Venezia, 1831に加筆）

が設計した図書館計画にみられるモチーフを引用し、さらに図書館からポルティコを連続させることで空間的なつながりを意識した[18]。当時の教会を「世俗的欲望の塊」とまでに猛烈に批判する反教皇派貴族が台頭しつつあった一六世紀後半にサン・マルコ広場でみられた建築的介入は、計画から半世紀近くが経ち既に時代遅れになっていたかもしれないサンソヴィーノのデザインを継承して完成したといえる。これは、サンソヴィーノという外国人建築家を登用し、〝古代風all'antica〟という新しい様式を導入することで、ピアツェッタのイメージを一新させようとした一六世紀前半の大胆な介入とは比べると控えめな解決策であった。しかし、このプロクラティーエ・ヌオーヴェの完成は、単体の建築としてだけでなく、一一世紀に完成したサン・マルコ大聖堂、一二世紀に建設し一五五七年にサンソヴィーノがファサードを完成させたサン・ジェミニャーノ聖堂、パラッツォ・ドゥカーレのゴシック風のファサード、ヴェネツィアにおけるルネサンスを代表する建築家コドゥッシによる時計塔（一五〇六年）とプロクラティーエ・ヴェッキエ（一五三二年）、そして一六世紀前半にサンソヴィーノが計画した図書館（一五三七～八八年）、ロジェッタ（一五四六年）、造幣局（一五四五年）という、様々な建築を連続させることで、サン・マルコ広場という都市空間を統一し、完成することになった。また、結果としてそれまでサン・マルコ聖堂とサン・ジェミニャーノ聖堂が対面し、宗教的な祝祭の場として使用されてきたサン・マルコ広場、サンソヴィーノによって華やかな儀式・祝祭の場として生まれ変わった海に面する小広場、この二つの広場をゆるやかにつなぐことで、ヴェネツィアの宗教的な独立を意味するサン・マルコ聖堂の象徴性を高めることになった。(19)

おわりに

一六世紀の二時期に行われたサン・マルコ広場における建築的介入は、交易や領域支配における不安感、内政・外交の変革など様々な社会的危機に直面した時代に、そこからの再生を目指して実現したといえる。

最初の建築的介入がみられる一五三〇年代は、ガスパロ・コンタリーニの『ヴェネツィア人の行政官と共和国 De magistratibus et republica venetorum, 1543』に代表されるように、〝静穏きわまる共和国〟としての栄光・威信を取り戻そうという目的のもと、ヴェネツィア神話のなかでも、安定した政治制度という側面を強調し、それを国内外に広く浸透させるための著作が多く著された。また芸術においてもそのような作品が相次いで制作された時代として知られている。サンソヴィーノによって古代ローマの栄光を想起させる様式が導入されたサン・マルコ広場の建築的介入も、宗教的な儀式の場であるサン・マルコ聖堂とサン・ジェミニャーノ聖堂が面する広場より、政治的儀式・祝祭の場であったピアツェッタを優先して着手されていることは、こうした時代の特質を表している。

一方一六世紀後半は、経済面・精神面での疲弊だけでなく、カトリック改革の影響を受け、都市内での貴族の対立、教皇との関係の悪化がしつつあった。そうしたなか、一五七一年のレパントの海戦でオスマントルコに対して勝利を収めたことを一つの契機に、共和政の制度や法を賛美するヴェネツィア神話が脚光を浴び始めた時期にあたる。一五八〇年代のサン・マルコ広場における建築的介入は、象徴性が強く求められ、それを実現するためにサンソヴィーノに計画を委ねた一五三〇年代の介入に比べると、保守的な解決策であるようにみえる。しかしながら、それは再び不穏な時代を迎えた一六世紀後半のヴェネツィアが、そこからの脱却を望み、一六世紀前半に隆盛したヴェネツィア神話にならいつつ、ヴェネツィアの栄光や政治的・宗教的な独立性を表明した結果ともいえるのである。

注

（1）一六世紀初めを「危機の時代」と捉える見方は、藤内哲也『近世ヴェネツィアの権力と社会』（昭和堂、二〇〇五年）一～三〇頁。

（2）C・ベック、仙北谷茅戸訳『ヴェネツィア史』（白水社、二〇〇〇年）九〇～九六頁。

（3）一六世紀の初頭に直面したこのような苦難について、当時のヴェネツィア人は、それが支配層による政治面での腐敗や傲慢さ、生活面における過度の贅沢や道徳に乱れに対する神の怒りの表れであると考えた。そして、多くの慈善事業が行われ、政府は道徳的腐敗に歯止めをかけるために一連の奢侈禁止令や厳しい取締令を相次いで交付した。

（4）政治と商業の場を分けることは、サンソヴィーノが初めて考えたものではなく、イタリアの都市においては多くみられる。

（5）ベッサリオーネ枢機卿から寄贈された書物は、当初パラッツォ・ドゥカーレ内に保管されていたが、様々な議論を経て一五三一年にサン・マルコ大聖堂の上層階に移された。しかし、一部分が損傷または紛失していたことに対して、財務長官だったヴェットーレ・グリマーニと共和国書記官のピエトロ・ベンボは図書館の建設されることを強く要望し、一四六八年の寄贈から約七〇年を経て一五三七年にようやく建設が開始した（Howard, D., *Jacopo Sansovino, Architecture and Patronage in Renaissance Venice*, New Haven and London, 1975, pp.8-37）。

（6）〝ヴェネツィア神話〟については以下を参照。永井三明『ヴェネツィア貴族の世界』（刀水書房、一九九四年）八〇～九四頁。L・プッピ（京谷啓徳訳）「ヴェネツィアは他の土地とは異なった方法で作られた─一四世紀から二〇世紀までの文学・美術にみられるヴェネツィア神話―」（『西洋美術史研究』三、二〇〇三年）五九～七四頁、Gaeta, F., "L'idea di Venezia", in Arnaldi, G. and Pastore, M. (ed), *Storia della Cultura Veneta, 3/III*, Vicenza, 1980.

（7）永井前掲注（6）書、一二九～六〇頁

（8）カンブレー同盟戦争後、外交、司法、行政など、かつて元老院や四十人委員会など他機関が有した権限は次々と十人委員会へと移管され、同委員会が有する権力は次第に拡大していった。また、その決定は他の機関には覆すことのできない厳格なものとなり、当時のヴェネツィアの政治において、十人委員会は頂点に位置する機関となった。また、これに付随して、ゾンタZontaと呼ばれる定員枠外追加委員が存在したことが知られている。この定員枠外追加委員は十人委員会正規委員から指名され、再任禁止期間を持たなかった。したがって、一部の有力貴族は、本委員と定員枠外追加委員を歴任することで、長期間にわたって十人委員会に議席を持ち、実質上の寡頭政治を行うことが可能だった。これに対して、元老院議員など、権力から排された貴族は不満を募らせ、十人委員会改革が起きる。その引き金は、一五八二年に起こったリド島での乱闘事件に関わった貴族に対する処罰であった。その後、改革派の貴族は大評議会における次期十人委員会の追加委員の承認投票を否決させ続けることで、同委員会の発足を妨げ、十人委員会や高位官職を歴任する一部の有力貴族による実質的な寡頭政治に反発を示したのである。その結果、十人委員会が有していた権限の多くが他機関へと移り、さらに定員枠外追加委員を廃止することで解決に至った。十人委員会と改革については、藤内前掲注（1）書、八八～九六頁、Finlay, R., *Politics in Renaissance Venice*, London, 1980を参照。

（9）ヴェネツィアと教皇の関係ならびにヴェネツィア内における反教皇派勢力については以下を参照。Cozzi, G., *Venezia Barocca, conflitti di uomini e idee nella crisi del seicento veneziano*, Venezia, 1995, pp.304-305、松本香「パオロ・サルピとヴェネツィア聖務禁止令」（『イタリア学会誌』三五、一九八六年）九九～一〇四頁、藤内前掲注（1）書、八二～八四頁。

（10）一五五〇年には、教皇の認可に得てイエズス会による学校がパドヴァに設立され、多くのヴェネツィア貴族の子弟が通いヴェネツィアの知的傾向にも影響を与えていたパドヴァ大学に対抗して教育を行った。また、特に「老人派」と呼ばれる親教皇派の有力貴族は、イエズス会による教義が、道徳的に腐敗しつつあったヴェネツィア貴族の公的・私的な生活を改善するうえで役立つと考えた。このことは、一五八〇年代に、青年貴族の教育を目的としたイエズス会による神学校が、ガスパロ・コンタリーニの甥であるアルヴィーゼ・コンタリーニと幾人かの有力貴族達の支援により開校していることからも明らかである。Cozzi, *ib.*, pp.290-323. Sangalli, M., *Cultura, politica e religione nella repubblica di Venezia tra cinque e seicento*, Venezia, 1999.

(11) 藤内前掲注(1)書、八二～八四頁。
(12) 松本前掲注(9)論文、一〇〇～一〇一頁。
(13) ヴェネツィアに対する聖務禁止令については以下を参照。Cozzi, G., "La questione dell'Interdetto (1606-1607)", in Cozzi, G.,*La Repubblica di Venezia nell'eta moderna: Dal 1517 alla fine della Repubblica*, Torino, 1992. Logan, O., *Culture and society in Venice, 1470-1790: the renaissance and its heritage*, London ,1972, pp.9-13、松本前掲注(9)論文、九九～一〇四頁、藤内前掲注(1)書、八二～八四頁。
(14) 建築書を記し、またパドヴァの植物園の設計を行ったことなどで知られている。
(15) Breiner, D. M., *Vincenzo Scamozzi, 1548-1616: a catalogue raisonné*, Thesis（Ph. D）Cornell University, 1994.
(16) Tafuri, M., *Venezia e il Rinascimento*, Torino, 1985.
(17) Howard, D., *Venice disputed: Marc'Antonio Barbaro and Venetian Architecture, 1550-1600*, New Haven and London, 2011.
(18) 実際にはプロクラティーエ・ヌオーヴェには三層目が追加されているが、それは一六世紀の間に倍にまで人数が増えた財務長官のオフィスと官邸を確保する必要性に応えた結果である。そして、そのデザインは、一層目、二層目と比較すると、装飾が排除された控えめなものとなっていることが明白である。
(19) 以後、ナポレオン一世による介入が行われるまで、サン・マルコ広場はこの姿を留めることになった。
(付記) 本稿は、拙稿「近世ヴェネツィアにみる社会的危機とサン・マルコ広場における建築的介入」（日本建築学会編『危機に際しての都市の衰退と再生に関する国際比較研究［若手奨励］特別研究委員会 報告書』二〇一五年）に、加筆・修正したものである。

第三部　都市アイデンティティの継承

第一章　内裏焼亡と移転

――平安宮内裏の火災と再生――

満田さおり

はじめに

平安京は、律令制下の日本の社会秩序を表現した都市空間であった[1]。その北部中央には平安宮が造営されており、平安宮には、天皇が居住する内裏があった。内裏は、遷都に際して最も早く完成していた区画として知られ、平安京がつくられた当初から、「都市の核」として存在していた。しかし、一〇世紀中期に初めて焼亡して以来、平安宮は京中のたび重なる火災を免れなかった。平安宮焼亡による内裏の危機は、平安京という都市が首都としての機能を失う危機でもあり、平安京の危機は国家の危機でもあった。

内裏が焼亡した際には、新しくつくられるまでの間、後院（内裏に対する予備の御所）や貴族住宅がその代用として使用された。一定の期間皇居となりえた後院や貴族住宅（これらを仮皇居という）は、それぞれの特徴をいかした使われ方の事例がみられるが、宮中儀式を実施できるような形式を備えるなど、可能な限り内裏に準じて整備されたと

図１　平安宮復元図（裏松固禅『大内裏図考証』をもとに作成）

考えられる。また、既存の建築空間を内裏のそれになぞらえて読み替え、使い方を工夫することによって不足している部分を補うというように、内裏に求められる機能を最大限引き継がせるために、柔軟な対応が行われていた。

都市のレベルでみた場合、平安宮内裏が初めて焼亡した一〇世紀中頃は、平安京の中世都市化が進んでいった時期と重なる。平安京の中世都市への移行という面では、従来都市住民を主体とする変化の指摘があり、近年では災害や都市問題の視点からの論考もみられるが、内裏の移転という天皇主体の変化が都市に及ぼした影響については、これまで積極的に評価されてこなかったようである。しかし、平安京のアイデンティティともいえる内裏の変化が、都市空間にまったく影響を与えなかったということは考えにくい。現に、火災による焼亡という危機により、内裏が本来の場所から京中への移転を促されることとなった結果、内裏と都市との間に新たな関係が生み出され、厳密に規定され固定化されていた古代宮都〝平安京〟が中世都市〝京都〟に転じていく一因となっていく。[2][3][4]

都市史・建築史的観点に立ち、歴史的都市の衰退と再生から学ぶべきは、危機においてこそ、ものごとの本来的で普遍的なあり方があぶり出される点である。本章の目的は、内裏という研究対象を設定し、都市の危機と再生の過程で、内裏が何を保持し何を失ったか、また仮皇居として使用された後院や貴族住宅では、いかに平安宮内裏の要素を読み取り、あるいは取捨していたのか、それが結果的に都市や住宅建築にどのような影響を与えていくことになるのかなどについて解明する手がかりを探ることにある。

一　内裏焼亡による仮皇居の使われ方

本章では、内裏焼亡による仮皇居の使われ方について、同時代の史料をもとに具体的に把握していく。仮皇居の使われ方は、やむをえない避難所として用いられた最初期の仮皇居においてこそ、最もよくその本質が表れていると推測される。なぜなら、平安宮内裏がやがて廃絶し、仮皇居である里内裏（平安宮の外に設けられた私邸〈里第〉の内裏）が本宮となる歴史が物語っているように、仮皇居は常住の御在所という内裏の特徴の色合いを次第に強めていくからである（第二節において詳述）。そこで、初度から五度目の火災を対象として、内裏焼亡から新造内裏遷御までの仮皇居の使われ方を確認する。

村上朝の冷泉院

天徳四（九六〇）年九月二三日、平安宮内の宣陽門（内裏外郭の東中央にある門）における出火により、内裏が焼亡する。村上天皇（在位九四六―九六七）の日記に、火災当時の生々しい様子とともに、「後代の譏《そし》りに謝す所を知らず」と記されたように、平安京造営以来、初めての内裏焼亡に際して、天皇以下人臣の動揺は大きかった。火災翌日には、温明殿（宣陽門内にあり、賢所として神鏡などを安置した殿舎）の神鏡を焼け跡から探し出して、罹災を免れた場所（縫殿寮）に仮に安置するとともに、火災から五日後には早くも内裏再建の造宮定を行うなど、旧態再建への熱意がみられる。

村上天皇は、火災当日に職御曹司に移御し、一一月四日に職御曹司から冷泉院に遷御する。職御曹司は内裏の東北に位置した中宮職の庁舎であり、火災の際には一時避難の場所となることも多かった。冷泉院は平安宮の東隣にあり、二条大路と大宮大路に面する二町四方の後院である（以下、仮皇居の場所については図2参照）。なお、冷泉院は朱雀院とともに、累代の後院として平安前期から造営されている。後院は、「天皇が本宮より他に遷御する必要の生じた場合、その御在所に充てられる」のが主要な機能とされ、平安前期には内裏の修造による遷御がその主な例であった(5)。天徳期の内裏焼亡後の冷泉院への遷御は、このような後院の制に則って行われたとみられる。

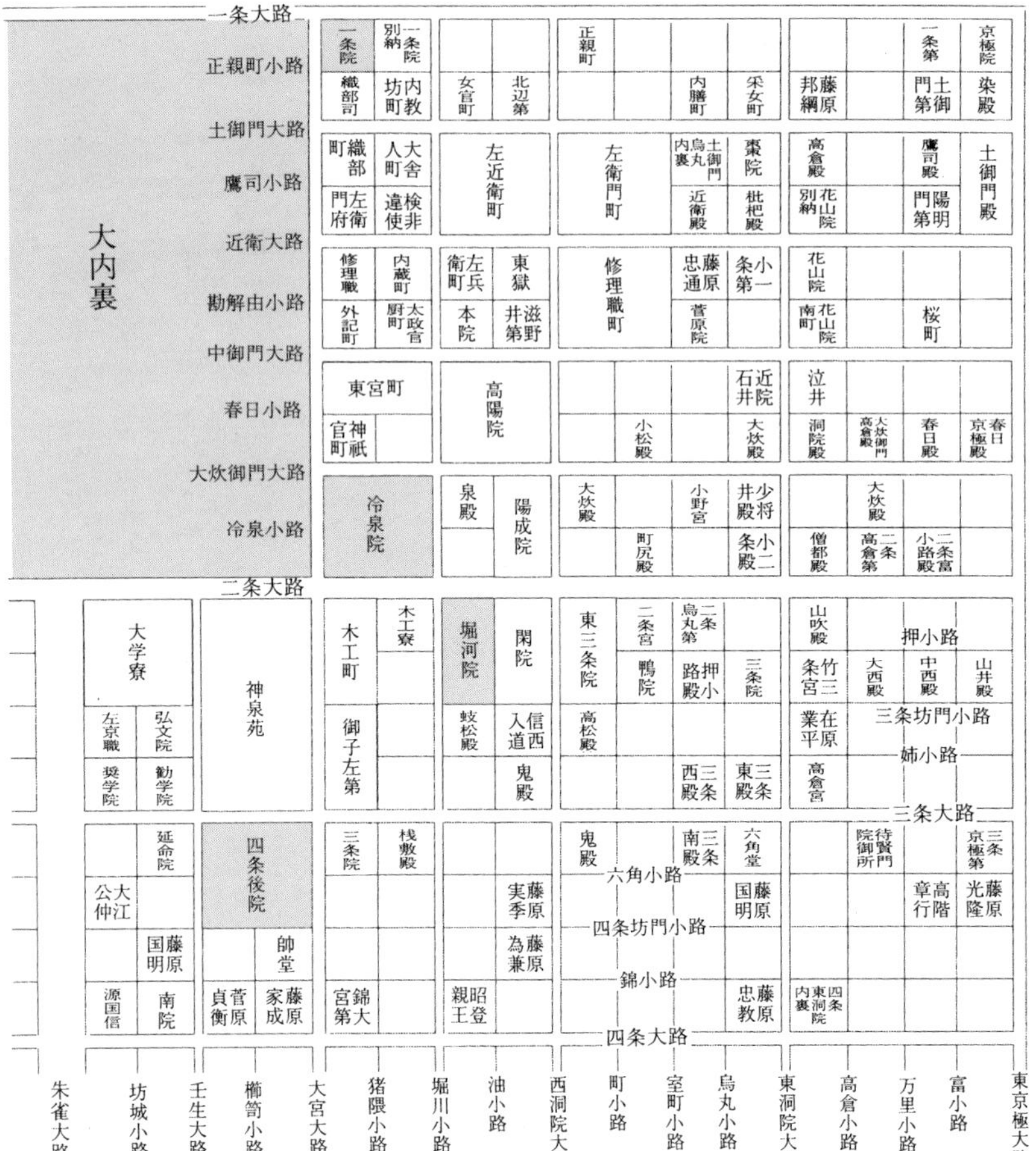

図２　平安京(左京北部)邸第配置概略図(古代学協会・古代学研究所編『平安京提要』角川書店，1994年)

冷泉院は、応和元（九六一）年一一月二〇日に新造内裏に遷御するまで、仮皇居とされる。罹災後の平安宮から冷泉院への移徙では、冷泉院の「西門」から入り「西中門」を経て、「南殿」から「中殿」まで陰陽師が儀式を行う。この経路により、冷泉院では「西門」を正門、寝殿を「南殿」とし、天皇御在所として「中殿」が用いられたことがわかる（図3参照）。なお、東宮も、同日に職御曹司から冷泉院に遷り、「東南対屋」に遷御する。

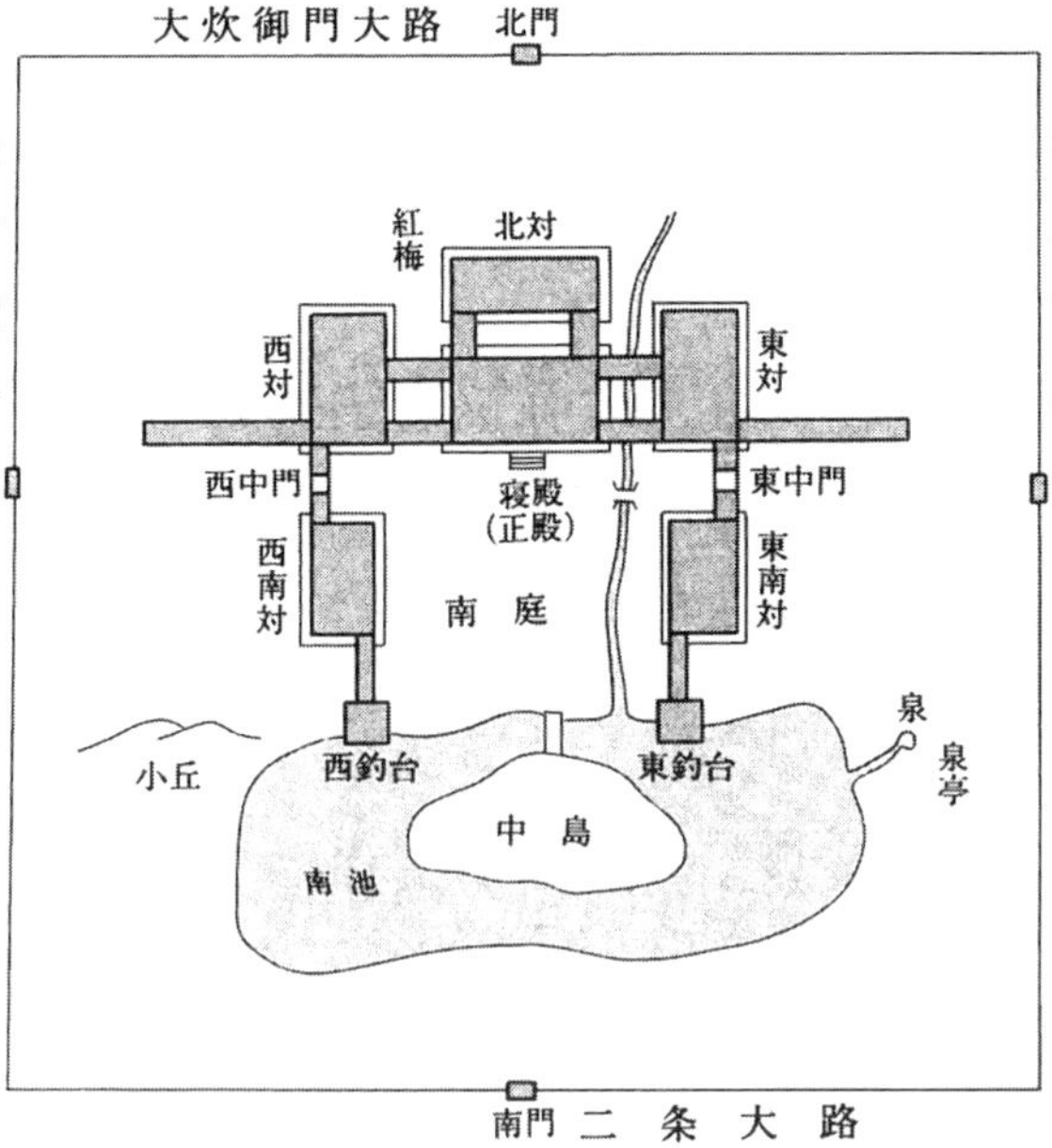

図3　冷泉院(954頃-970)推定復元図(古代学協会・古代学研究所編『平安京提要』角川書店, 1994年)

冷泉院の使われ方について記した史料によると、冷泉院正殿（寝殿）は「南殿」と呼ばれ、使用法も内裏正殿である紫宸殿（通称南殿）に準じていたとみられる（以下、内裏については図5参照）。紫宸殿における儀式（旬儀・相撲・駒牽・御暦奏）は、冷泉院においても「南殿」で行われている(6)。

冷泉院正殿が、位置や使われ方などにおいて内裏正殿に準じていたのに対し、天皇御在所は、東面の建物（内裏の清涼殿）から南面の建物（冷泉院の「中殿」〈北対〉）に読み替えられている。内裏における五節舞姫御前試では、清涼殿東孫庇で舞姫が舞うが、冷泉院では中殿の南庇で舞う。このことは、冷泉院中殿が御在所であるとともに、中殿が南面する建物、すなわち北対であったことを示していると考えられる。

御在所のほかに、内裏と仮皇居の注目すべき相違点は、①正門の位置、②「南池」と「釣殿」の有無、③内裏北半部の後宮などの有無である。[7] まず、①正門については、内裏は南門である承明門が正門であるのに対し、冷泉院では「西門」を正門とする。内裏の承明門周辺で行われる追儺や荷前の儀式が、冷泉院では「西中門」周辺で行われている。また、内裏における節会では、臣下が承明門から参入するが、冷泉院では「西中門」から参入する。さらに、内裏における左近陣が、冷泉院では「右近陣」に当てられるほか、内裏では南殿東側で行われる女官による宣命の取り次ぎが、冷泉院では南殿西側で行われるなど、西礼（西側優位）となるのも、正門の位置の影響である。

次に、②「南池」と「釣殿」について、内裏には「南池」やそれに付随する「釣殿」がないのに対し、冷泉院には存在する。そのため、冷泉院では、「釣殿」への出御、「南池」に舟を浮かべた遊興や納涼、「中嶋」を利用した擬文章生試など、後院ならではの行事がみられる。

③後宮については、内裏には北側に後宮があるのに対し、冷泉院にはない。内裏では後宮に御所を持つ東宮が、冷泉院では「東南対屋」に遷御している。また、中宮も冷泉院に遷っており、[8] 東宮と同じく対の一部に滞在したと考えられ、冷泉院では、後宮のような皇后などの専有空間がみられないのが特徴である。

また、内裏において、不動法や観音供などの仏事は仁寿殿（紫宸殿の北に位置する殿舎）で行われていたが、冷泉院では「西対」や「西南対」、および「東対」が用いられている。

以上のように、内裏における儀式の大半は、そのまま冷泉院に引き継がれたり、場所を読み替えたりして行われた。その一方で、冷泉院では行われなかった儀式もある。それは伊勢神宮奉幣・新嘗祭・月次神今食祭などの神事である。これらの儀式は、仮皇居滞在中も天皇が大内裏に還御して行われた。[9] さらに、新造内裏に還御した後に、成人儀礼が集中して行われていることも注目される。[10]成人儀礼は、通常、紫宸殿（天皇・皇太子の元服）や清涼殿（親王元服や内親王著裳など）で行われる儀式である。したがって、仮皇居でも場所を読み替えて行うことは可能である。それでも、あえて行われなかったということは、成人儀礼も、神事と同様に、仮皇居で行うことは憚られたと考えてよいであろう。

円融朝の堀河院と四条後院

円融朝（九六九―九八四）の天延四（九七六）年五月一一日、仁寿殿西面における出火により、ふたたび内裏が焼亡する。火災当日、天皇は職御曹司に移御し、七月二六日に堀河院に遷御する。その当時、冷泉院は焼失し、朱雀院は冷泉上皇の御所とされており、後院を仮皇居として用いることができなかったためである。[11]なお、堀河院遷御に際し東宮は同行せず、皇后は約半月ほど遅れて遷御している。

堀河院は、二条大路と堀川大路に面する南北二町の邸第で、太政大臣藤原兼通第であった。堀河院は次のように説明される（括弧内は筆者注）。

かかる程（内裏焼亡のこと）に内もやけぬれは、みかとのおはしますところみくるしとて、ほりかはとのをいみしうつくりみかき給て、内裏のやうにつくりなして、内いてくるまてはおはしまさせんといそかせ給なりけり、（中略）ほりかはの院をいま内裏といひてよにめてたうの、しりたり（『栄花物語』）

「今内裏」つまり、里内裏の初例である。ただし、この時の堀河院は、内裏のようにつくり直して、後院の代替として用いられたと考えられる。

この時期の仮皇居の様子を記す史料は少なく、堀河院の建物配置や使われ方はよくわからない。当時の儀式の実施記録によると、政務（旬儀・叙位・除目・擬階奏）、節会（七日節会・踏歌節会）、御覧（賭射・相撲内取・相撲召合）、神事（御燈・賀茂臨時祭）、仏事（御斎会・後七日御修法・灌仏）などが行われている。

また、この時期の堀河院をめぐる特徴として、東隣の閑院が、東宮御所および太政大臣第として使用される点に注目したい。兼通は天皇の堀河院遷御に際して堀河院を出ており、天皇とは同居していない。しかし、天皇が堀河院に遷御したため、近くて便利であるとして、朱雀院から閑院に移っている。[12] 東宮も閑院の「東対」に遷御し、閑院において二宮大饗を行っている。[13] さらに、権中納言藤原朝光の家なる「堀川院西屋」が公家に譲られて、太政官庁の代替として政事の場とされている。[14] つまり、仮皇居である堀河院の範囲を超えて、その東西両隣の空間も、後宮（東宮御所）や桂芳坊（内裏北の太政大臣執務所）および太政官庁として読み替えられていたのである。

そして、貞元二（九七七）年七月二九日に、新造内裏に還御する。天皇は陽明門（平安宮外郭の東門）・建春門（内郭の東門）から内裏に入り、東宮は閑院を出て上東門（陽明門より北の東門）を通って、後宮の昭陽舎に入る。同日には中宮も遷御する。

その後、天元三（九八〇）年一一月二二日に、主殿寮官人候所における出火により、内裏が焼亡する。例によって、天皇は職御曹司に移御し、一二月二二日に太政官庁（中務省をはさみ内裏の南側に位置）に遷る。仮皇居への遷御は、翌年七月七日になってようやく果たされる。

長期にわたる太政官庁滞在中には、年中行事も行われている。政務（旬儀〈平座〉・叙位）、節会（元日宴会・七日節会・踏歌節会）、神事（御燈・乞巧奠・石清水臨時祭）、仏事（御斎会・後七日御修法・季御読経）などの儀式の記録がある。その一方で、小朝拝や賭射は、太政官庁滞在を理由に停止された。さらに、元日宴会では禄の支給はなく、踏歌の節会では立楽が停止されるなど、状況に合わせて内容を変更して実施されたようである。

三度目の仮皇居には、四条後院が当てられた。四条後院は神泉苑の南隣、大宮大路と三条大路に面する二町四方の邸第で、もとは太政大臣藤原頼忠の四条坊門大宮第であった。四条後院は、四条坊門大宮第を後院として造り替えたものと考えられ、遷御の前には公卿以下が実検している。

四条後院での滞在期間は、二ヵ月あまりという短いものであった。その間、四条後院では節会（重陽平座）、御覧（相撲・駒牽）、仏事（盂蘭盆）などの儀式が行われている。

九月一三日には、内裏の完成を待たずに職御曹司に遷御する。その異例の遷御の背景には、伊勢神宮の式年遷宮があったと推測される。この年の式年遷宮は、九月一七日に行われているのだが、本来は九月一四日であったところ、穢れにより三日間順延されたのだという。職御曹司への遷御は九月一三日であるから、式年遷宮に合わせて、平安宮への還御が急がれたとみられる。伊勢神宮関連の神事は、仮皇居滞在中においても平安宮で行われたことは先に述べたが、本宮として由緒ある平安宮で行うべきであるという強い認識があったことが、この事例によっても知られる。

内裏遷御後には、紫宸殿において東宮元服や立后の儀式が行われている。この例も、先に述べた傾向を裏付けるものであり、天皇権威に関わる儀式は、恒例の年中行事とは異なり、内裏で行うことが原則であったと考えられる。少し後の事例になるが、四度目の内裏焼亡後、仮皇居遷御までの期間には、親王著袴の儀が行われている。この時期に行われた理由として、「内にはなとてか、内にてこそとおほしの給はせて」（『栄花物語』天元五〈九八二〉年一二月七日条）と記されており、親王（後の一条天皇）の著袴は、やはり大内裏においてこそ行うべきであるという当時の人々の意識があったことがうかがえる。

天元五年一一月一七日には、宣耀殿での出火が四度目の内裏焼亡を招く。天皇は職御曹司に移御し、一二月二五日に堀河院に遷御する。遷御までの期間の短さを考慮すると、内裏焼亡以前に、既に後院として造進されていたとみられる(15)。東宮は、二度目の内裏焼亡による堀河院の場合と同様に、堀河院東隣の閑院を御在所としていた(16)。堀河院では、政務（旬儀）、節会（元日宴会）、御覧（賭射・相撲召合）、および小朝拝が行われている。

円融天皇は、三度の内裏焼亡を経験し、ついに新造内裏に遷御することなく、永観二（九八四）年八月二七日堀河院において譲位する。堀河院における譲位の模様は明らかでないが、新帝の花山天皇は、東宮御所である閑院から堀河院に遷って受禅し、即日新造内裏に遷御している。一方、先帝の円融上皇は、堀河院に留まる。内裏では、遷御当日に懐仁親王（後の一条天皇）の立太子の儀式が行われ、東宮は南院第から後宮の凝華舎に入る。その後、平安宮では花山天皇の即位式と大嘗会が行われる。これらの儀式も、天皇権威に関わる儀式として、平安宮で挙行することが求められたのである。

一条朝の一条大宮院

一条朝（九八六―一〇一一）の長保元（九九九）年六月一四日に修理職における火災により内裏が焼失する。今度の火災では職御曹司まで火が迫ったため、太政官庁に移御する。そして、その二日後には、早くも一条大宮院に遷御する。一条大宮院は平安宮の東隣、大宮大路と一条大路に面する一町四方の邸第であり、一条天皇の母后東三条院藤原詮子第である。当時、後院は上皇の御所とされており、一条大宮院は後院の代替として、既に造られていたと考えられる。「いみじうつくらせ給て、みかどの後院におぼしめすなるべし」（『栄花物語』）という史料もある。

一条大宮院への移徙は、太政官東門を北に行き、陽明門より平安宮を出て、大宮大路を北に行き、一条大宮院の「西門」から入り、「寝殿南の橋」に御輿を寄せて昇殿する（図4参照）。なお、東宮は太政官庁から修理大夫曹司に移御し、一条大宮院には遷らなかった。一条大宮院は、「西門」から遷御し、西を正門とすること、臣下が「右近陣」に着座していることから、冷泉院と同じく西礼の邸第であったことがわかる。

七月八日には大殿祭[17]が行われ、天皇は修理の完了した「北対」に遷って御所とする。その際、天皇は「東対」から

「南殿北西角の戸」を経て、「北対」に入る。「北対」では、内裏焼亡後初めて名対面が行われたという。「北対」には、内裏清涼殿と同様に「鬼間」が設けられていた。一条大宮院に関する史料には、「殿上」、「下侍」、「殿上小板敷」の語もみえ、殿上の間周辺の空間は、平安宮内裏に模してととのえられていた（読み替えられていた）と推測される。

また、女御二人の曹司として、「西対北西庇」が与えられている。さらに、「承香殿女御」が参入した際には、「西対」東北角を宿所としている。これらの事例は、一条大宮院にも後宮がなかったことを示している。仮皇居では、対が後宮に代わる空間として用いられていたのである。

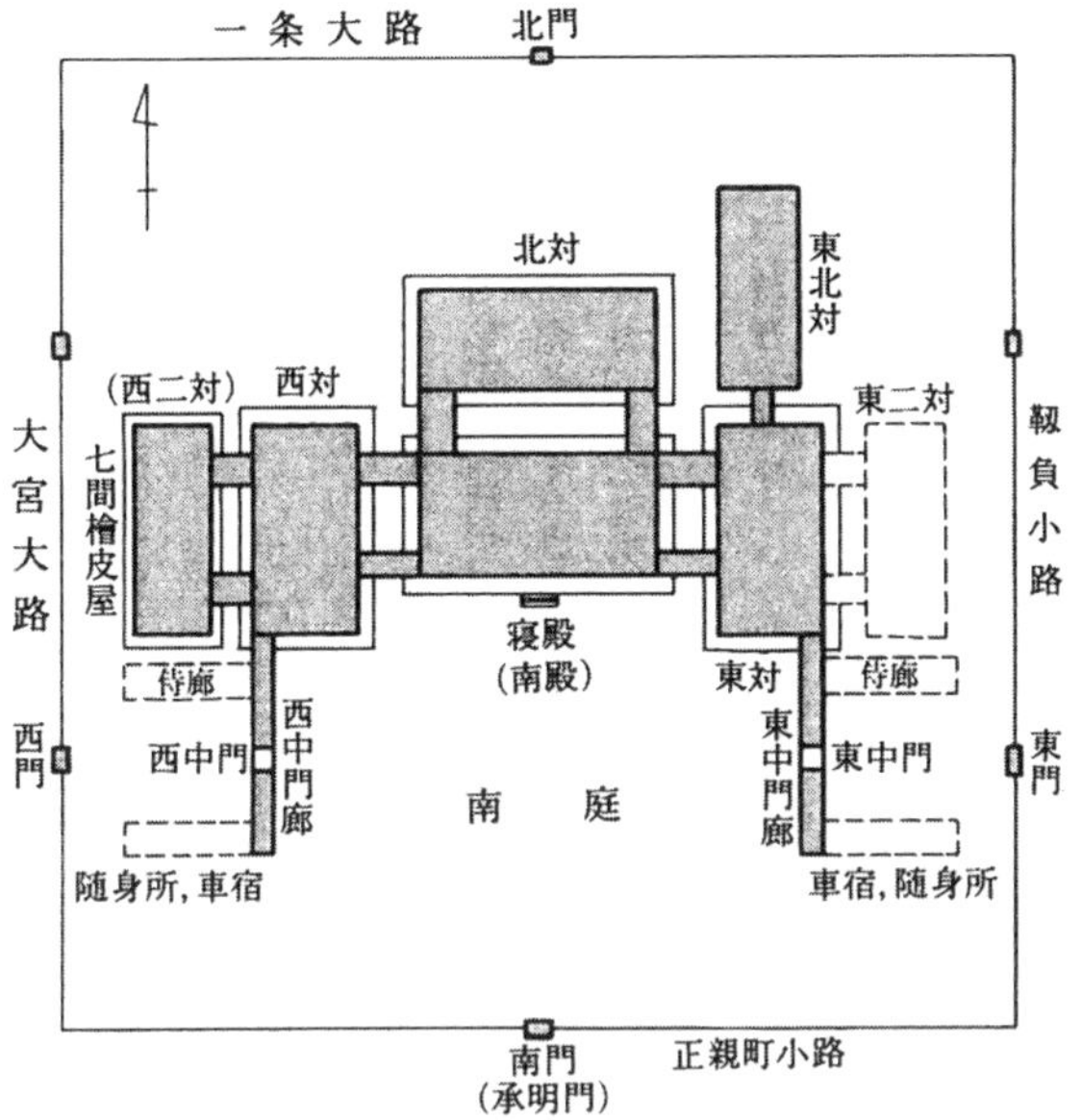

図４　一条大宮院（998-1009）推定復元図（古代学協会・古代学研究所編『平安京提要』角川書店，1994年）

一条大宮院では、政務（旬儀）、節会（新嘗節会・重陽平座）、御覧（相撲召合・信濃駒牽・甲斐穂坂駒牽・上野駒牽）、神事（御燈・賀茂臨時祭）などの年中行事が行われている。一条大宮院については、儀式時の建築空間の使われ方に関し、比較的詳細な史料があり、空間の読み替えについても具体的に知ることができる。例えば、御燈の儀式に際して、次のような記録がある。

御座清涼殿之儀鋪北向、而今欲供北向、不得便宜、即奏、依仰旨、令供東向（『権記』長保元年九月三日条）

清涼殿における天皇の座は北向きに設置されるが、一条大宮院の「北対」において北向きに座ると便宜を得ない。そこで、天皇の意向を確認して、東向きに設置されることとなったという。つまり、東面する清涼殿では北向きに着座するが、「北対」で北向きに着座すると、庭（南）に置かれる幣帛に背を向けることとなってしまう。東向きに着座することによって、殿舎を左手、庭を右手として座る清涼殿と同じ形とされたのである。

そのほかにも、上野駒牽の儀式では、内裏の建礼門（承明門の南の門）前の空間が、一条大宮院では「西門」外に読み替えられている。相撲召合の儀式では、公卿・出居らの昇殿や着座の位置が西側に変更されている（内裏では東側を使用）。なお、相撲の儀式では、上皇が「東対」に着座するが、上皇の列席は内裏での儀式にはなかった特徴である。

一条大宮院では、長保二（一〇〇〇）年二月二五日に立后の儀式も行われた。先述したように、立后は平安宮で行うことが原則であったが、彰子の立后は父である藤原道長の強い意向によって実現したもので、異例といえる。この時の立后のしつらいは、「南の装束、紫宸殿に准じて供奉す」として、紫宸殿に準じたものであった。儀式に際して、大臣以下は「西中門」より参入し、「南殿」前庭に列立する。ただし、四位以下は中門内に参入せず、門外において宣制を受ける。立后において臣下の列立の場を門の内外で分ける点は、内裏での儀式と同様であるが、内裏では五位までが庭中に列立する。その違いは、おそらく庭の規模に関係していると考えられる。さらに、一条大宮院の「南殿」は紫宸殿よりも二間狭く、西礼である点、承明門が「西中門」に読み替えられている点も、紫宸殿での儀式のあり方と異なる。

立后後に行われる天皇の「本殿」（御在所）での除目では、臣下が「南又庇」に敷かれた菅円座に着座する。内裏では、清涼殿東孫庇を用いるため、一条大宮院の「北対」の「南又庇」は、内裏清涼殿の東孫庇に対応する空間であったことがわかる。ちなみに、内裏においては、清涼殿東孫庇が儀式の場として多く用いられる。先にあげた『権記』長保元年七月八日条に記載されている北対の修理は、北対を御在所として用いるために、南又庇の増築を伴うものであった可能性も考えられる。

立后後、中宮は長保二年四月七日に至って、初めて大宮一条院に入御する。そして、同年一〇月一一日に天皇および中宮は新造内裏に還御する。天皇は一条大宮院の「南殿」に出御し、乗輿して「西中門」と「西門」、および平安宮陽明門を経て、紫宸殿南階前で御輿から降り、紫宸殿から清涼殿に入る。東宮は一一月一三日に東三条院より内裏昭陽舎に入る。

一条天皇期には、その後も二度の火災に見舞われ、計三度に及ぶ内裏の焼亡は円融天皇期と並んだ。そして、円融天皇が、在位中最後に新造された内裏に遷ることなく譲位の日を迎えたように、一条天皇も三度目の罹災後、再建された内裏に還御することはなかった。すなわち、一条天皇期には内裏再建後約五年もの間、仮皇居が使用され続けており(18)、これを内裏と仮皇居の併存の実質的な契機とみることもできようが、この時期の特徴としては、積極的な仮皇居の利用というよりも、むしろ史上初となる在位中四度目の火災を避けたいという意向のほうが強かったとみられる。

二　皇居の危機と再生

以上、平安宮内裏の初度の焼亡から、五度目の再建に至る仮皇居の使われ方を、事例をもとに明らかにした。本章では、前記の事例よりも後の時代の仮皇居も含め、平安宮内裏と仮皇居の関係に注目して、皇居の危機と再生の過程について整理する。

一〇世紀中期以降、平安宮内裏という本宮を火災で失ったことを契機に、後院や貴族住宅が避難所として用いられることとなった。平安宮内裏の初度の焼亡こそ、累代の後院である冷泉院が本宮の代わりとして本来の機能を果たしたが、その後は太政大臣や女院などの邸第が献上され、後院としてつくり替えたうえで用いられた。当然ながら、仮皇居の形式は内裏に及ぶものではなく、門や殿舎などは、仮皇居のあり方に応じて読み替えて使用された。例えば、内裏の紫宸殿と南庭は、仮皇居の寝殿およびその前庭に、清涼殿・後宮殿舎などは対に、承明門（南門）は東西いずれかの中門に読み替えられている。特に、正門の位置は皇居の使われ方に強く影響していた。仮皇居では正門の位置に準じて殿舎や諸施設の空間秩序が決定されているため、正門が西門である場合には西礼となって、東礼である内裏とは昇殿や陣座の方角が逆になる。

仮皇居では、恒例の年中行事（政務・節会・御覧・神事・仏事など）が行われる。平安宮では、平安中期に御在所が清涼殿に定着して以降、主要な儀式が内裏の紫宸殿と清涼殿を中心に行われるようになっていた。その状況が幸いし、仮皇居においても、紫宸殿と清涼殿に相当する殿舎があれば、大抵の宮中儀式を滞りなく行うことが可能であった。

その一方で、原則として仮皇居では行われない儀式があった。その一つが、天皇権威に関わる儀礼（元服・立太子・立后・即位式・大嘗会など）である。元服や立太子などの儀式は、紫宸殿や清涼殿で行われる儀式であり、仮皇居でも行うことは可能であったが、新造内裏の完成を待って行われている。もう一つは、伊勢神宮に関係する神事である。伊勢神宮関連行事は、仮皇居滞在中も原則的に平安宮に戻って行われている。(19) 天皇権威に関わる儀礼や重要神事は、本宮である内裏で行うべきという認識があったと推測される。

平安宮の存在意義は、平安京の中心という場所性にあったといってよく、「平安宮という権威空間＝本宮」であり、天皇はそのなかにあって政務や儀式を行うことで権威を保っていた。本宮の主要な機能として、皇位継承など天皇権威に関わる儀式や重要神事（天皇権威の源泉、伊勢神宮との関わり）があったことは、内裏と仮皇居の使い分けからも

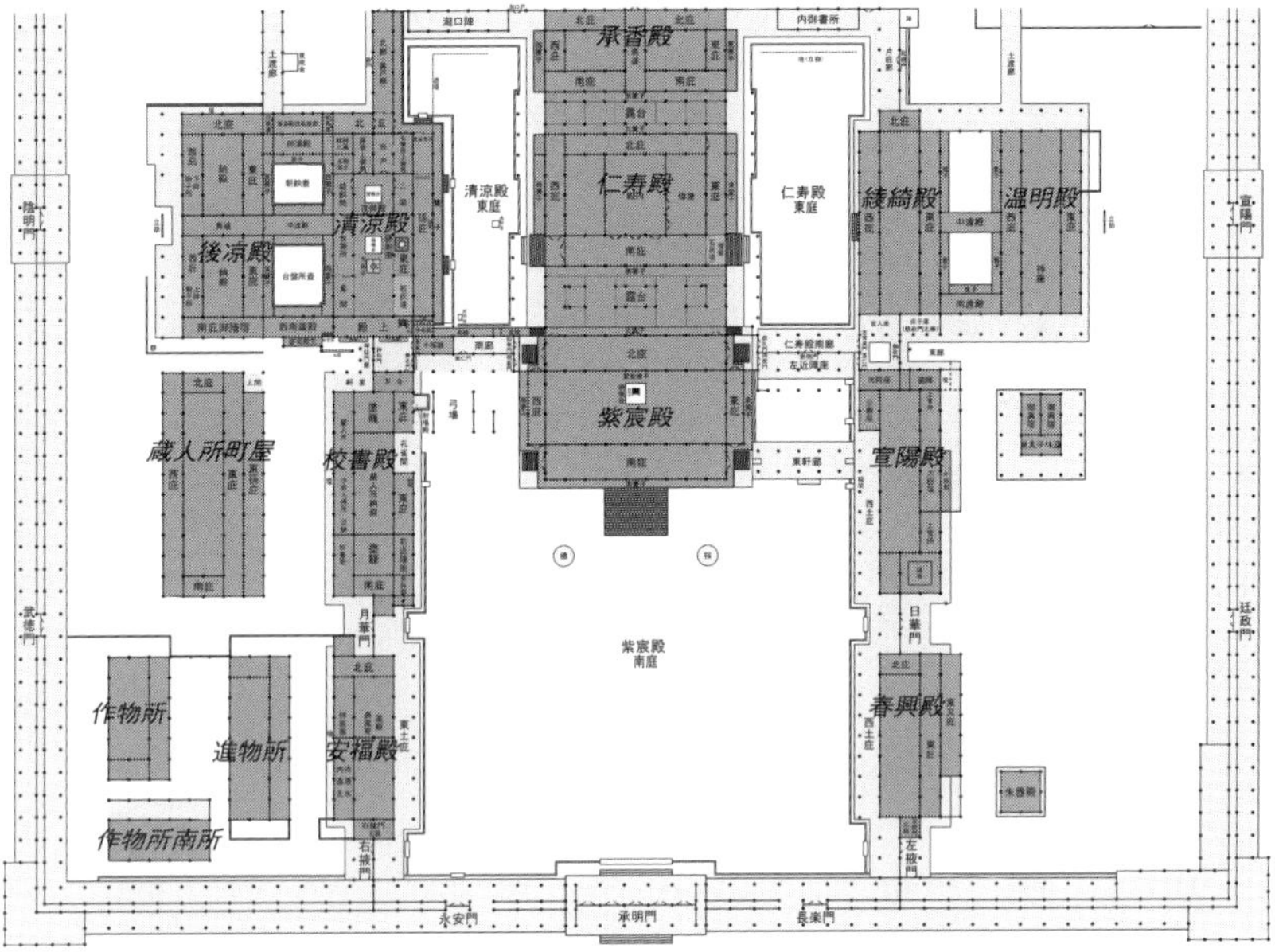

図５　平安宮内裏（南半部）復元図（裏松固禅『大内裏図考証』をもとに作成）

明らかである。

内裏の焼亡がたび重なるにつれて、四町・二町・一町規模の邸第が仮皇居とされるようになる。天皇の住まいであることを優先させると、一町規模の邸第でも仮皇居となりえたのである。仮皇居には、特に防御施設がつくられたという記録もなく、皇居としては無防備な空間であるように感じられる。当時の人々の危機意識の低さが、里内裏の成立理由であるともいえよう。

平安宮内裏のたび重なる罹災により、再建にかける熱意は徐々に低下していったとみられる。やがて仮皇居が常態化していくと、本来「平安宮という権威空間＝本宮」であったのが、「天皇のいる場所＝本所」という認識に変化していく。また、仮皇居が内裏よりも優先的に使用されるようになる背景には、仮皇居が内裏（特に儀式が行われる南半部）の建築形態をより忠実に模して建造されるようになったことがあげられる。仮皇居が一時的な避難所であった頃の「年中行事＝仮皇居、皇位継承など天皇権威に関わる儀式・重要神事＝平安宮」という原則も、儀式において継承されてきた「かたち」さえあれば、仮皇居で実施できるという認識に変化してしまうのである。

平安宮内裏は、嘉禄三（一二二七）年四月二二日の京中の火災による延焼をもって、ついに廃絶する。ここに皇居が里内裏に一本化されることとなる。このことは、里内裏が京中に埋没しても保ちうる権威を既に確立していたことを示している。平安宮内裏焼亡による一時的な避難所に過ぎなかった仮皇居は、大内の内裏に代わる里内裏として、名実ともに本宮とみなされるようになったのである。一方で、大内裏正面の大路に面する門や築地、および神祇官、真言院、太政官などはその後も残され[20]、即位式や大嘗会などが後土御門天皇（在位一四六四―一五〇〇）の時代まで行われていた[21]。応仁の乱を経て、建造物や多くの儀式が途絶えたが、天正一五（一五八七）年豊臣秀吉によりその地に聚楽第がつくられるまで、平安宮のおかれていた場所は都市の記憶を留める空間として存在し続けた。

三　皇居移転による都市への影響

冷泉院・堀河院・四条後院・一条大宮院は、平安宮の東側や、平安宮に続く大路（二条大路・大宮大路）に面し、平安宮とのつながりが感じられる場所にある。その後、多くの仮皇居が営まれるなかで、二条大路や大宮大路に面しないものがみられるようになるが、二面を大路で囲まれる場所が選定されている[22]。それらの里内裏は、左京北東部（図2）に集中して営まれ、「人人貴賤と無く、多く群聚する」（『池亭記』）場所に、皇居が再設定されていく。このような立地条件は、摂関期および院政期に、当時の権力者との関係によって仮皇居が設定されたことに起因する面も大きい。

仮皇居は、内裏の南半部＝天皇の居住部と儀式の場（図5）の形式を、可能な範囲で備えるものであった。特に、一条大宮院のような一町四方の邸第が皇居となりえたことは、その後京中の多くの里第が皇居として用いられることとなる先蹤となったと推測される。皇居の縮小化により、東宮御所や後宮は皇居の外に点在し、執柄などの執務所や太政官庁などは皇居周辺に設定されることとなる。仮皇居および右記の施設は、天皇の仮皇居遷御にあたり、公家に献上される。加えて、里内裏周辺（四方周辺各一町の範囲）は、「陣中」と称され、大内裏に相当する領域として「自動的に確定された」という。[23]仮皇居周辺には、特に防御施設がつくられた記録はなく、陣中という概念で安心できてしまう土壌が当時にはあった。このように、仮皇居とされる里第・陣中・東宮や皇后などの御所・執柄の執務所・太政官庁などは、里内裏ごとに変化するため、それらが形成する平安京内の空間秩序も、皇居の移転に伴って変化したと考えられる。

以上にみるような平安京の空間秩序の可変性は、造営当初の都市構想を考えると、想定外の事態といえる。しかし、律令の視覚化として建設された平安京は、その制度の変容と軌を一にするかのように、次第にその様相を変化させていく。平安宮内裏が初めて焼亡した一〇世紀中頃は、古代国家から中世国家へと向かう転換期であったが、平安宮内で行われていた恒例の儀式も、多くが大内裏の空間を使ったスケールの大きな儀式から内裏内で完結するコンパクトな儀式へと変化しており、そのことが平安宮外での儀式の再現を可能にした。宮中儀式の変化は、九世紀頃から兆しがみえ始め、一〇世紀頃に定着するが、あるいは仮皇居での儀式のあり方が変化の定着を促したと捉えられるかもしれない。いずれにしても、たび重なる皇居の移転と里内裏の定着の過程は、平安京という都市の原則からの解放を象徴するものとして、都市住民に受け止められたことであろう。そのような見方によれば、同時期に巷所の拡大や辻子の開発が加速したことも無関係ではないと考えられる。平安京は宮中の人々と都市住民双方の認識が変化することによって、中世都市へと変貌を遂げていったのである。

おわりに

災害や社会的要因により、やむをえない理由で都市や建築空間における人々の営みが変更を迫られたとき、新たな場所において、旧態の維持を意図する空間の読み替えが行われる。たび重なる災害などにより、読み替えられた状態が恒常化すると、やがて読み替えが正式化し、そこから新たな変容が始まる。

内裏焼亡による危機に際しては、旧態を継承する方法として、連続させることを重視するものと場所や空間のオーセンティシティを重視するものがみられ、双方を別の場所に設定することで、内裏の本質の維持がはかられていた。すなわち、前者は、天皇の日常生活および宮中儀式を断絶させないことを優先した継承であり、仮皇居において実現される。内裏焼亡後に遷御のあった仮皇居では、混乱のなかにあっても、平安宮内裏で行われていた政務や節会などの伝統的な年中恒例行事が大切に引き継がれた。平安中期以降、平安宮では主な儀式が内裏の紫宸殿と清涼殿を中心に行われるようになっており、仮皇居は、それらの儀式が行われる内裏の南半部に可能な限り近い空間を備えることにより、御在所に求められる機能を果たしたのである。一方、後者は、平安宮内裏という場所自体が持つ伝統や権威を継承する方法である。平安宮では、たとえ内裏が再建されていなくても、使用が可能である限り、即位式や大嘗会をはじめとする天皇権威に関わる儀礼や重要神事が行われた。また、もともと内裏で行われていた儀式のうち、元服などは、仮皇后で行うこともできたにもかかわらず、あえて内裏に還御してから行われていた。内裏の本質は、仮皇居と（新造）内裏を使い分けることで実現されていたのである。

しかし、たび重なる内裏の焼亡によって仮皇居の滞在期間が延びることにより、臨時の避難所であったはずの仮皇居が、内裏の機能を備えるべく入念に整備された里内裏へと変化する。そして、そこでの先例が積み重なるにつれて認識の変化が進み、ついに平安宮内裏の再建が断念される時が来る。

また、火災による焼亡を契機として京中に進出した内裏は、律令制下の秩序の表現として存在した都市空間に、新たな秩序と変化の余地をもたらしていく。さらに、里内裏として邸第を提供することは、京中の邸第に内裏における建築形式や生活文化をとり入れることでもあり、内裏焼亡による京中への移転は都市だけでなく、都市住宅にも影響を与えていったと考えられる。

平安宮内裏が廃絶した後も御在所は京中を転々とするが、元弘元（一三三一）年に土御門東洞院殿で光厳天皇が即位して以来、現在の京都御所の地に定着する。この地においても、焼亡と再建が繰り返されるが、平安宮内裏の形式に及ぶものが造営されることはなかった。そのため、長きにわたり、儀式の簡略化や空間の読み替えを行いながら古儀が伝えられていくという状態が続いた。

江戸時代後期の寛政二（一七九〇）年、光格天皇のもとで、平安時代の古制に則った復古様式の内裏が造営されることとなり、伝統的な宮中儀式が往時さながらに再興された。ただし、寛政度内裏においてようやく再生された平安復古様式は、主に古代以来の儀式が行われる部分（南半部と飛香舎）に用いられ、一方で居住部周辺は、造営当時に至るまでの建築技術をいかしたつくりとなっている。京都御所（安政二〈一八五五〉年造営）にも受け継がれているその形式は、古代のあり方を理想としつつ、それまでの歴史をもふまえて必要不可欠な要素を抽出したもので、内裏に必要とされる機能とは何であったか、すなわち内裏の本質とは何かを雄弁に物語っている。(24) 物事の本質とは、維持が困難となった状況下で浮き彫りとなり、より自覚的に維持していくための努力がなされるものであり、再生への条件がととのった段階で、時の流れを経た分だけ歴史的意義を深めて表出してくるものなのかもしれない。

平安京は最後の古代宮都であり、中世都市へと転換し、現在まで都市の基調として存続する日本で唯一の例である。平安京が変容していく過程で、火災による焼亡という危機を幾度となく克服することにより、内裏もまた、伝統の継承を目指す一方で、余儀なくされた変化を受け入れながら、その姿を変化させていったのである。

注

（1）平安京は、平安宮を中心に大路小路を通して京域とし、碁盤の目状の都市に住宅などの建造物が配置されており、その規模や形式は、律令制における序列、すなわち天皇との関係に対応するものであった。

（2）髙橋康夫『京都中世都市史研究』（思文閣出版、一九八三年）など。

（3）北村優季『平安京の災害史―都市の危機と再生―』（吉川弘文館、二〇一二年）。

（4）桃崎有一郎『平安京はいらなかった―古代の夢を喰らう中世―』（吉川弘文館、二〇一六年）では、平安京および大内裏の歴史的意義について、中世史の視点からの評価が示されている。すなわち、平安京の本質は〝威信財〟であり、実用性を犠牲にしたもので、平安宮内裏は消極的に使われなくなったのではなく、院政によって積極的に捨てられたのであり、院政の成立により、平安京は中世〝京都〟へと大きくつくり替えられていったとされている。

（5）後院や里内裏の概要については、橋本義彦『平安貴族社会の研究』（吉川弘文館、一九七六年）、同『平安貴族』（平凡社、一九八六年）を参照した。

（6）『日本紀略』天徳四年一一月七日、応和元（九六一）年八月一五・一九日条、『西宮記』応和元年七月二八日・八月一日・一一月一日条、『北山抄』応和元年九月二三日・一一月四日条。

（7）宮中奥向きの殿舎で、皇后などが住む。

（8）「皇后自東院渡坐冷泉院」『日本紀略』応和元年六月三日条。なお、皇后と東宮は新造内裏に還御する際に、天皇の還御から一ヵ月ほど遅れて後宮に入る（「中宮、東宮遷坐内裏（中宮弘徽殿、東宮昭陽舎、或云、襲芳舎）」『日本紀略』応和元年一二月一七日条）。

(9) 『日本紀略』天徳四年一一月一九日、応和元年閏三月一三日条、『小右記』天徳四年一一月一九日条、『西宮記』天徳四年一二月一一日条。
(10) 『日本紀略』応和元年一二月一七日、同二年四月二五日、同三年二月二一・二八日・八月二〇日条。
(11) 「今日夜半、冷泉院焼亡、太上皇(冷泉)遷御朱雀院」『日本紀略』天禄元(九七〇)年四月二日条。
(12) 「今夜、太政大臣従朱雀院遷坐閑院、(中略)而大相国、堀川院依天皇遷幸、令近也」『日本紀略』貞元元年一一月二日条。
(13) 「東宮、自左近衛府御閑院東対」『日本紀略』貞元元年一一月二〇日条、「於閑院有中宮・東宮大饗」同二年正月二日条。
(14) 「於堀川院西屋(中略)、有政□事(件屋権中納言藤原朝光卿家也、依便宜被奉公家、為太政官庁也)」『勘例』貞元元年八月二〇日条。
(15) 「件院、為後院、公家被造之」『日本紀略』天元五年一二月二五日条。
(16) 「右大臣家東三條院焼亡、于時、天皇御堀川院、東宮御閑院、近隣火事之間、大臣以下皆参」『日本紀略』永観二年(九八四)三月一五日条により知られる。
(17) 大殿祭とは、宮廷殿舎の災害を予防し、平安を祈願する儀式である。
(18) 寛弘二(一〇〇五)年一一月一五日に内裏が炎上し、寛弘三年二月一七日に内裏造宮始、三月一〇日に立柱上棟、一二月二六日に新造内裏の紫宸殿、清涼殿、承明門の扁額が設置された。しかし、一条天皇はその後も一条院を御在所とし、寛弘八年六月一三日に譲位、同月二二日一条院において崩御している。
(19) 「今物忌也、(中略)申刻於南殿、拝祈伊勢大神宮云々」『西宮記』天徳四年一一月一九日条という記事があるように、物忌の際には、仮皇居の南殿(寝殿)で拝する場合もあった。
(20) 山田邦和『京都都市史の研究』(吉川弘文館、二〇〇九年)、東島誠『公共圏の歴史的創造—江湖の思想へ—』(東京大学出版会、二〇〇〇年)、久水俊和「室町期の内野における存続官衙—神祇官・太政官庁・真言院・神泉苑考—」(『駿台史學』一六〇、二〇一七年)。
(21) 平安宮で行われた最後の主な儀式は、後土御門天皇の即位式(寛正六〈一四六五〉年一二月二七日)と大嘗会(文正元〈一四六六〉年一二月一八日)であった。その後、即位式が紫宸殿で行われるようになるのに対し、大嘗会は長らく行われず、江戸時代の貞享四(一六八七)年に再興された。

(22) 院政期になると、小六条院など大路に面しないものもみられるようになり、仮皇居の場所の選定基準は変化する。
(23) 飯淵康一『平安時代貴族住宅の研究』（中央公論美術出版、二〇〇四年）、桃崎有一郎『中世京都の空間構造と礼節体系』（思文閣出版、二〇一〇年）など。桃崎によると、陣中は、大内裏に準じた礼節が求められる空間であるが、「大小の雑多な建造物が建ち並び、また門のごとき物理的・可視的な境界が存在するわけでもない、見た目には一般市街地となんら変わりない空間（しかも里内裏が移転すればそこはただちに一般市街地に戻るのである）……（里内裏移転時に新たに陣中となる区域の居住者が立ち退かされた事例は管見の限り確認できない）」とされる。
(24) 寛政度内裏以降の復古様式の特徴については、稿を改めて論じる予定である。

(付記) 本稿は、拙稿「平安宮内裏焼亡による皇居の危機と再生」（日本建築学会編『危機に際しての都市の衰退と再生に関する国際比較研究［若手奨励］特別委員会　報告書』二〇一五年）に、加筆・修正したものである。

第二章　災害と仮設建築
――関東大震災後のバラックと住宅困窮者――

初田香成

はじめに

本章の目的

本章は関東大震災の後に設けられた「バラック」と呼ばれる仮設建築を題材に、災害からの復興過程と、災害によって浮き彫りとなった不安定な居住層の動向の一端を明らかにする。以上を通じて、当該期に変質しつつあった都市居住の特質と、災害時に仮設建築が都市空間において果たす役割を考察することにしたい。

関東大震災からの復興過程で建設された多数の仮設建築は当時、「バラック」と総称された。法的には大正一二（一九二三）年九月一六日に出された勅令第四一四号通称バラック令（東京府及神奈川県ノ市街地建築物法適用区域内ニ於ケル仮設建築物等ニ関スル件）で、大正一三年二月末日までに建築に着手し昭和三（一九二八）年八月末日までに除却する仮設建築物について、市街地建築物法の広範な規定の適用を免除するとされた。これは実質的には市街地建築物法の運用を一時的に停止するもので、田中傑によればその後の震災後のバラックの規定が罹災市街地で建築活動を一旦禁止し例外的に許可を与えるものとは大きく異なるという。(1) 後述するように関東大震災は権利の不安定な居住層、特にそれまで住んでいた住宅が破壊された借家人の問題を顕在化させた。「バラック」はその事態と密接な関係を持って当時新たに使用されるようになった用語であり、現在の我々が想像するよりも広い意味で考える必要がある。(2) バラックは建設主体の観点からは、公的主体が中心となりオープン・スペースなどに建設したバラック（当時、集団バラック、共同バラックなどと呼んだ）と、民間主体が罹災地に自力で建設したバラックに分けることができ、本章では後者を扱う。

先行研究と関東大震災・借家権保護・バラック

関東大震災に関する研究は、以前は後藤新平による復興計画や朝鮮人虐殺問題に重点がおかれがちだったが、近年、災害史という観点から再び注目が高まりつつあり、被災過程での人々の動向や救護の実態などが明らかにされつつある。(3) 都市史の観点からは、関東大震災後に山の手などへの郊外化が進んだという説明がなされ、特に成田龍一は、関東大震災は地震という自然災害を契機とするが、その結果もたらされた様々な問題はこの時期の都市史上の焦点となる問題を含んでおり、それらが一挙に噴出したと述べている。(4)

成田はこの問題の一つとして借家権の保護を取り上げ、震災を契機に借家人運動が大きく発展した様子を明らかにした。(5) 近代日本の不動産権利の歩みは、民法制定（一八九六〈明治二九〉年）により財産権の不可侵といった近代的な所有権概念に基づき土地所有者の権利が確立される一方で、以後は借地権や借家権など使用者の権利を保護する法制が整備されていく歴史として整理できる。松山恵が明らかにしたように、民法成立後には地震売買と呼ばれる借地権者への不当な事態が頻発し、建物保護法（一九〇九年）が制定され借地権の保護が進んだ。(6) 次に問題となったのが借家権の保護であった。例えば当時の住宅政策担当者は「関東大震災で借地借家の問題が起こったとき、震災の混乱を収拾するためもあって借地、借家法の改正をし、借地権者、借家権者を非常に保護した」と述べている。[7]

この過程で重要な役割を果たしたのが、借家権者たちが建設した「バラック」である。関東大震災からの復興過程に現れた「バラック」については、台東区教育委員会、田中傑、鈴木努による作業がある。[8] 台東区教育委員会は区画整理の建物移転計画図や写真・映像を用いて、バラックの変遷を概括的に明らかにしている。田中は関東大震災復興区画整理建物移転計画図・移転補償調書や火災保険特殊地図などをもとに市街地の個別の再建の実態を定量的に示し、実は建築物の質的改善はそれほど進んでいなかったことを明らかにした（鈴木努の作業については後述する）。ただ台東区教育委員会は背景にある不動産権利関係についてはあまりふれず、田中は街区全体の都市計画的な定量的分析が行われ、個別の人々の動向にはあまり注意が払われていない。これに対し、本章は特に借家人によるバラック建設や、それが当時の借家権の問題に果たした役割に着目する。

また栢木まどかは震災復興期の建築について特に個別の権利関係も踏まえ共同建築の実態を明らかにしている。[9] しかし栢木の研究は持家層（土地所有者・借地権者）を中心とした動向と考えられ、借家層の動向については依然として不明な点が多い。[10] なお本書でも栢木による論考が関東大震災を扱っているが、同論考が本建築の復興過程に着目しているのに対し、本章は関東大震災直後のバラックに着目している点で視点が異なる。

福井家文書について

ここで取り上げる「福井家文書」とは、東京都中央区湊一丁目（旧鉄砲洲本湊町）に三代にわたって居住し、質商や貸地・貸家経営に携わってきた福井家が所蔵していたおおむね一九一〇年前後から九〇年頃までの文書二〇〇〇点近くからなる史料群である。寄託を受けて和光大学総合文化研究所が調査を行い、同大学属梅根記念図書・情報館が所蔵している。調査の結果は塩崎文雄監修『東京をくらす―鉄砲洲「福井家文書」と震災復興―』（八月書館、二〇一三年）として目録とともにまとめられ、特に関東大震災復興期の同家の活動やバラックが建設される過程については、同書において鈴木努が「本湊町建て直し―「福井家文書」にみる震災復興―」としてまとめている。同文書は関東大震災の直後に建てられた自力建設のバラックの個別の実態に、貸地・貸家経営者の立場から迫りうる貴重な史料である。

本章は福井家のこの時期の基本的な動向については『東京をくらす』を参照しつつ、特に自力建設バラックの土地権利関係の経過について考察する。鈴木は前掲論文において、本湊町におけるバラック建設・和解などに関する文書を一覧表にし、本湊町と南新堀の震災前後の家作と住民について、福井家の財産目録と家賃簿から震災発生時の家屋・居住者や、震災後の建物の形態、契約条件、係争などについて表形式でまとめている。これに対し、本章は史料目録から契約年月日などのわかる契約書類を抜き出し、バラックに限定して二つの町以外についてもありようを明らかにした。また鈴木の作業が地主としての福井家が復興に果たした役割を明らかにすることに主眼が置かれているのに対し、本章は建物の使用者である借地、借家人に注目し、また建物の詳細についても迫ることにする。

一　焼け跡への復帰と借地・借家紛争

震災後の避難と焼け跡への復帰

大正一二（一九二三）年九月一日午前一一時五八分、大きな揺れが南関東地方を中心に襲った。この地震とその後の火災により、東京市内の全家屋の六割強が罹災した。このうち罹災戸数が約八割以上にのぼったのは、多い順に本所区、深川区、日本橋区、浅草区、京橋区、神田区、下谷区であり、なかでも前四者は九七%以上にのぼった。残りは罹災戸数が五〇%程度の麴町区、芝区と、二五%程度以下の残りの区に分けられる。

以下では東京都公文書館が所蔵する『災害状況』『災害状況報告概括』など、警視庁による当時の速報史料をもとに焼け跡への復帰の状況をみてみよう（なおタイトルは揺れ動いており、一定しない）。震災当日から翌日にかけて、道路上は避難する人や屋内に戻るのをためらう人々であふれかえっていた。四日になると、路上をうめていた避難者は目にみえて減っていき、八日頃になると、公共団体などによるバラックの建設が進み始めた。この頃には焼跡に戻り自力でバラックを建設できる者と、戻ることのできない者に分化し始め、避難者の状況は定常状態になりつつあった。

扇橋署（現江東区）は「昨夜（筆者注、九月三日）来今朝に掛け焼跡に来り木片亜鉛板等を拾い集め掘立小屋を造り起居する者あり。本日午前中に帰来〇仮住いする者東扇橋町、千田町、石嶋町方面に約三十戸人員百二十名内外、東大工町、東京製綱会社空地に約六十戸人員四百名、富川町西町方面に約四十戸人員約三百、東町猿江裏町穂外村町、猿江町方面に十二戸、人員約七十、本村町所〇宮内省ご用材置場約百六十戸人員七百名位にして〇〇〇肴町に〇〇せん仮住人員は相当所持金ありて不足勝ながら生活上甚しき困難を感ぜざるが如きも製鋼会社空地及び宮内省ご用材置場等にある大部分のものは全く食糧に窮し惨状言語に絶す」と報告している（『災害状況』四四号、扇橋署、以下〇は判読できない文字を指す）。特に「火災被害の甚しかりし地にして商業地たりし地は殊に其の増加の趨勢大なり」（『状況概括』九月一八日午前一〇時）という。

復帰者には比較的余裕のある者もいれば、そうでなく窮乏状態にある者もいた。前者は元居住地に復帰したようなのに対し、後者は空地を占拠した者もいたようである。「増加しつつある仮小屋、転居者は表面之れに安住せんものの如くなるも彼等の中には資力〇〇ならず将来に対する生活方針確〇せず只応急〇〇〇一身一家族を入るる仮小屋を

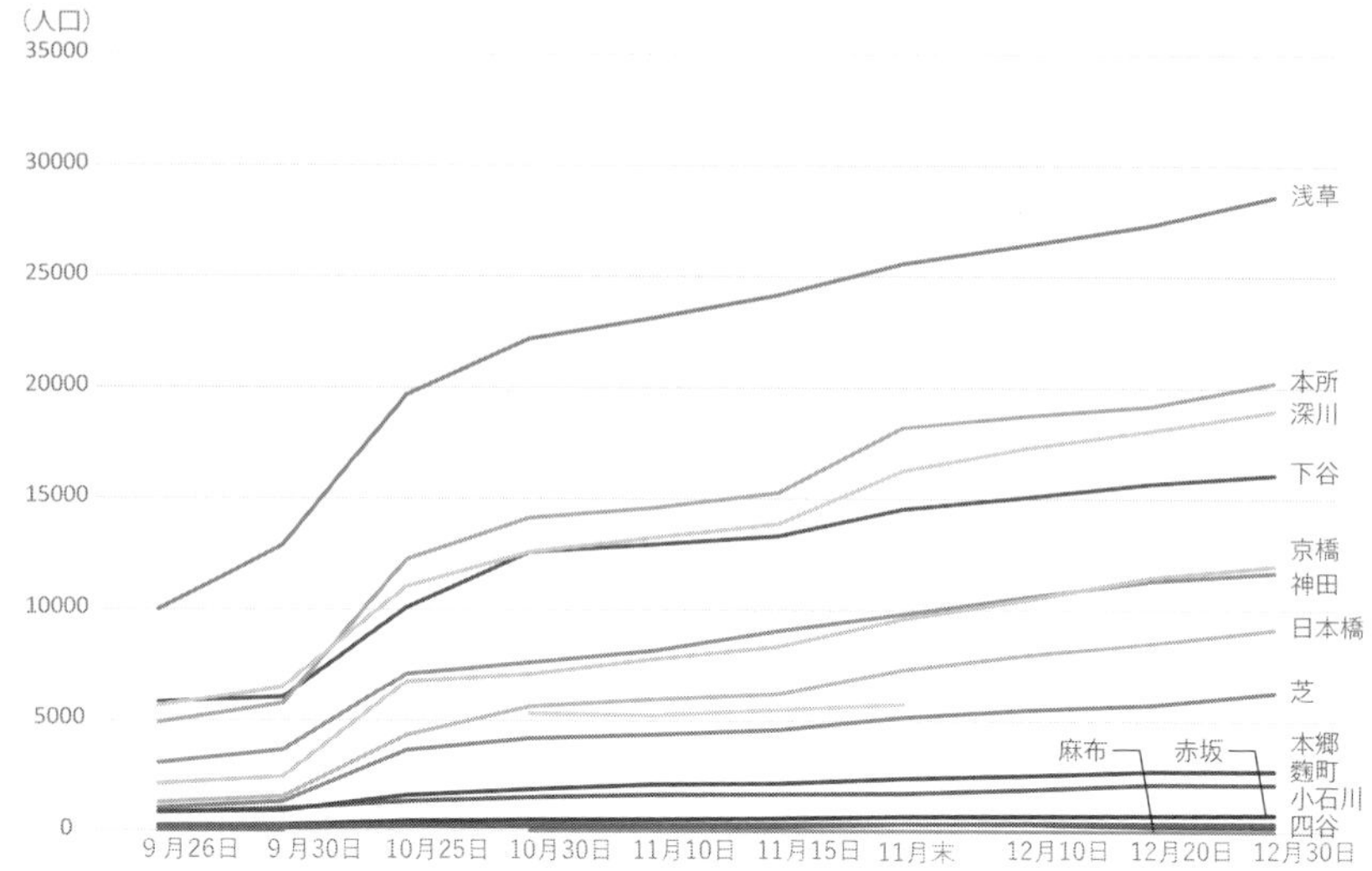

図1　各区別焼け跡での復帰人口(1923年)

設置し生活資料は乏しく政府の救済をまたんとするものあり」(『災害状況概括』九月一六日午後六時報告)。

また、地域により復帰、仮小屋建設状況にもずれがあり、神田・下谷区など都心の周囲の区に多い一方で、特に被害が激しく、浸水にも悩まされていた本所・深川区では将来に希望が見出せないとして復帰の動きは遅れがちだった。「焼跡復帰者は神田、下谷、芝方面に最も多く殊に外神田署管内西神田署管内の一部には電灯の点火を見るに至り復興気分漲り居るも之に反し本所深川方面は復帰者比較的尠なく且復帰する者も活気に乏しく自活の途を講ずるもの尠なくして配給品を以て生活し居るの状態なり。殊に被服廠附近なる相生署管内の亀沢町、相生町、緑町及び原庭署管内なる南北二葉町、石原町、若宮町の一帯は殆んど復帰する者なく焼跡に花及線香を立てある者多く恰も墓地内の如き状を呈し居るのみならず焼跡に立退先の立札さへなき箇所甚だ多く一見同地方住民の焼死した○思はれむ」(『災害状況報告概括』一〇月九日)。

図1は各区別にこの間の復帰人口を記したものである。一一月五日の『状況報告概括』は避難民で焼跡に復帰する者が漸次

増加しているが、復帰者はまだ罹災者の三割に過ぎないとし、残りの約六三万人は、①縁故を頼るもの約五二万三〇〇〇人、②バラック居住者約八万二〇〇〇人、③バラック以外の建築物に居住する者約一万七〇〇〇人、④屋外（避難当時のままの掘立小屋）に居住する者約八〇〇〇人としている。

焼跡に復帰する者がいる一方で、避難先に定住したり郊外に移住する者も現れた。特に山の手に止まるような者には俸給者のように居住地に左右されない者が比較的多く、一方、焼跡に復帰した者には地元づきあいも必要な商業者が多かったという。一方、隣接郡部では人口増加による商業の賑わいがみられた（『状況報告概括』十一月五日、『災害状況報告概括』一一月二日）。

借地・借家紛争

罹災者が焼跡に戻りバラックを建設しようとしたところで、一つの問題が起きつつあった。次の新聞記事はその状況を記したものである。

罹災焼け跡に就て地主対家主或は家主対借家主とのむづかしい問題が到る処に起きつつある。すでに警視庁相談部へ持込んだものも十件以上に上り（中略）この問題は日を経るに従って次第に多くなって行く事だから庁としての態度を極め且つ法律の適用等に就ても研究の余地があるので近く内務省方面との打合せもやり幹部会議を開いて大体方針を極めて置く筈で場合によっては勅令発布を仰ぐような事になるかも知れぬといっている。問題の一番多いのは家主が家が焼けたから権利がなくなったものだといふて相当名前を売っている商店などさえ再びその地所へ仮小屋をも建てさせぬという因業なやり方のもので多くは其処へ別な家を建てて高く貸たい下心か或は地主との借地起期限によって地上権だけを此際高く売ろうというものだから此等は将来出来るだけある方法及び罰則を設けたい方針である。相談部へ来たものの中に家主の住宅は焼けず貸家の方だけやけたが其処へ借主が仮小屋を建てていると家主が来てそれを取壊したのでそれでは今迄借りていたような家を建てて貸してくれと云ったらそれも当分は出来ないから立退いて呉れと迫るのでやけ出されて行く処もないという事だったがこれは庁の係が一応家主を説諭して帰してやった(11)

震火災による建物の滅失は借家人にとって自らの借家権の喪失を意味した。借地権については建物が滅失しても借地の法定更新や買い取り請求ができるなどとされたのに対し、根拠となる建物自体が滅失してしまった借家権については保護が難しかった。しかも物資が不足して元の建物所有者が建物を建設することも困難だったから、自然と借家人は元の居住地などに無断でバラックを建てることが多かった。ただ法律上は地主や家主は元の借家人を追い出したり、彼らが勝手に建てたバラックを撤去したりすることができたのだった。この問題は借家権の保護の不備を浮き彫りにすることになる。

二　福井家文書にみるバラック建設

震災以前からの借地・借家人によるバラック建設

福井家の関係する土地において、震災前からの借地・借家人がバラックを建設していく様子をみてみよう。福井家文書に収められている「大正一二年分第三首所得税減免申請（控）」は、震災後の税減免を申請するもので、福井家は震災時点の家作として、自宅のある京橋区を中心に六一棟の建物の被害を申告している。同史料は後半で建物ごとに建物使用者の名字と一・二階の坪数、敷地の縦横の長さなどを掲載している。残念ながら焼失前については図面や写真は残されておらず、建物の構造や規模はわかるものの、具体的な配置などはわからない。

図２　対象地付近のバラック（『大東京写真帖』東京都立図書館所蔵）

それによると福井家は京橋区本湊町二七番地に木造瓦葺二階建て、建坪七一坪の自己住宅を持ち、それ以外に全焼した家作として、同区本湊町二六番地に三棟（六世帯）、同二七番地に一二棟（一九世帯）、同二八番地に七棟（二七世帯）、同区南新堀二―六に一二棟（一五世帯）、同区塩町八に二棟（一世帯）、同区新堀二―九に一棟（五世帯）、同二―七に一棟（一世帯）、同区八丁堀仲町一〇に一棟（一世帯）、京橋区越前堀二―一に二棟（二世帯）、また焼け残った建物として牛込区戸山町九に九棟、同区早稲田鶴巻町二二に三棟、麻布区竿町七九に三棟を所有していた。建物は一部の土蔵を除けばいずれも木造で、瓦葺二階建てが中心で、一部に平屋やトタン葺、ブリキ葺もあった（図２）。

鈴木努は全焼した家作では大正一二（一九二三）年一一月から翌年三月にかけて、少なくとも四世帯の借家人が敷金返戻を受けて他所に立退いたこと、また本湊町の旧借地借家人のうち少なくとも二二世帯が戻ってきたことを示している（震災前の借地人についてはまとまった史料が残っておらず総数などは不明である）。

表1は福井家文書からバラックに関係する契約史料を抜き出し、そのうち「大正一二年分第三首所得税減免申請(控)」に記されている旧借家権者と、契約証に「従前借地」と記されていた旧借地人と一致するものを抜き出したものである。具体的には史料番号C―一三、E―一二・一三・一四・一五の文書群から「仮建築物」、「バラック」などの記載がある契約書類を抜き出し、その建物形状、契約の経過などの概要を整理した。この結果、震災前に引き続いて福井久信と土地使用や借家の契約を結んだ者として一七名を見出した。このうち借家人に限定してみると、本湊町では震災前に福井の家作に住んでいた旧借家権者五二世帯のうち一二世帯しか震災後には確認できないことがわかる。四三世帯は震災後に確認されないのであり、震災により大半の旧借家人がいなくなったことがわかる。

彼らが震災後に居住地に戻ってきてとった行動をみていこう。福井が家作を建設しないうちに、彼らは自力で住宅を建設したと考えられる。旧借家人が建設したバラックはすべて木造トタン葺で、一棟の二階建てを除き平屋で、最大のものは一〇坪、最小のものは二坪五合と小さかった(旧借地権者が自分で建設したバラックについては、旧借家権者のように建物を福井に売却・譲渡しなかったため、その規模・構造などは不明である)。

彼らの多くは震災のあった年の年末にかけて福井との間で何らかの契約を結んでいる。震災前からの旧借家人が福井に無断で建設したバラックについては、東京区裁判所による和解調停が行われ、一方、旧借地人は和解調停は経ずにバラック建設のために一時土地賃貸借契約を結んでいる。

旧借家人の例として京橋区本湊町二八番地の村田平次郎、仲林惣七、小島熊次郎の例をみてみよう(12)。彼らは震災前にはいずれも棟割長屋に住んでおり、村田と仲林は間口二間半、奥行四間半の同じ四軒長屋に住んでいた。彼らは旧借家跡に福井の許可を得ずにバラックを建設しており、福井久信の申し立てにより大正一二年一一月二六日に東京区裁判所の調停で和解が行われている。和解の条件は、昭和元(一九二六)年一一月三〇日限りでの収去を条件に一時

表1　福井家の旧借地人・借家人が建設したバラック

使用者	旧権利	建物	坪数	旧建物一階坪数	経過	権利関係の経過
京橋区本湊町二六						
折原訓次	借家	木造トタン葺平屋建	一〇坪	三世帯で二八坪	一九二三年一一月一五日和解＝一九二五年一〇月三〇日までに自費で収去・土地明渡予定→一九二四年一一月仮建築物一時使用賃貸借契約→一九二五年頃建物造作買上・賃借	無断バラック建設→和解（一時借地）→建物売却・借家
竹原次郎吉	借家	木造〇葺平屋 焼け残りトタン囲みバラック	五坪	三世帯で二八坪	一九二三年一月仮建築物一時使用貸借契約→一九二三年一二月バラック賃借契約	無断バラック建設→建物売却・借家
京橋区本湊町二七						
沼尻登市郎	借家	木造トタン葺平屋建	七坪五合	一二・五坪	一九二四年五月二二日短期土地賃貸借契約（一九二三年一一月一日～二六年八月三一日その後原状回復／明渡予定）→一九二四年一〇月一五日借地上に仮バラック新築、存置承認願い→一九二六年九月一三日建物買上・賃借	無断バラック建設→一時借地→バラック新築→建物売却・借家
名倉茂	借家	木造トタン葺平屋建	六坪	八坪	一九二三年一〇月一六日和解：自費で収去・土地明渡予定→一九二七年一月二七日建物買上	無断バラック建設→和解（一時借地）→建物売却→借家
宮尾清七	借地				一九二三年一二月一三日一地土地使用賃貸借契約（バラック等仮設につき）	一時借地（バラック建設）
井上富蔵	借地				一時土地使用賃貸借契約（バラック等仮設につき）	一時借地（バラック建設）

林平治	借地				一時土地使用賃貸借契約（バラック等仮設につき）	一時借地（バラック建設）
植村幸次郎	借地				一九二三年一二月一三日一時土地使用賃貸借契約（バラック等仮設につき）	一時借地（バラック建設）
北川とき	借地				一九二三年一時土地使用賃貸借契約（バラック等仮設につき）	一時借地（バラック建設）
田中信平	借地				一九二四年三月九日土地賃貸借契約（バラック建のため賃借につき）	一時借地（バラック建設）→借地
京橋区本湊町二八						
町田幸太郎	借家	木造トタン葺平屋建	五坪	一〇坪	一九二六年建物造作売渡	無断バラック建設→建物売却・借家
永野磯次郎	借家	木造トタン葺平屋建	三坪七合五勺	一〇坪	一九二三年一一月二六日和解＝一九二六年一一月三〇日までに自費収去・敷地明渡→一九二七年三月二三日建物買上・一九二六年一二月一日から賃借	無断バラック建設→和解（一時借地）→建物売却・借家
村田平次郎	借家	木造トタン葺平屋建	六坪二合五勺	一一・二五坪	一九二三年一一月二六日和解＝一九二六年一一月三〇日限り自費収去・敷地明渡→一九二六年一二月一〇日建物譲渡、仮建築物一時使用賃貸借契約	無断バラック建設→和解（一時借地）→建物譲渡・一時借家・移転補償
小島熊次郎	借家	木造トタン葺平屋建	四坪五合		一九二四年八月二五日和解＝一九二六年一一月三〇日限り自費収去・敷地明渡→一九二六年一二月一〇日建物譲渡、仮建築物一時使用賃貸借契約→一九二八年六月六日補償	無断バラック建設→和解（一時土地使用）→建物譲渡・一時借家・移転補償

仲林惣七	借家	木造トタン葺平屋建	六坪二合五勺	一一・二五坪	一九二三年一一月二六日和解→一九二六年一二月一〇日建物譲渡、仮建築物一時使用賃貸借契約→一九二八年六月五日補償金移転費受取り	無断バラック建設→和解（一時借地）→建物譲渡・一時借家・移転補償
君塚寅吉	借家	木造トタン葺平屋建	六坪		一九二八年三月五日建物売渡	無断バラック建設→（不法占有のまま）→建物売却
葉山セイ	借地				一九二三年一〇月一時土地使用賃貸借契約（バラック等仮設につき）	一時借地（バラック建設）
京橋区南新堀二―六						
笹部銀次郎	借地				一九二三年九月一日一時土地使用賃貸借契約（バラック等仮設建築物建築につき）	一時借地（バラック建設）
京橋区塩町八						
川田忠兵衛	借家	バラック	六坪	二六坪	一九二四年二月九日仮建築物一時使用貸借契約・造作買取	福井所有のバラック
京橋区八丁堀仲町一〇						
飯島伝太郎	借家	木造トタン葺平屋建	二坪五合	四・五坪	一九二四年七月一日建物売渡、仮建築物一時使用賃貸借契約	無断バラック建設→建物売却・一時借家

※資料目録からC―一三、E―一三・一四・一五を閲覧して作成。
※旧借家人は史料D―一―二に震災時に被害を受けた建物の使用権者として記載されていたものを参照した、ただ全数ではないことに注意する必要がある。

的に、月四円三五銭で土地を賃貸借するというものであった。収去期限の満了にあたっては昭和元年一二月一〇日に為取替書を福井と、村田・仲林・小島の連名で交わしており、「賃借人の懇請」によりバラックを福井久信に譲渡し、区画整理の際の補償金をその対価に充てること、同二年八月末以降は譲受人の改築に任せ、その部分の補償は譲受人の所得にすることという条件に更改して和解している。そして、昭和三年六月四日には区画整理の補償金と思われる金額を受け取ったとの旨の受取証を福井に提出している。これは実質的に借家人のバラックの存在を認めさせ、期間も延長されて、区画整理に際しては建物の補償金も借家人が受け取れるというものであり、当時の東京区裁判所による同様の和解事例では、バラックを建てた借家人が短期間に去ることを認めさせた事例もあるなかでは(13)、借家人にとって穏当な条件だったといえる。また、震災前に同じ建物に住んでいた借家人同士がそれぞれの為取替書の立会人になっている点も興味深い。

旧借家人の場合、和解調停では期限がきたらそのまま立ち退くことを条件としていたが、最終的にバラックを福井に売却や譲渡し（区画整理の移転補償費を充当することが多かった）、その後借家契約をしてそのままそこに住み続ける者が多かった。なおその後行われた帝都復興区画整理に際しての移転補償調書をみると、表1に記された者の一部が建物所有者として存在していることがわかる。具体的には折原訓次が行商人、竹原治郎吉が船頭として記されており、建物所有者（借地権者）の階層がうかがえる。

次に旧借地人の例として京橋区本湊町二七番地の笹部銀次郎の例をみてみよう。笹部は福井久信との間で、大正一二年九月一日付で一時土地使用賃貸借証書を交わしている。同証書は従来福井から借地していた土地上の建物が関東大震災で焼失し、「従来賃貸借契約ハココニ消滅シタル事ヲ承認」したうえで、その土地上に仮設建築の目的のために昭和元年八月までの一時使用を契約するものだった。その条件として、福井が土地所有権を失った場合は契約が終了すること、笹部以外に土地を使用しないこと、本建築物を建築しないこと、本契約は正式な借地契約ではなく借地法第九条による「一時使用ノ為借地権ヲ設定」したことなどがあげられている。旧借地人も震災による建物滅失に伴い賃貸契約が消滅したこと、正式な借地契約ではなくあくまで一時的な土地使用契約であったことがわかる。また、日付が関東大震災の当日になっており、実際の日付より遡って権利消滅時点から契約したものと思われる。

表1であげた旧借地人の名前の多くは、少なくとも第二次世界大戦中までくだると考えられる後述の家屋台帳においても見られ、この時の契約は期限を区切った一時的なものとされていても、実質的にはその後も多くが借地を続けていた様子がうかがえる。

ここで借家権者が震災前に住んでいた建物形状と、震災後に彼らが無断で建設したバラックを比較すると、興味深い様子がうかがえる。彼らは無断でバラックを建設したとはいえ、必ず震災前の建物規模を上回らないようなバラックを建設していたことがわかる。例えば表中の旧借家権者で最小の飯島伝太郎（旧四・五坪）は二・五坪のバラックを、比較的大きかった沢尻登市郎（旧一二・五坪）は七・五坪のバラックを、川田忠兵衛（旧二六坪）は六坪のバラックを建設している。もちろん材料が手に入りにくかったという事情もあるだろうが、土地所有者である福井に無断で建設したといっても無秩序に占拠したというより、従前の場所で家屋の規模に応じてバラックを建設した様子が垣間見えるのである。

なお福井家の資料に現れる無断で建設されたバラックの多くは旧借家人によるものだったが、一部には震災前の居住が認められない者によるものもみられた。具体的には、渡辺悦太郎が京橋区本湊町二六番地の中央北部で、福井が地主から借りている土地に四・五坪の木造トタン葺平屋建一戸を建て不法占有し第三者に賃貸していたという[14]。また、玉井養八は従前の居住者として名前は認められないが、震災後に自らが建てたと思われる建物を福井にそれぞれ売却、譲渡し、一時使用賃貸借契約を結んでいる。

以上からは大半の旧借家人がその場を去ったこと、一方で当初は不法状態だったバラックの使用者が、土地所有者の福井と和解するなり一時的な契約を結ぶなどしてその場所に残り、最終的にも居残っていく興味深い過程がうかがえる。

その後のバラック

福井家文書には、前述してきた旧居住者によるバラック以外にも、バラックに関する資料が残されている。表2は福井家文書のバラックに関係する契約史料のうち、震災前の居住が認められない人物を抜き出し、契約の経過などの概要を示したものである。総数で一六人を見出すことができ、福井が建設し所有するバラックに一時使用賃貸借契約を結んで入居する者四名と、自らがバラックを建設するために新たに借地契約を結ぶ者一二名に分けられた。先に述べたような福井に無断で建設されたバラックだけではなく、福井自身が建設したり、新たな人物が福井と借地契約を結ぶことで建設されたバラックも多かったことがわかる。これらは大正一二年～昭和五年にかけて契約されており、全体的に旧居住者が建設したバラックよりも遅れて建設がなされている。

これらのバラックは、鈴木努が既に示しているようにその後、改修がなされていった。鈴木努によればバラックは震災直後には短期間の工期（二週間程度）で安価に造られ、同年一一月頃から工期が一、二ヵ月程度と長くなり、電気設備や便所などの衛生設備を備え、建具やガラス戸や襖が付いたという。ただ区画整理対象地での本建築は区画整理事業完了までなかなか許可されたかったため、バラックという位置付けで本建築に準じた家屋が造られていく。新築や既存のバラック、旧借地・借家人から買いとったバラックの増改築は大正一四年九月頃から拍車がかかった。それに伴って家賃も値上がりしている。

これらの建物のその後を検討するために、福井家文書に収録されている家屋台帳とそれに関連すると推測される街区の建物状況を描いた図をみてみたい(15)。家屋台帳に記されている建物には昭和六～八年にかけて旧台帳より改写されたと記されており、この頃以降に作成され、その後更新されていったものと考えられる。家屋台帳には建物種類、構

表2　旧居住者以外が福井久信と契約して建設したバラック

使用者	建物	坪数	経過	権利関係の経過
京橋区本湊町二二				
田中庄太郎			一九二八年土地賃貸借契約（バラック建のため賃借につき）	借地（バラック建設）
京橋区本湊町二六				
根本多満喜		八坪	一九二四年四月一六日仮建築物一時使用賃貸借契約、一九二八年二月二七日仮建築物一時使用賃貸借契約	福井所有のバラック
京橋区本湊町二七				
横山寅吉			一九二三年一月一日より三〇年借地契約「堅固の建物以外の建物の所有の目的」	借地（バラック建設）
田中庄太郎			一九二四年七月一日より三〇年借地契約	借地（バラック建設）
山陽一酒造株式会社東京支店取締役久保西文六			一九二六年一月仮建築物一時使用賃貸借契約	福井所有のバラック
五十嵐幸三郎			一九二五年土地賃貸借契約（バラック建のため賃借につき）	借地（バラック建設）
宮尾キミ			一九三〇年一月二一日土地賃貸借契約（バラック建のため賃借につき）	借地（バラック建設）
京橋区本湊町二八				
川喜田政次			一九二三年一〇月一九日一時土地使用賃貸借契約（バラック等仮設のため土地の一時使用につき）	一時借地（バラック建設）

京橋区塩町八				
加藤佐郎	木造トタン葺二階建	六坪（階上四坪五合）	一九二五年三月二五日仮建築物一時使用賃貸借契約→一九二五年五月一日改築、家賃	福井所有のバラック
吉田留吉	木造トタン葺平屋	六坪	一九二四年二月六日仮建築物一時使用賃貸借契約・造作買取	福井所有のバラック
京橋区因幡町一一				
後藤豊吉			一九二三年一時土地使用賃貸借契約	一時借地
三浦瀧二郎			土地賃貸借契約（バラック建のため賃借につき）	借地（バラック建設）
京橋区本八丁堀四—四				
斎藤松太郎			一九二三年一二月五日土地賃貸借契約（バラック建に賃借につき）	借地（バラック建設）
日本橋区下槙町九				
高島八百八			一九二三年一〇月二四日一時土地使用賃貸借契約（バラック等仮設につき）	一時借地（バラック建設）
金子たか			一九二七年一二月一〇日土地賃貸借契約（バラック建のため賃借につき）	借地（バラック建設）
高橋なか			一九二八年二月二一日土地賃貸借契約（バラック建のため賃借につき）	借地（バラック建設）

※資料目録からC—一三、E—一三・一四・一五を閲覧して作成。
※旧借家人は史料D—一—二に震災時に被害を受けた建物の使用権者として記載されていたものを参照した。ただ全数ではないことに注意する必要がある。

造、用途、自用か貸家か、延坪数、取得事由と取得年月日、届出年月日が記されており、建物の概形を描いた図が付属し、そこには一階坪数や借家人名が記されている。街区の建物状況を描いた図の日付など作成の経緯は未詳だが、建物使用者名に紙が貼られて更新されており、また第二次世界大戦の戦時下に行われたと思われる「疎開」という語が記されていることから、その頃まで更新されていた資料と考えられる。

図3・4はこのうち特に福井の家作の多かった湊町一―七―二と同二―五―一の街区の建物状況の図をトレースし、そこに居住者と建築年、坪数を記したものである。家屋台帳からは木造トタン葺き、同瓦葺が多く、福井の自邸だけは木造と鉄筋コンクリート造を併用していること、二階建がほとんどを占めていることがわかる。また、すべての建物が昭和三年以降に新築されており、特に昭和三年一〇月一日、昭和五年三月一日など特定の日付に新築されたものが多かったことがわかる。街区内の建物状況をみると、一〇坪程度で二戸続きの建物が多く、四軒長屋や五軒長屋もみられること、一世帯あたりの居住面積はかなり狭小だった様子がうかがえる。これらの建物は街区内部にまで密集しており、細い路地でアプローチしていた様子がうかがえる（ただこの図は測量などは行わずに手書きで概要を描いたものと思われ、建物台帳の付属図のように正確な形状とまではいえない点に注意する必要がある）。

この地区では昭和二年四月〜同四年三月にかけて帝都復興区画整理事業に基づく家屋の移転工事が実施され、現在みられるような街区ができあがった(16)。家屋台帳に記された建物の建築年は、いずれも区画整理後の日付となっている。ただ福井家文書には昭和六年五月二一日という日付印の押されたバラックの「認定証」という史料が存在する(17)。これは福井が所有していたバラックについて申請した結果、その性能が本建築と実質的な違いがないとして除却が免除されたものである。この建物と同じ平面、同一規模の家屋が第二次世界大戦中まで更新されたと考えられる家屋台帳の付属図にも掲載されていることから、この建物はその後もしばらくの間存在していたことがわかる（図5）。家屋台

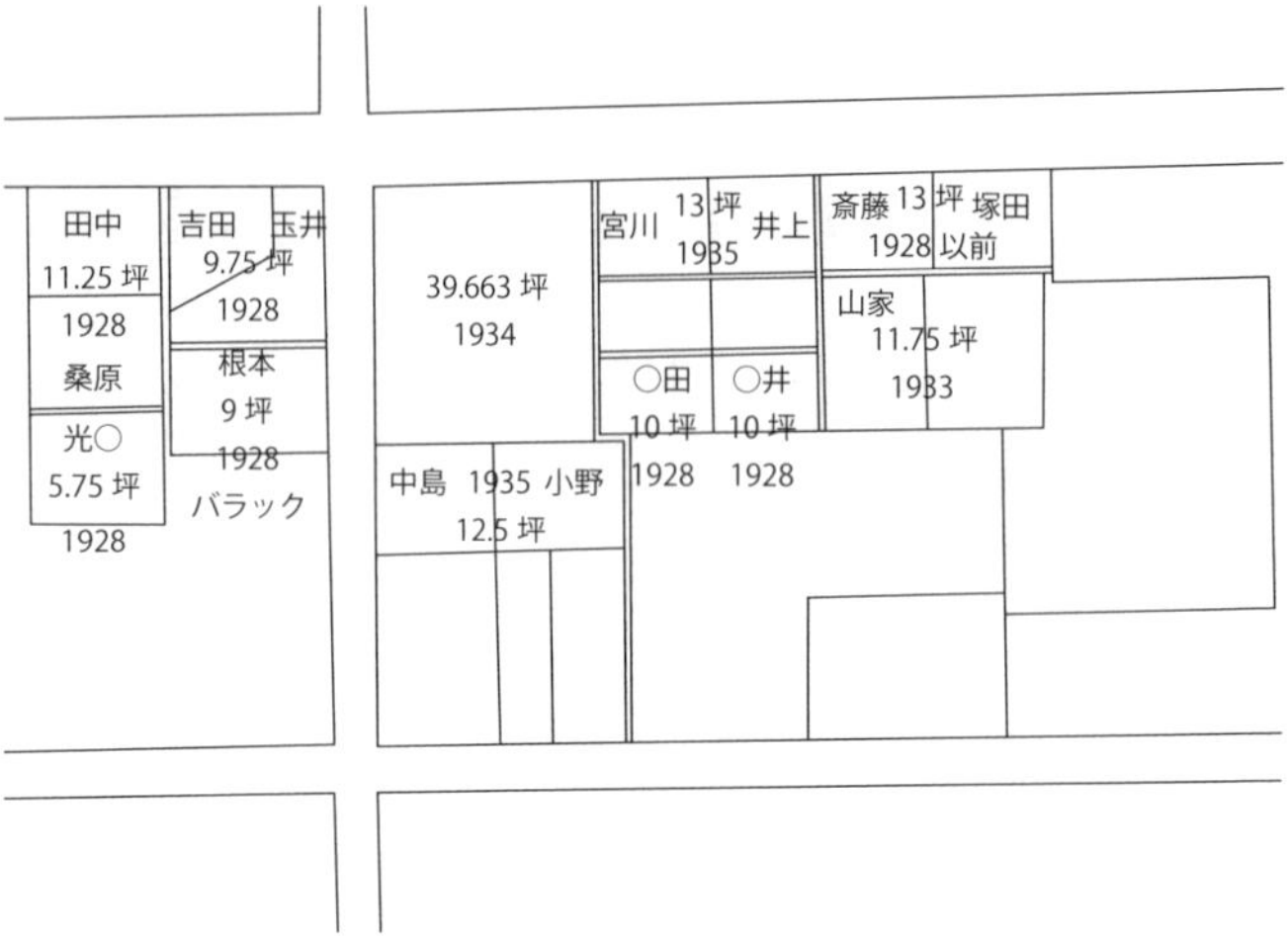

図３　湊町１-７-２の建物状況（福井家文書Ｅ—２より作成，右が北の方向，○は判読不能）

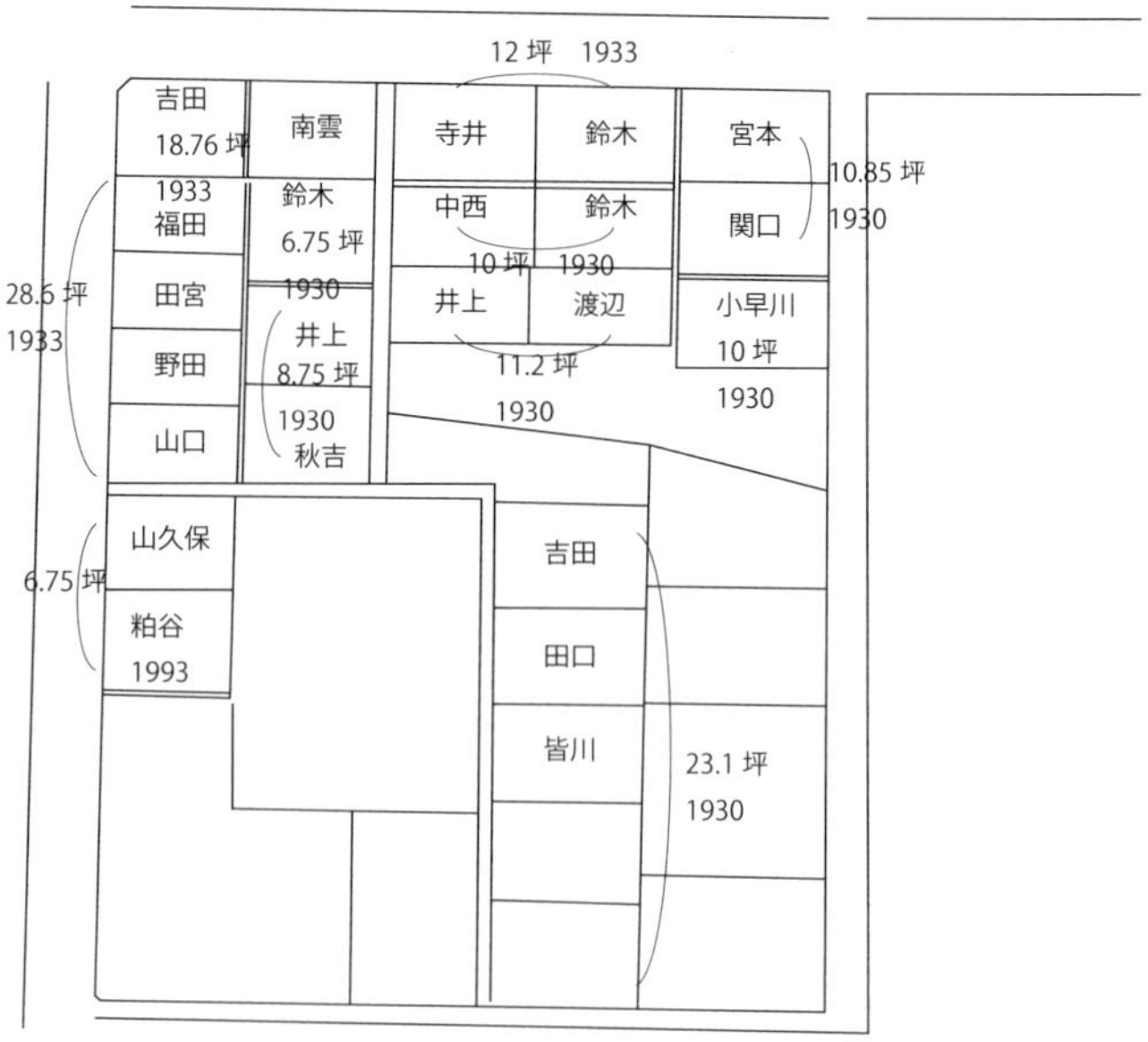

図４　湊町２-５-１の建物状況（福井家文書Ｅ—２より作成，右が北の方向）

帳ではこの建物は（区画整理後の）昭和八年一〇月一日に新築されたと書かれているが、「認定証」からは震災後に建てられたバラックとして既に同六年には認定されていたことになる。家屋台帳には同じく昭和八年一〇月一日の日付で新築されたと書かれている建物も多いことから、他の家屋もそれ以前に建てられたバラックだった可能性や、少なくとも古さや規模、構造ではバラックと変わらないような建物が多数建てられ、それが戦時中まで存続していた様子がうかがえる。

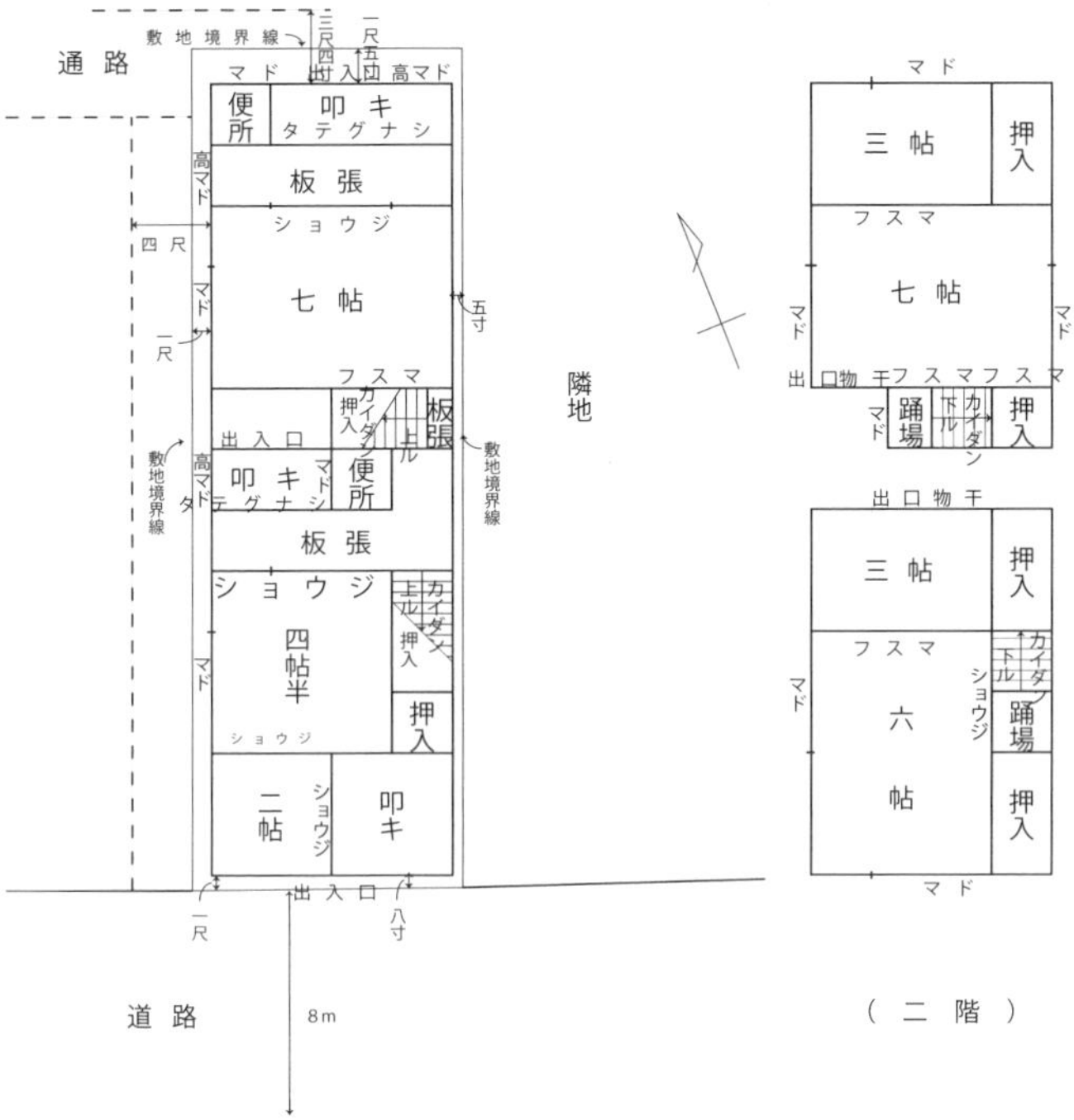

図5　バラック認定証に付された建物図面（福井家文書 E―2より作成）

おわりに

以上、本章では福井家文書を基に関東大震災の直後に、民間人の手により建設されたバラックの実態をみてきた。そこでは当初、権利を失った居住者が法的権利は曖昧ながら、実在する建築を作り上げてしまうことで自らの権利を認めさせていく様子や、その後も土地所有者と一時契約を結ぶなどして結果的に長く存続していく様子、バラックが徐々に改修がなされ立派になっていく様子、バラックが本建築とあまり変わらない性能を持ち除却を免除されていく様子などが明らかになった。これは災害後に建設される仮設建築の時代を超えた普遍的な特徴を

示しているように思われる。(18)

関東大震災の翌年には借地借家臨時処理法が制定され、従前からの借家人や借地人の権利が優先的に認めることが定められ、現在の大規模な災害の被災地における借地借家に関する特別措置法（二〇一三年）につながっていく。こうした議論は後の借家法の改正や、戦時中の地代家賃統制令など平時の借家権保護にもつながっていくものである。

震災後の東京裁判所によるバラックの調停に積極的に関与し、日本橋区出張所で実際に調停にもあたった法学者の穂積重遠は自らの経験を振り返って、問題が発生した一因に「旧江戸式気分」があったと次のように述べている。

地主はややもすれば領主的態度であり、家主にもまた「大家といえば親も同然」という旧江戸式気分が残って居る。借地人借家人側がまた地主や家主からは恩賜を受くべきものときめ込んで居るのも同じく封建式である。一方はモッと服従しそうなものと思い、一方はモッとかあいがってくれそうなものと思う。そこが却って争いの元である。(19)

東京の下町において地主にも借地借家人の側にも江戸時代以来の感覚が残存しており、それが震災という非常事態を規定していたことを示している。これは近代土地法制が示した契約関係とは異なるありようを示していよう。実際、震災後に再建された街区の外形は以前とあまり変わらず、街区内部に長屋が依然として多数存在しており、そこでは借家人同士が契約の立会人となるような状況もあったのである。

関東大震災はそれ以前から都市が抱えていた問題を噴出させ、特に明治期以降に形成された日本の近代土地法制が日本の災害や住宅事情を踏まえておらずその是正を迫った。法律と現実の挟間で住宅や生活の困窮者が実在する建築の物質的な側面を通じて自らの権利を主張する様子は、第二次世界大戦後の日本に現れた闇市にも共通する点が見出せよう。

注

(1) 田中傑『帝都復興と生活空間―関東大震災後の市街地形成の論理―』（東京大学出版会、二〇〇六年）一九三〜一九四頁。

(2) 当時の建築界では今和次郎（一八八八―一九七三）が関東大震災後に現れたバラックをスケッチし（今和次郎『今和次郎集第4巻 住居論』ドメス出版、一九七一年）、またバラック装飾社という組織を立ち上げ、バラック建築の装飾を行ったことで知られている（藤森照信「今和次郎とバラック装飾社―震災復興期の建築―」『季刊カラム』八八、新日本製鉄株式会社、一九八三年）。

(3) 鈴木淳『関東大震災―消防・医療・ボランティアから検証する―』（筑摩書房、二〇〇四年、後に講談社学芸文庫）や内閣府災害教訓の継承に関する専門調査会『報告書一九二三 関東大震災』（内閣府ウェブサイトで公開、二〇〇五年）、北原糸子『関東大震災の社会史』（朝日新聞出版、二〇一一年）など。

(4) 成田龍一編『都市と民衆』（吉川弘文館、一九九三年）二七頁。

(5) 成田龍一「一九二〇年代前半の借家人運動」（『日本歴史』三九四、一九八一年）五四〜七二頁。

(6) 松山恵「東京市区改正条例の運用実態と住慣習―土地建物の価値をめぐる転回とその波紋―」（同『江戸・東京の都市史』東京大学出版会、二〇一四年）。

(7) 大本圭野『「証言」日本の住宅政策』（日本評論社、一九九一年）五頁。

(8) 東京都台東区教育委員会編『小僧のいた頃―関東大震災後の区画整理と下町生活誌―（台東区文化財調査報告書第十六集）』（台東区教育委員会文化事業体育課、一九九四年）、田中前掲注(1)書、鈴木努「本湊町建て直し―「福井家文書」にみる震災復興―」（塩崎文雄監修『東京をくらす―鉄砲洲「福井家文書」と震災復興―』八月書館、二〇一三年）。

(9) 栢木まどか「関東大震災復興期の共同建築―日本橋の不燃化を事例として―」（都市史研究会『年報都市史研究二〇 危機と都市』山川出版社、二〇一三年）。

(10) 借家市場の動向については近年小野浩による研究がある（小野浩『住空間の経済史―戦前期東京の都市形成と借家・借間市場―』日本経済評論社、二〇一四年）。

(11) 『読売新聞』一九二三年九月一五日。

(12) 以下の記述は福井家文書C―一三―九、C―一三―一一に基づく。

(13) 「借地借家の現行法規に関する若干の考察」『司法研究』（第十七輯報告集五司法省調査課）に収録されている大正一二年九月二

六日~同年一〇月一〇日の調停の成績によれば、「家主ノバラック撤去要求又ハ其建設異議」の七九事例のうち、主な結果として「家主仮小屋ヲ買取リ更ニ借家人ニ貸付　一三」「借家人ハ借家ヲ撤退シ家主ガ之ヲ建設貸付け　一九」「借家人ハ短期間ニ仮小屋ヲ去ル　一七」があった。

(14)　福井家文書E—一三—五。
(15)　福井家文書E—二。
(16)　『帝都復興区画整理誌第一篇』。
(17)　福井家文書E—二。
(18)　伊藤毅は江戸時代に広小路などに設けられた床店などをいつでもばらすことができるという建前で許可されるが、実際にはばらさないという意味で「記号としての仮設建築」と呼んでいる（伊藤毅・陣内秀信・青井哲人「やわらかい都市／かたい都市（特集　動くすまい—流動的都市の原風景と未来—）」『すまいろん』九五、住宅総合研究財団、二〇一〇年）。
(19)　穂積重遠「焼跡の借地借家争議」（借家人同盟会編『法律上から見た焼跡借地借家権』自然社、一九二四年）。

第三章　城塞都市の平和

——ソアヴェにおける空地と居住——

赤松加寿江

はじめに

中世イタリアでは戦乱から身を守るため、丘陵部に多くの砦や塔が建設された。これらの施設は徐々に防備を強化し、城壁を付け加えて拡大し、平常時にも生活を営む一種の定住化現象がおこっていった。こうした定住化が進んだ形態はカステッロやインカストラメントとよばれる防備集落となっていった[1]。平和な時代に入ると人々は平地へ移住したため、丘上の不便な防備集落のなかには消失したものも多くあった。その一方で、防備集落や防備小都市としての出自を持ちながら、近世に衰えず、現代に生き残るものも存在している。危険を前提に建設され、居住性や生産性、持続性を一旦留保してつくられた中世の城塞都市が、近世の平和においてどのように都市環境を継続させたのか、その過程をたどり検討することは、都市の持続に苦慮する現在に示唆を与えるように思われる。

中世イタリアの城塞都市に関する研究は、その存在が顕著なトスカナやヴェネトにおいて蓄積されてきた。トスカ

図1　ソアヴェ（Sante Bortolami 〈a cura di〉, Città Murate del Veneto, Milano, 1988.）

ナではマリオ・モリーニやジャンフランコ・ディ・ピエトロによって類型的研究が進められてきた[2]。一方、ヴェネトではサンテ・ボルトラーミが防備構造を持つ様々な集住形態を「防備小都市（チッタ・ムラータ Città Murata）」（一九八八年）として示した[3]。彼の視点はヴェネトにおける防備的居住の形態と立地の多様性を示すと同時に、これらが軍事拠点としてだけでなく、政治的、社会的、経済的に重要な居住核であることを示した点で重要な枠組みであった[4]。本章はボルトラーミが捉えた多面的な性格を持ちえた城塞都市に関心を重ね、現在も城塞という物理的な輪郭を残すソアヴェを捉えていく。

　城塞都市を捉えるうえで、周辺の地理的、政治的、社会的文脈を理解する領域史的視角は不可欠なものといえる。領域的視野から中世城塞都市をみると、これらはそもそも隣接する領主や都市国家が政治領域を描くために建設したもので、単体としてよりも、線や面をつくるためにつくられたものということができる。例えば一三世紀ヴェネト北部、モンテ・グラッパの山麓地帯には、僭主エッツェリーノ・ダ・ロマーノによる塔や城が無数に建設された。それらの存在は今なおエッツェリーノの領域を浮かび上がらせている。トスカナの風景を構成する丘と城塞集落の面的つらなりも中世の領域構造を可視化している。中世以来の城塞都市群は、長い時間を経てヴェネトやトスカナの領域的性格を照らしだすものとなっている点で、もはや大地の一部となっているようにも思われる。いいかえれば、城塞都市のような小規模都市群は、微小な存在ながらも領域的性格を規定している。それは城塞都市が周辺の集落や大規模都市国家と相互補完的に共存するものであったからにほかならない。本章では城塞都市を自己完結的な単体として捉えるのではなく、領域における定住地の一つとして、その役割を明らかにし、都市の危機を超え、領域の危機を支えた存在として目をむけることにしたい。

そこで本章で対象とするのは、戦乱という危機のために、避難地、戦場としてつくられた城塞都市ソアヴェである。ソアヴェにとって戦乱は存在の前提条件であった。堅固でシンボリックな城塞とは裏腹に、政治的覇権を握ることもなく、外部の政治力に依存し翻弄されてきたソアヴェは、極めて脆弱な都市である。のちに述べるように、ソアヴェの初期的な存在理由はソアヴェ自身の安全ではなく、ヴェローナ領域の安全のための一種の犠牲であったことはそれをよく示していよう。さらにソアヴェにとって、一六世紀以降訪れた平和は都市としての本質が問われる新たな危機であった。人口、共同体、商業活動といった社会構造の欠如、そして固有の城壁、膨大な空地という空間的特質は、居住するという都市本来の目的と相容れない課題であったからだ。城塞都市という出自を規定してきた空間と社会の仕組を否定し、過去の負の都市組織を受け止めなければならない危機が、一六世紀以降のソアヴェには生じたのである。この状況は、建築・都市遺産の保存再生と共生に苦悩し、時には負の都市遺産を抱えうる現代の我々にとって他人事ではない。

本章ではソアヴェを通じて、都市に内包された危機と、新たな危機を乗り越える試行錯誤を読み取ることで、居住、生活空間としての都市の本質に迫ることを試みたい。インフラを維持できない消滅可能性都市が眼前に迫る現代的な問題意識を持ちつつ、空地を抱え続けてきたソアヴェから、都市空地の可能性について検討することも課題とする。

一　城塞都市ソアヴェ

ソアヴェはヴェローナの東二〇kmの丘陵に位置する城塞都市である。ほぼ完全に保全された中世城塞の姿が、くっきりと葡萄畑のなかにたちあがる。一六世紀のヴェネツィア貴族マリン・サヌードが書いた図にも城塞の輪郭がはっきり描かれている（図2）[5]。こうした城塞都市はヴェネト地方では一二、三世紀初めに発展した。S・ボルトラーミは城塞都市の多様な形態と性格についてまとめ、農村地帯にたつ塔や防備集落、防備を備えた大農村集住地のように、必ずしも市壁で囲まれていない場所も城塞都市として取り上げることで、当時、軍事的構造の存在が防備の意味だけではなく、政治的、経済的価値を持つ拠点を意味していたことを示した。彼は一〇七の小規模居住地（チェントリ・ミノーリ）のうち、防備構造を有する五四の拠点をあげたが、中世遺構が完全保存されているのは七つである。①チッタデッラ、②モンタニャーナ、③カステルフランコ・ヴェネト、④ラツィーゼ、⑤マルチェージネ、⑥ソアヴェ、⑦マロスティカがあり、ここにソアヴェも含まれる。チッタデッラやカステルフランコのように平野部で濠に取り囲まれた計画都市や、水際にたつマルチェージネなど立地は多様だが、城が丘陵上部に立ち斜面を城壁が囲んでいるのは、ソアヴェとマロスティカの二つである。

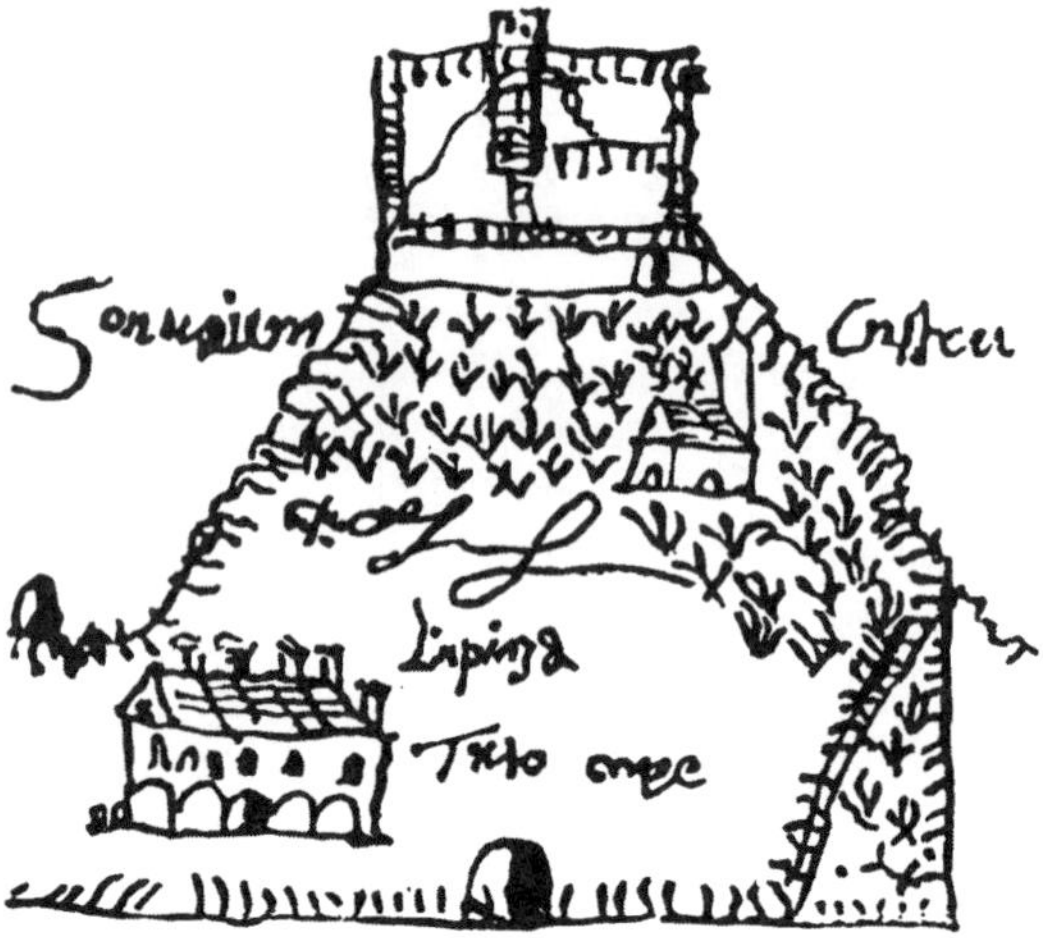

図2　M・サヌードが描いたソアヴェ

形態の類似性から、しばしば比較対照される二つの城塞都市であるが、プレアルプスに隣接する北側丘陵にひっそりと寄りかかるマロスティカと、交易の盛んなヴェローナとヴィチェンツァの間に位置するソアヴェとでは立地は大きく異なり、物と人の移動にさらされる頻度も異なっている。ソアヴェの西側にはトラミーニャ川が流れ、やがてそれはアルポーネ川、そしてアディジェ川に注ぎ込む。豊かな水利を所有地に取り込むために、いくつもの修道院や在地領主が領域を張り巡らし、権利を主張しあっていた地域でもある。ソアヴェは、政治的にも地形的にも常に境界の最前線にたたされてきた城塞都市であったのである。

都市構造と形成

ソアヴェは丘上の城を頂点に、四角形の城壁で斜面地を囲んでいる。一七世紀にヴェローナ史を記述したL・モスカルドによれば、城の建設は九三四年でソアヴェ最初の構築物であるという(6)。城壁はスカラ家支配の一三七五年頃の建設で、市門は一九世紀まで南のヴェローナ門、北のアクイラ門しかなかった（図3）。現在では東西南北に市門が開かれている。

最初の都市軸は南北の門を結ぶ現在のローマ通り（旧ソット・カステッロ通り）で、一三七五年にパラッツォ・ディ・ジュスティツィア（図3A）が建設された。向かい側には一四世紀頃パラッツォ・プリチ（図3B）とパラッツォ・カヴァッリ（図3C）が、アクイラ門のそばにはパラッツォ・カピターノ（図3D）が建設された。ローマ通りに平行して走る西側の通りはヴィットリオ・エマヌエレ通り（旧コダルンガ通り）で、一六一二年には街路西側に水路が開削された。

図1の写真でみる通り、城の下部の斜面地のみならず、ソアヴェの都市内部には空地が極めて多い。図3は一八一五年のナポレオン期カタスト（土地課税台帳）において、菜園（orto）、果樹園（brolo）、それとは別に建物が建てられ

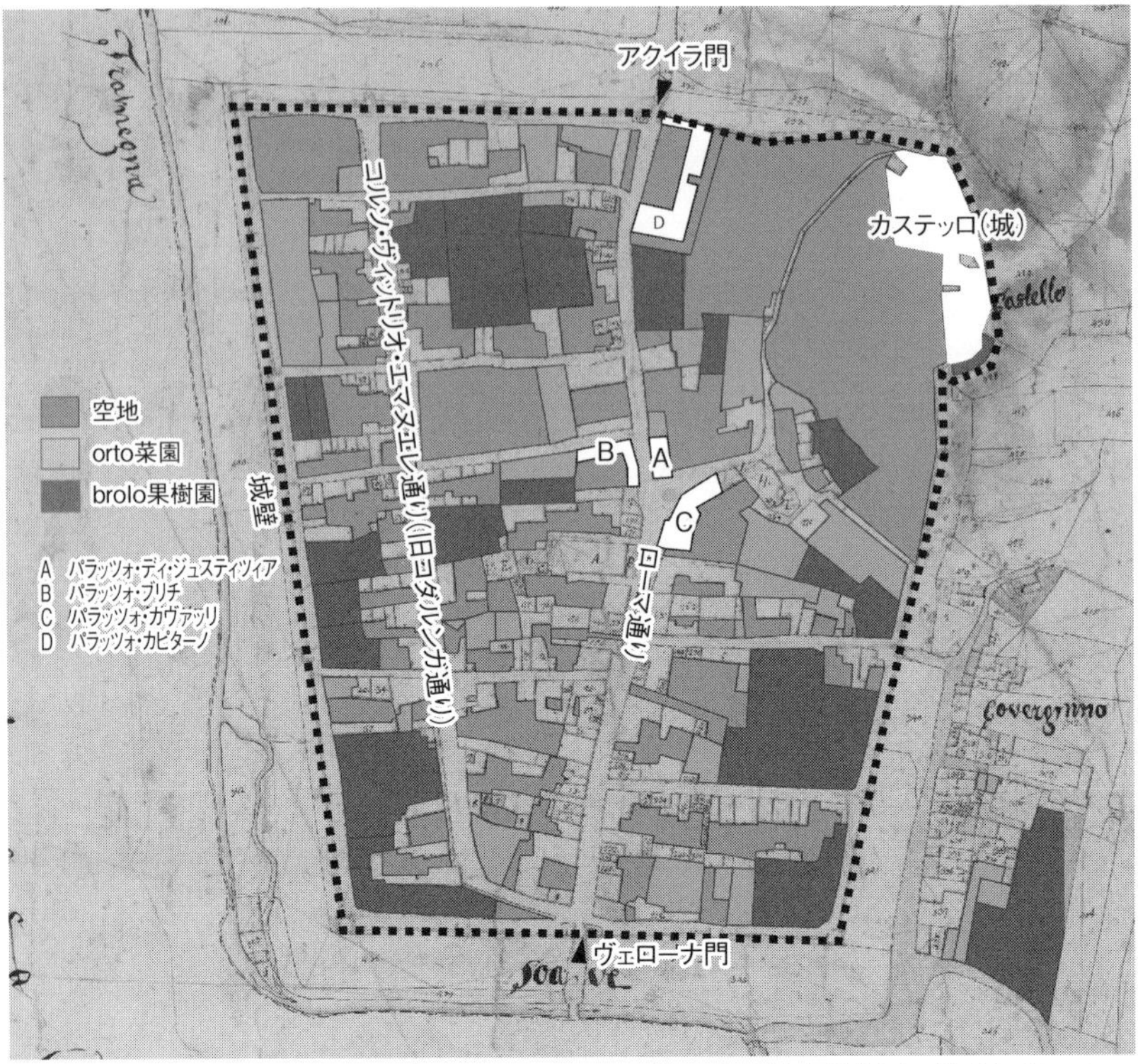

図３　1815年のソアヴェの都市空地(ナポレオン期土地課税台帳絵図に筆者加筆, ASVE, Catasto Napoleonico, Soave, 267)

ていない空地を色分けしたものだが、都市のほとんどの場所が空地であったことは明らかだ。こうした特徴を踏まえたうえで、ソアヴェ成立の初期段階における都市の状況について、ヴェローナ中世史研究の第一人者であるG・M・ヴァラニーニの研究に基づいて確認していくことにしたい。

ソアヴェでは一〇世紀に城が完成した後、一四世紀には城壁や都市建築が建設されたことがわかっているが、ヴァラニーニは考古史料も文書史料も消失されているため、ソアヴェがコムーネとして確立した証拠はないと断定している[7]。一一八四年のヴェローナの史料は支配領域としてソアヴェに言及しているが、そこでは北側のボルゴ(市壁外に拡張された居住区)である

「バッサーノ地区とともに“Suave cum Bossono”」と記されていることも特筆すべきである。(8) これは一二世紀の段階から、ソアヴェが市壁外部に新たな居住区を伴うほどの都市的発展をみせていたことを示唆する。バッサーノ地区では、既に一〇九八年から教区教会のサンタ・マリア・バッサネラ聖堂が聖別されていた。これは一一世紀頃から教区住民が存在するボルゴがソアヴェの都市の外側に展開していたことを示している。またバッサネラ聖堂の設立が、ソアヴェ市民やヴェローナ貴族や領主層によってではなく、ソアヴェ南の在地有力のサン・ボニファツィオ家の寄進によるものであったことも、ソアヴェ周辺に席巻したヘゲモニーの多様性を示唆する。ソアヴェ北部のイッラージの谷では九〇〇年代からヴェローナのサン・ゼノ修道院、サンタ・マリア・イン・オルガーノ修道院が土地寄進をしていた記録が残されており、一一世紀以降には、ソアヴェ南側のサン・ピエトロ・ディ・ヴィラノーヴァ修道院、サン・ボニファツィオ侯爵らが、ソアヴェが隣接するトラミーニャ川の水分岐と水利権に関わっていたことが明らかにされている。(9) このことからもソアヴェは重層的な領域のパワーバランスのただなかに存在していたといってよいだろう。

地域インフラとしての司法館

ソアヴェで城の次に建設されたのは裁きの館だった。このことはヘゲモニーが拮抗する領域の実態を照らしだしている。パラッツォ・ディ・ジュスティツィアと呼ばれるこの建築は、市壁内に現存する中世遺構の一つである。スカラ家の命令で、ソアヴェの中心部に建設されてはいるものの、ソアヴェの共同体やスカラ家が建設したものではない。ソアヴェ周辺の二二の集落が資金を出し合い、共同利用する建築として建てられたものである。一三七五年一月一六日、カンシニョーリオ・デッラ・スカラがソアヴェの執政官兼長官にピエトロ・モンターニャを選出し、刑事、民事裁判を行う建物の建設を決定した。建物正面に掲げられた碑文には、資金を負担する二二の集落名と負担金額が記されている。ソアヴェは最初に記され、負担額は二ラリウムと二クアルテリと八分の一である。次に負担額が大きいのは隣接するコロニョーラ（三ラリと一クアルテリと八分の一）、そしてロンカ（二ラリと二クアルテリと八分の一）、四番目がサン・ボニファツィオ（二ラリと二クアルテリ）、五番目がモンテフォルテ（二ラリと四分の一）とある。この負担額を比較してもソアヴェだけがずば抜けて大きい訳ではない。この建物は二層あり、上階部分が司法官（ヴィカリオ）の執務空間となり、ロッジアで吹き放たれた一階には公営質店（モンテ・ディ・ピエタ）の事務局が据えられるなど、一階、二階とも公的な機能を備えていたことがわかっている。特に注目できるのは、この建物がソアヴェの都市内だけを対象範囲とする裁判の場ではなく、地域社会に共有され、開かれた場であったことだ。言い換えれば地域社会の社会的共通資本であったことを意味する。ソアヴェは戦場、避難地、そして裁判の場として、領域のインフラとしての役割をいく重にも帯びていたのである。

戦場として

司法拠点を担わされたソアヴェだが、城塞都市として最優先されたのは領域の安全装置としての機能だった。つまり戦場あるいは避難地としての役割である。多くのヴェネトの都市と同じように、一五世紀ヴェネツィア支配下となるまで、都市支配者はソアヴェでも頻繁に交替した。一二世紀前半にサン・ボニファツィオ侯爵、グレッピ家、一一八四年にはヴェローナ・コムーネ、一二七七～一三〇一年スカラ家、一三八七年ヴィスコンティ家、一四〇二年カッラーラ家、一四〇五年にヴェネツィア支配に至る。支配者たちはどのようにソアヴェを扱ったのか。

一二七六年ソアヴェはヴェローナの条例で市民の駐屯地として義務づけられている。一二九九年、アルベルト・ディ・スカラはソアヴェを近隣村落の避難地として位置づけている。[10] 一三三八年ヴェネツィア人のヤコポ・ピアチェンティーノの記録では、ソアヴェの市壁が未建設であったものの強い防備性を持つ土地だったと記されている。[11] 同時期のほかの記録で、反スカラ軍によってソアヴェで四〇〇人が死んだとも記録されている。[12] 一三七五年にスカラ家が城壁を完成させてからもソアヴェは戦地であり、一四〇五年まで続いたヴェネツイアとカッラーラ家の戦いでも、ソアヴェは戦場としての役割を受け止め、壊滅的な被害を受けた。ヴェネツィア支配下時代の一四一三年において、ヴェネツィアはソアヴェを周辺領域の避難所として設定している。一四三九年のヴィスコンティとヴェネツィアの戦いにおいてもソアヴェは戦地となった。一五世紀後半、一旦は戦乱が落ち着いたものの、一六世紀のカンブレーの戦いで再びソアヴェは戦地となっている。一五〇九年一〇月二三日ソアヴェは皇帝軍に破壊され、一一月にも再破壊され、一五一一年には三六六名の死者を出すに至る。その後一五二五年七月二九日にソアヴェはヴェローナの駐屯地として常に騎士らを抱え込んでいたことが記録されている。このように一三〜一六世紀にかけてソアヴェは断続的に駐屯のための前哨地として、戦場として、避難地としての役割を担う城塞都市の典型であったといえる。

二　平和の到来——都市活動と水路開削——

一六世紀後半、カンブレーの戦いの終焉とともに平和が訪れたとはいえ、戦乱で荒廃していたソアヴェは、決して快適な居住環境であったとはいえないようだ。A・フェッラレーゼによれば、一五三〇年当時人口は一一八〇人で、その後一六三〇年のペスト流行後は一旦八二二人にまで落ち込むが、おおよそ一七世紀中頃まで一三〇〇人前後を推移している。(13)その後、ナポレオン期カタストの作成直前の一八一〇年には二七九三人にのぼっているものの、大規模な人口増加を果たしたとはいえない。

カンブレーの戦いの後、最初に修復されたのは城壁であった。修復のために一五一八年一〇月一七日に初のソアヴェ議会が設置され、ここで初めてソアヴェ・コムーネの公的な意志決定機関が登場していることは注目される。(14)前述の通り一五二五年には再びヴェローナ軍の駐屯地として機能していくことになるが、これまで戦闘や危機のための体制、空間に基づいていたソアヴェが、徐々に都市生活を営むための社会、空間へと変わっていく最初の一歩ということができる。都市社会に必要な空間と仕組を備えていない城塞都市が、どのように都市の空間的、社会的環境を獲得していったのか、以下にみていくことにしたい。

共同体の存在

ヴェネツィア支配後、ソアヴェはほかのテッラフェルマの都市と同様、ヴェネツィアと近隣主都市の二重支配を受けた。ソアヴェの場合、ヴェネツィアから派遣された長官とヴェローナの副官が統治した。初代長官は一四一一年にパラッツォ・カヴァッリを建設したヴェネツィア人のニコラ・カヴァッリである。一四六〇年には副官や長官に選ばれた主要家系が集うヴィチニアという集まりが存在し、「ソアヴェ・コムーネのリブロ・ロッソ Libro Rosso del Comune di Soave」には特権階級がリストアップされていた。[15] このことはヴェネツィアとヴェローナから派遣された外部支配層を中心に、エリート集団がソアヴェにも形成され始めていたと考えてよいだろう。

しかしながら、市民議会の設置は一五一八年と遅い。当時の長官フランチェスコ・モリンによって、新しい共同体の規約が承認されたのは一五二六年で、同年一二月三〇日に市民義務が規定された。[16] 市民の定義と義務の発生は、ヴェネツィアに支配を受けたほかのヴェネトの城塞都市と比べて受動的で、かつ遅い。

例えばヴェネトの城塞都市アゾロは、一五世紀以降ヴェネツィア支配下となったが、一四五九年にはアゾロ議会が設立され市民が明確に区別されている。[17] 一六世紀アゾロの土地所有について調べたL・ブリアンによれば、一六世紀にアゾロのポデステリア（行政管区）に居住していたうち一〇％だけがアゾロ市民で、そのなかにはアゾロ都市内に居住しておらずとも、市民特権 *privilegium civilitatis* を金銭で購入した人々も含まれた。このことは都市居住の市民の特権的価値が評価されていたこととして興味深い[18]。同じ城塞都市とはいえ、プレアルプスに寄り添うアゾロは、戦場や避難地として位置づけられることはなく、居住地として長らく機能してきた都市である。これに比べても、ソアヴェは集住のための社会的な仕組も構造も極めて脆弱な都市であったといってよいだろう。

ユダヤ人居住区

一六世紀ソアヴェの都市共同体において、社会集団のありようを読み取ることが難しい一方で、都市内部のなかに、ユダヤ人居住区（ゲットー）の痕跡が残されている。ゲットーはヴェネツィアで初めてつくられ、ヴェネト地方ではパドヴァやヴィッラフランカにも存在した。ソアヴェにおけるユダヤ人居住区の痕跡は、現在の東門コンヴェルニーニャ門に通じる道の名称「ユダヤ人の通り contrada dei ebrei」に残されている。住居の痕跡はないが、コンヴェルニーニャ門が一八九六年に建設された新しいものであり、以前は行き止まりであったことからいえば、この袋小路がユダヤ人地区であった可能性は高い。

彼らの活動記録もわずかながら残されている。一四四二年、ソアヴェで金貸し業をしていたユダヤ人のボナヴェントゥーラに対して、ポデスタのマッダレーナ・コンタリーニと隊長オルサート・ジュスティニアーニが申し立てを行った記録や、ボナヴェントゥーラとマンノと呼ばれる人物が一四四〇年、一四四一年、一四四二年において商売の交渉をしていた記録が残る。さらに一五四二年には公営質店とユダヤ人との裁判に関する記録も残されている[19]。一五四二年、ソアヴェを描写したトレッロ・サラヤは「活発な商売、売買取引がなされ、たくさんの人々がおり、よく住まわれている」と描写している。これを信じるならばソアヴェの経済活動は活発であり、ヴェネトの各都市で試みられていたような、経済的インセンティヴとしてのユダヤ人居住区の導入は一六世紀中頃には成功していたといってよいだろう[20]。しかしながら、シナゴーグのような宗教施設があるわけではなく、ユダヤ人がソアヴェに長らく定住した

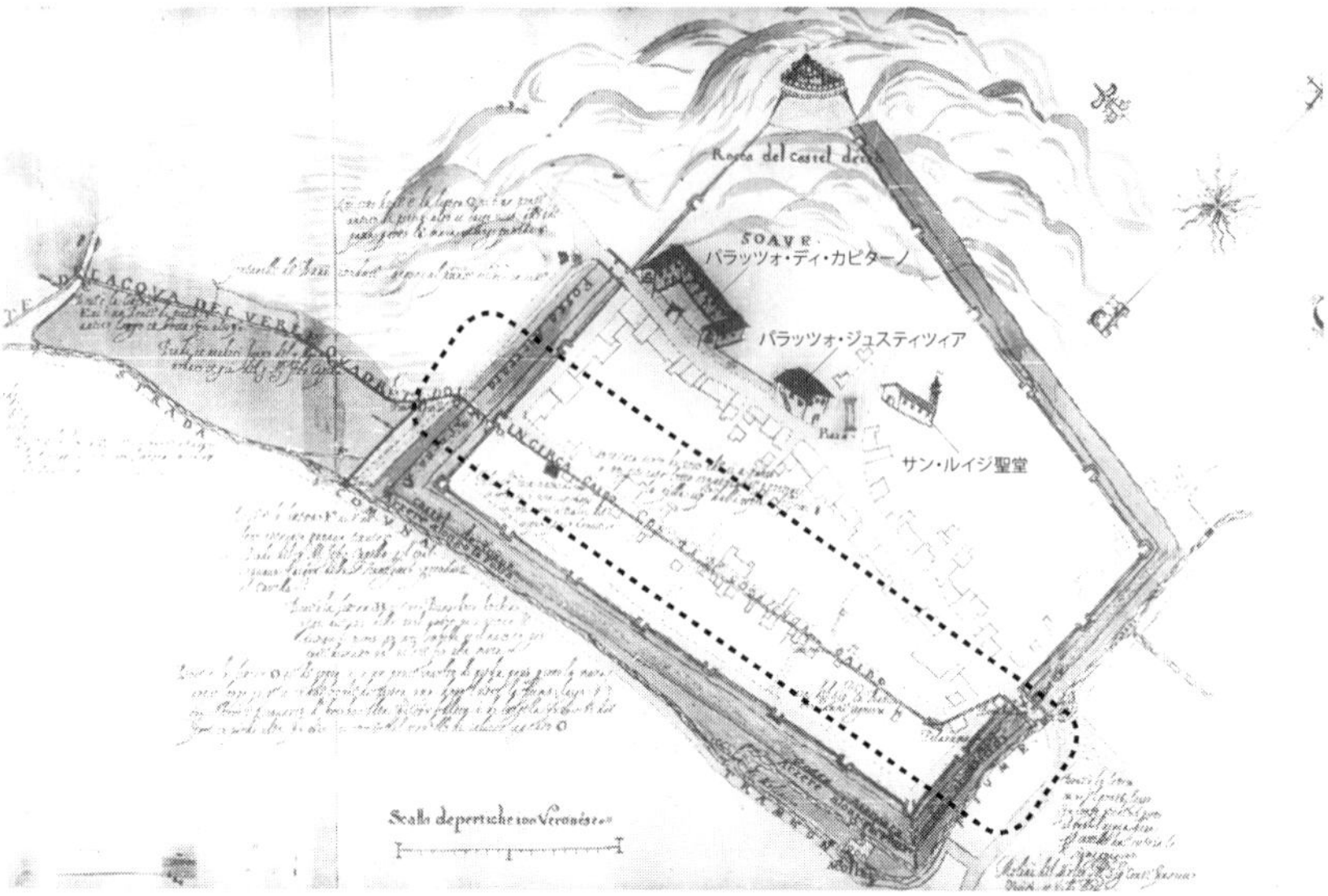

図５　1613年のソアヴェの絵図（点線加筆部分が水路ガイボ, *La Chiesa di Santa Maria di Monte Santo dei Padri Domenicani a Soave: un recupero e una valorizzazione*, a cura di P. Brugnoli, Verona 1992.）

かどうかはわからない。むしろソアヴェには前述したような近隣都市のエリート層や経済活動を重視したユダヤ人が集まることで、極めて流動的な場が創出されていたことを指摘すべきであろう。

都市内用水路「ガイボ」の開削

居住可能な都市環境を整えていくなかで、水の確保は不可欠だった。ソアヴェはトラミーニャ川に隣接しているものの、川は濠を流れ都市の内部には取り込まれない。その状況を脱却するため、都市内水路の開削が一六世紀後半に試みられている。

一五二三年四月一二日、長官ニコロ・ベッリーニは、ガイボ（溝）と呼ばれる水路を開削するための予算を確定し、一五三一年には、マルコ・ファッビがバッサーノ地区からソアヴェの都市内部にトラミーニャの水を引き込む水道の必要性を述べている[21]。都市内部に水を供給するために、個人の費用で側溝を掘削することが義務づけられていることも確認できる。さらに一六〇八年、ヴェローナの長官ジュリオ・コンタリーニは、ガイボを通じてトラミーニャの水を市壁の下から引き入れ、南側の市壁から排水する工事の請願を受け取っている。この堀は幅約二m（六ピエディ）で旧コダルンガ通りに沿っていた。水路の完成は一六一二年五月七日で、これによって都市内水路が実現した。(22)

完成直後のガイボを描いた一六一三年の絵図が残っている（図5）。この絵図は、干拓と灌漑を管理するヴェネツィア政府の未耕地監督官 Provveditori ai Beni Inculti の命令で描かれた絵図で、ヴェネツィア文書館に多数残されているうちの一つだ。ヴェネツィアの未耕地監督官とは、内陸テッラフェルマに広がる灌漑、干拓の管理を行うために一五六六年に創設された監督局で、共有地、未墾地開発に関する詳細な記録を残している。図は水路のみならず、ソアヴェの都市全体を描いており、一七世紀のソアヴェの町の様子を知ることができる。城は象徴的だが記号的に描かれ、ロッカ・デル・カステッロ Rocca del Castel とある。都市内に描かれているのは、現市庁舎のパラッツォ・ディ・カピターノ、パラッツォ・ディ・ジュスティツィア、サン・ルイージ聖堂の三つである。それ以外の建物は輪郭が描かれているだけで、空地を示すと思われる白い余白が圧倒的な面積を占めている。

ローマ通りに面する部分は、建物で占められている。いずれも建物規模も大きいが、特にローマ通り西側に大きな建物がある。一方、旧コダルンガ通りには、建物が点在するだけで、道に面する建物は不連続で小規模な建物が多い。二つの通りをつなぐ東西の通りも三本しかない。図の目的にしたがい、詳細に描かれているのは外部の濠で、先述した水路ガイボと記されている。

ガイボを含む別の絵図に、一六八六年八月三〇日付でフランチェスコ・クマンが作成した図6がある。図6中には「ヴェルレ橋のところで、ソアヴェの共同体は都市内での家庭用のための水を取り込み、その水は赤線のところを流れる」とあり、北のバッサーノ門には「城壁の正面に鉄柵がつけられ、ここから水が市内に流れている」と書かれて

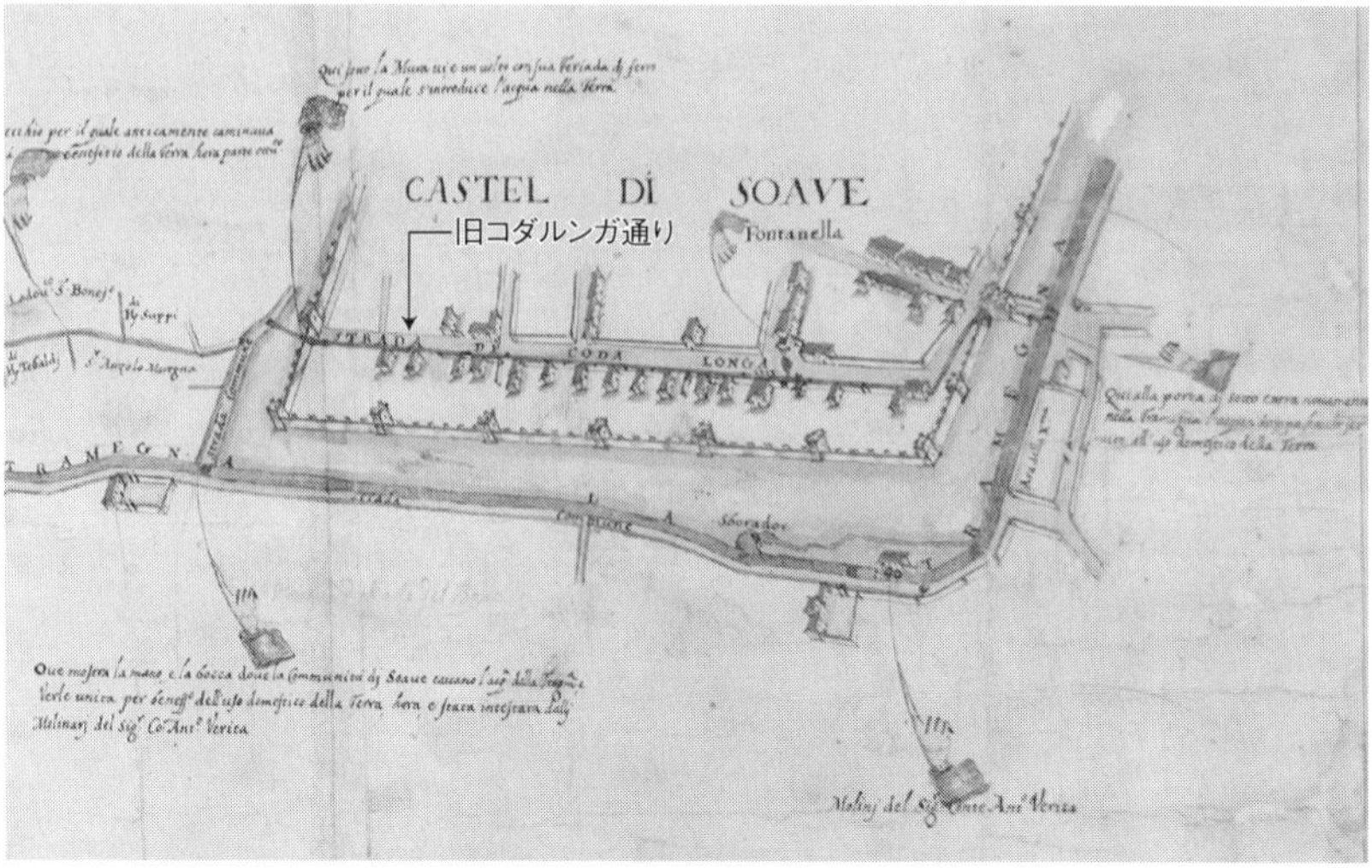

図6　1686年の旧コダルンガ通り（Francesco Cuman, ASVR, Soave, Prefettura, 85.）

いる。旧コダルンガ通りの西側には水路が導かれており、その西側には家屋が間隔を空けて並んでいる。ガイボの水を引き出した泉も設置され、南のヴェローナ門の下で、「家庭で使用された水はここで改めてトラミーニャ川に流れ込む」と書かれている[23]。

　これら二つの絵図からわかることは、旧コダルンガ通りには空地が多いこと、水路を伴った直線的な通りであること、妻入りの同規模の建物が空地を伴って並んでいることがあげられる。二つの絵図は、いずれも灌漑用水と水道の計画を示すことを目的としたものであるため、都市内の建築についての正確さは確証をえない。しかしながら、この水路の開削によって、ソアヴェの都市空間は水を得やすい西側の旧コダルンガ通りと、中心軸だが水路から遠いローマ通りと、性格の異なる二つの軸が形成されたといえよう。以下、一八一五年のナポレオン期不動産台帳史料をもとに、ソアヴェの土地利用について旧コダルンガ通りを中心にみていくことにしよう。

三　一九世紀以降の旧コダルンガ通り

土地利用

図4で示した通りソアヴェには明らかに空地や庭が多い。一九世紀ナポレオン期カタストの土地利用を確認しても、都市内二九三の地片のうち、八五件が庭付き持家住居（casa propria abitazione con corte）として登記されている。果樹園は一八件、畑は三二件あり、建物が建っている場所のほうが明らかに少ない。台帳絵図から特徴的なのは、家屋のほとんどが南側の庭とセットであることである。図7にみるように接道建物であっても、間口すべてを道に向けることなく、北側に建物を寄せ、南に庭を取っている。西欧都市において、都市住宅はすきまなく道に並んで建てられるのが一般的であるのに対して、ソアヴェの状況は、道に面するよりも南側に庭を優先する傾向があったことを示している。

さらに旧コダルンガ通り西側の土地には水路をまたぐ小橋が架けられているが、建物だけでなく、空地にも架けられているのも特徴的である。また建物奥には、果樹園（brolo）あるいは畑（orto）の表記が残る。その様子は、一六八八年の絵図に描かれているように、建物が等間隔に並ぶ様子と大きく相違がない。これらを総じてみると、ソアヴェの住宅は南側の庭を有効にいかしていたこと、農業生産に適した土地利用が都市内でもなされていたこと、特に旧コダルンガ通りの空地奥には菜園や果樹園で営農がなされていたこと、生産物は水路をまたいで外部に運搬されていた可能性が浮かび上がる。つまり、都市内に空地が広がるソアヴェは耕地化しやすい環境にあり、なかでも水路に面する旧コダルンガ通りでは、都市内に農業生産の空間を取り込んだ住居が数多く存在したことがわかる。

図７　ナポレオン期カタストにみる南庭を持つ住宅

市壁内外の土地所有―ダルプラ家とゾイン家

旧コダルンガ通りの土地所有を同じくナポレオン期カタストで確認すると、一部貸家が連続する部分以外は、建物、庭、果樹園、菜園という異なる地目をセットにしたまとまりが一族ごとに所有されている。デルプラ家、ベッティリ家、ザネリ家、ザネッラ家、ゾイン家といった家族のなかで、ベッティリ家とダルプラ家は、ヴィーコロ・ディ・ベッティリや、ヴィコロ・デル・ダルプラというように通り名に名を残すソアヴェ出身の有力一族である。

都市の外側における土地所有を確認すると、ダルプラ家は、広大な南側斜面地を複数所有していることがわかる（図８）。ゾイン家も同様である。同じく旧コダルンガ通りに土地を持つソアヴェの葡萄酒組合も、城壁の外側の斜面地に土地を所有し、葡萄を育て、都市内で葡萄酒加工を行っていた記録が残る。こうした組合は零細土地所有者の葡萄を受け入れ、共同で葡萄酒を醸造していた。これらを踏まえると、都市外で生産、収穫された葡萄が、都市内に運ばれ、組合などで加工されていた可能性は高い。特にデルプラ家、ザネリ家、ゾイン家は、都市内部では水利を得やすい通りの西側の土地を取得、居住するとともに、都市外部の丘陵斜面に耕地を所有する農業従事者であった。都市内部を加工の場に、できるだけ広い都市外部の耕地で生産活動を展開して

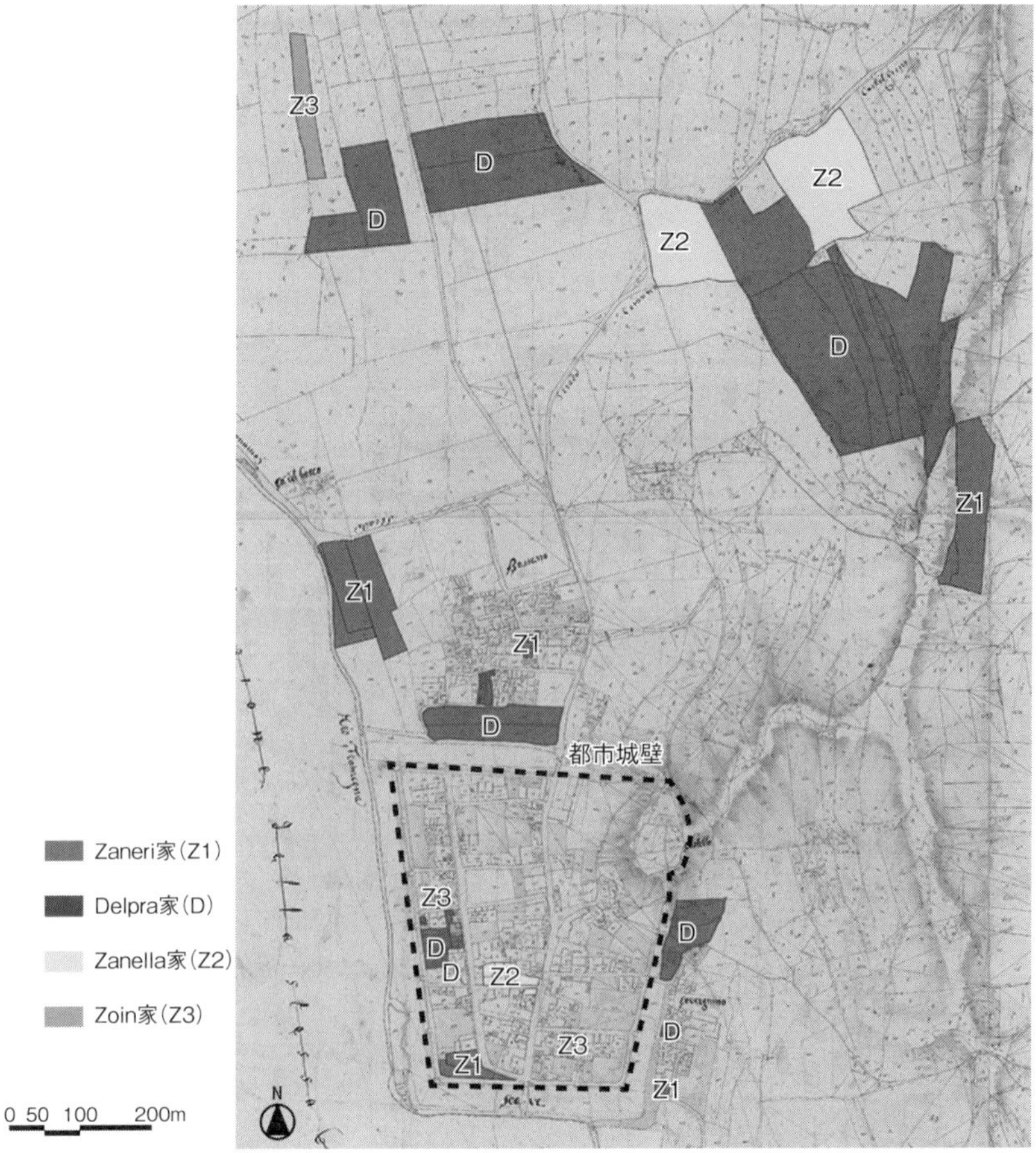

図８　都市内部と外部における土地所有の広がり（ナポレオン期土地課税台帳絵図より筆者作成）

図９　19世紀中頃暗渠化以前のガイボ(ピエトロ・マスノーヴォ・コレクション所蔵)

いたことがわかる。

一九〇五年、旧コダルンガ通りの水路は暗渠化され、その個性的な地域構造は変化した。しかしながら、地割はほとんど変らず、多くの空地や中庭はナポレオン期と同様に現在まで継承されている。一九六〇年代には、米国における葡萄酒需要の増加のため、都市内の巨大空地に葡萄酒工場が建設された。その様子は屋根に大きく「ボッラ BOLLA」とある図１の航空写真からも観察できる。しかしその後、質の低下から生産量は急激に落ち込み、工場跡地は再び産業停滞化の象徴となった。二〇〇〇年代以降、都市空地には質を重視する小規模な葡萄酒製造者が再び入りこみ、都市空地は加工販売の場としての活発な役割をもっている。

おわりに

城塞都市ソアヴェは、領域の危機を前提に犠牲としてつくられた都市であった。ソアヴェの空地は領域の人々が籠城し戦うために必要とされ、裁きの館は共同出資で建設され領域内の平和を保つために利用された。ソアヴェは、領域の安全と司法を維持するための社会基盤として、つまり一種のインフラとしての役割を担っていたといえる。そこには都市単体として持続しようとするような観点はなく、領域の危険を回避するための相互依存的で補完的な都市のありようが垣間見える。

一六世紀以降、戦乱が消え平和が訪れた時、初めてソアヴェは都市居住に向き合うことになった。ユダヤ人地区の導入という経済的活発化、拠点化の試みは都市活動の活性化のための方策であったが、効果をなしたとはいいがたい。その一方で、都市内水路の掘削は都市に新たな活路を見出し、構造転換を導いた。中心軸ではない広い空地を有する通りが、安定した用水確保を備えたことによって、都市内にもかかわらず南側庭を優先する農地利用が展開された。そこには都市外部に多くの土地を所有する一族が居住し、葡萄耕作に関わっていた可能性が高い。ソアヴェにおける空地と水確保は、ソアヴェが都市でありながらも生産地としての個性を持ちうる一種の初期条件を与えていたと捉えることができる。近代における人口減少や産業不在の危機を生き抜いたのも、都市の外側に広がる葡萄畑を生産地として、内部を加工地として対応づけ、都市の内外の結びつきを強めたからにほかならない。一九六〇年代にワイン加工の工場建築が都市内に構えられたのも、こうした元来の空地の存在が背景にあったゆえだ。

多くの城塞都市において空地利用は課題であったが、マロスティカのような城塞都市がその空地を生かしてきたとはいいきれない。しかしソアヴェは周辺の豊かな農地をもとに葡萄酒生産を発展させた結果、加工の場所としての役割を都市空間に再発見したといえる。現在ソアヴェ都市内には多くの醸造所が加工空間を整備する。元々の都市空地が再び活用され、都市内外の土地利用を有効に展開していくその方法は、産業衰退と人口減少に歯止めをかけるものとして可能性があるといえよう。

しかしその一方で、他都市や周辺領域が存立するための都市であったソアヴェの存在理由やその持続のあり方は、都市が単体で生き残ろうとする一般的な都市問題にむしろ批判的視角を与えているように思われる。常に新陳代謝をしていく都市の社会と空間において、領域との関係性のなかで変化を受け止め、葡萄酒生産の都市として再生を遂げたソアヴェのあり方は、都市問題に対する処方箋として領域史的な視角がもたらす現代的意義を示しているのではないだろうか。

注

（1）高い場所につくられた小さな城を核にし、囲壁を持つ集落を防備集落と呼ぶ。こうした防備集落を中心に展開された集村化現象のことをインカストラメントと呼ぶ（城戸照子「インカストラメント・集村化・都市」江川温・服部良久編著『西欧中世史〔中〕―成長と飽和―』ミネルヴァ書房、一九九五年）。

（2）Mario Morini, *Atlante di Storia dell'urbanistica: dall'inizio del secolo 20*, Milano, 1963, Gian Franco Di Pietro, "Gli insediamenti e gli assetti territoriali medioevali in Toscana: Ipotesi per una classificazione", *Città murate e sviluppo contemporaneo: 42 centri della Toscana*, Edizioni C.I.S.C.U., Milano, 1968.

（3）Sante Bortolami（a cura di）, *Città Murate del Veneto*, Milano, 1988.

（4）ボルトラーミのチッタ・ムラータは「都市」として定義しえない集落を捉えるものであった。同様に半都市的集落を捉えた概念としてあげられるのが「準都市」である。ヴェネト、ロンバルディアにおいて一九九〇年にG・キットリーニは半都市的集落を包括する概念「準都市 quasi città」を提示し、司教座がないものの都市的様相を持った居住核を改めて捉えた。ヴェネトではバッサーノ、コネリアーノ、モンセリチェ、ヴィッラフランカ・ヴェロネーゼ、ロニーゴ、モンタニャーナ、チッタデッラ、カステルフランコ、オデルツォが準都市に該当する（Giorgio Chittolini, "Quasi città," *Borghi e terre in area lombarda nel tardo medioevo*, Società e storia. N.47, 1990）。および、高田京比子主催シンポジウム（平成二十七年度基盤研究（C）「中世北イタリアにおける河川交通と紛争・秩序」）におけるパッドヴァ大学ダリオ・カンツィアン教授講演資料より。

（5）*Itinerario di Marin Sanuto per la terraferma Veneziana nell' anno MCCCCLXXXIII*, Padova, 1847.

（6）Ludovico Moscardo, *Historia di Verona di Lodovico Moscardo Patritio Veronese*, Verona, 1668.

（7）Gian Maria Varanini, "Soave: note di storia medievale（IX–XVsec.）", in *Soave*, Soave, 2002, p.40.

(8) 一一八四年のヴェローナの領域宣言 "manifesto politico" より。"Caldero, Suave cum Bossono, Monsfortis, Brollanicus, Montecleta, Vestena, Castelverus, Castum Ecerini, Villanova, Sanctus Ioannes in Aucara, Sanctus Bonifacius, Arcole, Sanctus Stephanus teutonicoru, Zimella, Baldaria, Cologna".

(9) Gian Maria Varanini, *op.cit.*, (7), p.44.

(10) Gian Maria Varanini, *op.cit.*, (7), p.58. "homines et persone dicte ville Zandti Bonifacii cum eorum famulis, bestiis et rebus ad dictum castrum Suapis vel Suavii possint et debeant habere recursum pro suo beneplacito voluntatis".

(11) Id.,"burgus----qui tenebatur pro dominis de la Scala et erat fossis et refossis ac valis circundatus ac munitus".

(12) Iacopo Piacentino, *Cronaca della Guerra Veneto-Scaligera*, con introduzione e note di L. Simeoni, Venezia, 1931, p.102, 110.

(13) 一八世紀以前の最大人口は一七三一年頃の二八三七人である（Andrea Ferrarese, "Il popolazione di Soave in età moderna. Strutture familiari, evoluzione demografica, congiunture", in *Soave,terra amenissima, villa suavissima*, a cura di Giancarlo Volpato, Soave, 2002）。

(14) 一五一八年一月に Capitano della Terra e del Castello di Soave として Giovanni Paruta が派遣されている（Marco Pesa, "Soave in epoca veneta: un centro minore con caratteristiche urbane tra il distretto veronese e quello vicentino". in *Soave,terra amenissima, villa suavissima*, a cura di Giancarlo Volpato, Soave, 2002, p.89）。

(15) Gian Maria Varanini, *op.cit.*, (7), p.74.

(16) Id., p.91.

(17) アゾロで最初に作成された一四七二年の土地台帳において、市民とそれ以外の社会属性が区別されている。一六世紀の土地台帳は①市民 cittadini、②聖職者 clero、③管区所属民 distrettuali、④異国人 forestieri の四つに、一七一七年の台帳では①市民 cittadini、②聖職者 clero、③ヴェネツィア人 venezia、④異国人 forestieri に分けられている。都市行政はヴェネツィアの大議会によって選出された都市行政長官 rettore あるいはポデスタ podesta によって掌られた。一四五九年にはアゾロの主要家族で構成される市民議会 Consiglio Cittadino が創設され、これがアゾロの「市民」を定義づけることになった Lucia Bulian, Asolo, *Paesaggio, Proprietà e credito asolano del secolo XVI*, Treviso, 2001, p.27.

(18) Ida Gasparetto, *Origine della famiglia nostra Farolfa（Asolo, 1466-1641）, studi e fonti di storia locale 4*, Vicenza, 1999, p.14.

(19) Alberto Castaldini, “Ebrei e cristiani a Soave”, in *Soave,terra amenissima, villa suavissima, a cura* di Giancarlo Volpato, Soave, 2002.

(20) Torello Saraya, *Le Historie e fatti nelli tempi d'Il popolo et Signori Scaligeri*, Verona, per Antonio Portese, 1542, c.45 v. “ Si fa il comercho publico d'il comprare, e vendere, la onde, e ripieno de gente e ben abitato”.

(21) Marco Pesa, “Un'economia Agricola in evoluzione: nelle champagne di Soave tra ‘400e ‘600.” , in *op.cit.*, (14), p.116.“ Cavar la aqua della Tramegna et condurla dentro della terra de Soave per commodita de quella”.

(22) Id.,“dicta aqua anchor de dicto fosso non se cava et non pul venir come seria il bisogno della terra”.

(23) 絵図文中より。“Adi 30 Agosto 1686., Disegno formato con Venti e misure da me Franco Cuman Perito ordinatore del Mag.to ecce.me Beni inculti nel quale si vedono descritti, dissegnati e delinear di rosso di siti ove la Comunita di Soave ricevevano l'aqua in picco Fuochi e la conduceva dentro della Terra per l'uso domestico della medema e cio nel modo , e forma come in detto disegno viene richiarito e rinaltrato, essendo il etto posto in deve pertinenze di soave Territorio Veronese hauunndo fatto il presente adistanza della communita la qual dice esser la verita quanto in essoli antiene. Fran co Cuman Sosseto di manni.”.

第四章　大火というリスク
——一六六六年ロンドン大火と都市図——

東辻賢治郎

はじめに

ロンドン中心部は一六六六年九月の大火で大半を焼失し、数年間のうちにほぼ旧来の都市構造のまま再建される。この事件は、防火や衛生が不十分なまま巨大化・高密化していた市街にインフラの近代化や不燃化をもたらした契機として語られることが多い。建築史・都市史的な観点では、再建過程における街路整備や不燃化対策、それらの施行をめぐる行政プロセスが検証され、あるいはクリストファー・レンが大建築家となってゆく契機として、実現されることのなかった彼の再建プランがよく語られてきた。国王やロンドン市による非常時の施策や、陰謀説の背景にもなった国内外の政治状況、火災保険誕生との関わりなど、この出来事が語られる文脈はほかにも様々である。(1)

本章では、都市図に注目してこの大火と再建について検討する。これは、この時代がヨーロッパ主要都市における正射図による近代的都市図の成立期にあたることを念頭におき、再建構想図の作成や土地の測量など都市図作成と近縁の作業を伴っていたロンドン再建事業が果たした役割を検討するためである。写真などのない時代、都市図は肉眼で捉え切れない都市の姿を一つの視覚像として提示するほとんど唯一のメディアであった。大火や再建に関する史料として副次的に利用されることの多かった都市図そのものに注目することで、人々がどのようにロンドンという都市を描いてきたのか、大火は果たしてその視線に影響を与えたのか考察してみたい。

また、ロンドンは大火の直前にもペストで多くの犠牲を出すなど、この頃大火や伝染病といった高密集住地に特有の災害に続けざまに襲われたが、都市のアイデンティティを揺るがすような破局に至ることなく今日に至っている。今日ではわずかに一本の記念塔のみがその痕跡を留める一六六六年の大火も、ある意味で成功裏に乗り越えられた一過性の事象として記憶されている。[2]ただし、そこには都市が未曽有の出来事に対峙し、時間をかけて内面化してゆく過程が一つの都市史的な経験として随伴しているはずである。果たして都市図というメディアにはその手がかりが残されているだろうか。

都市図の変化

中世までの西洋において、地理的に特定可能な個別の都市を主題とする図像表現は少ない。急増するのはルネサンス期であり、一四九〇年以前にはおよそ三〇の例が知られるのみであったものが、その一〇〇年後にはおよそ数えることが意味を為さないほどの規模となったともいわれる。[3]一六世紀後半期に刊行が始まるブラウンとホーヘンベルクによる都市図アトラス『地球の舞台』だけでも五〇〇以上の図版を擁していた。こうした量の増加には、印刷技術の発展に加え都市図をめぐる経済活動を含む生産・消費両面の変化が伴う。

ルネサンス期の都市図には、量に加えて質の変化があった。すなわち中世までは理想化された、あるいは記号的な表現が主であったのに対し、個別の地誌が重視されるようになり、周辺を含めて都市の地理を正確に反映することが

郵便はがき

料金受取人払郵便

本郷局承認

3108

差出有効期間
2021年1月
31日まで

113-8790

東京都文京区本郷7丁目2番8号

吉川弘文館 行

愛読者カード

本書をお買い上げいただきまして、まことにありがとうございました。このハガキを、小社へのご意見またはご注文にご利用下さい。

お買上**書名**

＊本書に関するご感想、ご批判をお聞かせ下さい。

＊出版を希望するテーマ・執筆者名をお聞かせ下さい。

お買上
書店名　　　　区市町　　　　書店

◆新刊情報はホームページで　http://www.yoshikawa-k.co.jp/

◆ご注文、ご意見については　E-mail:sales@yoshikawa-k.co.jp

ふりがな ご氏名	年齢　　歳　男・女
〒 □□□-□□□□	電話
ご住所	
ご職業	所属学会等
ご購読 新聞名	ご購読 雑誌名

今後、吉川弘文館の「新刊案内」等をお送りいたします(年に数回を予定)。
ご承諾いただける方は右の□の中に✓をご記入ください。 □

注文書

月　日

書　名	定　価	部　数
	円	部
	円	部
	円	部
	円	部
	円	部

配本は、○印を付けた方法にして下さい。

イ. 下記書店へ配本して下さい。
（直接書店にお渡し下さい）
-(書店・取次帖合印)-

書店様へ＝書店帖合印を捺印下さい。

ロ. 直接送本して下さい。
代金（書籍代＋送料・手数料）は、お届けの際に現品と引換えにお支払下さい。送料・手数料は、書籍代計 1,500 円未満 530 円、1,500 円以上 230 円です（いずれも税込）。

＊お急ぎのご注文には電話、FAXもご利用ください。
電話 03−3813−9151(代)
FAX 03−3812−3544

都市図の課題となった。アルベルティ、ラファエッロ、レオナルドといったルネサンス期イタリアの美術家や建築家は、測量と描画の技術によってこの要請に応えることを試み、[4] 彼らの実験に前後して一六世紀前半には三角法の理論が文献として流布するようになる。しかしこの時期の技術は不規則で混み入った市街を十分に把握するに足るものではなかった。測量の重点は軍事面および都市のアイデンティティとして重視された市壁の形状におかれる傾向があり、一六世紀半ばの初期の刊行図にみられる都市図は精度の一貫性がなく、市街の構造を無視しているものも多い。[5]

一方で、都市の全貌を描く形式として主流となるのは高みから見下ろしたような鳥瞰図であり、この形式も同じく一六世紀に始まる。[6] 同時期には遠望するように都市の立面を描く景観図や線遠近法による景観描写も存在しているが、いずれも視点を地上の一点に定めた形式であり、都市の複雑で立体的な構造を表現することには欠点があった。鳥瞰図は絵画的な描写によって体験に近い景観を再現しつつ、同時に現実には一望できない都市の輪郭や内部構造を示す特殊な可視化の技法だったといえる。

先述のように当時の測量技術の限界もあり、鳥瞰図の多くも市街の形状を正確に反映したものではない。正確性という点でいえば、鳥瞰図の登場と同じ頃に水平面による都市の断面図、すなわち都市の平面図（正射図）が既に考案され、一六世紀末にはA・ヒルシュフォーゲルやP・プフィンツィンクらが測量に基づく平面図形式の都市図を制作している。[7] しかし一六世紀初等以降、二世紀間にわたって都市図の主流を占めるのは鳥瞰図であり、製作者や出版者が謳う美点は都市を現実らしく「生きているかのように」描くことだった。高さ方向の情報の少ない平面図は建築のボリュームや起伏を伴う三次元の存在である都市を「生きているように」描写するには好適といえなかった。

平面図が主流となるのは一八世紀以降であり、この時都市図が依拠する正統性の根拠も対象の似姿という図像的伝統から計測のもたらす科学的正確性へと移行したと指摘される。[8] この変化の背景としてよく言及されるのは測量や印

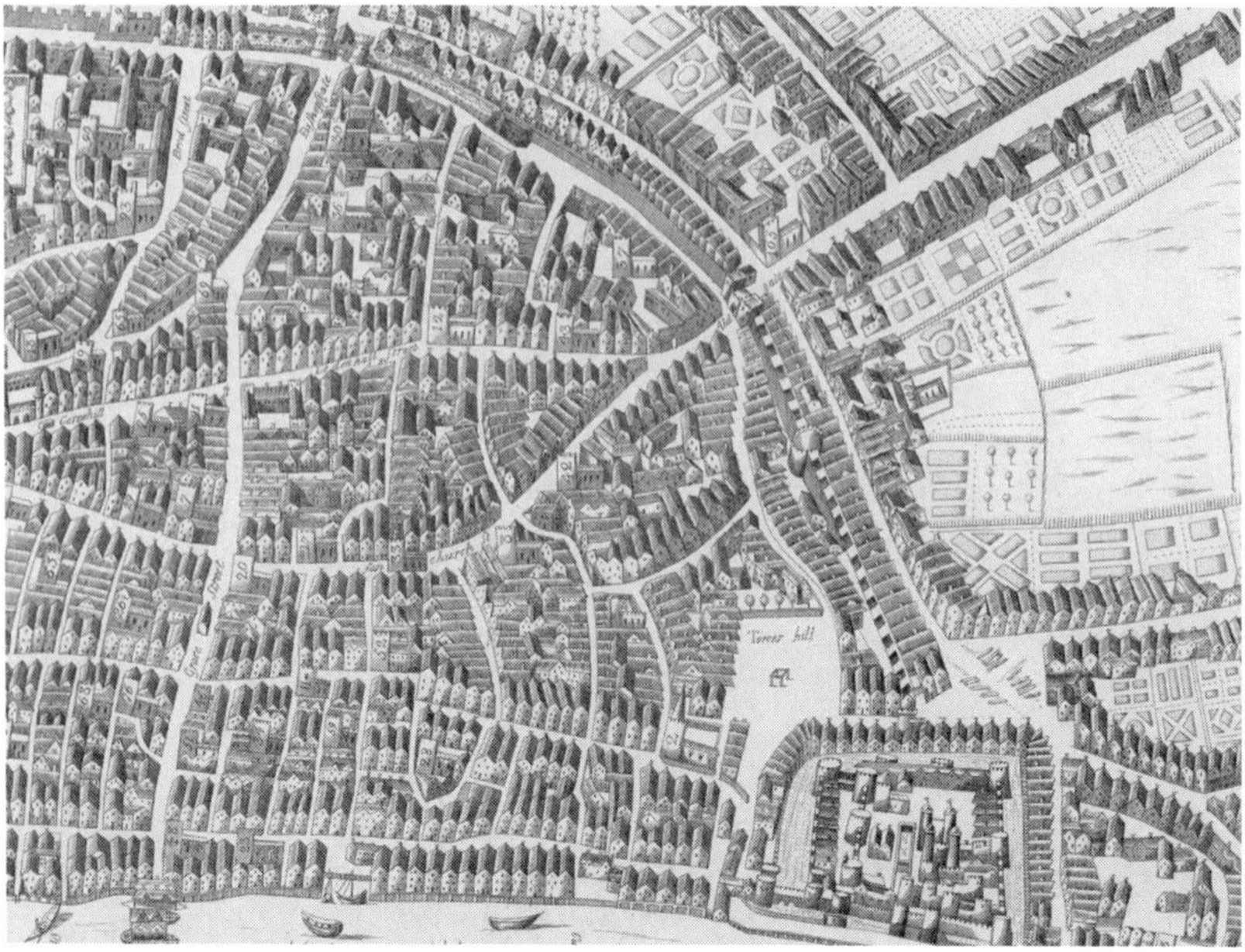

図1　ニューコートによるロンドン都市図(1658年, 部分, British Library, *Online Gallery*, http://www.bl.uk/onlinegallery/onlineex/crace/a/zoomify87874.html〈2014.3.1〉)

刷など地図製作者の技術の発展であるが、抽象化と記号化を伴う平面図への以降には、都市図が要請される文脈や受容者のリテラシーの変化も伴っていたと考えるのが自然だろう。一個の視覚的なまとまりとして都市のアイデンティティや勢力を提示してきた鳥瞰図の価値が減少し、計測と抽象化がもたらす正射図の有用性が求められるようになってゆく過程は、市壁外への拡大をはじめとする都市そのものの変容やそこに向けられる人々の視線の変化を念頭において考察されるべきと思われる。

大火と都市図

こうして一般的にヨーロッパの都市図が鳥瞰図から平面図へ移行する時代にあって、ロンドンでは一六六六年の大火を契機としていくつかの新しい都市図が製作された。大火以前の時点で最も克明なロンドン図は一六五八年のリチャード・ニューコート(Richard Newcourt, ? -1679)によるものであり(図1)、これを含め一六六六年以前のロンドン都市図

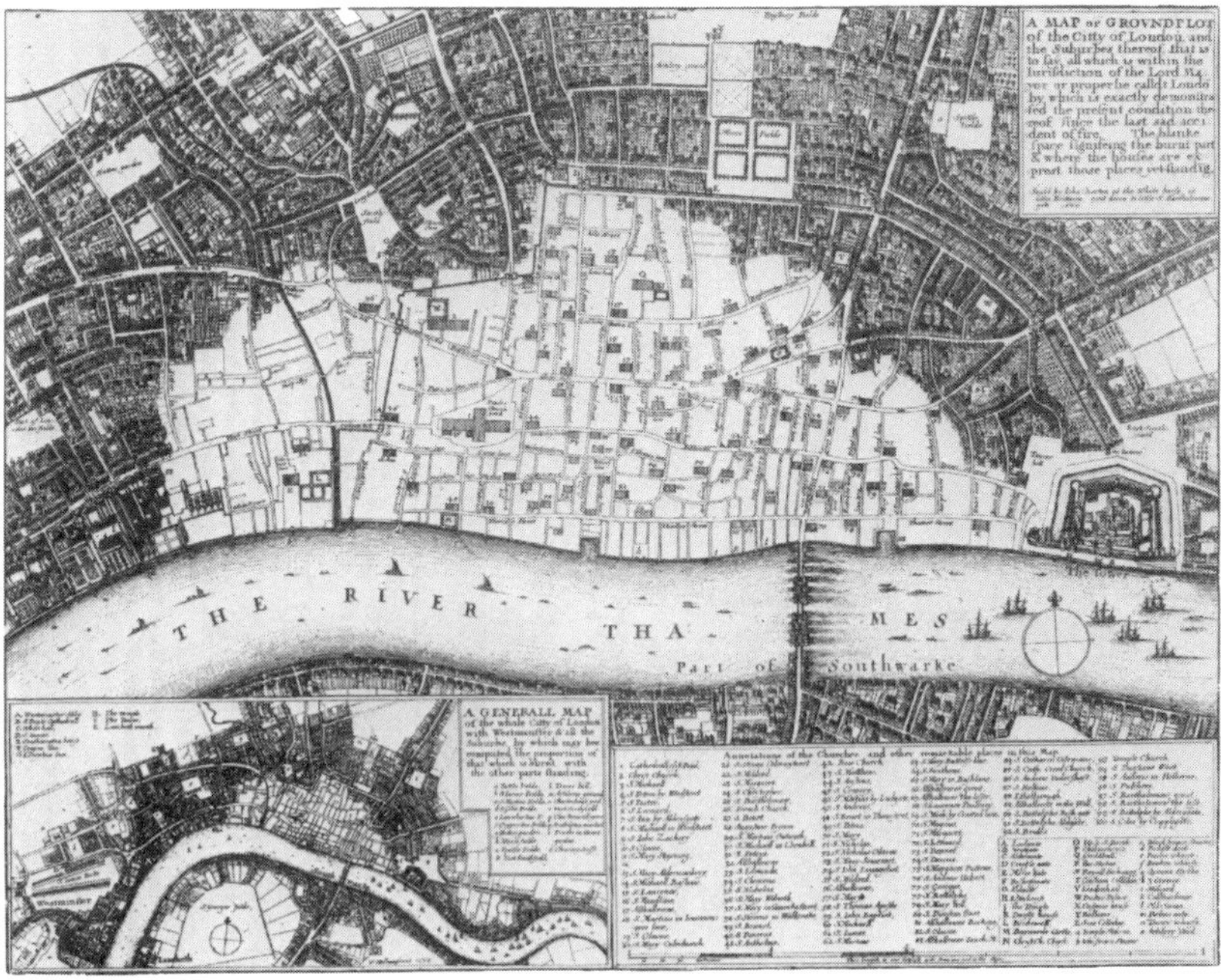

図２　ロンドン大火を伝える図（ウェンセスラス・ホラー, 1666年, Hilary Ballon and David Friedman,"Portraying the City in Early Modern Europe: Measurement, Representation, and Planning", in David Woodward, ed., *The History of Cartography*, Vol. 3, Pt. 1, p. 695.）

はほぼすべて絵画的な描写による鳥瞰図の形式をとっている(9)。

まず大火の直接的な影響から生まれたものとして、被災状況を伝える図版が製作され国内外に流通した。多くは既存の都市図を援用して被災領域を示すものであるが、一部に焼失地域について正射図のような手法で表現したものがあった（図２）。鎮火直後には、クリストファー・レンをはじめとする知識人や建築家によって中心市街の再建案を示すプランが作成された。五名が前後して国王や王立協会などに提出したことが知られ、後述のようにいずれも基本的な街区割と主要建築を示したものである（一部現存しないものもそのように記録されている）。さらに再建事業に先立って、測量に基づいて被災地の街路と少数の残存建築を記載した中心市街地のプランが作成された。そして大火から一〇年を経る頃、ロンドンでは初の包括的な正射図による都市図であるジョン・オグルビーのロンドン図が公刊された。
大火に起因するものとしては、再建事業における測量調査（survey）も注目に値する。大火後、国王と市は再建に向けて被災地域の土地権利関係などを確定するために道路および敷地と建築基礎について測量を伴う調査の必要を認め、数名の調査官（surveyor）にこの職務を託した。彼らは再建の具体的な施策を検討し、現場で測量による街路や敷地の画定を行った。この画定作業は権利関係の整理、火事調停裁判、あるいは土地収用時の補償の根拠となり、調査官は再建の基礎事業の担い手として重要な役割を果たした。わずかな人数でこの重任にあたったのは、今日の職種でいえば職人、技術者、科学者などにまたがって活動する者であり、そこにはレンのように建築家として後年評価される者だけではなく、科学者として名を残すロバート・フック（Robert Hooke, 1635-1703）らも含まれていた。[10]
以下では、まず被災地域の測量作業や地図調製の具体的な様相を検証し、続いて大火前後期のロンドン都市図について考察する。

一　再建における調査の様態

大火と再建構想

火災は一六六六年九月二日早朝に出火し、三日三晩で推計一万三〇〇〇棟を焼いた。六万五〇〇〇名を超える者が住居を失ったと考えられ、類焼面積と被災人口はいずれも市壁内のおよそ八割である。住居に加えてセント・ポール大聖堂および九〇の教区教会といった宗教施設、リヴァリ・カンパニ・ホールなど五二の組合施設をはじめ、ギルドホール、王立取引所、税関、監獄、市門といった公共施設も焼失もしくは大きく損なわれた。[11]一方で人的被害は僅少

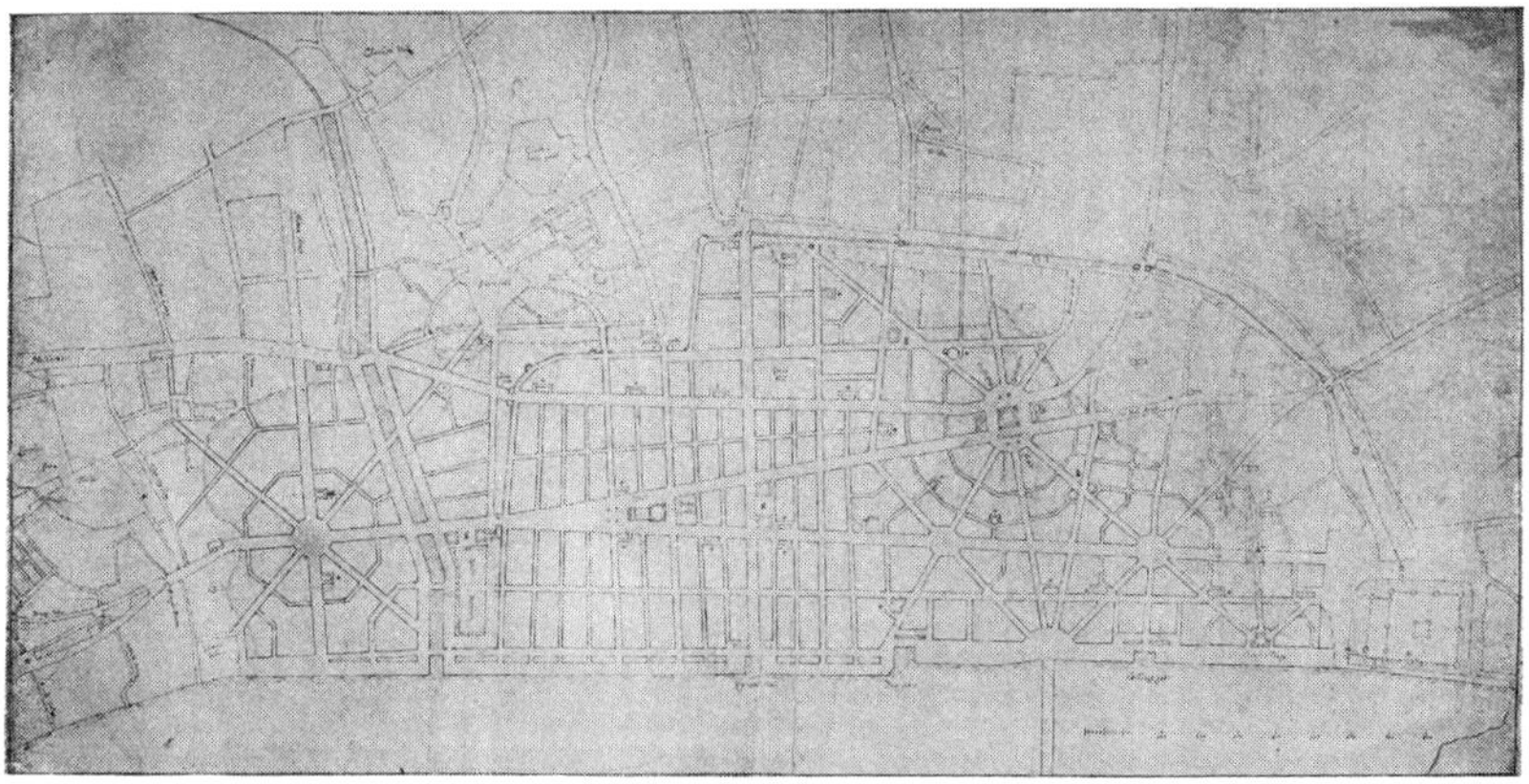

図3　クリストファー・レンによる再建プランとされるもの(Sydney Perks, *Essays on Old London*, Cambridge: Cambridge University Press, 1927, p. 36, Fig. 18.)

であったとされる。近郊へ避難できない被災市民は市壁外の空地などに仮設住居を求めた。都市機能が中断するなかで、国王チャールズ二世とロンドン市は経済・社会的な混乱を避けて迅速な再建事業を推進するために様々な施策を実行してゆく。

再建の指針を示した九月一三日の国王布告に前後して複数の再建構想が提出された。クリストファー・レンは九月一一日によく知られる再建プラン（図3）を国王の下に提出し、その二日後にはジョン・イーヴリン（John Evelyn, 1620-1706）が続いた（図4）。この二人は一六六二年から既にロンドンの都市整備を検討する会合に参加しており、大火によってはじめてロンドンの都市プランを検討したわけではない。彼らのプランは既存の主要施設やその配置を尊重しつつ、ヴィスタを意識した大陸的なバロック風都市計画となっている。

知られているところでは、ほかに少なくとも三名、再建プランを提出した者があった。まず王立協会の実験主任でありグレシャム・カレッジの数学教授であったロバート・フックは九月一九日の王立協会の会合に自身の構想を示した。図面は失われているが、当時実見した者の記録との合致から、大火を伝えるオランダ製の地図に挿入された再建プランがフックの構想に基づくものと推測されている（図5）。

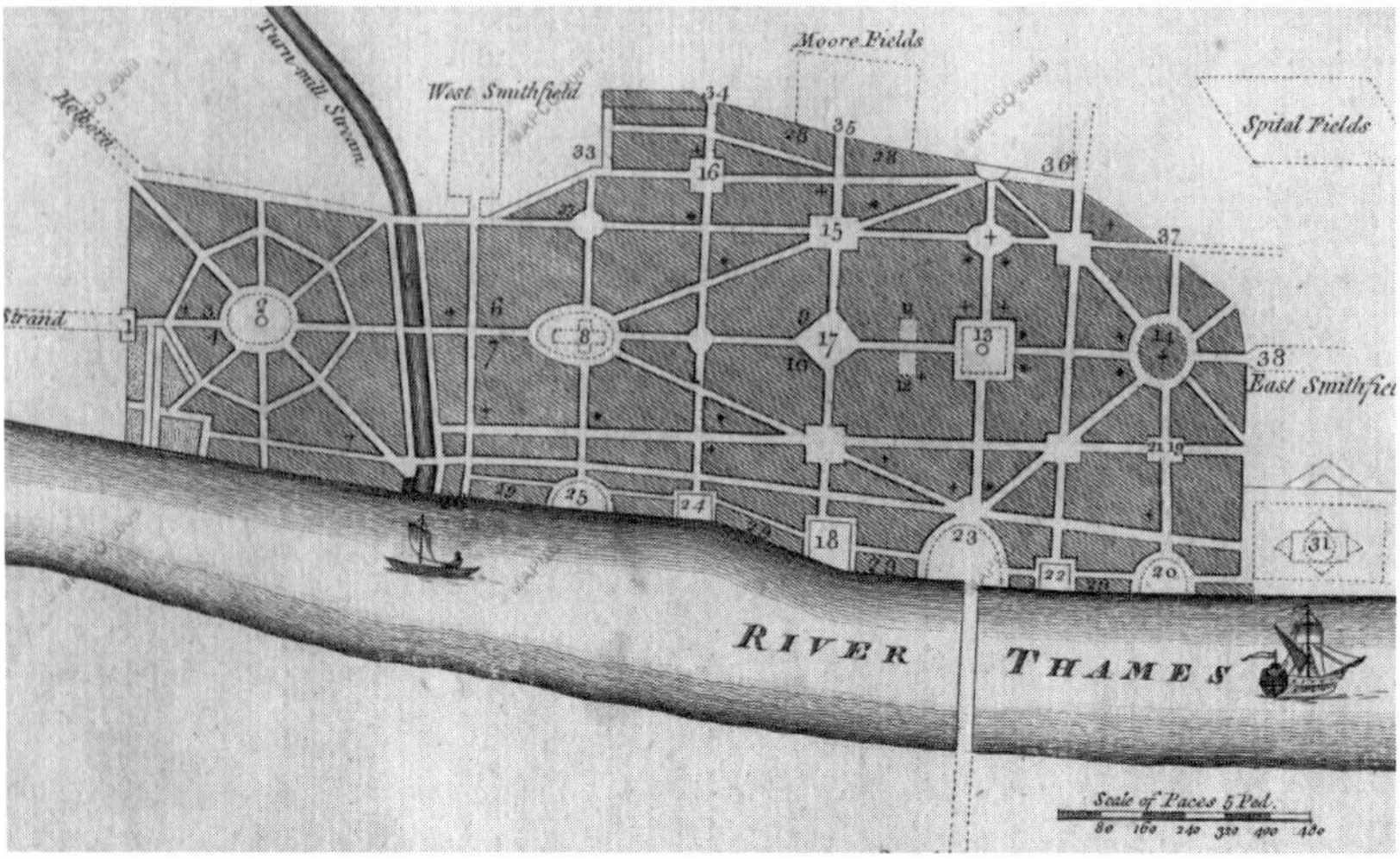

図４　ジョン・イーヴリンによる再建プラン（John Noorthouck, "Book 1, Ch. 15: From the Fire to the death of Charles II,"*A New History of London: Including Westminster and Southwark*, British History Online, http://www.british-history.ac.uk/report.aspx?compid=46732〈2014.3.1〉, 1773年刊行の書籍のために作製された銅版画）

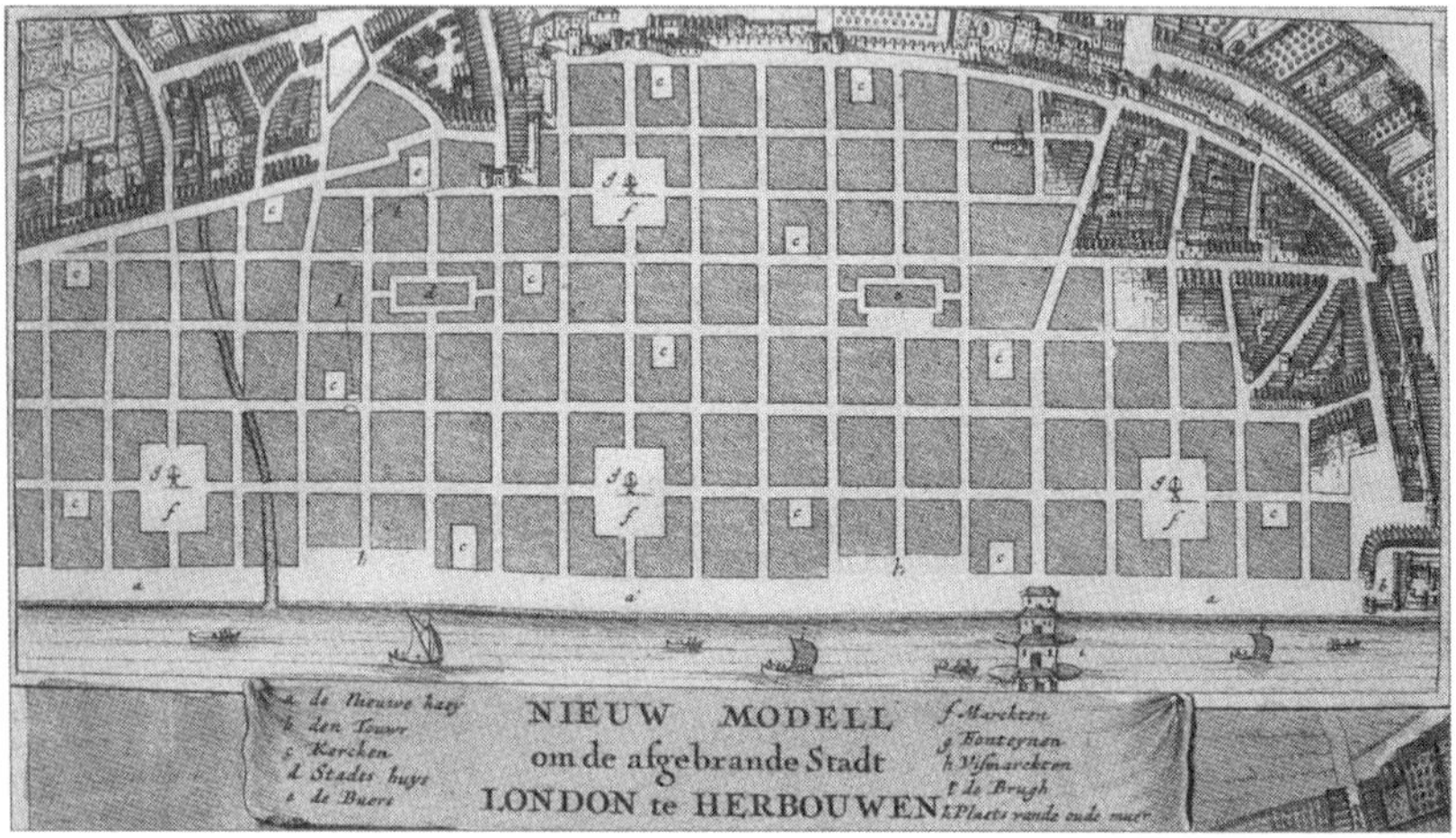

図５　ロバート・フックによる再建プランとされるもの（Sydney Perks, *Essays on Old London*, Cambridge:Cambridge University Press, 1927, p. 44, Fig. 20.〈1666年にオランダで刊行された大火を伝える広報地図 Marcus Willemsz Doornick, *Delineation of the Citie of London Shewing how far the said citie is burnt down...* に挿入されたもの〉）

大火前のロンドンの都市図を作製していた地図製作者リチャード・ニューコートもまたグリッド状のプランを示した（図6）。対称的なグリッド構成はフィラデルフィアなどの新都市計画との類縁性が指摘されている。[12] さらに軍人とされるヴァレンタイン・ナイト（Valentine Knight）は運河と短冊状街区で構成されたプランを提出し、運河の通行税など都市住民から得られる利潤を強調した。[13] 王立協会設立に参加した知識人である前記二名がバロック的な、つまり中心性があり歴史主義的ともいえるプランを示したのに対し、残りの三名がグリッドや短冊状街区など均質で「近代的」ともいえる都市空間を志向しているのが特徴的である。

　結果的にこれらのプランは実務的な理由からいずれも却下され、基本的には従前の建築基礎に従って再建が進められることとなった。

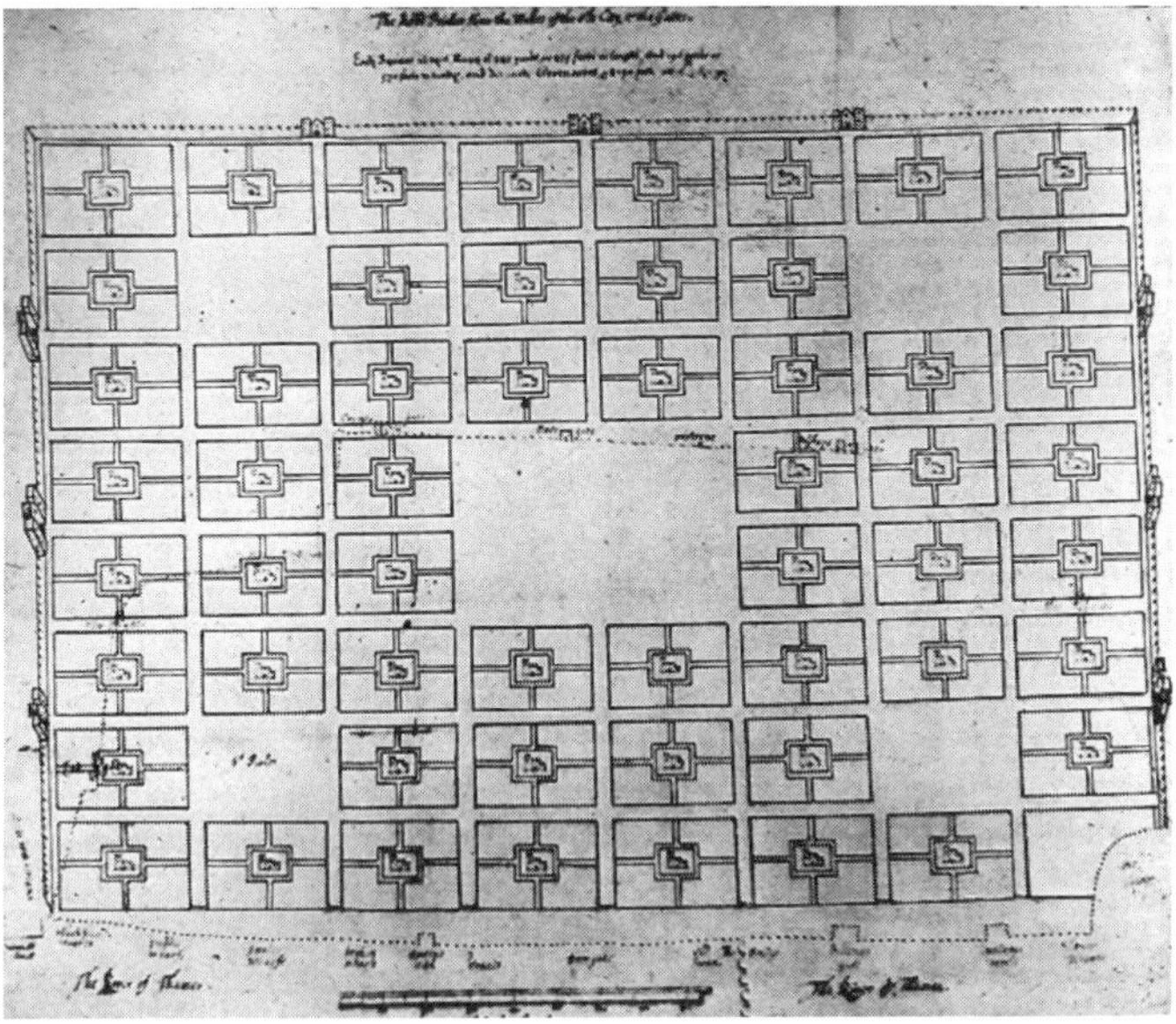

図６　リチャード・ニューコートによる再建プランとされるもの（John William Reps, *The Making of Urban America: A History of City Planning in the United States*, Princeton: Princeton University Press, 1965, p. 164, Fig. 98.）

再建の初動と調査官の任命

　再建に向けた施策の里程を示すのは九月一三日の国王布告および一六六七年二月と一六七〇年四月の二次にわたって定められた再建法である。[14] 国王布告は、まず個別の私的な再建を禁じること、同時に木造あるいは木材を含む混合構法が一般的であった家屋を煉瓦造あるいは石造で再建すること、全般的な都市プランは「後に決定される」ことが述べられた(15)。同時に市長および市参事会に対して、被災建築の調査を実施することが要求された。その目的は「すべての家屋と土地が誰に真に帰属していたか、複数の住人がどのように居住していたか、あるいは財が同業者、組合、あるいは個人にどのような条件で賃借されていたかを示すこと」である。この要請は、それまでのロンドンが図面を伴う統一的な地籍管理体制を欠いていたことの反映である(16)。

全般的なプランについては九月二七・二八日の議会で検討されるものの決定には至らず、この課題は枢密院と市当局に預けられた。ヘンリー・オルデンバーグ（Henry Oldenburg, c. 1619–77）は、庶民院の議論は三つの意見で対立したと述べている。一つはレンの構想による理想的プランを実現すべきとする者、いま一つは以前の建築基礎のままに不燃構造で再建すべきであるとする者、そしてその中庸として、プランは基本的に従前とするが、主要な街路の拡幅などを一部実施すべきとする者である(17)。

一〇月四日、枢密院の意向を受け市会は調査官を指名した。彼らの任務は「権利関係の確定のため、火災で破壊されたすべての道路と家屋について正確かつ迅速な調査を行う」ことであった(18)。人選は、大火後チャールズ二世直轄の再建委員に任命されていたいずれも建築家のレン、ヒュー・メイ（Hugh May, 1621–84）、ロジャー・プラット（Roger Pratt, 1620–84）の三名に、市の新規建築調査官（Surveyor of New Building / City Surveyor）を加えた六名である。市の調査官は、ロンドン市の煉瓦工（City Bricklayer）を務め、既に調査官でもあったピーター・ミルズ（Peter Mills, 1598–1670）、職人建築家のエドワード・ジャーマン（Edward Jerman, c. 1605–68）、そして前述のロバート・フックの三名である。

調査官に課された作業が着手されたのは一〇月になってからであるが、瓦礫や不法に設置された仮設住居などが調査の妨げとなり、この時点では敷地ごとの測量が行われた形跡はなく、地籍管理に利する進展もみられなかった。この間に調査官らは建築規制や街路拡幅についても検討を行った。調査官らが現場での測量を開始するのは、こうした検討事項を反映する一六六七年の再建法が施行された後である(19)。

第一次再建法では、ミルズ、ジャーマン、フックおよびミルズの補佐に就いたジョン・オリヴァー（John Oliver, c. 1616–1701）を調査官と定め、家屋の再建の条件として彼らによる現地での測量調査が義務づけられた。ジャーマンの辞退によりこの任務は残りの三名に託され、一六六七年三月より実際の測量作業が着手された(20)。

調査官による地籍調査

調査官は再建時の建築的な指導や再建の途上で発生する係争や請願に関わる対応など、現場における権威として多面的な機能を担う存在となるが、なかでも再建の条件とされた個別敷地における測量と権利関係の確認作業がその労務の大きな部分を占めた。

個別敷地の確認作業は、まず再建の権利を有する者が希望を申し立て、現地で権利関係者立ち会いのもとに調査官が基礎を測量記録し、これに対して権利者は調査費を調査官に支払う。権利者はこの際の領収証書を市に提出し、再建の認可を得るというものである。また、収用される土地の補償に関しては、同様に請求者に対して調査官が現地測量の後に確認証を発行し、市はその提出を受けて補償証明を請求者に交付、収入役はこの証明の提示を受けて補償を支払う(21)。基礎の確認作業に際して調査官は帳簿（day book）に一筆ごとの形状と寸法、および隣接関係を図示し（図7）、さらに権利関係などの確認事項を調査日時とともに記録したため（図8）、帳簿には焼失地域の地籍情報が集約されてゆくこととなった。

現存するミルズとオリヴァーの帳簿には一六六七年五月一三日〜一六七九年七月二九日までに調査された計八三九

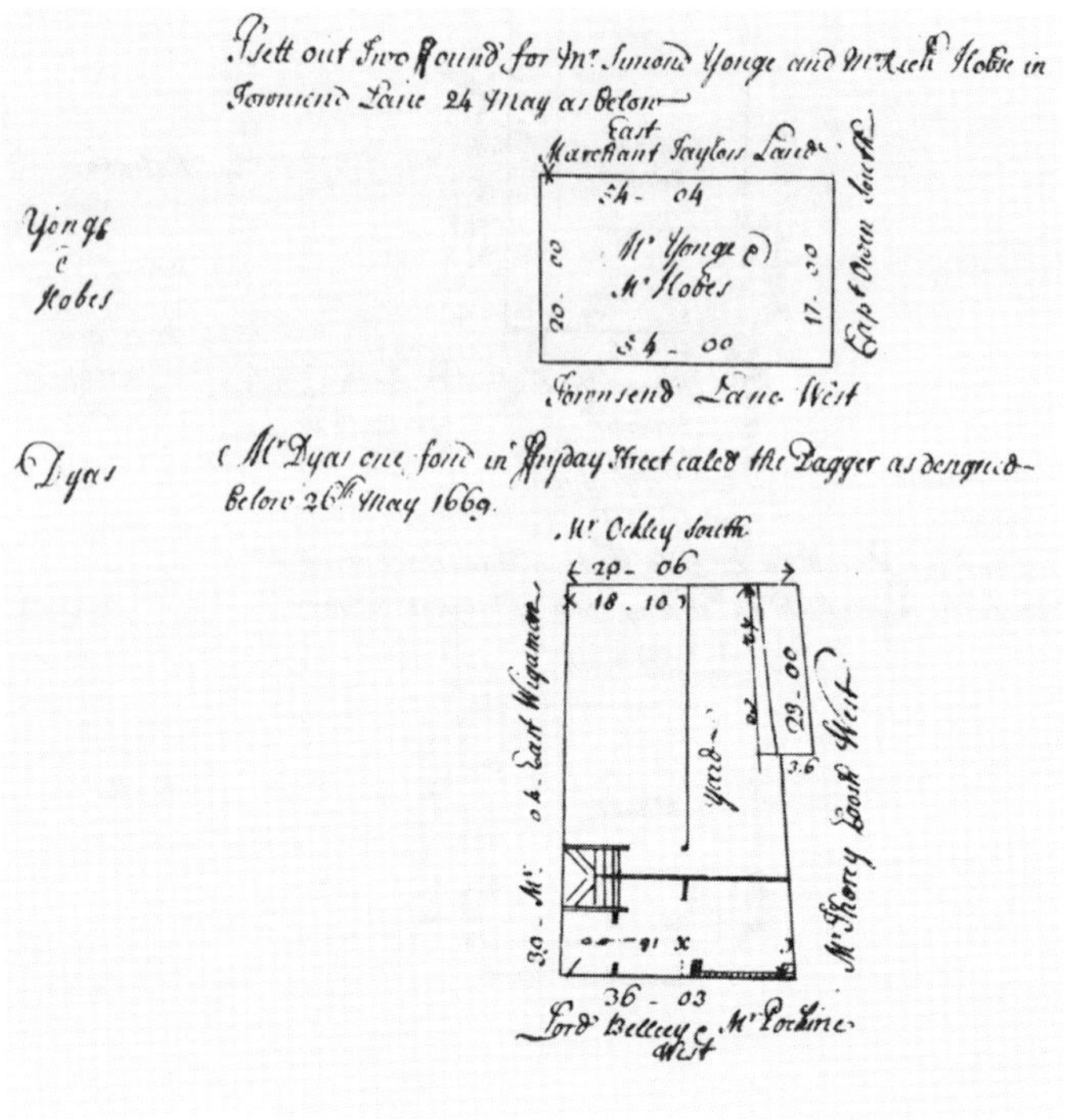

図７　調査官による地籍図の例（オリヴァーの帳簿, London Topographical Society, *The Survey of Building Sites in the City of London After the Great Fire of 1666 by Peter Mills and John Oliver*, vol. 4, London Topographical Society, 1962, 161v.）

四筆分の地籍情報が記載されている。(22)この地籍調査の経時的な推移は収入役の土地調査簿（調査官発行の領収証書を記録したもの）に基づく集計からおおまかに確認することができる。これによれば一六七二年までに主要な調査活動はほぼ終了し、家屋の再建着工も同様の推移を辿ったものと推測できる。一六六八年から数年の間、三〜五月を中心とした調査件数のピークがあり、逆に一〇〜一二月頃にかけて落ち込む傾向がみられる（図９）。これは建設に適した時期に申請が増加したためと考えられる。(23)また街路別の集計では家屋再建の趨勢に際立った空間的な偏りは確認されず、被災地域の全域にわたって徐々に再建が進行したことが推測される（図10）。

フックら調査官の活動は統制された再建の根幹を支える作業であった。しかし、測量調査や調停が円滑な再建作業に寄与し一定の成果をあげたと考えられるものの、大火直後の王の意向を十全に実現する体系化された地籍管理体制

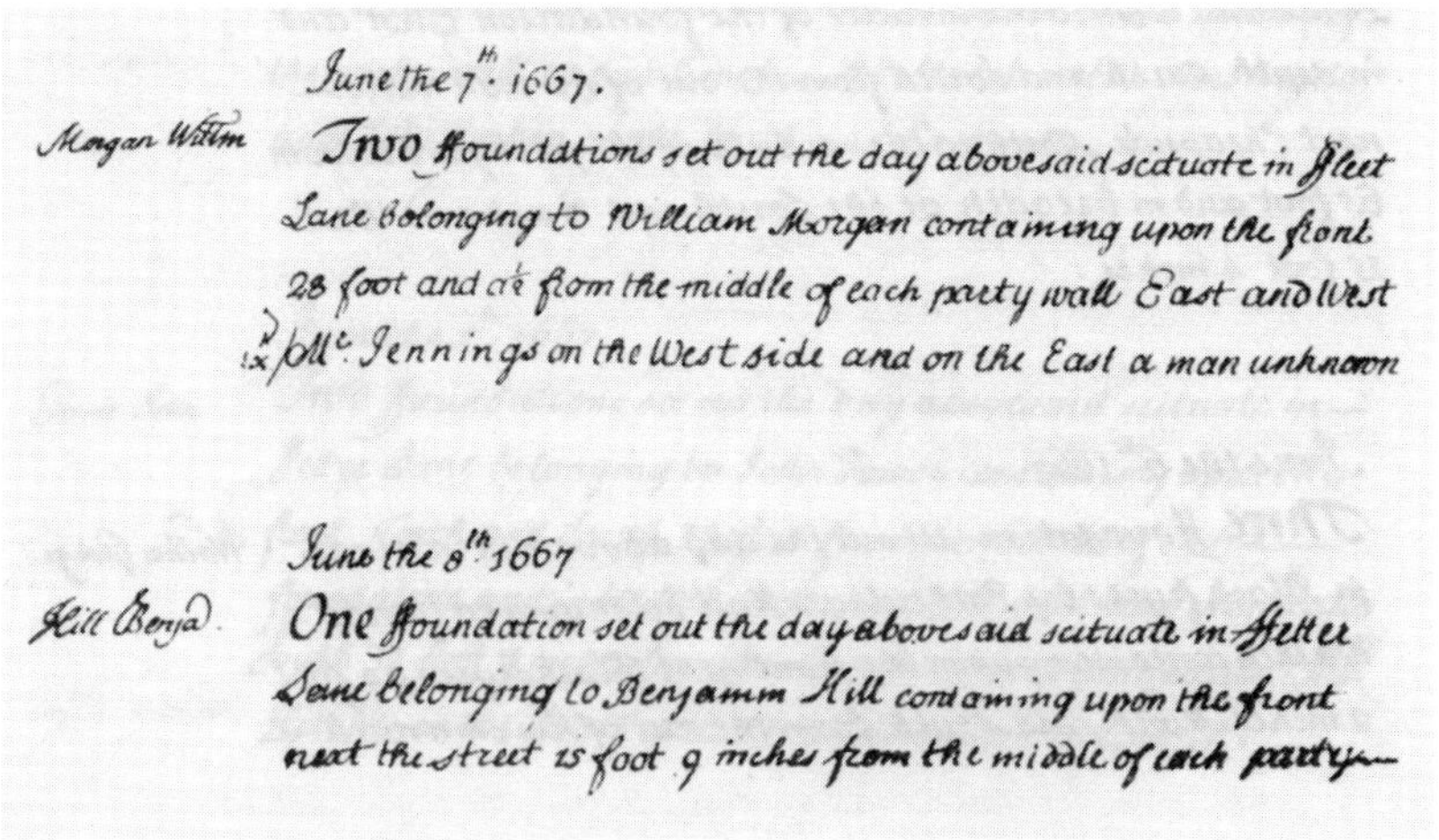
June the 7th. 1667.
Morgan Willm　Two ffoundations set out the day abovesaid scituate in ffleet Lane belonging to William Morgan containing upon the front 28 foot and a½ from the middle of each party wall East and West
Mr. Jennings on the West side and on the East a man unknown

June the 8th 1667
Hill Benja.　One ffoundation set out the day abovesaid scituate in ffetter Lane belonging to Benjamin Hill containing upon the front next the street 15 foot 9 inches from the middle of each party

図８　調査官の帳簿記載の例（ミルズの帳簿, London Topographical Society, *The Survey of Building Sites in the City of London After the Great Fire of 1666 by Peter Mills and John Oliver*, vol. 2, London Topographical Society, 1964, 13v.）

は成立していない。一六七〇年代末に市の土地委員会が集約のために帳簿を提出するよう各測量士に求めた際、ミルズとオリヴァーは提出したもののフックのものは提出されず、それ以来所在が確認されていない(24)。これらの帳簿が地籍情報として統一的な管理運用に用いられることはなく、また測量結果から集約的な地籍図が作製されることもなかった。

二　大火前後の都市図とその制作

ロンドン都市図の変化

大火後には再建の前提として被災範囲を正確に把握することが求められ、これに応えるために測量成果に基づく大縮尺の都市図作製が試みられた。その初期の試みの一つは一六六六年一二月に完成されたジョン・リーク（John Leake）ら六名の測量士による被災地区の図面である（図11）。この都市図は被災領域とその街路および少数の建築の形状を示すにとどまるものであった。後に市の調査官として活動するフックはこの地図調製にも統括的な立場で参加していたと推測されている(25)。

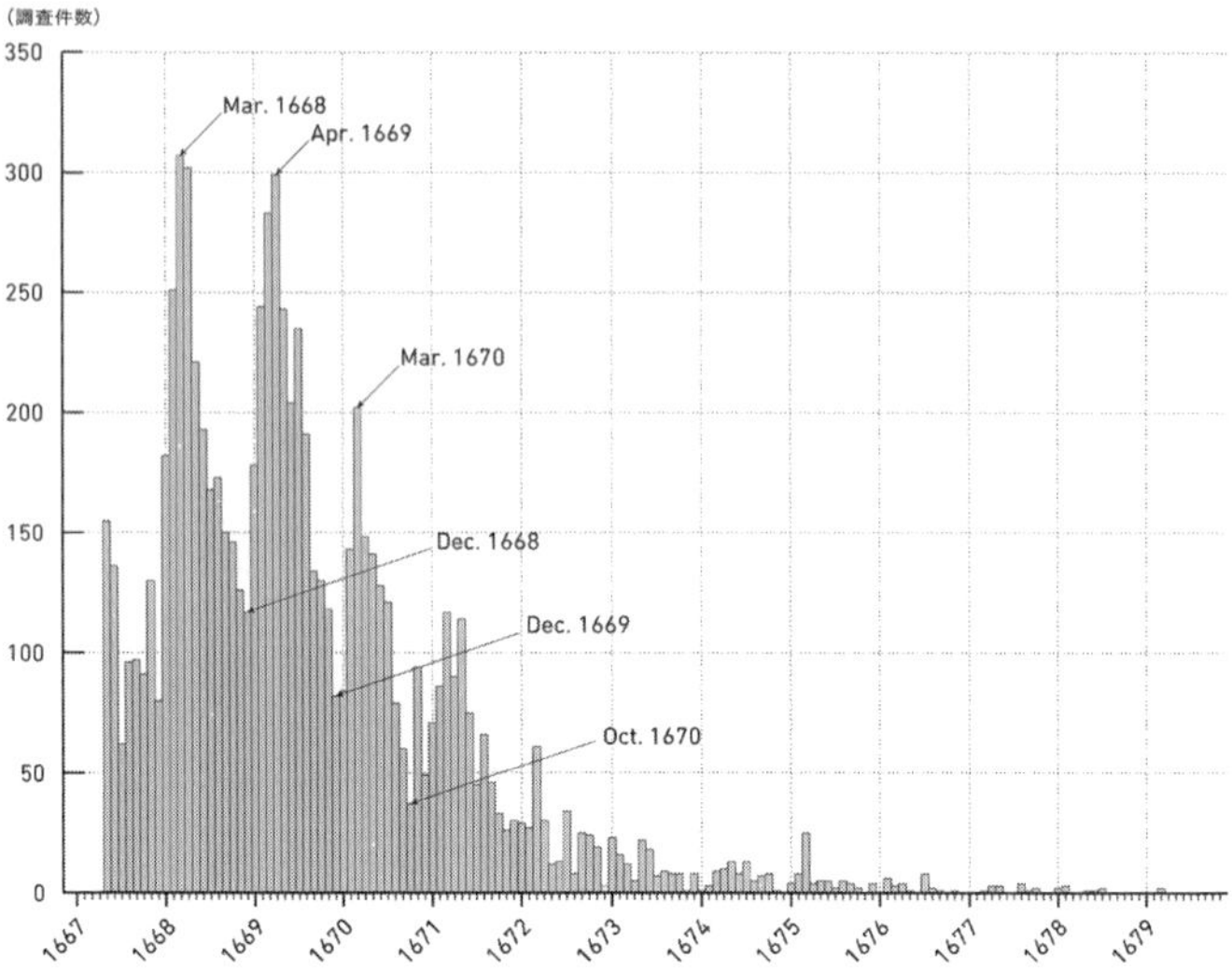

図９　収入役の記録に基づく調査件数の推移（London Topographical Society, *The Survey of Building Site in the City of London After the Great Fire of 1666 by Peter Mills and John Oliver*, vol. 1, London Topographical Society, 1962より筆者作成）

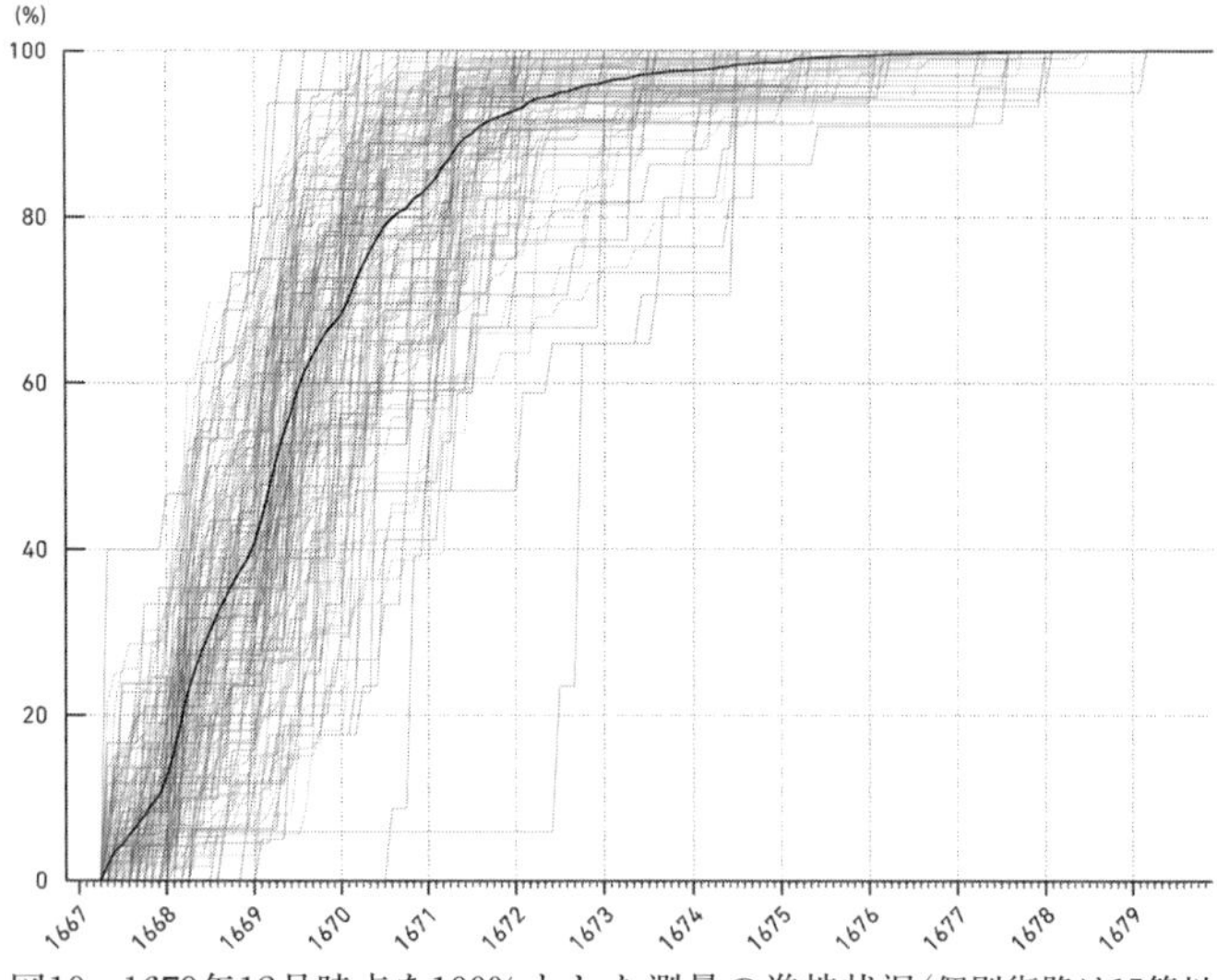

図10　1679年12月時点を100%とした測量の進捗状況（個別街路は15筆以上の測量が行なわれたもの，全数の91.5%を図示．図９と同資料より筆者作成）全体を太線で，街路ごとの進捗を細線で示す大火後初めての本格的なロンドン都市図は、災害の一〇年後に完成をみたジョン・オグルビー（John Ogilby, 1600–76）とウィリアム・モーガン（William Morgan, ? -1690）による『ロンドン市詳細大地図』である[26]。この地図は測量士であると同時に出版業者でもあったオグルビーが一六六〇年代末から着手する地図出版業の一環に企画した『英国地図

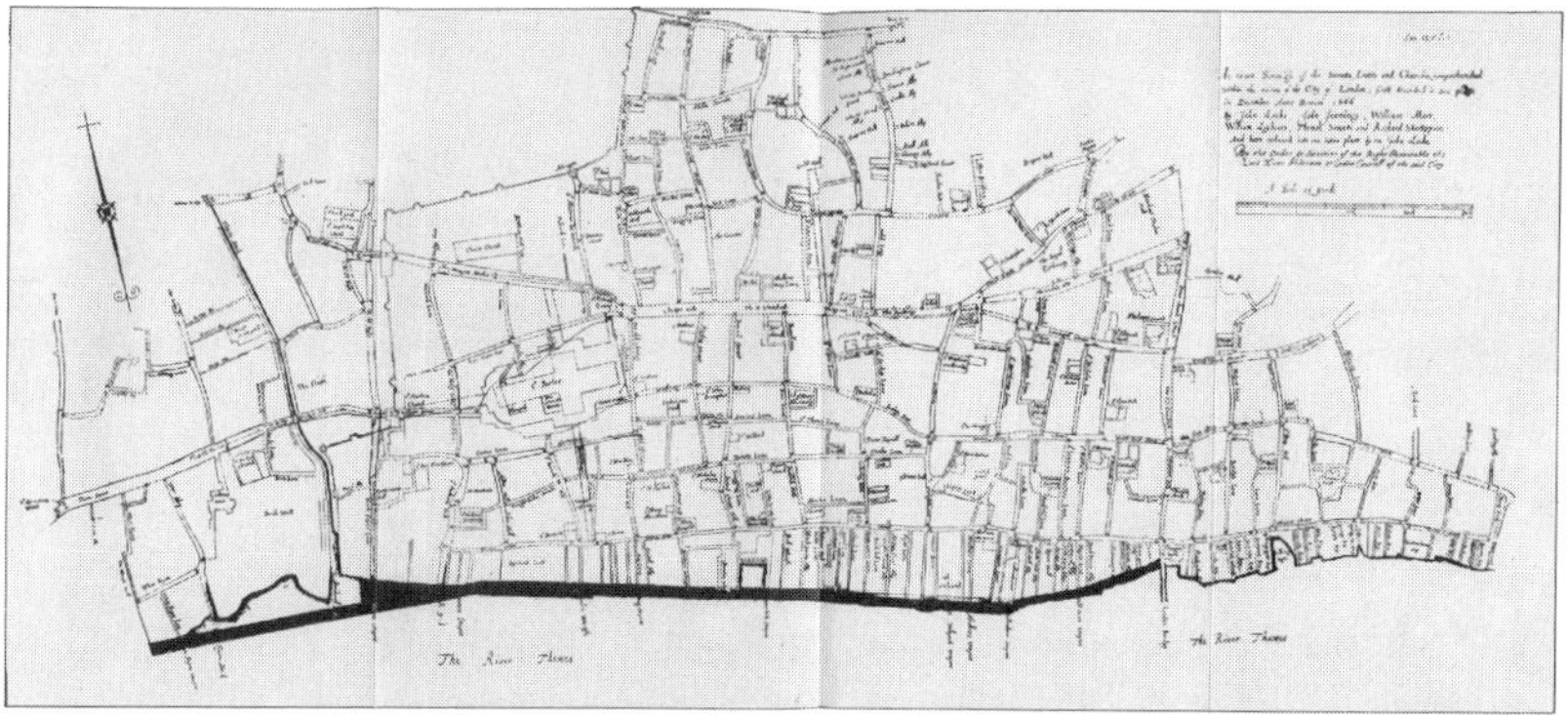

図11　リークらによる被災地区の測量図(1666年, T. F. Reddaway, *The Rebulding of London after the Great Fire*, London: Jonathan Cape, 1940)

集』の一部として計画され、市の助成を受けて作製された（図12・13）。

この地図はイギリスで事実上初の測量に基づく都市平面図（正射図）として特筆される[27]。それまでイギリスで用いられていた測量技術は田園地帯や街道沿いなど、周囲の開けた領域に関しては有効なものであったが、見通しの効かない市街地に適したものではなかった。オグルビーとモーガンの地図制作が進行していた一六七〇年代には測量技術の改善を謳う測量技法書が相次いで刊行あるいは改訂されており、それらの著者はウィリアム・レイボーン（William Leybourne, 1626-1716）やジョン・ホルウェル（John Holwell, 1649-86）といったいずれもオグルビーやフックに近い測量技術者だった。すなわちオグルビーの都市図制作の過程にはそうした技術の発展が随伴していたと推測される[28]。

また、フックの日記にはオグルビーや先述のリークの地図調製時の測量に参加していたリチャード・ショートグレイヴ（Richard Shortgrave, ?-1676）といった面々との会合が記録されており、それによるとオグルビーの地図の準備作業は一六七三年から始められていたようである。会合の検討事項は測量法や図郭、縮尺、建築種別の表現方法、索引の手法といった地図調製に関する具体的な事柄であった。また、フックは銅版の刷り上がりや表題、図枠といった細部に至るまで自ら確認している[29]。つまり、この

図12　オグルビーらによる再建ロンドン図（1676年, https://commons.wikimedia.org/wiki/File:City_of_London_Ogilby_and_Morgan%27s_Map_of_1677.jpg〈2017.4.1〉）

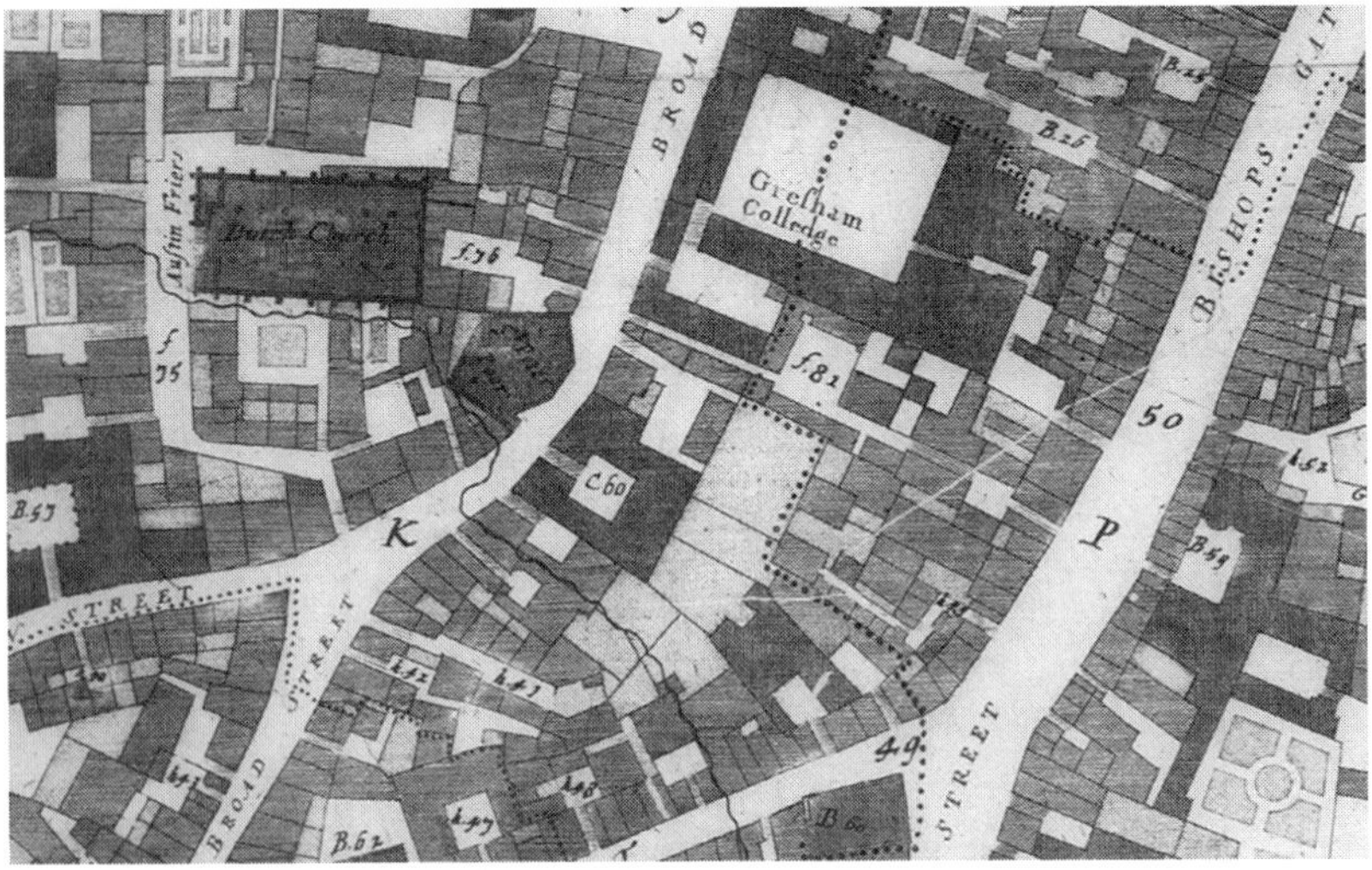

図13　オグルビーらによる再建ロンドン図（拡大, M. A. R. Cooper, *'A More Beautiful City': Robert Hooke and the Rebuilding of London after the Great Fire*, London: Sutton Publishing, 2003, p. 214.）

地図においては企画者オグルビー（および没後に事業を引き継ぐモーガン）および参画したその他の測量士に加わる形で、ロバート・フックが再び中心的な役割を果たしていた。

一六七六年四月に完成が広報された地図は一〇〇フィートを一インチとした大縮尺（一：一二〇〇）であり、ハッチングの濃度による一般家屋と公共施設の描き分け、数字とアルファベットを用いたインデックス、グリッドによる索引など様々な創案が含まれていた。この地図の使用方法についての小冊子が同時に販売されたことからも、この地図の様々な新規性は地図利用者のリテラシーの変化を促すものであったと考えられる[30]。

ロンドンの都市図が鳥瞰図から正射図へ変化する時期がちょうど大火の前後に相当していることははじめに述べた。都市図制作や測量事業の様々な場面で顔をみせるフックの関与が一例として示すように、ロンドンの場合は新しい都市図が生み出される過程において、大火を契機として生じた技術的要請や試行の蓄積が介在していたと推測される。

非常時の都市への視線

一六六六年の大火は都市図の制作あるいはその下地となる測量事業の契機となり、その経験や培われた技術は後の都市図の制作へ継承されたものと考えられる。ただし、大火時の測量がやや特殊といえるのは都市の建築の多くが灰塵に帰していた点である。焼失地区の測量では平時とは別種の困難が予想されるが、それまでの都市図のような景観描写が必要とされず、測量に際して遮蔽物が少ないという作業的な利点も想像される（大火後の測量という点では、ほぼ同時代の江戸において明暦大火の直後に初めての大規模な実測図が制作されたことが想起される[31]）。

また従前通りに再建するという方針が決定されて以降は、測量によって把握される都市の形は大火以前の都市の再現であると同時に再建すべき都市の姿でもあった。すなわち、測量により土地や建物基礎を追認してゆくという再建の基礎的作業は、単にある時点の都市を記録するだけでなく、それ以前と以後の都市の連続性を遡及的に確認する営

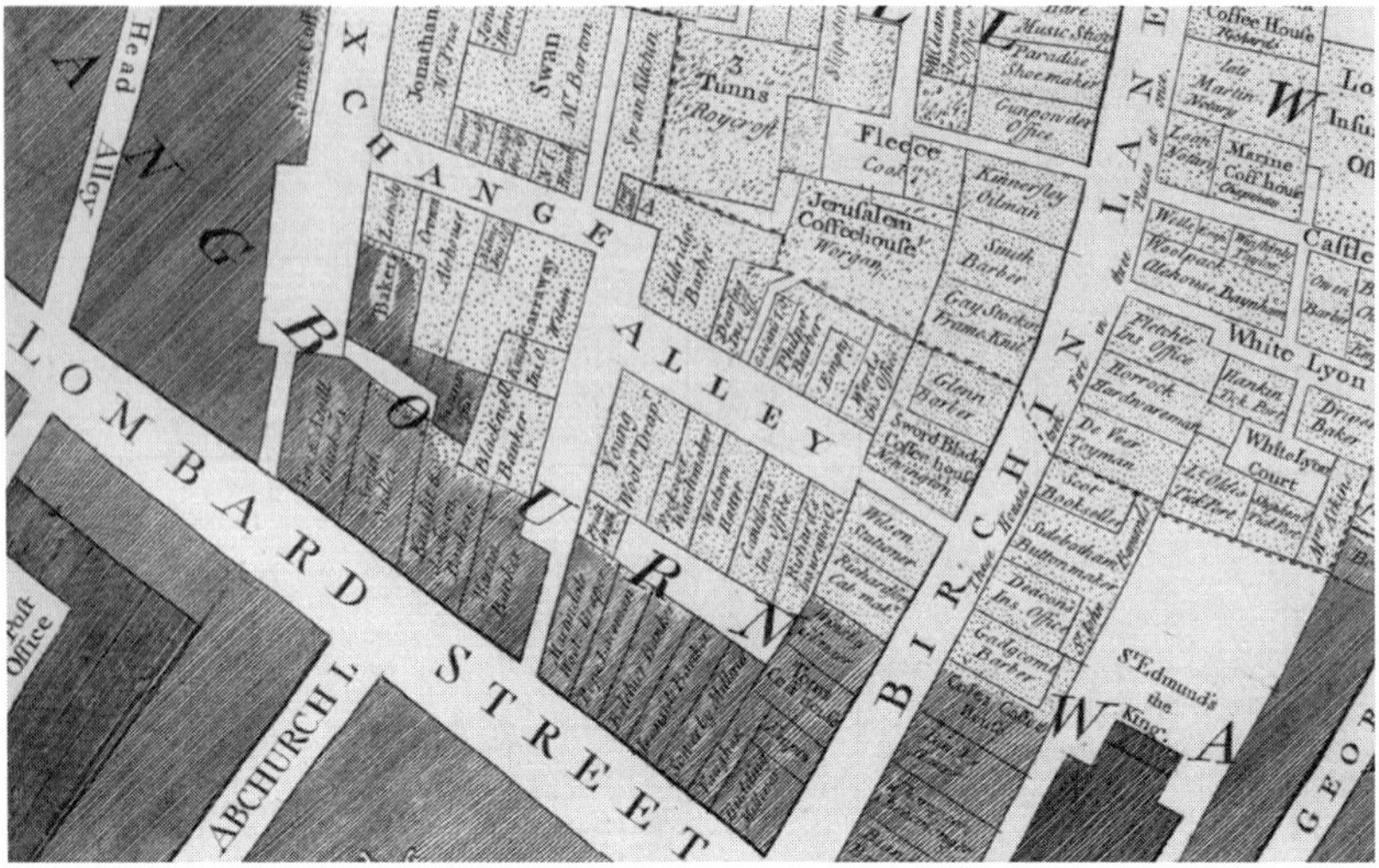

図14　ジェフリーズによる1748年の火災図（拡大, Peter Barber, ed., *The Map Book*, New York: Walker & Company, 2005, p. 205）

みとなっていた。これまで、大火を象徴する都市の像としてあげられてきたのはレンのものをはじめとする実現されなかった理想的再建プラン群であったが、いわば事後的に明かされることになった「再建すべき都市」の姿もまた、再建の原点かつ目的物として大火の記憶を刻まれたものといえる。

都市への視線という点では、やや時代は下るが、同じくロンドンで生じた大規模な火災を伝えるものとしてトマス・ジェフリーズ（Thomas Jefferys, 1719–91）による一七四八年の地図を参考にすることができる（図14）。これは王立取引所付近で発生して八〇を超える家屋を類焼した都市火災について、ジェフリーズが発生から一週間ほどで刊行したものである。この大縮尺の地図には火災の延焼範囲が建物あるいは敷地ごとの形状とともに示されており、被災家屋には居住者の名や屋号が示されている。すなわちこの正射図による都市図は火災の主観的な印象の表現ではなく、被災状況や罹災者情報の正確な伝達に供されている。公共的な建物群は図上で濃く表現する表現はオグルビーとモーガンの地図から継承されている。この例は、都市図の正確性に寄与する抽象化や記号化といった表現手法が、都市の一般的な全体図のみならず特定の事件に関して速報性をもって報じようとする表現物でも援用されるようになったことを示している。都市図の表現手法の変化は単に一般的な都市図の系譜のみならずこうしたいわばジャンル的な都市表象にも及び、地図利用者のリテラシー、あるいは地図を通じた都市への視線もまた変化していることがみてとれる。

おわりに——破局からリスクへ——

大火の最中にも筆を休めることなく綴られたイーヴリンの日記には「ロンドンはかつて存在したが、もはや失われた」という有名な一節があり、被災の状況は聖書的な破滅や終局のイメージで語られていた。そして、それが「遍く」被害をもたらした火災であるとも繰り返されている。(32) こうした記述は単にこの大火が予見されざるものであったということを超えて、観察者にとってこの火災が都市ロンドンのカタストロフィ、すなわち非限定的で一回的な破局の予感を孕むものであったということを示唆している。

しかし一方、その日記の著者も含めて鎮火から一週間も経ないうちにいくつもの再建案が構想されるなど、人々は災厄に屈することのない強かなレジリエンスを発揮した。再建の経緯において顕著なのは、大火後の国王と市当局が被災地域の円滑な再建に最大の関心を払っていたことである。いわば当局にとって、再建事業の中核は無秩序な建設や都市機能の喪失というリスクすなわち回避すべき予想可能な事象の管理であり、この認識は早くから人口の空洞化対策が議論されたことなどにも反映されていた。(33) そして一定の改善を施した従来通りの都市の再建という具体的かつ限定的な目標を共有することによって、一連の試みは進捗が計量可能な一つの計画へ収斂してゆく。その結果、再建事業は危機が去った後の一つの消極的な計画ではなく、新しいリスクを認識しつつ漸進的に計画を見出してゆく都市の連続性を賭けた企図となった。

全貌を把握できない危機は破局として映る。イーヴリンという個人の目による記録はそのことを証言している。しかし、例えば火災保険が普及する時代になると、人々は破局の先触れではなく計量と名指しが可能な地図上のリスクとして、一つの常在的な事象として火災を伝達しあうようになる。社会学や金融における危機管理に関する研究が、統計学や確率論の成立を前提とする近代的なリスク概念の出自をちょうど本章で紹介した事例と同じ時代にみていることは偶然ではないだろう(34)。

都市を一望するという都市図への要請は、ちょうどこの時代に都市全体を正射図として把握するものへ収斂し、そうして獲得された都市への視線は都市災害の印象をも変えてゆく。ロンドン大火後の再建事業、とりわけ一筆一筆の土地の測量という地道な労務から大火後の都市図の完成へとつながってゆく階梯には、そうした都市のみえ方の変化を準備してゆく具体的な様相が垣間みえるのである。

注

(1) 大火をめぐる推移の概説的なものとしてStephen Porter, *The Great Fire of London*, Sutton, 1996、見市雅俊『ロンドン＝炎が生んだ世界都市』(講談社、一九九九年)、矢島鈞次『一六六六年ロンドン大火と再建』(同文館出版、一九九四年)。再建の遂行過程を扱うものとしてT. F. Reddaway, *The Rebulding of London after the Great Fire*, London: Jonathan Cape, 1940, Walter George Bell, *The Great Fire of London in 1666*, London: Bodley Head, 1923、矢島前掲書、防火研究会「ロンドン大火後の復興―今日への示唆と教訓―」(『建築雑誌』六八―八〇一、一九五三年、一五～二〇頁)。再建をめぐる建築史的研究としてMichael Cooper, *'A More Beautiful City': Robert Hooke and the Rebuilding of London after the Great Fire*, London: Sutton Publishing, 2003, Elizabeth Mckellar, *The birth of modern London: The development and design of the city 1660–1720*, Manchester:

Manchester University Press, 1999, Kenjiro Totsuji, "Survey to Rebuild: Roles and Activities of City Surveyors after the Great Fire of London" in FRA.M.ESPA and the University of Tokyo, *Comparative Studies on Territory, City and Architecture*, Toulouse, 2012, pp. 43-48、丹生孝太・杉本俊多「ロンドン大火前後における都市空間構成について」(『日本建築学会中国支部研究報告集』三四、二〇一一年三月、八〇五〜八〇八頁)、大橋竜太『ロンドン大火—歴史都市の再建—』(原書房、二〇一七年)。再建過程の政治・法制的な研究として Bell, op.cit, Reddaway, op.cit、矢島前掲書、菅原未宇「ロンドン大火後の市参事会の活動」(『歴史評論』七六〇、二〇一三年八月)。火災保険との関連について木村栄一「ロンドン大火と火災保険」(『損害保険研究』四四—三、一九八二年)。

(2) 再建法により記念物制作の方針が定められ、一六七一〜七七年にかけ、出火場所から六二mの地点に記念塔（高さ六二m）が建てられた。クリストファー・レンとロバート・フックによる、ドーリア式柱をモチーフとした設計。

(3) Hilary Ballon and David Friedman, "Portraying the City in Early Modern Europe: Measurement, Representation, and Planning", in David Woodward, ed., *The History of Cartography*, Vol. 3, Pt. 1, p. 680.

(4) アルベルティは簡易な経緯儀を用い、定点からの方位と距離によってモニュメントの位置を定める手法を考案した。これを用い、ローマを素材にした位置情報の記述を行っている（"Descriptio urbis Romae"）。ラファエッロは経緯儀に加えて磁針を方位の基準として使用した。レオナルド・ダ・ヴィンチによるイモラの都市図（一五〇二年）は最初期の都市の正射図であり、全二者と同種の技術を援用して描かれたものと考えられている（Ballon and Friedman, op. cit., (3), pp. 682-683）。

(5) レオナルド・ブファリーニ作のローマ図（一五五一年）など。

(6) 単なる高所からの眺望ではなく、遥かに高い想像上の視点から都市を描いた最初期の都市図とされるのはヤコポ・デ・バルバリによる木版ヴェネツィア図（一五〇〇年）である。

(7) Ballon and Friedman, op. cit., (3), p. 689、矢守一彦『都市図の歴史 世界編』（講談社、一九七五年）八四・九五頁。

(8) Id., p. 691.

(9) Ida Darlington and James Howgego, *Printed Maps of London circa 1553-1850*, London: George Philip & Son Limited, 1964, p. 5.

(10) Cooper, *op.cit.*, (1) はフックによる再建の様々な側面への貢献を高く評価する。

(11) 被害の推計にはある程度幅がある。ここでは Cooper, *op.cit.*, (*1*) を参照した。

(12) John William Reps, *The Making of Urban America: A History of City Planning in the United States*, Princeton: Princeton University Press, 1965, p. 163.

(13) Bell, *op.cit.*, (1), pp. 241–242.

(14) 'An Act for rebuilding the City of London', 1666; 'An Additional, Act for the rebuilding of the City of London, uniting of Parishes and rebuilding of the Cathedral and Parochial Churches within the said City', 1670.

(15) Cooper, *op.cit.*, (1), pp. 106–7.

(16) M. A. R. Cooper, "Robert Hooke's work as surveyor for the city of London in the aftermath of the Great Fire. Part one: Robert Hooke's first survey for the City of London," *Notes Rec . R. Soc. Lond.* 51 (2), 1997, p. 163.

(17) Cooper, *op.cit.*, (1), p. 115.

(18) *Ibid.*, pp. 115–116.

(19) London Topographical Society, *The Survey of Building Sites in the City of London After the Great Fire of 1666 by Peter Mills and John Oliver*, vol. 1, London Topographical Society, 1962, p. xii.

(20) 第1次再建法 Section IV および Section VIII. 以下を参照。London Topographical Society, op.cit. (19), pp. xiv–xv.

(21) Cooper, op.cit., (16), p. 166, M. A. R. Cooper, "Robert Hooke's work as surveyor for the city of London in the aftermath of the Great Fire. Part two: certification of areas of ground taken away for streets and other new works," *Notes Rec. R. Soc. Lond.* 52 (1), 1998, p. 26.

(22) ミルズとオリヴァーの帳簿原本は失われたが、保存されていた複製が以下として刊行された。London Topographical Society, *The Survey of Building Sites in the City of London After the Great Fire of 1666 by Peter Mills and John Oliver*, vol. 1–5, London Topographical Society, 1962–7.

(23) London Topographical Society, *op.cit.*, (*19*), p. xxvi.

(24) London Topographical Society, *op.cit.*, (*19*), p. xviii.

(25) Cooper, op.cit., (16), p. 173, n. 20.

(26) *A Large and Accurate Map of the City of London. Ichnographically Describing all the Streets, Lanes, Alleys, Courts, Yards, Churches, Halls and Houses, &c. Actually Surveyed and Delineated, by John Ogilby, Esq: His Majesties Cosmographer*, 1677.

(27) Darlington and Howgego, op.cit., (9), p. 4. Cooper, *op.cit.*, (*1*), p. 215.

(28) Cooper, *op.cit.*, (*1*), p. 207–211.

(29) *Id.*, pp. 212-215.

(30) *Id.*, p. 215.

(31) 飯田龍一・俵元昭『江戸図の歴史』（築地書館、一九八八年）六〇頁。

(32) 九月三日の日記（*Diary and Correspondence of John Evelyn, F.R.S.* London: Henry Colburn, 1850, vol. 2, pp. 10–11）。

(33) 菅原前掲注(1)論文、一二・一三頁。

(34) 例えばLorraine J. Daston, "The Domestication of Risk: Mathematical Probability and Insurance 1650–1830", in L. Krüger et al. eds., *The Probabilistic Revolution*, vol. 1, pp. 237-260、ピーター・バーンスタイン（青山護訳）『リスク』（日本経済新聞社、二〇〇一年）四・五章。

（付記） 本稿は、拙稿「一六六六年ロンドン大火後の測量調査と都市図の変革」（日本建築学会編『危機に際しての都市の衰退と再生に関する国際比較研究［逆手奨励］特別委員会 報告書』二〇一五年）に、加筆・修正したものである。

第五章　景観に配慮した防災技術

――一九世紀フィレンツェにおける水害と都市改造――

會田涼子

はじめに――フィレンツェの都市近代化の特異性――

本章では、都市規模の水害対策のあり様をフィレンツの一九世紀に実施された都市改造を例としてみていきたい。ルネサンス都市として名高いフィレンツェには、現在、美術品の修復機関が多く存在し、高い修復技術を提供している。これは、一九六六年の豪雨により記録史上最大となったアルノ川の氾濫によって多くの文化財が甚大な被害を受け、世界各地からの支援や地元の復興活動に基づく修復技術の飛躍的な向上があったからにほかならない。このように大災害によって都市の性格の一側面が決定づけられたといえようが、都市形態における歴史的転換点としては一九世紀に実施された都市改造が最も近い例となる。これは、数百年の間物理的に変化のなかった都市の骨格を大きく変えたものであった。

一九六六年の大洪水以降、アルノ川を主軸とした都市論はフィレンツェ内で着実に広がりを持ち、近代都市改造に関しても特に近年ではインフラに焦点を当てた新たな研究の展開をみせている。二〇一六年は水害から五〇年をむかえた記念の年として、それまでの研究の蓄積が大きな成果として発表されるなど[(1)]、近年、現地でも最も重要視されている視点の一つといってもよいだろう。

イタリアでは既存の建物や都市構造に手を加える手法はインテルヴェント（介入）と表現される。都市の近代化はしばしば過去の文脈からの断絶という側面を持つが、フィレンツェの状況をみてみると、これはほかのイタリアの都市と共通することでもあろうが、常に過去をどう捉えるかという議論が絶えず、また、ズヴェントラメント（動物や魚などの内臓を取り出す、という意から都市計画における建物や地区の取り壊しを指す）が局部的であり、既往の都市骨格が色濃く残っていることが指摘できる。フィレンツェは一八六一年のイタリア国家統一後の一八六五～七〇年まで一時的な首都となったのだが、この前後で市壁と市門の解体・保存や、ゲットー（ユダヤ人街）の移築を伴った中心部のリサナメント（健全な状態を取り戻すという意）、都市中心部を貫く大通り開切案、シニョリーア広場の改造案など、未実施のものを含めると既存の都市構造に大きく関わる実に多くの都市改造計画があった。しかし、その計画規模においてはパリやベルリン、後にイタリアの首都となるローマに比べてもはるかに小さいものであったといえる。これは、教会所有地没収法（一八六七年）で多くの廃止された修道院の建物の転用や、パラッツォやヴィラの官庁や美術館への転用などがあり、既存の建築物が首都機能を担保していたためである。首都化が緊急であったことと、イタリア国家統一前にフィレンツェがトスカーナ大公国の政治の中心地であったこと、後にローマを首都とすることをローマ併合以前に議会が宣言していたことなど、いくつかの背景によって大規模な官庁街新設の必然性が低かったという政治的背景があった。また、この都市改造が実施される時期は、アルプス以北のヨーロッパにおいて、近代化と同時にイタリアのルネサンスが再評価されつつあり、北ヨーロッパ人が多く訪問する場所として既に確立していたという文化的背景もあった。

このように、フィレンツェの都市改造の重要な側面は、既存部の利用と新たに建設するものとの厳しい選択が迫られていた。

一　首都期における水害対策

一九世紀のフィレンツェ都市部の水害対策は、一八六五～七〇年までの一時的な首都期に計画された。(2) フィレンツェ首都化のために建築家ジュゼッペ・ポッジ（Giuseppe Poggi, 1811-1901）(3) がマスタープラン「プロジェット・ディ・マッシマ」を作成するが、この計画の主目的は、市壁を解体して遷都による人口増加に耐えうる都市の拡張を行うことで、解体した市壁跡を環状道路として既存の都市部と新たな住居地区とを接続する新たな都市の道路網とすることだった。このマスタープランには大規模な水害対策が大体的に盛り込まれていたのである。

この「プロジェット・ディ・マッシマ」に水害対策が織り込まれたのは、一八四四年と一八六四年の直近の大洪水が起因している。(4) フィレンツェにおける市壁は、軍事的防衛と徴税境界の機能に加えて、アルノ川のみならず都市北部のムニョーネ川とアフリコ川といった支流の氾濫に対する防衛機能も果たしていた。(5) このため、「プロジェット・ディ・マッシマ」では河川の護岸整備を行うとともに、アルノ川上流に注ぐアフリコ川を分岐させて水量を減らし、都市の下流で排水することとなった。また、一八四四年と一八六四年の洪水時には特にアルノ川上流からの都市へ浸水被害が重大であることが認識され、都市東部のアルノ川沿いの護岸整備とペスカイア（漁も行う堰）の整備が行われた。アルノ川左岸では、歴史的に土砂崩れのあった丘に土留めとなるミケランジェロ広場が建設された。

このようにして四本の増強された水の道が都市中心部を取り囲むことで市壁に代替する新たな水防となり、新たな都市の風景がつくられていく（図1）。

この「プロジェット・ディ・マッシマ」において実施されたアルノ川の護岸整備やミケランジェロ広場の建設は、都市改造における水害対策という側面を持った事業のなかでも特に新しい風景をつくるものであり、それは現在でもフィレンツェの都市のイメージを大きく決定しているといってもよい。

アルノ川沿いの護岸整備は、フランス占領期にあたる一八一一年にカッシーネ新住居地区建設（実施は一八五〇〜五五年）に伴って、川沿いの道を確保して堤防を立ち上げるかたちで既に部分的に行われていた。「プロジェット・ディ・マッシマ」における川沿いの整備はこの手法を踏襲しながら、上流に向かって緩い勾配をかけるなど、水の侵入を考慮した計画となっている(6)。こうして、両岸において環状道路に接続する都市を貫通する道が完成

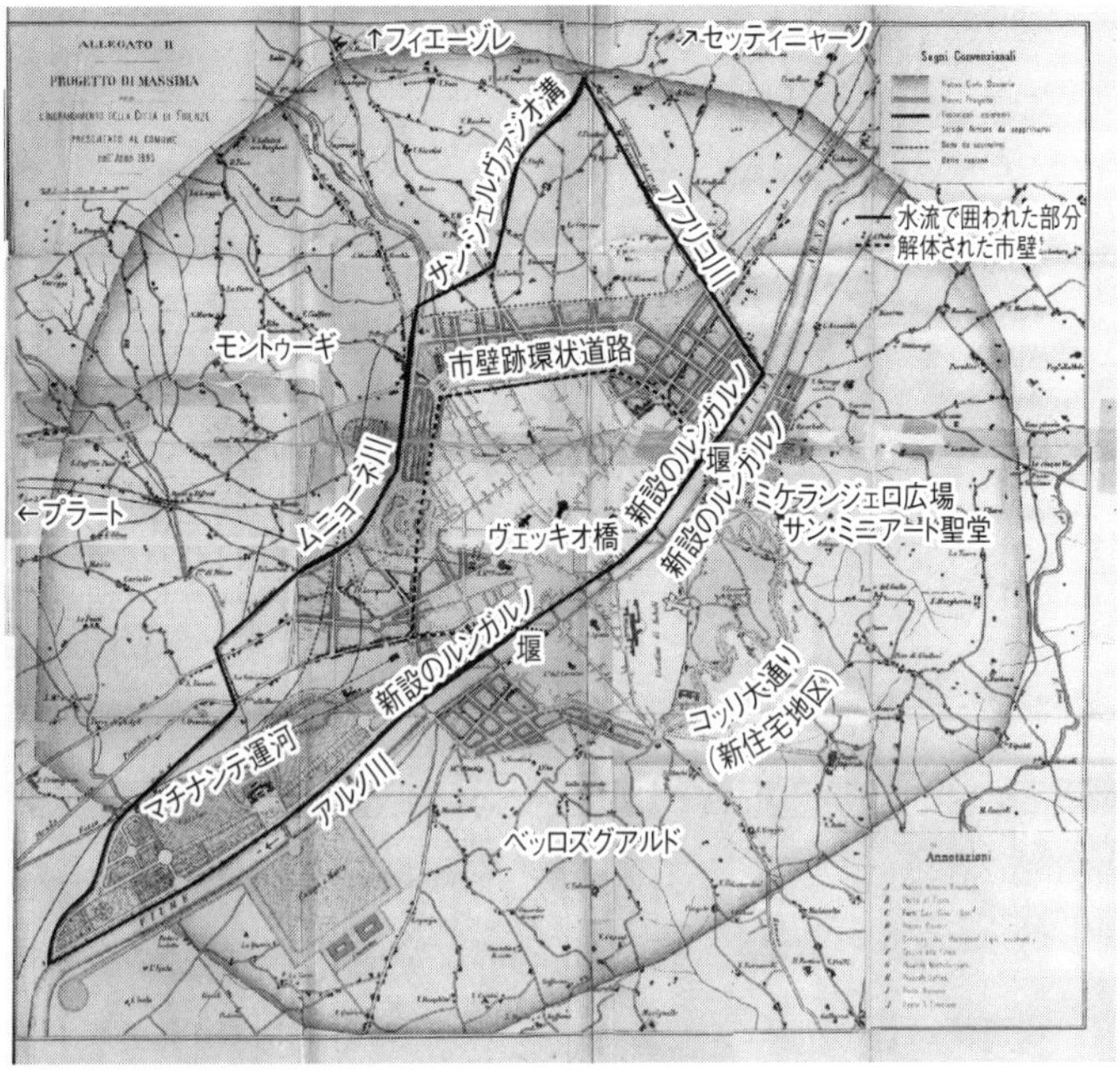

図1　ポッジの都市改造計画案「プロジェット・ディ・マッシマ」（1865年にフィレンツェ市へ提出，後に修正案あり，Poggi, G., *Sui lavori per l'ingrandimento di Firenze*, Allegato II に加筆）

グラツィエ橋から旧造幣所の塔まで

現アメリゴ・ヴェスプッチ橋から旧市壁の西端まで

図２　アルノ川沿いの建物（2018年）

し、川沿いの道は「ルンガルノ（アルノ川沿いの意）」という道路の種別を示す一語として用いられるようになった（図２）。

このルンガルノの整備は、それ以前の川沿いの風景を構成していた大規模な建物の解体を伴っていた。川沿いの道に跨っていたパラッツォ・フェローニの塔とアーチ（一八二四年）、ロンバルディア帯のついたオンニサンティ（またはデッレ・ムリーナ）通用門とそれに付帯していた公衆浴場・洗濯場（一八五〇～五五年）、アルノルフォ・ディ・カンビオ設計とされる最上階に小屋組みに大屋根のかかったテラス状の空間がある織物加工場（ティラトイオ、一八五八年）、川の水流を動力源としていた造幣所とそれに接続したジュスティツィア門（首都改造時）、サン・ニコロ門に付随していた水車小屋（首都改造時）が解体された。

アルノ川は鉄道敷設（トスカーナでは一八四三年から開始）以前には主要な交通路であり、産業の動力であった。都市中心部に架かるヴェッキオ橋以東とサンタ・トリニタ橋以西の川沿いは市壁が張りめぐらされ、川へ降りるためには通用門を通る必要があり、いわば川は都市の外側だったともいえる。ルンガルノの整備によって川沿いの市壁が取り払われた。そして川沿いは、産業の場から娯楽の場となったカッシーネ公園へつながるパッサッジョ（プロムナード）へ転換し、一八世紀半ばに画家ジュゼッペ・ゾッキが描いたような様々な規模や形式の建物が混在した風景から統一された様式の建物が建ち並ぶ新たな風景が見通せる場所へと変貌を遂げたのである。こうしたパラッツォ建設に

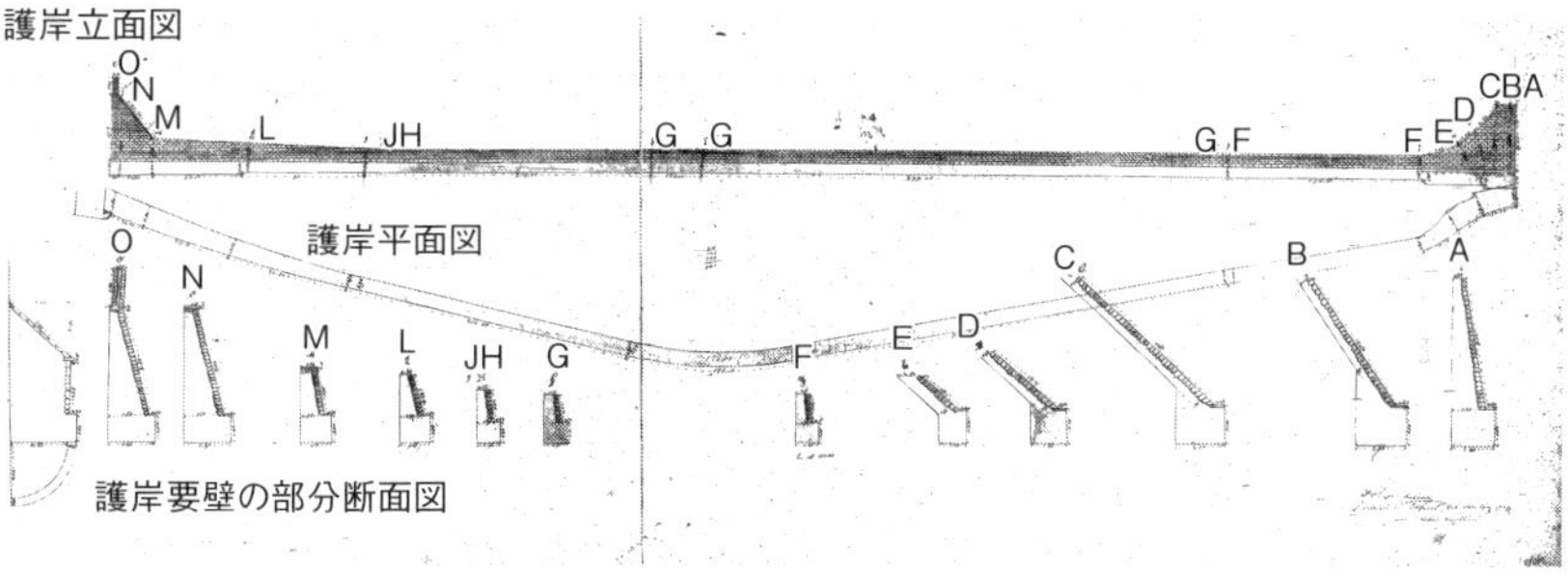

図３　ムニョーネ川堤防の立面図と断面図（Archivio dello Stato di Firenze, fondo Piante Poggi, N. 456.）

図４　ミケランジェロ広場からの眺望（2012年）

よる住居地区建設と一体となった川沿いの道路整備は、ムニョーネ川、アフリコ川沿いでも同様に行われていった（図３）。

こうした川沿いの変化は都市の近代化を果たした多くの都市で共通することであっただろうが、フィレンツェの場合は、アルノ川沿いの街並みは首都期の都市改造のなかで最も象徴的な計画の一つといえるミケランジェロ広場からの眺望の一部となっていたことが特徴的である（図４）。

大雨がもたらす災害は洪水だけではない。アルノ川左岸では、モンテ・アッレ・クローチの丘で地滑りが歴史的に頻繁に繰り返され(7)、長い間都市化されてこなかった。ここに、ミケランジェロ広場が建設され、都市部全体を見渡せる場所が登場することになる。この広場の敷地はもともと市壁の外側に位置していたが、丘の下にある最西端の市門であるサン・ニコロ門と接続させる一体的な計画が遂行された。

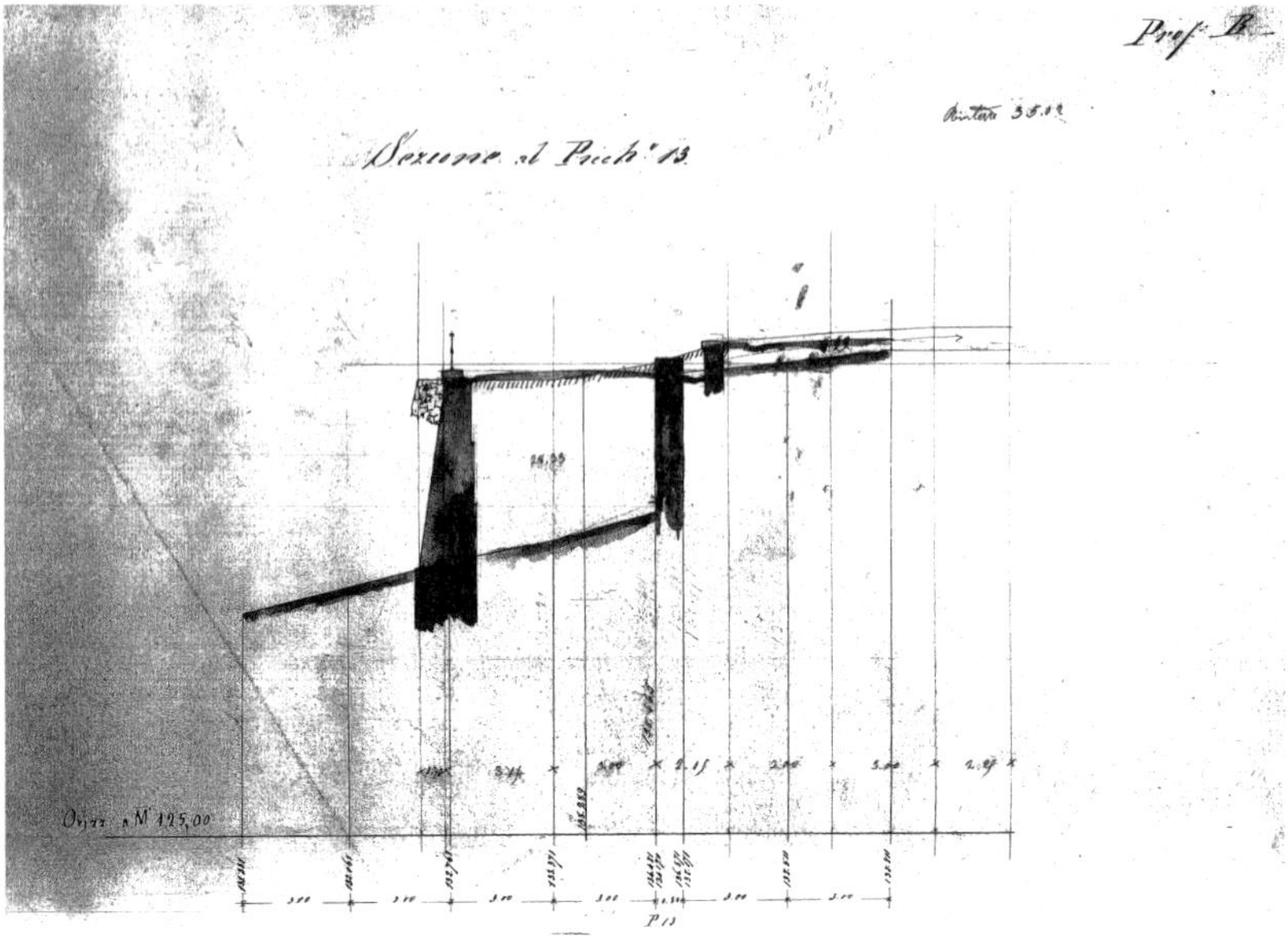

図５　ミケランジェロ広場断面図(Archivio dello Stato di Firenze, fondo Piante Poggi, N/13, no. 153.)

ミケランジェロ広場の実施時の図面をみると、北側には分厚い擁壁が設置されていることがわかる（図５）。このような擁壁が段状に設置されて川沿いへの道と広場の間の丘を支え、かつ都市部からのアプローチの機能をも果たしているのである。ここで注目したいのは、この擁壁がルスティカ積のグロッタ（ルネサンス期からマニエリスム期に流行した人工の洞窟で多くの場合水盤を伴う）でできていることである（図６）。これを通して段状に丘の水がアルノ川へ排出される仕組を持ち、モンテ・アッレ・クローチ丘全体の排水機能が建築的な様式を伴って視覚化されることになる。

このような土留めでもあり排水装置でもあるグロッタをまとって地盤改良を果たしたミケランジェロ広場は、サンタ・マリア・デル・フィオーレ大聖堂やパラッツォ・ヴェッキオ（当時はイタリア王国の議事堂）をはじめとした中世からルネサンスにかけて構築された都市部と新たに整備された川沿いで構成されたフィレンツェが見渡せる場所となったと同時に、それ自体が新たな風景

図6　ミケランジェロ広場下のグロッタ(2012年)

図7　サン・ニコロ門からミケランジェロ広場の傾斜路の外観(1866～70年頃, Archivio Storico del Comune di Firenze, amfce 2070, 1866-1870, attr.)

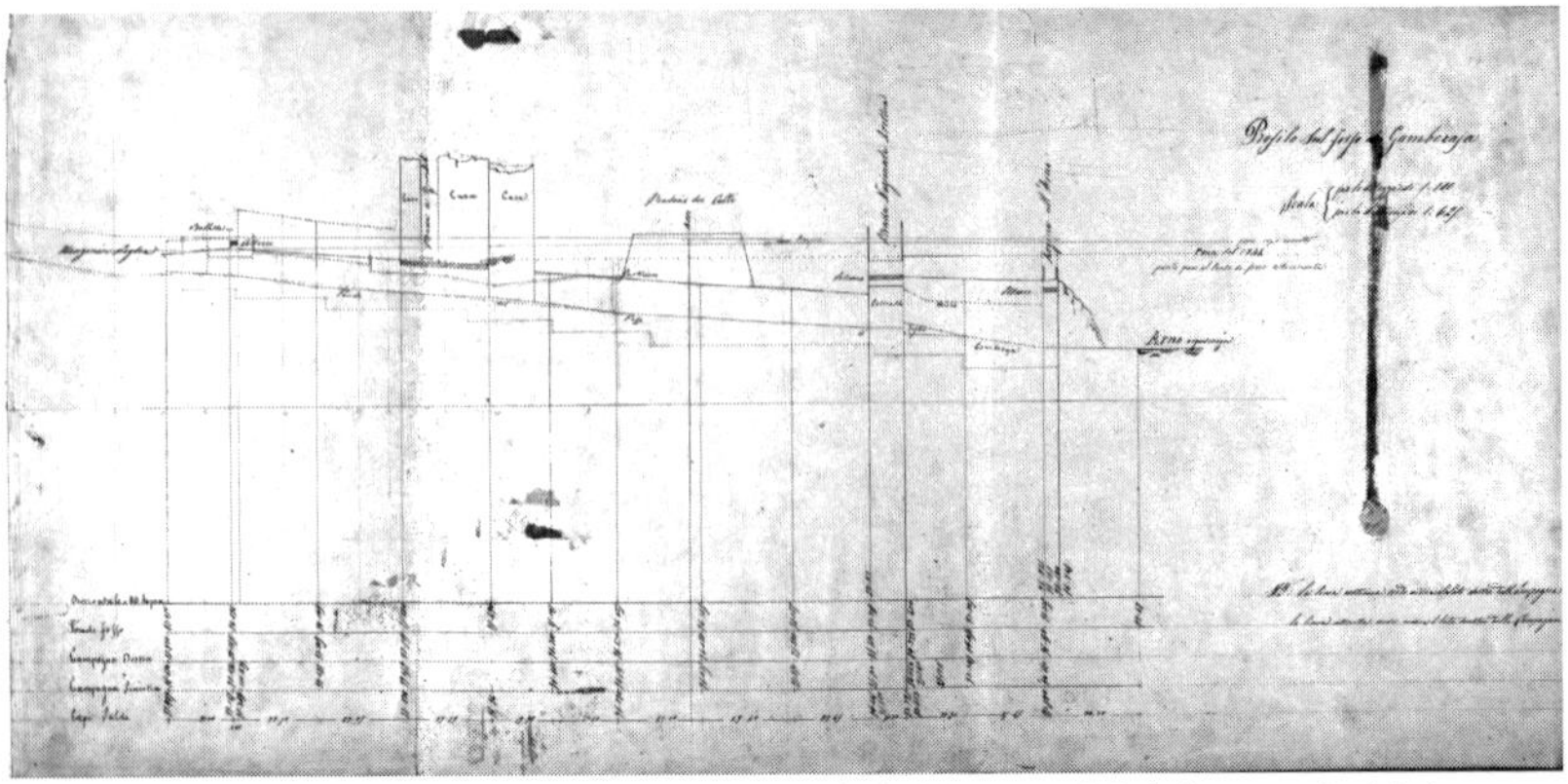

図８　ガンベライア水路沿いのコッリ大通り断面図（scale＝垂直方向1:100, 水平方向1:625で記載されている, Archivio dello Stato di Firenze, fondo Piante Poggi, N. 140, 1/3）

を構築する要素となったのである（図７）。

このミケランジェロ広場に接続するアルノ川左岸の環状道路周辺には、アルノ川右岸の都市拡大部の集合住宅とは異なった方法で、庭園付きの独立形式の住居（小ヴィラ）による住居地区が建設された。この左岸の住居地区には、右岸のように堤防で増強された河川で都市部を取り囲むことによる水害対策の手法は当てはまらない。左岸の市壁は国王の滞在地であったパラッツォ・ピッティの敷地と接していたことや、市壁の建設箇所が急傾斜なため馬車での走行が困難であったことから解体されず(8)、環状道路は市壁の南の丘陵地を通るものとして建設された。しかしながら、アルノ川左岸が水害対策の検討対象外であったわけではない。ポッジは過去に左岸に対して水害対策が講じられてこなかったことを後に記した報告書のなかで指摘していた(9)。左岸に環状道路として建設されたコッリ大通りの実施時の図面をみると、東部のガンベライア水路と大通りが並行する箇所の断面図において一八四四年の洪水時の水位を示したものが確認できる（図８）。住居地区はこの水位よりも高地にあり、水害から免れる場所が確認されていたことがわかる。この住居地区には「プロジェット・ディ・マッシマ」実施以前から政府関係者や外国人が住居を購入、建設しようという動きがあり(10)、都市部から離れた丘陵地を実質的な政治の舞台としてポッジは捉えていたのである。

二　技術の発展と水害対策実施の条件

このようなフィレンツェ首都期における大規模な水害対策実施の背景として、一八世紀の水害に対する動きをみておきたい。アルノ川は歴史的に何度も氾濫を繰り返していたが(11)（表1、図9）、一一世紀以降の記録をみる限り、およそ一〇〇年ごとに度々起こっており、特にルネサンス時代にはレオナルド・ダ・ヴィンチをはじめとする運河や開墾の重要な理論構築があった。実際の施策としても処々の対策も講じられてきたが、フィレンツェの都市構造に大きく影響するような具体的な対策案が登場するのは一八世紀半ばである(12)。この時期に最も注視されていたのは農地改革を目的としたトスカーナ周縁部の沼地の開墾であり、洪水対策はこの開墾事業と並行して展開されていた。この開墾事業の展開は一七三七年のメディチ家断絶以降ナポレオンによるフランス占領期（一七九九～一八一一年）を境として、一八六一年のイタリア国家統一までに大きく二分されるので、その時代区分に沿ってみておきたい。

まず、メディチ家断絶（一七三七年）後のオーストリア支配期の最も大規模な水害対策案は、一七四〇年と一七五八年に大規模な洪水を契機とした一七六七年にアルノ川の大迂回路計画案である。この計画案は、自然科学者で医師でもあったジョヴァンニ・タルジョーニ・トッツェッティ（Giovanni Targioni Tozzetti, 1712-83）が、過去の洪水の調査と新たな水害対策をまとめた報告書としてトスカーナ大公に献上したものである(13)（図10）。

これは都市上流部でアルノ川を分岐させて運河をつくり、都市南部に流れるエマ川へつながる迂回路をつくるという巨大な計画である。運河はエマ川が大きく蛇行してアルノ川と最も近づいた地点を結び、アルノ川の水量を分散し

表1　19世紀までのフィレンツェの洪水史年表(Losaco, U., *Notizie e considerazioni sulle inondazioni d'Arno in Firenze*, 1967をもとに作成)

年	時期	記述	被害状況など
1177	11月28日	Malaspini, Villani, Da Simone della Tosa	橋がすべて崩落した
1178	11月	Davidson	11月の洪水を示しているが間違いではというロザコの指摘あり
1200	冬・春	?	——
1250	?	Marchione Stefani	水車や船がアルノ川に流された
1269	10月2日	Villani	2晩大雨が降り続いた. 都市の大部分が水浸しになった
1282	?	Villani, Marchione Stefani, Simone della Tosa, P. Buonisegni	——
1284	4月2日	Villani	——
1288	12月5日	Villani, Marchionne Stefani	スピーニの家とジャンフィリアッツィの家に損傷を与えた
1333	11月4日	Marchione Stefani, P. Buoninsegni, Bruni, Ammirato ecc. Villani, Nencini	死者約3000人. 3本の橋が決壊. 橋と市壁の再建で150.000フィオリーニ, 土砂の除去に6ヵ月かかった. カゼンティーノが先に浸水
1334	?	Villani, Marchione Stefani, P. Buoninsegni, Morozzi	——
1362	11月	P. Buoninsegni	——
1369	?	Marchione	小規模
1378	?	G. Capponi	——
1379	1,2月	Marchione	——
1380	10月20日	Marchione	被害甚大
1406	5月	P. Buoninsegni	ピサ
1434	秋	Casotti	——
1456	?	P. Buoninsegni, Domenico di Lionardo	この洪水を契機に1461年にペスカイアが建設される
1466	1月12日	Fonzio, Morozzi, Landucci	約700ブラッチャの市壁が決壊, 雨が降らなかったのに夜に急に洪水がおこった
1490	1月19日	Landucci	ルバコンテ橋(現グラツィエ橋)の水車が崩壊
1494	春	Landucci	——
1494	11月24日	?	プラート門と小市門(現ヴィラ・ファヴァールの位置)の間の橋が決壊, ムニョーネ川の水がボルゴへ流れ込む, 2人死亡
1508	8月24日	Landucci	——
1511	6月13日	Landucci	周辺地区が浸水, 都市部は被害なし

1516	1月8日	Landucci	ボルゴ・オンニッサンティに浸水
1520	8月28日	Giovanni Del Nero, Stefano Cambi, Bartolomeo Masi	——
1521	9月22日	?	ムジェッロ浸水
1543	11月6日	Anonimo	セッリストリ庭園に浸水, サン・ニコロ聖堂が孤立
1544	11月15日	Lapini	——
1547	8月13日	Lapini, Adriani, Nencini, Galluzzi	地滑り
1550	12月8日	Morrozzi	3日3晩雨が降り続く
1557	9月13日	Lapini	2日雨が降り続く, アルノ川とシエーヴェ川, 都市の2/3が浸水
1560	8月16日	Lapini	——
1577	9月18日	Bisenzio	——
1579	11月3日	Lapini	——
1589	10月30, 31日	Ammirato	10月末に大雨, 30日の夜7時か8時頃, 都市部に浸水し始め, 最初は下水が溢れ, 次に家屋へ浸水した. 浸水範囲：サンタ・クローチェ地区, カント・デ・パッツィ通り, バーディアの階段, パラッツォ・ゴンディ, 税関門
〃	11月7日	?	——
〃	12月6日	?	——
1590	4月2日	Lapini	——
1646	11月	Baldinucci	アルノ川の排水溝から水が溢れ, 平野全域が冠水, ボルゴ・オンニッサンティ通りに小船が出た
1660	11月4日	Baldinucci	——
1676	10月10日	Manni	雨が26時間続いた, 22時に堤防の上をアルノ川が越えた, 道路や広場に水が流れ込んだ
	11月11日	Perelli, Viviani	——
1677	2月	Perelli	ボルゴ・オンニッサンティの堤防から水が溢れた
1679	5月18日	Manni	小市門を水が越えてきた
1682	8月28日	Morrozzi	——
〃	9月12日	?	——
1687	1月24, 25日	Perelli	ボルゴ・オンニッサンティが冠水
1688	10月19日	Morozzi	ジュディチ広場が冠水
〃	12月26日	Perelli	ボルゴ・オンニッサンティ, ヴァルルンゴが冠水
1677	?	?	小市門の入り口まで水がきた
1688	?	?	
1695	6月2日	Viviani	堤防が損傷

1698	9月5日	Bonazzini	——
1705	10月11日	Vani	カライアの水車に被害
1709	2月28日	Vani	10日間の雨と大雪の後に川が氾濫, 前月にシロッコで被害があった, 7ブラッチャ（約4,07m）の水位でその後3と1/4ブラッチャ上昇した, ナーヴェ・デランケッタの川岸を守るための橋脚が崩壊, ロヴェッツァノの堰とヴァルルンゴの擁壁が崩壊
1714	10月23日	Mongai, Dandini	ボルゴ・オンニッサンティの家屋が浸水, 排水溝から完全に排水できるまで数時間かかった, パリオーネ通りが塞がれた
1715	9月6日	Dandini, Mongai	ボルゴ・オンニッサンティが浸水
1719	11月	Morozzi	短時間の大雨で浸水, シエーヴェ川が氾濫
1740	12月3日	Tozzetti, Morozzi, Lami	シエーヴェ川, ムニョーネ川が氾濫, 24時間の大雨. 都市部では4ブラッチャの水位まで上昇
1745	10月19日	Morozzi	都市の低地で下水が溢れる, 1740年の1/4くらいの水量
1758	12月1日	Morozzi	サンタ・クローチェ地区, サンタ・マリア・ノヴェッラ地区のボルゴ・オンニサンティ, サン・ニコロ地区のボルゴ, サン・フレディアーノ地区など都市の半分が冠水
1761	11月14,15,16日	Morozzi	秋中雨
1809	12月19日	Goury	朝に水が溢れる, トリニタ橋, カライア橋のアーチの頂点に水位が到達
1839	11月12日	Zobi, Supplemento alla Gazzetta di Firenze	——
1844	11月5日	Gazzetta. 133, De Boni Aiazzi	11月3日の朝7時にサン・ニコロ門とサンタ・クローチェ門から激しい勢いで水が入ってきた. 堤防の立ち上がりを水位が越えてきた. プラート門よりも2ブラッチャ上に水位が上がった.《Vedute di Firenze antica》に浸水範囲が示されている. シエーヴェ川も氾濫し, リーポリ, ロヴェッツァノ, サン・サルヴィの平野が冠水した
〃	11月7日	Gazzetta. 134	——
〃	11月23日	Gazzetta. 141	——
1864	11月6日	La Nazione	——

網掛＝最大規模の洪水（ロザコの分類による）

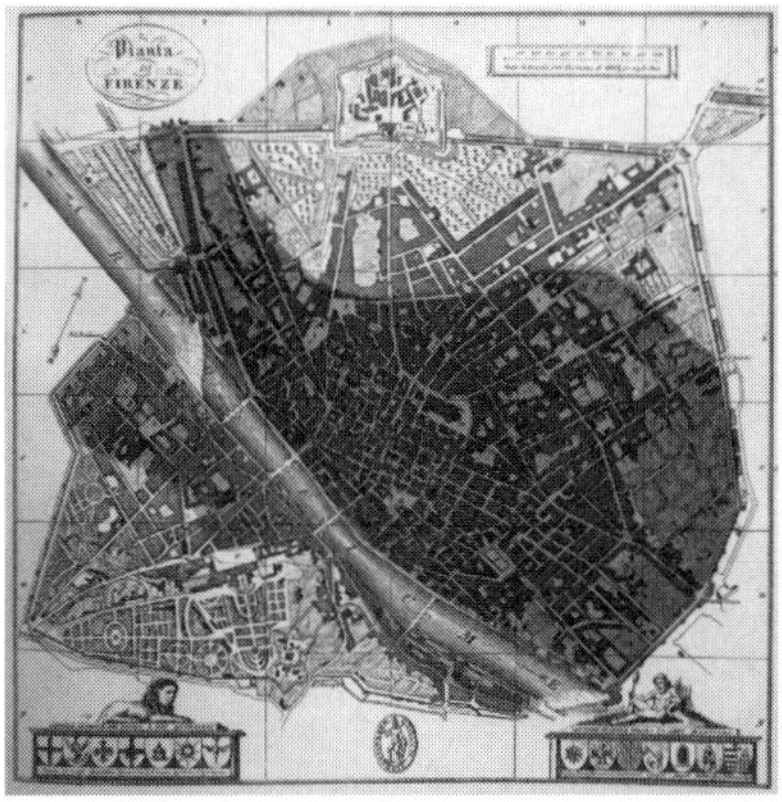

1333年（U. Losaco）

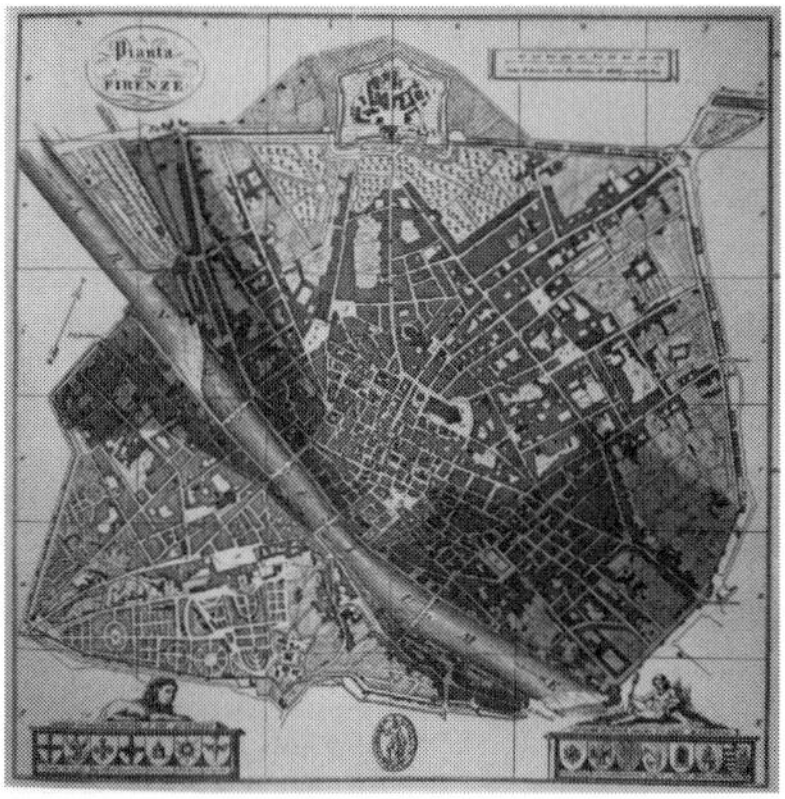

1589年（U. Losaco）

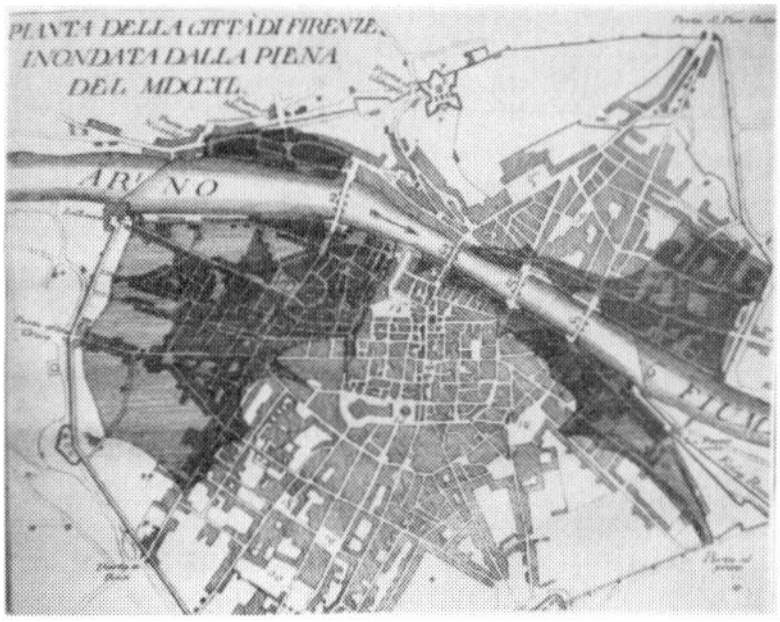

1740年（F. Morozzi）

1844　年（Archivio Storico del Comune di Firenze, amfce 1211）

図９　最大規模の洪水時の浸水域を示した図

各地図中の網掛が濃い部分が浸水域.

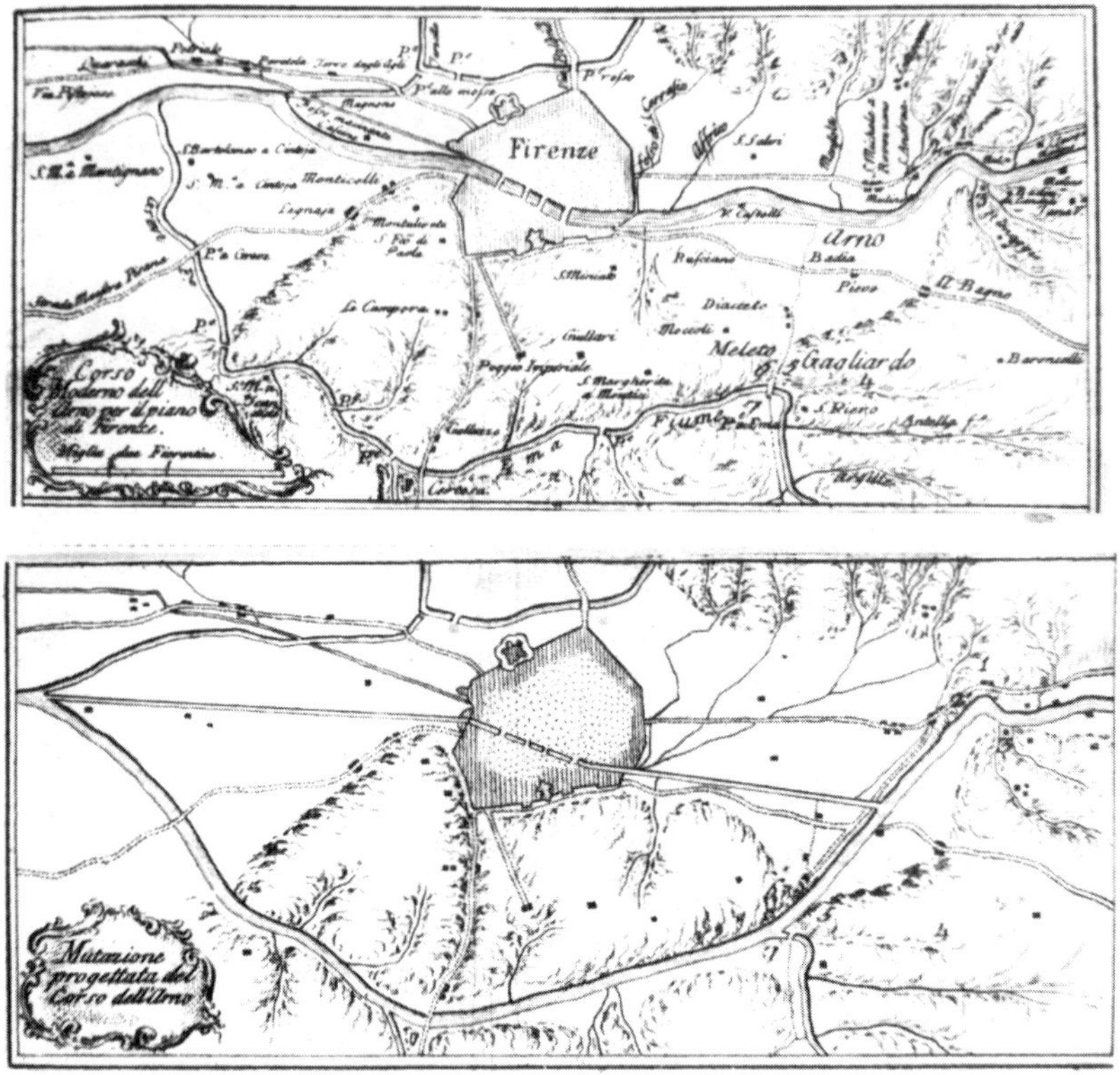

図10　G. タルジョーニ・トッツェッティによるアルノ川迂回路計画図（作図は技師ジャッキ, 1767年, 上図が既存の状態, 下図が計画図, Targioni Tozzetti, G., *Disamina d'alcuni progetti fatti nel secolo XVI per salvar Firenze dalle inondazioni dell'Arno*, 1767.）

てエマ川へ流すことで、フィレンツェ都市部へ流れる水量を減じるというものである。トッツェッティは一六世紀の作者不明の案を下敷きに、理論のみならず具体的な分岐地点の検討、工費の算出、実現に向けての技術的な問題点の精査などが提示されていることから、事業の実施を具体的に想定した案だったことがうかがえる。最終的には、エマ川の排水のために適切な傾斜の確保に疑念があることと、工費がかかりすぎることが要因で実現には至らなかったのであるが[14]、このような大規模な計画が練られた背景はどのようなものだったのであろうか。

　このアルノ川迂回路計画が作成された時期は、衰退していたトスカーナの経済をたて直すために新たな耕作地の獲得を目的として、ヴァルディキアーナやマレンマ、ビエンティーナなどのトスカーナ周縁部の沼地の開墾事業が企てられた時期と重なっている。[15] この開墾事業は当初、主任技師であったレオナルド・クシメネス（Leonardo Ximenes, 1716–86）によって反対されていた。それは、沼地の水路としての有用性や、漁業や植生としての生産性、気温調節の機能性を主張していたためである。[16] そして、沼地の整備としては水門の設置が行われたにすぎなかった。また、クシメネスは洪水に関しても田畑にとって肥沃な土壌をもたらすものとして、既存の農業における合理性のなかで捉えていた。[17] しかしながら、クシメネスは一七八八年に除任され、それ以降、農地改革のなかでは遅れていた水理部門の事業が進められていくのである。[18]

このように、一八世紀半ばから後半にかけて、トッツェッティの描いた巨大な河川の迂回路のような水害対策案は実施されないなか、トスカーナ周縁部の開墾事業に関わる水理事業は紆余曲折を経ながらも優先的に進んでいくのである。

一七九九年からナポレオンが失脚する一八一四年までの間トスカーナはフランスの占領下であったが、この時期は他のイタリアの地域と同様に大きな時代の転換点であった。トスカーナにおける占領のごく短期間のうちに、多くの計画案が残されたが、トスカーナ周縁部の開墾事業ではなくフィレンツェの都市部における計画案の作成や改造が中心だった。道路の拡幅と直線化を行い、統一的な建物による道が部分的に登場した。また、水辺ではアルノ川とその下流で合流するオンブローネ川、ビゼンツィオ川間の運河としての整備計画案（一八一一〜一二年）もあった。

ナポレオン失脚後のトスカーナにおける土木と水理技術の発展を牽引したのは、フィレンツェに駐在していたフランス人技師の推薦によってパリのエコール・デ・ポンゼショッセで学ぶ機会を得たフィレンツェ出身の技師アレッサンドロ・マネッティ（Alessandro Manetti, 1787–1865）[19][20] である。フランスで実務にも携わっていたマネッティはナポレオン失脚を機に帰還し、フランスで習得した土木技術をトスカーナで応用することになった[21]。具体的にはフランス撤退後に再びオーストリア支配下となったトスカーナにおいて、一八世紀のトスカーナ周縁部の沼地の開墾事業を再開することとなる。

マネッティが採用した開墾の五つの手法の一つに、「埋立てもしくは洪水に対応した開墾」という分類があり[22]、運河掘削やそのための水量計算、水門の設置、川床のレベル調整や堰・堤防の建設技術は両者に共通するものであり、開墾事業と洪水対策は表裏一体であったことがうかがえる。実際、マネッティは教皇領の境界にあたるトスカーナ東端部のキウージ湖からアレッツォ間の大規模なマエストロ運河の整備を計画し、これは運河のための水量調整によってヴァルディキアーナへの洪水対策となっていた。この運河に付随した水害対策は都市部を守るものではなく農地を守るものであった。このことは水害対策はその事業単体では容易に実現するものではなく、農地改革のための開墾などの営利的事業を伴ってはじめて実現するということを示唆しているのではないだろうか。

その後、一八五九年のトスカーナ臨時政府樹立で大公はトスカーナから追放され、マネッティの三〇年余にわたる開墾事業は、新たに政権の中心となったトスカーナ穏健派によって糾弾されて縮小を余儀なくされた。そしてトスカーナは一八六一年にイタリア王国の一部となり、一八六四年の遷都決定を受けてフィレンツェの都市改造が着手されることになり、水害対策の場は都市周縁部に切り替わるのである。

三　水害対策検討の歴史的継続性と過去の水害の記録

ここで、一七六七年のトッツェッティの案以降のフィレンツェ首都化以前のアルノ川の水害対策についてみておきたい。大規模な実施は首都期までなかったものの、その間、水害対策が忘れられていたわけではなかった。一七七六年には農事家（ジェオルゴーフィリ）アカデミーの主催でアルノ川の堤防案の競技が開催された。(23) この年は一等の該当者はいなかったが、翌年一七七七年の再度の競技で一〇の提案論文が審査にかけられた。この時の一等案は、堤防が洪水対策として有効でなくむしろ堤防をつくることによって川床のレベルが上昇し、平野にとっては破壊的で致命傷を負わせる可能性があると主張する論文であった。その後、一七八二年の競技では大公国の法律において農業生産にとって有用でない点を指摘した制度面や理論上の検討が行われたが、この時期の案は既存の状態の保護を推進するものが多かった。この競技は一九世紀に入っても続き、一八二三年、一八四九年にもそれぞれ提案があったが、いずれも具体的な水害対策ではなかった。このように、トッツェッティの案から首都期の都市改造までの間、実施を前提としたものではなかったが、水害対策に関する検討が継続的に行われていたことは注目される。

もう一つ、過去の水害の記録についてもみておきたい。一七六七年のトッツェッティの報告書は水理技師フェルディナンド・モロッツィ（Ferdinando Morozzi, 1723-77）のアルノ川の洪水調査(24)をもとにしたものであったが、その半分は、過去の水害の状況と対策についてまとめられたもので、一二世紀以降の洪水の記録として、都市部の浸水範囲、最高水位、死者数、洪水時の雨の降り方などについて詳細に記述されている。報告書の後半は、一六世紀の科学者らの過去の理論の検証と、トッツェッティが新たに提案した計画案について記されていた。

フィレンツェ首都期においても一八四四年の大洪水の直後に調査が行われている。技師C・ジョルジーニのアルノ川の洪水に関する調査は都市改造を設計したポッジが参照したとしているが(25)、過去の水害をまとめたものとしては一八四五年に技師G・アイアッツィによる著書がある。(26) これをみると、前半部分は年代記や過去の記述による洪水の状況についてヴィッラーニの年代記からモロッツィのものまでが記載されている点でトッツェッティの報告書と共通し

図11　洪水時の水位を示した碑板（下が1333年の洪水時, 上が1966年の洪水時）

ている。一方、異なる点としては、アイアッツィのものは後半部分で科学的見解と題して一七世紀以降の科学者による代表的著作の抜粋がまとめられ、過去の水害対策や調査に対してより具体的な検証を行っている点である。いずれも過去の水害状況の記述は重要視されていたといえるだろう。

　また、こうした水害の記録は紙面上のみならず、浸水高さを示す碑板が建物の外壁に設置され、過去の洪水の規模を知ることができたことがうかがえる（図11）。このことから、一八四四年の洪水は一八世紀のものを凌ぐものであったことは当時もすぐに認識できたと考えられる。これについてポッジの報告書中でも水害対策の必要性を再確認する機会であったとし、実施においてもこれらの洪水時の水位を基準に堤防の高さを算出しているのである(27)。

　また、ポッジは著書『ミケランジェロ広場』で、モンテ・アッレ・クローチの丘の地盤改良を行う必要性を説くなかで、丘の水路の状態が劣悪で改善の必要があるというレオナルド・ダ・ヴィンチやジュリアーノ・ダ・サンガッロらの叙述を引用していた(28)。さらに、ポッジの新たな計画案が一七世紀の調査結果をもとに排水路の計画図が作成されていることから、歴史的記録が参照されていたことが注目される。それが、実際に技術的な参照であったかは定かではないが、過去の引用による主張がコムーネに対して大きな実施への説得性を有していたとはいえるだろう。

このように、一八世紀半ばから一九世紀半ばにかけては水害に関する継続的な検討や調査が行われ、こうした基盤があったことが、緊急の首都化に対応し得た背景の一つではないだろうか。

しかし、なぜミケランジェロ広場はこのような水害対策と美観とを、あるいは水害対策とミケランジェロ広場からの眺望の創出とを両立させる必要があったのだろうか。[29]首都改造期におけるフィレンツェの都市イメージを再構築せねばならない二つの背景（統一国家の首都としてのフィレンツェと、外国人の滞在先としてのフィレンツェ）を概観して結びとしたい。

四　首都化と景観の構築

都市の近代化において主要な問題といえる人口の急増や急速な工業化に関して、他のヨーロッパ主要都市と比して規模の小さかったフィレンツェの都市の近代化においては、ロンドンやパリのそれとはいささか状況が異なるといえる。[30]フィレンツェは都市改造の時期は、メディチ家のフィレンツェという都市イメージが既にあり、またアルプス以北でイタリア・ルネサンスの再評価が行われつつあった。また、イタリア王国成立後に首都がトリノからフィレンツェ、ローマへと移転したという稀有な歴史的背景のもとで成り立っていることも、他のヨーロッパの主要都市と大きく異なる点であった。

イタリア国家統一における国民国家形成は、多様な文化の統一が重要な鍵であった。[31]フィレンツェの首都化における都市改造とそれに伴う新しい建築様式の選定は、まさにその課題を突き付けられていたといえよう。

一九世紀のフィレンツェの建築はサンタ・マリア・デル・フィオーレ大聖堂やサンタ・クローチェ聖堂に新たに付

加する正面ファサードの様式をめぐって様々な議論が繰り広げられたが[32]、都市拡張部の住居群における個々の建築は大きな議論の対象となったわけではなかったが、そのほとんどが新古典主義で建設されている。首都化以前にポッジによって設計された建築もルネサンス後期からマニエリスム期の様式を引用したもの（新《ネオ》・一五〇〇年代《チンクエチェント》風）で、一八世紀初頭からのトスカーナの古典主義建築の系譜の延長線上に位置づけられるものであった。ポッジの建築作品における様式選定は、建築史家G・モロッリによれば、トスカーナの様式を用いながらも脱トスカーナ派を目指し、ヴェネトやローマのものを規範としたものであったという。この様式の引用先として選ばれたヴェネトやローマ自体が、フィレンツェ首都期において依然としてイタリア王国に統合されていなかった点をモロッリは強調している[33]。ここからポッジが計画において、ヴェネトやローマも最終的にはイタリア王国に統合されるものと考えて、国家統一を強く意識した首都であるフィレンツェの計画というものを考えていたと推しはかられる。

建築様式の選定に関してはここでは容易に述べることはできないが、ポッジが「プロジェット・ディ・マッシマ」において美観について意識したと記述した箇所は、右岸の環状道路と既存の道路を接続した交通の要衝となる広場（クローチェ門広場、サン・ガッロ門広場、プラート門広場、サン・ニコロ門広場）であり、ポッジは自身でこれらの広場に面する建物を設計し、これに倣って周辺の住居が統一された様式で建設されていくことを切望していた[34]。ポッジが建築家であったこと、イタリア王国の首都としての新たな建築を模索していたという文脈のなかにミケランジェロ広場の計画があったことに注視したい。

もう一つ、首都フィレンツェを取り巻く状況として重要と考えられるのが外国人の存在である。近代フィレンツェにおける人口増加の内実は、工業化による農村部からの都市流入もないではないが、最もインパクトがあったのは遷都に際して、首都トリノから当時のフィレンツェの人口一二人万の四分の一にあたる約三万人の政府関係者や商人、建設に携わる人々がピエモンテから移住してきたことである。加えて鉄道敷設によって増加しつつあったイギリス人やフランス人などの北ヨーロッパ人に加えて、アメリカ人の訪問者もさらに増加していた。このような他の地域のイタリア人と外国人の滞在場所を確保することが都市改造における住居地区建設の目的の一つであり、アルノ川左岸の住居地区は外国人居留地とも呼べる場所だった(35)。

左岸丘陵地の住居地区開発は、結果的には環状道路の延長線上にあるコッリ大通り沿いの一部にとどまったが、計画の段階では、都市南西部のベッロズグアルドの丘に大通りを通すことで都市の一部とする案も考えられていた。こうした左岸の丘陵地の開発を契機として、その一部となるミケランジェロ広場周辺の地盤改良が遂行されたといえるだろう。そして、左岸丘陵地の住居地区や娯楽施設への馬車でのアクセスは新しく建設されたコッリ大通りが唯一の道で(36)、東側から向かえば必ずミケランジェロ広場を通過するという位置関係にあったことも注目されよう。

このような諸外国に対して体面を整えるという都市改造の動機は、近代化を目指す多くの都市に共通したものであろうが、フィレンツェでは近代都市としての首都フィレンツェに先駆けて、一八世紀に主にイギリスで流行したグランド・ツアーの目的地として既に確立しており(37)、外国人が旅行先として滞在する基盤があったことが指摘できる。

グランド・ツアー全盛期において、イギリス人をはじめとするアルプス以北のヨーロッパ人のフィレンツェに対する評価は他のイタリアの都市に比べると非常に高く、ローマやヴェネツィアほど偉大ではないが滞在しやすい都市として描かれていたようである(38)。一九世紀に入っても外国人旅行者の基本的な旅程は踏襲され、フィレンツェにおける称賛の対象は、中世の自治都市としての繁栄や、実際の滞在中の居心地のよさであった。旅行者の多くが滞在したのは、ルネサンス期に完成した都市近郊の丘陵のヴィラであった。これらは、フィレンツェ中心部が見通せる北側のフィエーゾレからモントゥーギにかけて最も多く、その次に多いのは南西部のベッロズグアルド、北東部のセッティニャーノであった。そのなかではコッリ大通り建設地となった場所は西側からは都市部が望めず、眺望が開けるモンテ・アッレ・クローチの丘は地盤が良好でないといったヴィラ建設に最良とはいえない場所であったといえる。

この場所の風景を一九世紀に入って描いていたのは、ウィリアム・ターナー（一八一九・三六・四三年にフィレンツェに滞在）で、またジョン・ラスキン（一八四〇〜四一・四五・六九・七〇・七二年に滞在）もサン・ミニアート聖堂からの風景を描いている。ここで注目されるのは、都市部の建築群のスケッチではなく都市南部の丘陵地を対象としたものであることである。フィレンツェの都市部と近郊の田園部を同時に描いた風景画は一七世紀の終わり頃から既に描かれてきたが、モンテ・アッレ・クローチの丘から丘陵地が描かれたものはほとんどなかった(39)。こうした外国人訪問者がアルノ川左岸の丘陵地に関心を持ち、これまで描かれていなかった場所を開拓していたことは、当時のフィレンツェの都市イメージを拡大する大きな一端であったに違いない。

ポッジはこの左岸の丘陵地全体の計画において遠景・近景両方の眺望の獲得を意識し、「首都としてふさわしい」、「新しい政府の拠点」とする意向を報告書のなかで述べていた(40)。ポッジの「首都としてふさわしい」という文言は報告書のなかで何度か出てくるが、アルノ川左岸の丘陵地に新設された道路の優雅さに対しても使っていた。

実際にこのミケランジェロ広場の新設によって、多くの外国人旅行者が携行していたガイドブック中のフィレンツェの全体像を描いた挿入図は、一八六五年を境にベッロズグアルドもしくはモントゥーギから描かれたものから、ミケランジェロ広場の眺望にとって代り（図12）、旅行者に対するフィレンツェの新たな都市風景像は首都化の都市改造を境に再構築されたといえるだろう。

「フィレンツェのヴェドゥータ」(*Guida della citta di Firenze e suoi contorni con la descrizione della I. e R. Galleria e Palazzo Pitti con pianta, vedute, e statue*, Antonio Campani, Firenze, 1828の挿絵より)

「フィレンツェのヴェドゥータ」(*Guida di Firenze e suoi contorni con vedute e nuova pianta della città*, Andrea Bettini Librajo-Editore, Firenze, 1868の挿絵より)

「フィレンツェ」(*Guida manuale di Firenze de'suoi contorni: con vedute, pianta topografica ed i cataloghi delle gallerie*, F. e G. Pineider, Firenze, 1871の挿絵より)

図12　フィレンツェの全体像を描いたガイドブックの挿入図の変化

おわりに――水害対策のあり様――

一九世紀の首都化を契機としたフィレンツェ都市改造期における水害対策は、都市拡大を目的とした市壁解体に伴って必然的に実施されるものであり、市壁に代替する堤防と都市部を囲う運河の開削によるものであった。川沿いの整備を行うことで新しいパラッツォが建ち並ぶ水辺の風景をうみ出したといえるだろう。また、丘陵の地盤の改良のためにルネサンスの建築言語を用いた土留めを採用することで、都市中心部の眺望が獲得できる場所を生み出すと同時に、脅威の対象である水を景観構築のための意匠の一部としたという、水害対策と景観整備を両立する計画となっていた。このように大規模な水害対策は、開墾や首都化といった営利的あるいは国家的事業という大きな動機があってはじめて具体的に計画されるものであったといえるのではないだろうか。

そして水害対策に支えられて創出された景観とは、イタリア統一国家の首都としての建築様式を提示する場であると同時に、外国人の滞在場所としての既往の都市アイデンティティと、新たな外国人の流入の受け皿としての「新しい」フィレンツェを提示する場でもあった。フィレンツェの水害という危機への対策は、対策それ自体が都市に顕在化するのではなく、他の事業や目的に編み込まれるように実施され、都市の風景とそのなかで繰り広げられる活動や文化を支える骨格としてフィレンツェに内蔵されたのである。

注

（1）Maccabruni, L., Zarrilli, C.（a cura di）, *Arno: fonte di prosperità fonte di distruzione: storia del fiume e del territorio nelle carte d'archivio: mostra per il 50° anniversario dell'alluvione di Firenze*（*1966-2016*）, Polistampa, Firenze, 2016. この研究の蓄積の成

果は「アルノ川　繁栄の源／破壊の源―文書館の史料における川とテリトーリオの歴史―（筆者訳）」と題した展覧会という形で発表された。

（2）一八六一年の時点では、イタリア王国はサルデーニャ王国を中心に北部はロンバルディア、パルマやモデナを含む中北部、トスカーナ、南部の両シチリア王国を併合していたが、ヴェネトと教皇領を残したままであった。初代イタリア王国首相カヴールは、首都にはローマがふさわしいと表明していたが、フランスが教皇領から軍隊を撤退させる際に、フランスとの間に結ばれた九月協定のなかの秘密条項として首都移転があり、ローマを首都としないという表明としてフィレンツェに遷都することとなった（北原敦編『イタリア史』山川出版社、二〇〇八年）。ポッジに都市改造が委託されたのが一八六四年一一月二四日であり、翌年一八六五年の一月には遷都が実施されるというまさに緊急を要するものであった。

（3）フィレンツェ出身で弁護士の父を持ち、弟エンリコは後にイタリア王国の上院議員となる人物である。フィレンツェのスクオーレ・ピエでG・インギラーミ（Giovanni Inghirami, 1779–1851）とタンツィーニ（Tanzini, ?–?）に師事し、後にフィレンツェ美術学校で建築を学ぶ以前に、地理学や測量学などを学んでいる。バルトロメオ・シルヴェストリ（Bartolomeo Silvestri, 1781–1851）の事務所で修養する傍ら、一八三五年からはフェリーチェ・フランコリーニ（Felice Francolini, 1809–96）と共同で裁判所の修復の仕事に従事し、一八四三年には学士号を取得した。最初の建築作品を設計する二年前の一八三八年にはマレンマ沼地の調査に参加して、トスカーナの田園風景を記録している。建築家として活動し始めてからは、小ヴィラ・ストロッツィ（一八五五―五九年）、パラッツォ・ファヴァール（一八五七年）などの住居建築の設計や改修を主に行い、開墾事業や土木事業には携わっていなかった。建築家ポッチャンティの娘婿で、新古典主義建築の潮流を受け継いだ建築家であり、農事家アカデミーの会員でもあった。

（4）Poggi, G., *Sui lavori per l'ingrandimento di Firenze*, Tipografia di G.Barbèra, Firenze, 1882, p.29.

（5）Pesci, U., *Firenze Capitale*, R. Bemporad & Figlio, Firenze, 1904, p.463.

（6）Poggi, *op. cit.*, (4), pp.35–36.

（7）Lapini, A., *Diario Fiorentino: dal 252 al 1596*, Sansoni, Firenze, 1900, Focardi, P., "Geological considerations about the landslide of Monte alle Croci", in *Studi di Geologia Applicata e Geologia dell'ambiente*, n.23, Firenze 1991, G. Giubbi, *San Salvatore al Monte chiesa reale e virtuale*, Tesi di Laurea, unpublished, Università degli Studi di Firenze, 1996.

（8）Poggi, *op. cit.*,（4）, pp.10-11.
（9）*Id.*, p.114.
（10）*Id.*, pp.4-5.
（11）Losaco, U., *Notizie e considerazioni sulle inondazioni d'Arno in Firenze*, in《L' Universo》, n. 5, settembre-ottobre, 1967, pp. 763-774. この一九六六年の大洪水の翌年に発表された論文のなかで、ロザコは歴史上の水害について、特に各年代における浸水域や洪水時の状況を年代記や調査報告書、新聞などの史料を用いて明らかにし、最大規模の洪水時の都市部への浸水域の推定図を作成している。
（12）中近世のアルノ川の洪水に関しては、伊藤毅・F．スカローニ・松田法子編著『危機と都市 Along the water』（左右社、二〇一七年）参照。
（13）Targioni Tozzetti, G., *Disamina d'alcuni progetti fatti nel secolo XVI per salvar Firenze dalle inondazioni dell'Arno*, Stamp. G. Cambiagi, Firenze, 1767.
（14）*Id.*, pp.74-75.
（15）Bigliazzi, Lucia e Bigliazzi, Luciana (a cura di), *Fiumi, inondazioni e《idraulica pratica》*, catalogo della mostra, Firenze, 3-8 aprile, 1995, Nuova Stamperia Parenti, Firenze, 1995, p.10.
（16）Ximenes, L., *Del vecchio e nuovo gnomone fiorentino e delle osservazioni astronomiche fisiche ed architettoniche fatte nel verificare la costruzione*, 1757.
（17）Ximenes, L., *Dell'utilità delle arginature de' fiumi e de' laghi*, 1791.
（18）*Id.*, p.33.
（19）橋と道路の学校。フランスの近代技術に関する教育に関しては、北河大次郎『近代都市パリの誕生—鉄道・メトロ時代の熱狂—』（河出書房新社、二〇一〇年）に詳しい。
（20）造園の事業に多く携わったトスカーナ最初の技術者とされるジュゼッペ・マネッティの息子で、ピサで法学、数学、機械学、水理学などを学んだ。
（21）Barsanti, D., *Alessandro Manetti un grande scienziato al servizio dei Lorena*, Edizioni ETS, Pisa, 2009.

(22) *Id.*, pp.28-29.

(23) *Id.*, pp.7-8.

(24) Morozzi, F., *Dello stato antico e moderno del fiume Arno, delle cause e de' rimedi alle sue inondazioni. Parte prima contenente la storia delle inondazioni*, Firenze, Stamp. G. B. Stecchi, 1762.

(25) Poggi, *op. cit.*, (4), p.29, Giorgioni, C., *Sui fiumi nei tronchi sassosi e sull'Arno nel Piano di Firenze*, Tip. Delle Murate, 1854.

(26) Ajazzi, G., *Narrazioni istoriche delle più considerevoli inondazioni dell'Arno e notizie scientifiche sul medesimo*, Tipografia Piatti, Firenze, 1845.

(27) Poggi, *op. cit.*, (4), p.35.

(28) Poggi, G., *Piazzale Michelangelo*, M. Cellini E. C., Firenze, 1872, pp. 21-22.

(29) フィレンツェ首都期においては都市計画上の「景観」や「パエサッジョ paesaggio」という語に相当する語はポッジの前掲の報告書などでもまだ用いられておらず、「ヴィスタ vista」、「ヴェドゥータ veduta」「ヴィズアーレ visuale」という表現がなされており、都市計画における景観整備の萌芽的な時期であったことを記しておきたい。

(30) SVIMEZ, *Un secolo di statistiche italiane: Nord e Sud*, Fausto Failli, Roma, 1961.

(31) 北村暁夫・小谷眞男編『イタリア国民国家の形成』(日本経済評論社、二〇一〇年)、藤沢房俊『第三のローマ―イタリア統一からファシズムまで―』(新館社、二〇一一年)。

(32) 大聖堂の建築様式の選定に関しては、横手義洋『イタリア建築の中世主義―交錯する過去と未来―』(中央公論美術出版、二〇〇九年)の深遠な研究で取り上げられている。

(33) Morolli, G., *Questioni di stile*, in《*Giuseppe Poggi e Firenze. Disegni di Architettura e città*》, catalogo della mostra (dicembre 1989-gennaio 1990), Alinea, Firenze, 1989.

(34) Poggi, *op. cit.*, (4), p. 4.

(35) Poggi, *op. cit.*, (4), pp.4-5.

(36) ポッジはコッリ大通りの傾斜を四%以下に抑えることによって緩やかな勾配を保つことに留意していた。*Id.*, p.139.

(37) 河村英和『イタリア旅行―「美しい国」の旅人たち―』(中央公論新社、二〇一一年)。

（38）Sweet, R., *Cities and the Grand Tour. The British in Italy, c. 1690-1820*, Cambridge University Press, 2012, p. 65.

（39）Chiarini, M., e Marabottini, A. (a cura di), *Firenze e la sua imagine. Cinque secoli di vedutismo*, Marsilio Editori, Venezia, 1994.

（40）Poggi, *op.cit.*,（4）, p.132.

（付記）本稿は、拙稿「フィレンツェにおける水害と都市」（日本建築学会編『危機に際しての都市の衰退と再生に関する国際比較研究［若手奨励］特別委員会　報告書』二〇一五年）に、加筆・修正したものである。

終章　都市史からみた危機／危機からみた都市史

初田香成

本書は建築史分野の都市史研究のアプローチに基づき、災害や人口減少といった現代の都市の危機に対し、直接的な対策を講じるというよりは、都市と危機がとり結んできた関係について歴史的に明らかにすることで問題自体を再考しようとしてきた。本書を閉じるにあたって、序章で述べた三つの作業仮説に対応する形で、都市史からみた危機について一六本の論考の知見をまとめておくことにする。そして、今後の課題も含めて、本書で行ってきた危機の考察が逆に都市史にどのような展望をもたらすかという点について私見を述べることにしたい。

都市の危機とは何か？――都市の「危機」と定常性

都市の危機とは何だろうか。このことを定義することは実は簡単ではなかった。危機として通常想起される災害は都市住民に甚大な被害をもたらす。しかし、都市は大なり小なり変動を繰り返しつつ、総体として継続してきた。例えば一七世紀のロンドン大火と江戸の明暦の大火、二〇世紀の関東大震災という都市大火を扱った本書の論考は、いずれも大火後は以前からの傾向にしたがって復旧が進み、実は都市としてはあまり変わらなかったことを指摘する（岩本・栢木・東辻論考）。焼け跡はリセットされ華々しい復興がなされるといった見方は注意深く扱われる必要があろう。

これらの指摘は、都市の危機は自明のものではなく、長期的かつ広域的なスパンでそもそも都市の危機とは何かということから検討することを要請している。都市の危機は同時代には影響がみえづらく、その認識主体や影響範囲は錯綜している。我々は都市の危機とされるような事態について、改めてその実態から考える必要がある。このことを補強するように、アメリカの都市計画家ケヴィン・リンチは都市の変動と定常性について次のように述べている(1)。

リンチによれば一九〇〇年以降に四万人を有した都市、あるいは昔から大都市が存在していたアジア以外の大陸で、一六〇〇年以前に二万人を有した都市九〇五都市のうちもはや存在していない都市はわずかに三〇しかないという。リンチは残りの八七五都市のうち五〇〇〇人以下に縮小しているのは二割に過ぎないとも述べ、都市は経済基盤を破壊する自然界の変化（土壌の変化、沈積化、港湾を破壊する海面の破壊、長期間にわたる乾燥）や、悪意や権力による意図的な破壊でもないかぎり、単独の災害が恒久的な放棄を引き起こすことはあまりないと指摘する。確かに災害によって単純に都市が危機を迎えたという見方は早計に過ぎるようだ。

ただリンチはふれていないが、ここで述べられているのは近世以降に築かれた都市の安定性であり、それは新大陸中心の見方でもある。中世以前の都市は不安定なものも多く、災害により移動したり、遺棄されたりすることもしばしばみられた。また、現代でも人口減少、高齢化が進んだ限界集落と呼ばれるような存在や、アメリカ都市の荒廃（鈴木論考）は、都市の危機という事態を想起させる。なかでも都市間競争による交易都市の衰亡（青木論考）や温泉町や鉱山町の資源枯渇といった例（福嶋論考）は、その存立基盤に関わる事態であった。

我々は都市の「危機」と定常性という議論を踏まえたうえで、改めてこれら都市の危機とされる事態が持つ意味について考える必要がある。災害後に都市があまり変わらなかったのは、現実の世界には確固たる既得権が存在しており、権力主体の対策もそれに拘束されて危機の後といえども強権を発動することができなかったためであった（岩本論考）。この結果、都市はその後も災害へのリスクを内包し続けていく。重要なのは都市をそのような存在として受け止め、強大な既得権を前提として対策を考える必要があるということであろう。そして、危機の後に行われる活動は普段から行われていた物的環境の維持管理作業の一環として捉えられた（高橋論考）。危機に際しての都市の対応は平時の延長上にあり、都市が危機から通常に戻っていく過程は定常状態の維持・復旧といった、地味とも思えるような活動がその多くを占めるのである。我々は日常的な復旧にもっと注意を向けていく必要があろう。そこでは都市の定常性を支える維持のあり方の解明も重要である。逆にいえばこれらが失われるような事態が都市の危機とみなせよう。例えば水路や地形（構造物の基礎と地盤の接点における工事）といったインフラの日常的な維持活動のあり方が重要となる（岩城・高橋論考）。

以上の作業をふまえて我々はようやく変化の側面に目を向けることができる。そこでは都市の変動をもたらしている社会と空間の実態、具体的には移動する人々の実態（川本・鈴木・初田論考）や用途を失って転用される都市空間の実態（川本・赤松論考）と、それらの長期的かつ広域的なスパンでの都市にとっての位置づけなどが論点となった。例えば川本論考は他と異なり、他王朝による都市征服という権力主体と住民が大幅に入れ替わる事態を扱った。そこからは都市の断絶とは何をもっていえるのかという議論も提起されよう。

人は何をもって都市を危機とみなしてきたか？──都市アイデンティティと危機

以上のような実態をふまえたうえで、我々は都市における危機を捉えるために、都市の危機を規定している要素として都市アイデンティティという概念を提起してきた。都市アイデンティティは都市が普段と異なる状況に直面し、それが危機にさらされていると感じられた時に浮上する。戦乱の時代だった中近世移行期には都市を囲む防御施設が各地に建設され、そこに一種の共同体が見出されていた（登谷論考）。また天皇の存在は京都という都市においてそのアイデンティティの源となるものであった。したがって天皇や院の崩御、特に予期せぬ崩御は朝廷内部に動揺をもたらし、都市社会に影響を与える可能性があった（岸論考）。また明治維新による天皇の東京への移住は残された住民に大きな動揺をもたらした（三宅論考）。

これまでも都市図から人々の都市像を探ったり、理想都市の計画やそれが実際に建設された例を分析するような研究は多数なされてきた。本書もそうした先行研究の蓄積の上にあるものだが、特に危機との関係で都市アイデンティティを位置づけ、都市の実態の変化や画期を論じようとしてきた。このような観点からは、平和の時代の到来がむしろ都市アイデンティティの危機をもたらしたというイタリア城塞都市の事例が注目される（赤松論考）。

都市アイデンティティは都市の表象や実態と相互規定的な関係にある。都市アイデンティティが危機に瀕しているという意識が表象として都市中心部の改造に現れる場合もあれば（青木論考）、都市アイデンティティが危機に瀕しているというスローガンのもとで、それを利用する形で従来から目されていた都市改造が行われることもあった（三宅論考）。ここでは都市アイデンティティの危機に対応して実際に行われた都市改造が従来からの延長線上にあるのか、それとも衰退期特有の特徴、危機独自の性格を持つのかを検討することが一つの論点になる（青木論考）。

また都市アイデンティティは単に公的主体により一方的に規定されるものでなく、権力主体と住民など都市社会との関係のもとで形成された。中近世移行期の都市防御施設は権力主体と住民の間で支配の代わりに安全を保証するという一種の契約関係に基づいて形成されていた（登谷論考）。また、権力主体の側で発生した危機が住民により受容されるなかで、危機に伴う儀礼がイベントとしてみなされるようになり、消費されることもあった（岸論考）。江戸では町空間の再生産を根本から支え続けた鳶人足＝町抱鳶こそ都市のアイデンティティを支えた存在であった（髙橋論考）。また水都というアイデンティティを支えた水路網は、公的なものから私的なものまでいくつかの段階を有し、それに応じて維持管理の方法も異なっていた（岩城論考）。都市アイデンティティはそれを規定する重層的な主体・要素間の関係に基づいて理解される必要がある。

なお都市の危機を捉えるためには都市アイデンティティという概念に加え、本来は都市外の要素、例えば都市が立地する自然環境や都市間の関係といった内容を含めて論じる必要がある。いわば、都市内と都市外という二つの観点から論じることで都市の危機の規定要因は説明できるだろう。本書ではあまり展開できなかったが、郊外との競争にさらされるアメリカ都市の事例（鈴木論考）や、他都市との関係が都市アイデンティティの表象に影響を及ぼした例（青木論考）などがある。これらのさらなる検討については今後の課題としておきたい。

都市は危機に対しどのように対処してきたか？―都市アイデンティティの継承

都市アイデンティティは危機にさらされるなかで徐々に変容しつつ継承されていった。危機に見舞われた時、人々は逆に自らの連続性を保とうとしてきたのであり、都市は一見、危機の前後で変容したようにみえても、人々はその総体は連続しているとみなせるような論理を構築し、危機を受け入れてきた。本書の各論考は危機の際に人々がむしろいかに変わらずにいることを希求するかという点を主として論じており、ここには人々の営みの普遍的な特質が見出せよう。

各都市は経験を蓄積するなかで都市アイデンティティの断絶を防ぎ継承するための工夫を育んできた。例えば古代から中世に移行する過程で朝廷の儀式は固守すべきものと、読み替え可能で理念として守るべきものに区別されて変容しつつ継承された（満田論考）。また近世には安定した皇位継承を図るために朝廷内に内侍所付という役職が新たに設けられていた（岸論考）。ロンドン大火後に行われた都市計画は一見、単に旧状をよみがえらせるにとどまったようにもみえるが、その旧状の復旧にこそ当時の優秀な人材が結集され、彼らの技術的な寄与を含めた動きによってようやく住民の再建への意志を含めた都市の連続性が担保されていた（東辻論考）。近代フィレンツェの景観を意識した防災インフラは過去の災害の蓄積をふまえて歴史的なイメージを継承しつつ、首都として新たな都市アイデンティティを形成しようとするものだった（會田論考）。ここでは都市の歴史性を再現・強化すること自体が、災害からの復興であり予防にもなると考えられていた。

以上の例では特に建築や土木インフラ、記念物といった具体的な都市空間が重要な役割を果たしていた。そもそも建築をはじめとする建造物は視覚などを通じて都市アイデンティティを表象する役割を果たすが（青木・會田論考）、仮皇居とされた建物の形態が宮中儀式に影響を与え（満田論考）、具体的な街路や敷地を復元することこそが都市アイデンティティの継承にほかならなかったように（東辻論考）、都市空間自体が都市アイデンティティを規定していた。

この都市空間と都市アイデンティティの相互規定的な関係は、危機に際して巧みに利用されることで危機への対処の鍵となっていた。危機は都市の空間的要素と社会的要素の間や、都市の実態とアイデンティティの間の齟齬をもたらす一方で、そのずれを利用するかのように対応してきた都市を見出すことができる。例えば関東大震災後に設けられたバラックは、一度建設されると法的権利がなくても持続してしまうという仮設建築の特性をいかして、家を失い権利を失った借家権者に居住を可能とするための論理をもたらしていた（初田論考）。また近世イタリアの城塞都市は平和を迎えた時にそれまでの都市アイデンティティに代わり空地の役割を再発見した（赤松論考）。これはポスト工業時代の文化都市への転換、その際の創造性の動機としての荒廃地といった議論に直接つながるものである。

建築をはじめとする具体的な都市空間は社会的要素よりも往々にして長い寿命を持つがゆえに、元来の機能が失われても新たな意味がこめられ再生していくことができる。都市空間を広義の意味でリノベーションすることによって、建築をはじめとする建造物は危機を想起させる存在として、都市のアイデンティティを継承しながら都市を再生させる鍵となる役割を果たしうるのではないか。

危機からみた都市史―都市空間の物質性

本書の作業を終えて改めて問いたいのは、以上の考察は逆に都市史研究にどのような視線の変更をもたらすのかということである。従来の建築史分野の都市史研究は、人間がつくりあげてきた建築や都市空間の形態を復元したうえで、そこにこめられた機能や意味を読み取ろうとしてきた。そこでは空間的要素を社会的要素と対応するものとして、もしくは社会的要素に規定されるものとして描くことが多かったように思われる。この背景の一つにあったのが、序章でも述べた日本史と建築史分野の共同研究において提唱された「社会＝空間構造」論である。ただそこでは文献史料を用いた分析が重視され、また日本史分野では空間的要素は地図上の分布論として扱われるにとどまりがちという側面もあったように思われる。

しかし本書が述べてきたように災害や衰退といった都市の危機は都市の社会的要素と空間的要素の対応関係の齟齬を表出させるものだった。災害により建造物が破壊されても、難を逃れられた居住者は元の居住地に戻ることができる。一方、衰退により居住者がその場を去っても、使われなくなった建造物が存続し、荒廃していくこともある（空き家問題など）。一般に社会的要素が比較的変遷しやすいのに対し、一度形成された空間的要素は即時的に対応していくことはできない。ここには社会と空間にひそむ別個の論理が示唆されていよう。

もちろん物的側面から建築を考えることは、（狭義の）建築史ではある意味で当然の方法として行われてきたが、どうしても建築単体ばかりが扱われてきた。しかし、特に近年の災害による建築や都市空間の物理的な破壊は、それらが単なる物質からできていることに改めて気づかせてくれた。

ここで近年、非文字史料に着目する考古学や人類学、美術史の分野で重要な概念となっている物的側面に固有の次元を見出そうとする考え方にふれておきたい。一九八〇年代以降、まず人類学分野で「モノを小宇宙（ミクロコスモス）として読む、すなわち特定の一個の物から出発して、そこから描き出せる文化的コンテキストを追求していく」新たな物質文化（material culture）研究が生まれた。さらに九〇年代終わりからは新たな「モノ理論（Thing Theory）」を模索する段階に入った。その特徴は次の文章に端的に示されている。

モノは重量、容積や抵抗力を持ち、人間が託そうとする意味と無関係に存在する次元も併せ持つ。この次元こそ物質性であるはずだ(2)。

このような視点を建築・都市空間に適用すると、それらは人工物というよりも自然界の物質と同一の地平で捉えられる。また、素材の段階から成形され改造され解体されるまでは一続きの物質の過程とみなされる。物質と建築・都市空間の間を一連のものとして広く捉えたうえで、その連関や境界、人間との相互作用に迫ることが必要であろう(3)。具体的には次のような作業を経ることで、都市史研究に新たな視野が開けないだろうか(4)。

第一に物質性の観点から都市史を捉え直すことである。本書が述べてきたように具体的な都市空間に着目することは従来の人間中心的な見方とは異なる評価をもたらす可能性がある。ただそこでは物質性自体の見方も深化させる必要がある。そのための作業仮説として、人工物としての建築・都市空間という通常の見方に加え、近年の「モノ」に固有の次元を見出そうとする見方、それらを分解した石、木、コンクリートなど素材としての次元というように三つの位相に分け、特に第二、第三の位相から建築・都市空間を捉え直せないだろうか(5)。そこでは素材・「モノ」と、建築・都市空間の間に存在するような多様な存在が新たな対象として浮上してくる。本書が扱ったような仮設建築や空地といった存在が注目されるだろう。

第二にそのうえで物質と人間の相互作用に迫ることである。第一の作業は、ひとまず空間的要素を社会的要素より優先してみようとする試みであるが、これは人間の営みを軽視しようとするものでは全くない。重要なのは社会と空間の関係を固定的に捉えるのではなく、それが双方向的に組み替えられる可能性を考慮に入れて考察を行うことである。危機の際に端的にみられたような空間的要素と社会的要素の関係の切断と新たな接合は、日常においても不断に行われてきたはずである。そこではそれぞれの「モノ」が固有に持つ時間軸が大きな役割を果たしており、そのような観点から読み解く必要がある。(6) これは当初の用途を失った物件を改造するリノベーションの隆盛や、人文学分野におけるポストヒューマニズムといった議論とも同期するものである。(7)

人間と建設活動が密接につながっていた前近代に対し、近現代はそのような関係が後景に退いていく時代でもあった。現在、建築・都市空間は専門技術者により建設され、デザイン・操作される人工物として捉えられがちである。しかしこのような状況が序章で述べたように「日常のなかに潜む危機」ではなく「外部から襲う危機」という感覚を我々にもたらしている一因ではないだろうか。これに対し、物質性という視点を介して建築・都市空間と人間の関係を再考できないだろうか。

注

(1) ケヴィン・リンチ『廃棄の文化誌―ゴミと資源のあいだ―』(工作舎、一九九四年)。
(2) ジョルダン・サンド「唯物史観からモノ理論まで」(『美術フォーラム二一』二〇、二〇〇九年)。
(3) 例えば人類学者のティム・インゴルドは、アートと人類学の融合を目指す立場から建築を創造のプロセスを探求する領域として捉えようとしている。インゴルドは建築を我々の生活環境とそれを把握する方法を生成するための実践であり、「建築は建物に関する何かというよりは、建物を用いる手段である」と述べる。そこでは建築を通じて、外形の生成、力と流動のエネルギー、物質の特性、表面の模様や質感、量感、活動状態や静止状態におけるダイナミクス、線や場をつくる原動力などが問われることになる。インゴルドは建築に流れる時間についても言及し、「建物は世界の一部であり(中略)、つねに成長、衰退、再生という無限のプロセスを展開している。いかに人間がそれを釘づけにし、固定し、最終的な形態を形づくろうとしても無駄である。（中略）「完成は決して完成されない」というのが本当のところなのだ」と述べている（ティム・インゴルド『メイキング―人類学・考古学・芸術・建築―』左右社、二〇一七年）。

（4）　以下の議論は二〇一八年一二月二三日に開催された日本建築学会都市史小委員会シンポジウム「シリーズ都市空間の物質性（マテリアリティ）第一回　都市・建築と物質のあいだ」での青井哲人によるコメントに影響を受けている（https://medium.com/vestigial-tails-tales-akihito-aois-notes/、二〇一八年一月二〇日閲覧）。

（5）　これらの位相にふれた先駆的な業績としてイバン・イリイチ『H_2Oと水―「素材」を歴史的に読む―』（新評論社、一九八六年）、多木浩二『「もの」の詩学―ルイ十四世からヒトラーまで―』岩波書店、一九八四年）がある。

（6）　同様の観点からモノの転生に着目した先行研究として、中谷礼仁による先行形態論（『セヴェラルネス＋―事物連鎖と都市・建築・人間―』鹿島出版会、二〇一一年）、黒田泰介『ルッカ一八三八年―古代ローマ円形闘技場遺構の再生―』（アセテート、二〇〇六年）、青井哲人『彰化一九〇六年―市区改正が都市を動かす―』（アセテート、二〇〇六年）などがある。しかし、その結果、社会的要素がどのように組み替えられたかといった点にまではあまり分析が及んでいないように思われる。

（7）　同様の視点を持つ試みに加藤耕一「連載アーキテクトニックな建築論を目指して」（http://10plus1.jp）などがある。

あとがき

本書は建築史分野で都市史を専攻する若手・中堅研究者が、東日本大震災を直接の契機として二〇一二年度から行ってきた共同研究の成果をまとめたものである。メンバーは日本建築学会建築歴史・意匠委員会都市史小委員会のもとに設けられたワーキンググループに参加する者から構成されている。同ワーキンググループは現在まで継続的に活動を行っており、これまで建築学会の若手奨励特別研究委員会に特定のテーマを掲げて応募し、三回にわたり採択されてきた（「日本建築学会都市建築史的視点からみた中央と地方［若手奨励］特別研究委員会」〈二〇〇八〜九年度〉、「国際的都市史観点からみた都市再生論［若手奨励］特別研究委員会」〈二〇一〇〜一一年度〉）。本書はこの三クール目にあたる、「危機に際しての都市の衰退と再生に関する国際比較［若手奨励］特別研究委員会」（二〇一二〜一三年度、主査：初田香成）の活動を直接の母体とするが、その報告書から内容を大幅に刷新している。

出版企画への再出発にあたっては、編者（初田香成）から執筆者にテーマと論点を新たに提示して執筆を依頼し、すべての執筆者はその構想を発表したうえで原稿を提出した。提出原稿についても編者が査読を行い、執筆者がそれに答えるという作業を繰り返して、完成したのが本書である。また序章と終章はいったん提出された原稿をふまえ、執筆者からの意見を募りながら、初田が個人の責任でまとめたものである。

ただ本書の前提となる議論には、ワーキンググループでの活動が様々な形で反映されている。三クール目の若手奨励特別研究委員会での議論はもちろん、その前の若手奨励特別研究委員会での都市のアイデンティティなどの議論も本書にいかされている。現在では小委員会メンバーになった者も含め同ワーキンググループには四〇人以上の研究者が参加し、活発な活動を行ってきた。また終章でふれた物質性の議論は、都市史小委員会のシンポジウムの新クール（二〇一八年度から四年間）のテーマである「都市空間の物質性（マテリアリティ）」にも引き継がれている。

本書のタイトルについても少しふれておきたい。タイトルを「危機の都市史」とすることは出版企画の当初から決めていた。難渋したのがサブタイトルで、最終的には序章の内容を踏まえて「災害・人口減少と都市・建築」となった。これは現在を災害・人口減少時代と位置づけて、その観点から歴史的に都市・建築を論じるという意図をこめたものである。ただ必ずしもすべての論考が災害と人口減少を扱っているわけではなく、やや編者の問題意識が先立っていることを断っておかねばならない。多岐にわたる各論考の内容については、各部のタイトルや序章・終章に反映しており、その点も踏まえてご覧いただければ幸いである。

本書の出版が可能となった背景には、都市史小委員会というプラットフォームがあった。同委員会の顧問や委員をはじめとする上の世代の先生方が一から切り開いてこられた枠組みに対し、私たちはそれらをどのような主体性をもって継承し、展開させていけるかが問われている。本書はそれに対する一つの回答とすべく企画されたものであり、陰に陽にご助言をいただいた都市史小委員会の先生方には記して深謝申し上げたい。また、共同研究は同小委員会ワーキンググループの場を借りて行われた。場を貸してくださったワーキンググループの皆さまにはお礼を申し上げたい。特に若手奨励特別研究委員会の報告書に論考を提出していただきながら本書に掲載することがかなわなかった皆さまには改めてお詫びを申し上げねばならない。

それにしても委員会活動を開始してから七年、出版企画として再出発してからも四年が経ってしまった。この間にはいろいろなことがあり、執筆者の皆さんには多大なご心配をおかけするとともに、その度に皆さんからは懇切なご協力をいただいた。その成果を一書となすことができたのは大きな喜びである。そして、吉川弘文館の大熊啓太氏には最後までご面倒をおかけしてしまった。氏の多大なサポートがなければ本書が世に出ることはなかった。このほかにも本書が出版されるまでは多数の方々にお世話になった。いちいち記すことがかなわないが、そのすべての方にお礼を申し上げたい。

なお、刊行にあたっては一般財団法人住総研の出版助成をいただいた。

二〇一九年一月

初田香成

執筆者紹介（生年／現職）――執筆順

初田香成（はつだ　こうせい）　一九七七年／工学院大学建築学部准教授
岩本　馨（いわもと　かおる）　一九七八年／京都工芸繊維大学デザイン・建築学系准教授
栢木まどか（かやのき　まどか）　一九七五年／東京理科大学工学部第二部准教授
福嶋啓人（ふくしま　ひろひと）　一九八七年／奈良文化財研究所都城発掘調査部研究員
川本智史（かわもと　さとし）　一九八一年／金沢星稜大学教養教育部専任講師
岩城考信（いわき　やすのぶ）　一九七七年／呉工業高等専門学校建築学分野准教授
鈴木真歩（すずき　まほ）　一九七五年／日本女子大学学術研究員
登谷伸宏（とや　のぶひろ）　一九七四年／京都府立大学文学部特任准教授
岸　泰子（きし　やすこ）　一九七五年／京都府立大学文学部准教授
髙橋元貴（たかはし　げんき）　一九八六年／東京大学大学院工学系研究科助教
三宅拓也（みやけ　たくや）　一九八三年／京都工芸繊維大学デザイン・建築学系助教
青木香代子（あおき　かよこ）　一九七五年／日本女子大学研究員
満田さおり（みつだ　さおり）　一九七九年／宮内庁京都事務所研究員
赤松加寿江（あかまつ　かずえ）　一九七五年／京都工芸繊維大学専任講師
東辻賢治郎（とうつじ　けんじろう）　一九七八年／個人事務所主宰
會田涼子（かいた　りょうこ）　一九八一年／近畿大学建築学部講師

危機の都市史
災害・人口減少と都市・建築

二〇一九年（平成三十一）三月十日　第一刷発行

編　者　「都市の危機と再生」研究会

発行者　吉川道郎

発行所　株式会社　吉川弘文館
郵便番号一一三―〇〇三三
東京都文京区本郷七丁目二番八号
電話〇三―三八一三―九一五一〈代〉
振替口座〇〇一〇〇―五―二四四
http://www.yoshikawa-k.co.jp/

印刷＝亜細亜印刷株式会社
製本＝誠製本株式会社
装幀＝岩本　馨

ISBN978-4-642-03884-3